Semiconductor
Production
Process
Management

NCS 기반

반도체 생산공정관리

김덕영, 김상용, 김정수, 성홍석, 이종근 공저

B.C.Info

PREFACE

반도체산업은 인간생활을 변화시킬 수 있는 혁신제품의 창출을 주도하여 새로운 디지털 생활환경을 창출한다. 반도체의 발전은 1958년 IC(집적회로)가 최초로 발명된 이후로 1981년 PC, 1987년 핸드폰, 1997년 디지털TV 등의 새로운 첨단산업을 창출하는 핵심요소로서의 역할하고 있다. 최근에는 IT기기에 이어 생활주변의 모든 사물에 확대 적용되며 새로운 생활의 필수품화가 되고 있다. 이제 반도체 산업 분야는 이미 우리나라의 성장 동력산업으로서 미래 산업사회를 주도할 핵심기술로 대두되고 있으며, LED, 태양광용 솔라셀 제조분야까지 기술이 확장되어 전문지식을 갖춘 고급인력 뿐 아니라 전문기능 인력의 양성이 필수적으로 요청되고 있는 실정이다.

본 교재는 부천대학교 전자과에서 산업수요맞춤형 교육과정 운영지원사업의 일환으로 개발되었다. 반도체 생산공장(FAB)에서 운영되고 있는 반도체 생산 장비가 최적의 운영상태가 되도록 하기 위하여 장비를 유지/점검하고, 고장을 방지하기 위한 사전 예방활동 등을 수행하며, 나아가 장비를 직접 운용·조립하는 업무 등을 수행할 수 있도록 실무 지식 및 기술을 담고 있다.

반도체 생산공정관리 교재는 반도체 본 공정이 잘 이루어지기 위해 필요한 기반설비, 사용되는 유틸리티, 퍼실리티 등을 중심으로 중요 반도체 설비의 실무를 익힐 수 있도록 구성하였다.

Part 1에서는 청정실(Clean Room)을 중심으로 기본 유틸리티 설비, 전기설비, 화공설비 등을 소개하였고, Part 2에서는 생산과 직접적으로 연관된 작업지침서, 샘플링공정에 대한 이해, 장비 가동율, PM(Preventive Maintenance) 등을 소개하였다. 마지막 Part 3에서는 반도체 전공정을 각 공정별로 요약하고 대표적인 장비를 소개함으로써 종합적인 이해를 도왔다.

이 책을 통하여 반도체생산 설비의 전반적인 이론과 기술 등이 소개되고, 반도체 산업의 중심이 되는 반도체장비 제조운영 기술자 양성에 조금이라도 도움이 되길 저자 일동은 기대한다.

Part 1 반도체 생산 설비 관리

Part 3 반도체 공정 및 장비

Part 1

반도체 생산 설비 관리

Chapter 01

반도체 FAB(Fabrication Facility)

청정실(Clean Room, C/R)의 설비분야는 공기 중에 부유한 미생물 및 분진제거를 목적으로 제약 공업, 병원, 식품 공업 등에 이용되는 바이오 청정실(Bio Clean Room)과 단순히 먼지 등 분진제거를 목적으로 전자공업 등에 이용되는 산업용 청정실(Industrial Clean Room)로 구분된다. 반도체 제조 공정에 필요한 청정실 「Clean Room」의 개념과 설비 구성에 대해 이해한다.

1. 청정실(Clean Room)의 이해

1) 청정실(Clean Room)의 개요

제2차 세계 대전 중 미국의 원폭제조(Manhattan District Project)에 따른 방사성 입자 제거용으로 개발된 고성능 필터(HEPA=High Efficiency Particulate Air Filter)의 출현으로 각종 무균, 무진화에 성공하여 고도의 청정도를 유지할 수 있는 공간이 탄생하게 되었고, 이로 인해 현재의 전자, 의학, 식품공업 발전에 기초가 되었다.

청정실(Clean Room, C/R)의 설비분야는 공기 중에 부유한 미생물 및 분진제거를 목적으로 제약 공업, 병원, 식품 공업 등에 이용되는 바이오 청정실(Biological Clean Room, BCR)과 단순히 먼지 등 분진제거를 목적으로 전자공업 등에 이용되는 산업용 청정실(Industrial Clean Room, ICR)로 구분된다.

그러면 청정실 「Clean Room」이란 무엇인가, 그 내용을 간단히 열거하면 다음과 같다.

「일정한 실내 공기 중의 먼지, 미립자, 압력, 온도, 습도, 기류분포 등의 형상과 속도 등을 일정한 범위로 제어하고 소정의 목적달성을 위하여 설비된 실내」이다. 여기서 말한 미립자라 함은 사람 머리카락 굵기의 약 3/1,000. 즉 육안으로 볼 수 있는 정도가 1/100 정도의 작은 미립자인데 이것이 제품의 불량과 감염에 대단한 영향을 준다. 이러한 미립자는 일반 공기조화기의 에어필터(Air Filter)로서는 완전하게 제거한다는 것은 불가하므로 특수 청정장치의 이용이 필요하다. 특히, 미생물의 오염농도를 제어하는 청정실을 “미생물용 청정실(BCR)”이라고 칭하고 이를 “바이오 청정실”이라 하고 산업용 청정실(ICR)과는 구별된다.

여기서 공기청정 기술은 헤파필터(Hepa Filter=High Efficiency Particulate Filter)라고 하는 고성능 여과기의 개발로 점점 발전되어 왔다. 헤파필터(Hepa Filter)는 제 2차 세계대전 중 미국 ‘맨하탄 프로젝트’(원폭 제조)에 따른 방사능 오염의 보호, 미 항공 우주국(NASA)의 아폴로 계획 등에서 연구된 것이지만, 무진, 무균 공기를 만드는데 있어서는 현재 최고의 것으로 인정받고 있다. 그러나 반도체 회로 선폭의 길이가 점점 작아지고, 집적도가 높아짐에 따라 과거 0.3㎛ 정도의 미립자를 99.97%(HEPA 기준)의 포집율로 정화시키는 것만으로는 부족하게 되었으며 이에 따라 0.1㎛ 정도의 미립자를 99.9999의 포집율로 정화할 수 있는 ULPA (Ultra Low Penetration Air Filter)가 등장하게 되었다.

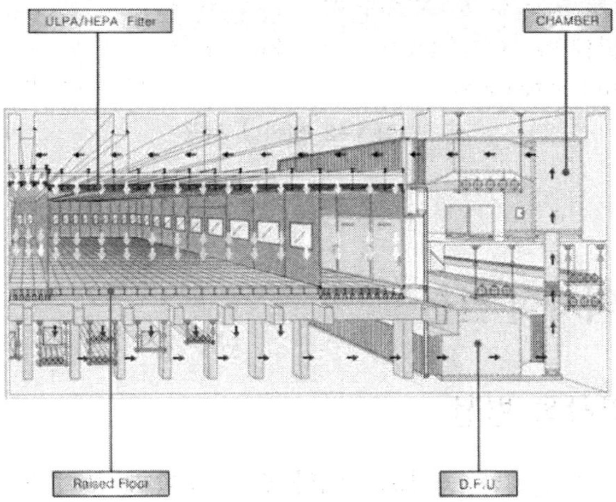

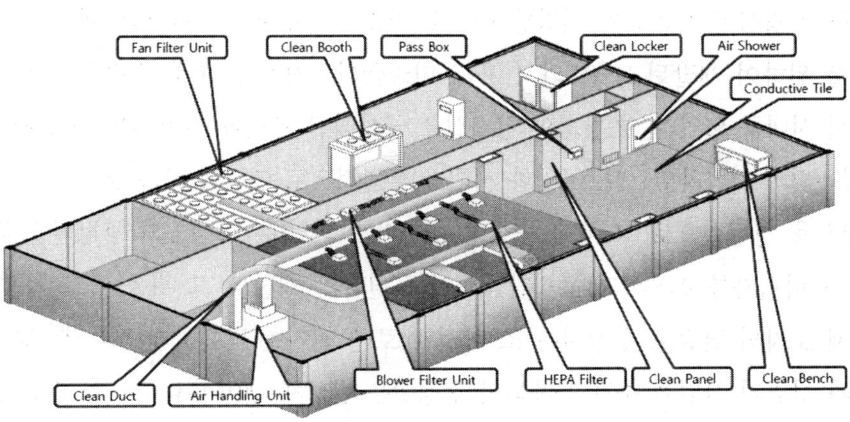

그림 1-1 청정실(Clean Room) 구성요소

청청실의 등급은 10~100,000class로 구분되며, 반도체 제조생산에는 class 10~10,000 등급을 만족해야한다. 대기 중 부유하는 오염입자의 크기가 0.01㎛~100㎛ 정도이므로 이러한 크기의 입자들을 주어진 작업공간에서 어느 규정치 이하로 제어하기 위하여 여러 가지 기준이 있으나 미국연방규격 Federal Standard 209 Series와 ISO 규격 14644-1이 통용되고 있다. 그림 1-1은 청정실 구조도와 구성장비이다.

다음은 청정실 시공 사진이다.

(a) Clean Room(yellow) (b) Clean Room(white)

그림 1-2 청정실 시공

2. 청정실의 역사적 변천

1) 청정실의 역사적 변천

1914년 대기 중의 먼지나 공장의 오염물질을 정화하기 위하여 초보적인 필터를 이용한 청정실이 설치되기 시작한 이래로 제2차 세계대전 중에 미국에서 원자폭탄 제조를 위하여 개발된 HEPA의 사용과 미공군의 청정실 규정 확립으로 본격적인 청정실 시대를 열었다. 초창기의 청정실은 군사적인 목적과 정밀기계산업, 항공산업에 적용되기 시작하였으며, 공업화 시대가 본격적으로 열림에 따라 군사용 청정실에서 민간용 청정실으로 그 무게 중심이 옮겨지게 되었다. 고성능의 청정실을 위하여 0.5μ의 미립자를 99%까지 포집할 수 있는 필터의 개발도 그 뒤를 따르게 되었다. 반도체 소자의 발달로 청정실은 또 다시 새로운 전기를 맞이하게 되는데, 정밀기계공업과 항공기 산업에 주로 응용되던 청정실은 반도체 웨이퍼(wafer)의 제조에 필요불가결한 생산 설비로 자리잡게 되었다. 이 이후로 부터는 반도체 소자의 집적도가 높아짐에 따라 청정실의 청정도도 높아지게 되었다. 이는 반도체 소자의 제조공정에서 먼지, 즉 육안 내 보이지 않지만 공기 중에 부유하는 미립자의 유무가 생산에 치명적인 영향을 미치기 때문이었다. 1990년대에 와서는 초창기의 0.5μ의 미립자는 99% 포립 할 수 있는 여과기(Filter)에서 0.1μ의 미립자를 99.9999%까지 포립할 수 있는 ULPA 필터가 보편적으로 사용되는 청정실이 반도체 생산 내에 있어서 필수적이 되었다. 다음 표 1-1은 청정실의 역사적 변천사이다.

표 1-1 청정실의 역사적 변천사

연 도	시 기	대상물질	응용분야	비 고
1914~1918	세계 제1차 대전	대기분진 공장오염물질	야전병원 정밀기기 (항공기의 정밀도)	
1939~1944	세계 제2차 대전	대기분진 공장오염물질	항공산업 레이다산업 원자력산업 전자산업	미공군의 Cleanroom 규정 확립
1945~1964	공업화 시대	대기분진 공장오염 및 방사선 오염물질	전자산업 정밀공업	최초의 Hepa 필터 개발 (0.5μm 99%)
1965~1969	신공업화 시대	대기분진 공장오염 및 방사선 오염물질, 미생물	전 사업분야	공성능 Hepa 필터 개발 (93μm 99.97% 이상)
1970~1979	아폴로 계획	대기분진 공장오염 및 방사선 오염물질	전 사업분야	Cleanroom 전성기
1980~현재	첨단 산업시대	대기분진 공장오염 및 방사선 오염물질, 역보호성	전 사업분야	초고성능 ULPA 필터 개발 초 LSI 개발

2) 국내에서의 청정실의 역사적 변천

생물학적 실험실, 의료용 설비(병리 실험실, 수술실, 격리실), 초정밀 산업(반도체 칩의 집적, 항공 우주 공학) 등에 있어서 청정실의 필요성은 절대적으로 요구된다.

우리나라에서는 1960년대에 경공업 제품을 수출하면서 청정실의 필요성에 대한 인식이 싹트기 시작하였다. 당시에는 일부 제약회사와 병원의 수술실에서 청정실 설비 전체를 수입하여 만든 바이오 청정실을 사용하는 정도였다. 이렇게 시작된 우리나라 청정실의 역사는 50년 정도밖에는 되지 않지만, 1970년대의 중공업 시대와 1980년대의 중화학공업 시대를 거치면서 이룬 고도의 경제 성장과 반도체 산업과 같은 첨단 산업의 급속한 신장에 힘입어 1990년 청정실 시장은 1,000억 원('93년도 기준) 이상으로 커졌고, 초청정 기술과 관련된 특수 기술뿐만 아니라 설계, 시공,

제작 등 거의 모든 청정실 관련 기술을 국내 업체들의 기술로 이루어지고 있다.

우리나라의 경우 반도체 산업이 세계적인 수준으로 이끌고 있으며 현재 각국의 반도체 산업이 그 나라의 청정실 산업을 주도하고 있는 실정이므로 청정 기술의 발달은 반도체 산업의 발달에 밀접히 관계가 되고 있는 것이다. 현대는 국내 반도체 회사의 초고집적 반도체 칩의 개발에 따라서 초청정 기술의 국내 자립화가 이루어지고 있으며, 이 밖에도 LCD, 의약품, 식품 등의 산업으로 청정실의 수요가 계속 확대되어 왔다.

3) 반도체 청정실의 구조

클린룸의 구조는 '공조방식'에 따라 달라질 수 있다. 클린룸의 방식은 크게 난류방식 클린룸(Turbulent Flow Clean Room)과 층류방식 클린룸(Laminar Flow Clean Room)으로 구분되며 층류방식을 수평, 수직방식 등 다시 여러 가지 형태로 클린룸 방식으로 구분할 수 있다.

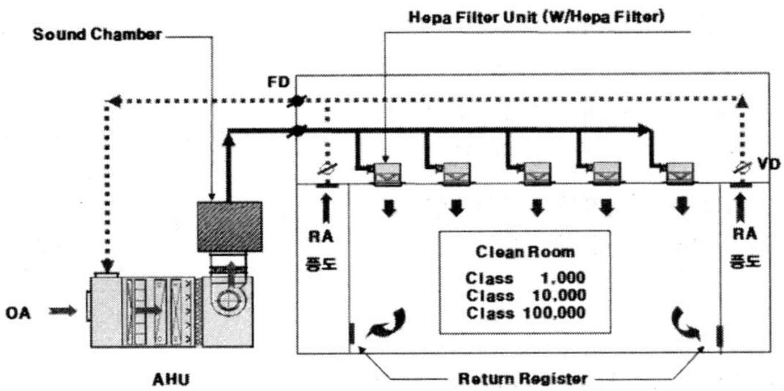

(a) class 1000 ~ 100,000, 준청정

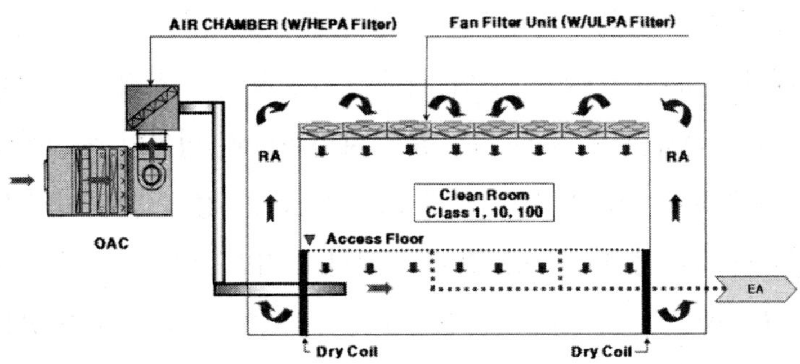

(b) class 1 ~ 100, 고청정

그림 1-3 청정도별 공조시스템 흐름도

반도체용 클린룸의 종류는 크게 보면 전형적인 수직층류 형태의 클린룸 구조를 형성하고 있으며, 반도체 디바이스의 요구 청정도에 따라 청정실을 결정하고 이에 따른 공조시스템의 사양을 결정하고 있다.

이제 청정실을 구성하는 중요한 요소 중의 하나인 여과 시스템(Filter System)을 중심으로 살펴보면 아래와 같다.

(1) FU(Filter Unit) + AHU(Air Handling Unit)

Filter Unit을 덕트에 연결하여 C/R내로 청정한 공기를 분배하는 방식으로 난류형 저급 클린룸에 많이 적용 되고 있다. 또한 국부적으로 고청정도를 요할 때에는 Clean Bench나, Clean Booth를 적용하여 Class 100(at 0.3μm) 정도를 유지할 수 있다.

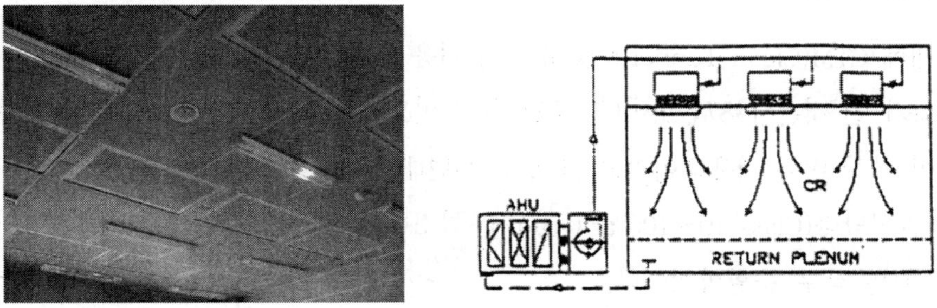

그림 1-4 Filter Unit+AHU 시공 사진

■ AHU control system

- MICOM에 의한 자동제어 시스템
- 실내 차압 변동에 따라 외조기 Fresh Air의 댐퍼 제어를 실시하여 실내 양압유지
- 팬의 기동/정지제어 : CPU 및 TIME PROGRAM에 의한 기동/정지
- 실내습도 조건에 따른 절대습도 제어 : 환기덕트에 설치된 습도감지기 신호에 따라 DDC는 내장된 프로그램을 수행시켜 가습밸브를 ON/OFF 제어하여 실내의 습도를 설정치와 같게 유지시킨다.
- 급기를 실내 노점온도까지 냉각, 제습, 가열 : 환기덕트에 설치된 온도감지기의 신호에 따라 DDC는 내장된 프로그램을 수행시켜 PI 제어로 냉방 스탭제어, 난방 밸브를 비례 제어하여 환기온도 및 급기온도를 설정치와 같게 유지시킨다.
- 원격제어시스템 : 리모트 패널(Remote Panel) 시스템

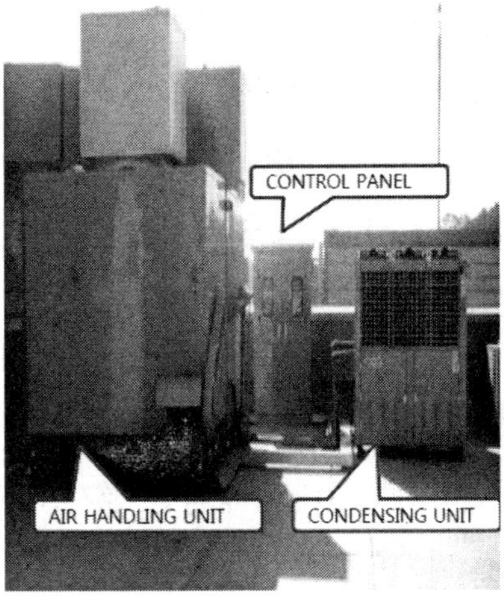

그림 1-5 외부 공조시스템

(2) CTM+AHU

국내에 CTM(Clean Tunnel Module) 이 처음 소개된 것은 1983년도부터이며 완전 국산화가 된 것은 1987년도이다. 중간 규모 반도체생산 라인에서 CTM을 이용한 청정실이 가장 많이 적용되어지고 있으며, 90년대 국내 CTM System을 적용하는 청정실이 늘어났다(Class 10∼100 at 0.3㎛). 최소한의 필요 공간만을 고청정으로 유지하기 좋은 국부 순환방식이다.

- 구성 : Clean Tunnel Module+ OAC(Outside Air Conditioner, 외조기) (Class 10∼100)

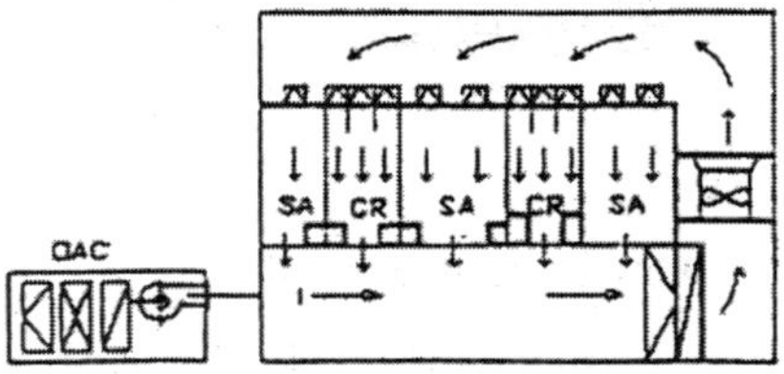

그림 1-6 CTM+AHU

(3) System Ceiling(Open Bay)

1988년도 들어오면서 Super Clean화와 대규모 C/R이 요구되면서 종래에 사용하던 CTM방식으로는 Flexibility에 있어서 어려움이 있게 되었다. 따라서 전체의 line을 제어하고 많은 순환공조기의 처리가 요구되면서 System Ceiling 방식이 도입되었다(Class 1∼100 at 0.12㎛). 수직층류방식과 터널방식의 단점을 개선한 복합형태이며, 청정실 내 일정한 오도유지가 장점이다. ULPA 필터나 HEPA 필터를 사용하며, 반도체 연구시설이나 양산공정에 가장 많이 쓰이는 형태이다.

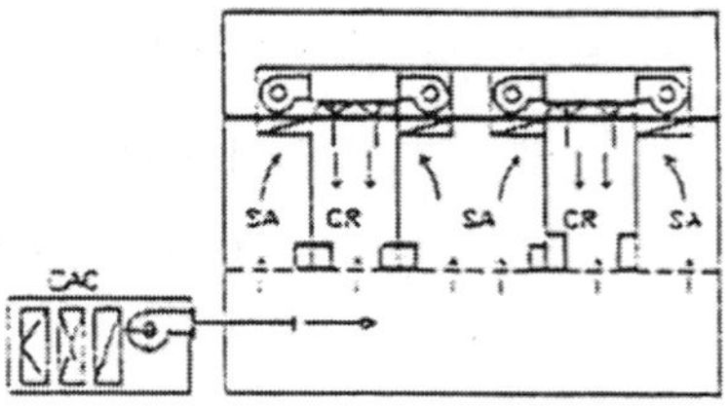

그림 1-7 System Ceiling

(4) FFU(Fan Filter Unit) System

1992년도에 들어오면서 반도체 공장에서 적용되는 Super Clean Room은 대형순환 Fan을 사용한 중앙 처리방식의 전면수직 층류에서 소형 Fan Filter Unit를 이용한 개별방식의 수직 층류형으로 변했으며, 이러한 C/R의 변화는 현재의 클린룸 환경성능이 거의 초 VLSI 제조 환경이 요구되는 성능을 만족시키기 위해 기존의 CTM 방식과 System Clean 방식의 장점을 취합하고 단점을 보완한 매우 우수한 Clean Room System이다(Class 1~100 at 0.5μm ~0.12μm).

다음은 FFU 구조와 시공 사진이다.

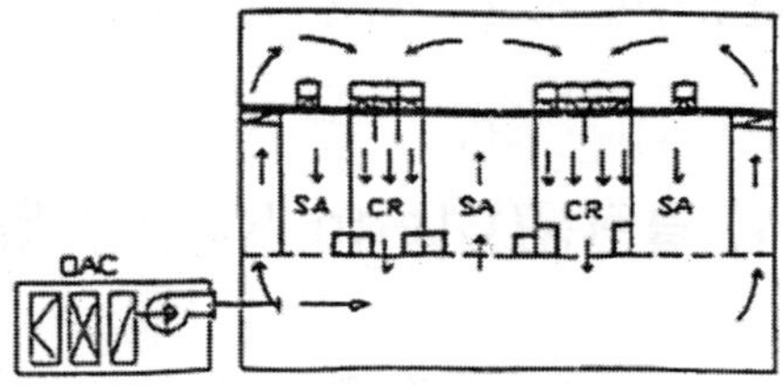

그림 1-8 FFU 장치

그림 1-9 System Ceiling+F.F.U 시공 사진

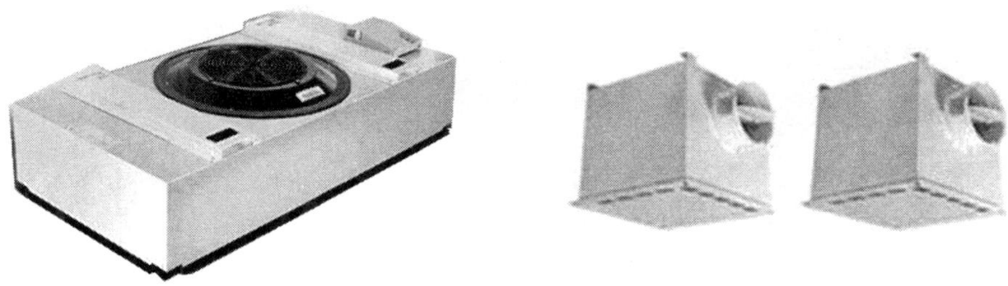

(a) 팬 필터 (B) 헤파 필터

그림 1-10 필터 예

대다수 반도체 공장 내 청정실의 ULPA Filter에 소형 순환 팬을 조합한 FFU(Fan filter Unit)는 장기간 사용 시 또는 이설 시 부주의에 의한 필터누설 및 풍속저하

현상이 발생되어 청정도에 영향을 미치므로 이를 방지하고 요구 청정도를 유지하기 위하여 적정한 유지보수가 이루어져야 한다.

FFU의 풍속 및 Filter scanning은 정기적인 주기를 가지고 체크하고, 불량발생 즉시 교체 또는 수리를 실시하여 청정도를 유지하도록 한다. Filter의 누설 판정기준은 Laser Particle counter로 측정 시 0.1 micron 이상 입자가 5개 이상 검출 시 누설로 판정하여 정밀 측정을 실시한다.

4) 클린룸(Clean Room) 입실 주요 동선

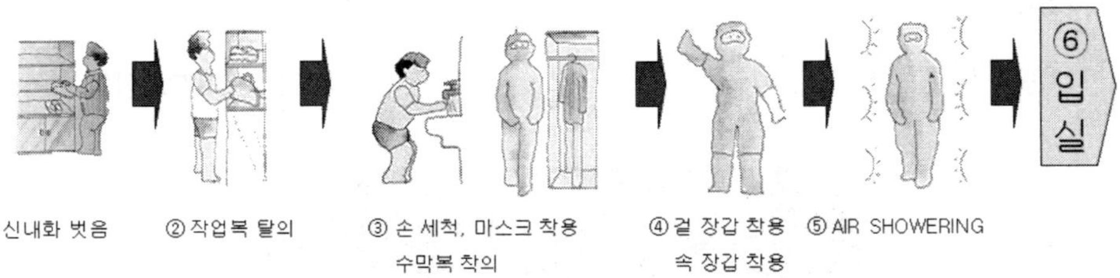

그림 1-11 청정실 입실 동선

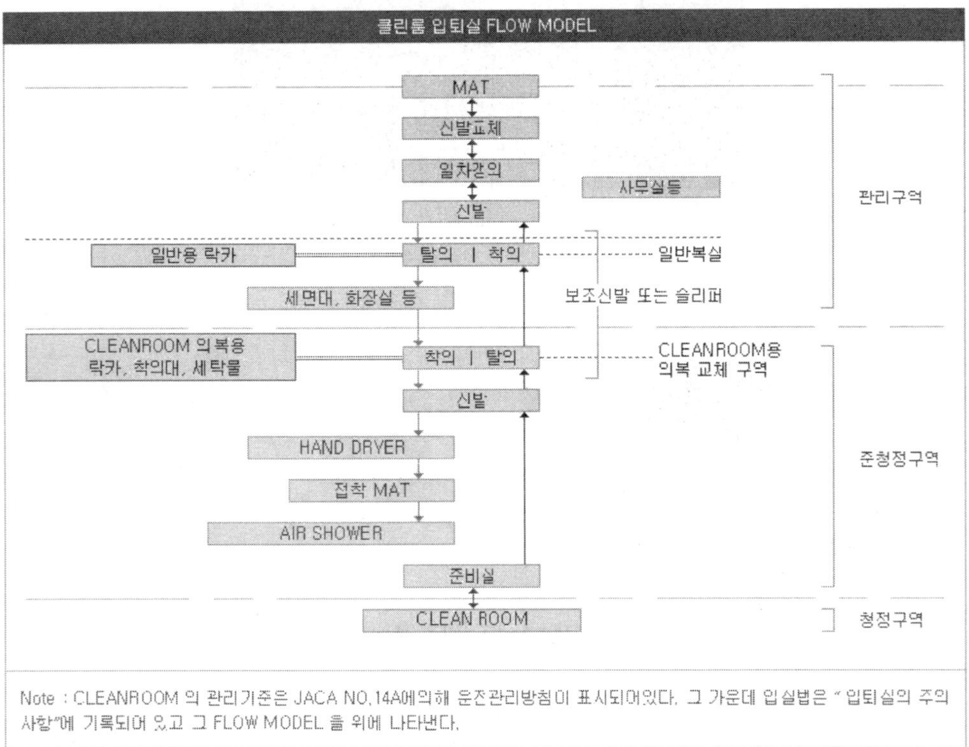

그림 1-12 청정실 입퇴실 흐름 모형

3. 청정실 설비공사 산업표준

1) 일반사항

(1) 적용범위

① 이 절은 건축물 공기조화설비공사의 클린룸설비공사에 적용되며, 클린룸, 공기정화장치, 클린룸 관련설비 및 기기류를 포함하고 열원기기, 환기 및 공기조화기기, 덕트 및 배관은 제외한다.

② 모든 자재 및 기기는 KS 표시품 사용을 원칙으로 하고 KS 표시품이 없는 품목에 대해서는 관계기관의 공인규격품 또는 KS규격에 준하는 제품이어야 한다.

③ 에너지 절약을 위한 자재 및 기기는 에너지이용합리화법에 의한 등록업체의 제품을 사용하여야 한다.

(2) 적용기준

03010 1.2 적용기준과 KGMP(의약품제조 및 품질관리기준) HACCP(안전위생인증) 관리기준, 실험실 생물안전지침, 클린룸 성능평가 단체품질인증 운영규정에 따른다.

(3) 참조표준

다음 규격은 본 시방서에 명시되어 있는 범위 내에서 본 시방서의 일부를 구성하고 있는 것으로 본다.

① 한국산업표준

KS A ISO 10648-1	오염방지 엔클로저-제1부 : 설계원칙
KS A 4812	방사선 에어로졸용 고성능 에어필터
KS A ISO 10648-2	오염방지 엔클로저-제2부 : 누출정도와 검사방법에 따른 분류
KS B 6740	클린룸용 에어필터 성능 시험 방법
KS B 6870	가스제거 필터 성능 시험 방법
KS I ISO 14644-1	클린룸 및 관련된 제어환경-제1부 : 공기 청정도 등급 분류

KS I ISO 14644-2	클린룸 및 관련된 제어환경-제2부 : KS M ISO 14644-1의 지속적인 등급유지를 위한 시험 및 모니터링 규격
KS I ISO 14644-3	클린룸 및 관련된 제어환경-제3부 : 시험 방법
KS I ISO 14644-4	클린룸 및 관련된 제어환경-제4부 : 설계, 공사 및 조업개시
KS I ISO 14644-5	클린룸 및 관련된 제어환경-제5부 : 작동
KS I ISO 14644-6	클린룸 및 관련된 제어환경-제6부 : 용어(미발간)
KS I ISO 14644-7	클린룸 및 관련된 제어환경-제7부 : 분리 장치(클린 에어후드, 글로브박스, 아이솔레이터 미니환경)
KS I ISO 14644-8	클린룸 및 관련된 제어환경-제8부 : 공기 중 분자 오염의 등급분류(미발간)
KS J ISO 14698-1	클린룸 및 관련된 제어환경-생물오염제어-제1부 : 일반원리 및 방법
KS J ISO 14698-2	클린룸 및 관련된 제어환경-생물오염제어-제2부 : 생물오염 데이터의 평가 및 성능 해석
KS M 1431	탈취용 바이오필터 담체의 성능시험방법

② 기타 참조표준

SPS-KACA001-0131	청정실 기술기준
SPS-KACA003-133	클린룸 성능평가 시험 방법
SPS-KACA006-0136	에어샤워
SPS-KACA007-0137	바이오하자드 안전 캐비넷
SPS-KACA009-139	항균필터
SPS-KACA010-140	팬필터 유닛
SPS-KACA012-0142 ULPA	필터 여재 성능 시험

2) 기기 및 재료

(1) 클린룸

① 일반사항

- 각 클린룸 및 보조 구역은 청정도, 온도, 습도, 차압, 기류 등에 있어서 소정의 성능을 가지는 것으로 하며 설계도서상의 표기에는 클린룸 성능(청정도 등급, 온도, 습도, 차압 등)이 명시되어야 한다.
- 모든 내면은 매끄러워야 하고 흠집, 턱, 구멍 등이 가능하면 없어야 한다. 모서리는 다듬질을 해주고 모든 연결 배관들과 전선 등은 오염 경로나 오염원이 되지 않도록 한다.
- 오염물이 쌓일 수 있는 모든 불필요한 턱이나 유사한 요철들이 없도록 하고 모든 부분을 청소가 가능하도록 한다.
- 클린룸의 크기는 실용적인 범위 안에서 최소한의 크기로 유지되어야 하고 장래의 요구 조건에 맞추어 쉽게 변경할 수 있도록 한다.
- 모든 접합부는 평행하게 연결되어야 하며 작업을 수행하는데 꼭 필요한 것들만 클린룸 항목
- 클린룸을 구성하는 재료의 요구사항 : 천장, 벽, 바닥 등에 대해 발진성, 내마모성, 내수성, 내약품성, 도전성, 내흡수성, 평활성 등을 만족해야한다.
- 클린룸은 구조적으로 내하중성, 내진성, 기밀성, 내압성, 내충격성, 단열성, 차음성, 방화성, 거주성, 흡음성을 만족해야한다.

② 바닥

- 일반사항
  - 바닥의 재질은 오염물을 생성시키지도, 보유하지도 않는 재료를 사용해야 한다.
  - 바닥은 일상 작업시의 마모에 충분히 견딜 수 있어야 하고 하중 등의 특별한 물리적 조건들을 만족시켜야 한다.
  - 바닥은 내약품성, 대전방지성, 내수성 등의 재질로 한다.
  - 접합부는 얇은 박판재질을 사용하여 오염물이 끼는 것을 방지할 수 있도록 용접하고 다듬질해서 높이를 균일하게 하거나 이와 유사하게 접합한다.
  - 수직층류방식 클린룸의 경우 그레이팅이나 펀칭메탈을 사용하고 비층류형 클린룸 등의 청정도가 낮은 클린룸의 경우 타일과 도장을 사용한다.

• 합성고분자계 바닥시트(타일)

– 내약품성의 요구조건이 엄격하지 않은 곳에 사용한다.

– 청정도가 낮은 클린룸의 경우 무정전 라미네이트 타일을 사용하고 청정도가 높은 클린룸의 경우에는 대전방지 타일을 사용한다.

• 도료형 바닥재

– 화학적 물리적 성능이 엄격하게 요구되는 곳에 사용한다.

– 클린룸의 용도에 따라 적절한 도료를 사용해야 하고 이는 SPS-KACA001-0131를 따른다.

– 절연성 도료는 저청정도 클린룸에 적용하고 클린룸 시멘트 바닥 위에 3~5mm 두께로 에폭시계 수지 또는 우레탄계 수지를 부어 이음새가 없이 평바닥을 만든다.

– 도전성 도료는 고청정도 클린룸에 적용하고 악세스 플로어 아래의 시멘트 바닥면, 벽, 천정 및 각종 배관의 외면 등에 사용한다.

– 절연성 바닥재 위에 도전성 도료를 코팅하지 않아야 한다.

– 도전성 바닥재 시공시 표면 전기저항은 $10^6 \sim 10^9 \Omega cm$ 정도가 되도록 한다.

• 악세스 플로어

– 악세스 플로어는 경량이며 내구성, 대전방지성, 내마모성, 내약품성이어야 한다.

– 유공판과 무공판으로 공기량을 조절할 수 있는 기능을 갖추어야 한다.

– 청정도 변경 등에 적응력이 양호해야 한다.

– 악세스 플로어는 장비의 하중을 충족할 수 있어야 하고 콘크리트 장비 기초 설치범위를 최소화할 수 있도록 강도를 유지해야 한다.

– 수평레벨 공사는 1mm 이하로 맞추어야 한다.

– 악세스 플로어는 알루미늄합금 다이캐스팅, 스틸 다이캐스팅, 스테인레스 스틸 등의 재질이 있고 KS 기준 동등이상의 제품이어야 한다.

(a) Access Floor　　(b) 시공사진

그림 1-13 Access Floor

③ 벽체

- 일반사항
  - 내벽은 콘크리트에 직접 시공하거나 강재의 바탕재 위에 시공하는 경우, 간막이 벽 등 기성재를 사용하여 클린룸을 조립하는 경우가 있다.
  - 벽재는 방진성, 내충격성, 기밀성, 내진성, 내변형성, 내약품성, 단열성, 방습성, 내수성, 발수성, 내열성, 내습성, 내오염성, 내마모성, 내식성 등을 갖춘 것으로 한다.
- 복합재료 구성판(샌드위치 패널)
  - 0.6mm 이상의 아연도 철판을 사용한다.
  - 요철형태의 알루미늄 주심재와 내화성 수지로 처리된 종이 하니컴 또는 알루미늄 하니컴 심재를 사용한다.
  - 석고보드는 KS F 3504(석고판) 기준 이상의 제품을 사용한다.
  - 철판과 석고보드 사이에는 접착제를 사용하여 접착하고 석고보드와 하니컴 심재 사이에는 애폭시 계통의 접착제을 사용한다.
  - 청정도가 낮은 클린룸의 경우 본체 도장을 하고 청정도가 높은 클린룸의 경우에는 무정전 도장을 한다.
- 석고보드 패널
  - 석고보드는 KS F 3504(석고판) 기준 이상의 제품을 사용하고 두께는 9mm, 12mm로 한다.
  - 청정도가 낮은 클린룸의 경우 본체 도장을 하고 청정도가 높은 클린룸의 경우에는 무정전 도장을 한다.
  - 표면재는 도장성능 이상의 시트를 부착한다.

④ 천장

• 일반사항

– 천장재는 불연성재료(불연성보드, 스테인레스, 알루미늄 등의 금속패널)를 사용한다.

– 필터와 조명기구, 공조기기 등이 부착되고 충분한 기밀성, 단열성을 가진 것으로 한다.

– 천장 바닥면은 가늘고 길어야 하고 지지대는 충분한 강도를 가진 것으로 한다.

• 천장틀

– 재질은 일반구조용 경량형강으로 KS D 3530(일반구조용 경량 형강) 동등품 이상이어야 한다.

– 천장틀의 부재는 파이프, L-형강 등이 있으며 부재형태에 따라 적당한 부속 체결물을 사용한다. 조인트의 별도의 볼트로 접합한다.

– 행잉바는 조강 단조용 형재로 KS D 2100(베릴륨 구리의 분석방법) 또는 동등 이상이어야 한다.

– 코너조인트는 KS D 2331(다이캐스팅용 알루미늄합금 지금) 및 KS D 6006(알루미늄 합금 다이캐스팅) 또는 동등이상을 사용한다.

– 몰드바 및 와이어 커넥터의 소재는 A60335-T5를 사용한다.

– 행잉 브라켓은 열간 압연강판으로 KS D 3753(합금 공구 강재) 또는 동등 이상의 스틸앵글(SS41)을 사용한다.

– 볼트, 너트, 왓셔의 재질은 SS45C 기준 또는 동등 이상의 재질로 한다.

• 천장 마감재

– 천장 마감재는 내발진성 및 불연성이 있어야 한다.

– 전면 층류형 클린룸의 경우 헤파필터와 울파필터를 사용하고 그 밖의 클린룸의 경우에는 헤파필터와 복합재료패널 또는 석고보드패널 등의 벽재와 동등한 것으로 선정한다.

⑤ 창호

• 일반사항

– 클린룸과 외부로 통하는 출입문은 자동개폐장치의 문을 사용하고 클린룸 내부의 복도와 공정구역의 구획에 설치되는 일반 출입문은 피난방향을 향

해 한 방향으로 열리도록 한다.
– 창은 대전방지 재질을 사용한다.

• 출입문
– 출입문의 문틀은 알루미늄이나 스테인레스 강판을 사용하고 문턱은 스테인레스 강판을 사용한다.
– 경첩은 KS F 4519(보주 경첩) 또는 동등 이상이어야 한다.
– 클린룸과 외부로 통하는 출입문은 인터록 장치가 있어야 한다.

• 창
– 창틀의 재질은 알루미늄판 또는 스테인레스 강판을 사용하며 KS D 37(금속분의 샘플링 방법) 기준 또는 동등 이상의 제품이어야 한다. 또한 무전도장이 되어야 한다.

(2) 공기정화장치

① 입자제거 필터

클린룸에 사용되는 핑터의 종류로는 울파필터, 헤파필터, 중성능필터 및 전처리필터가 사용된다.

② 케미컬 필터

• 음이온 및 양이온 치환섬유, 이온교환수지, 입상 및 허니컴 활성탄 등을 첨가한 여과재를 사용한다.
• 여과재는 그물망 금속 메쉬, 부직포시트, 이온교환섬유시트 등의 구조를 갖는다.
• 프레임은 알루미늄, 강판, 스테인레스를 사용하고 케이싱은 알루미늄을 사용한다.
• 접착제는 ①의 접착제를 따른다.
• 가스켓은 누설이 없어야 한다.
• 분리판은 ①의 분리판을 따른다.
• 여과재, 케이싱, 프레임, 접착제, 가스켓, 분리판 등의 재료에서 2차로 발생하는 가스가 없어야 한다.
• 팬필터 유닛의 헤파필터와 울파필터의 상부에 설치될 수 있다.

③ 항균 필터

- 항균제(효소, 무기담체 등)를 첨가한 여과재는 아코디언 모양으로 접어서 진동 등에 의하여 손상을 받지 않고 정상적인 상태에서 2~3년 동안의 사용에 견딜 수 있는 것으로 한다.
- 프레임은 한판이나 알루미늄 압출재, 강판, 스테인레스를 사용한다.
- 접착제는 ①의 접착제를 따른다.
- 가스켓은 클로로프렌계와 아피디엠계 고무가 사용되고 누설이 없어야 한다.
- 분리판은 ①의 분리판을 따른다.

④ 팬필터유닛

- 팬필터유닛은 팬, 필터, 모터, 제어기, 케이싱, 벨마우스, 안전망으로 구성되어 있다.
- 팬필터유닛을 구성하고 있는 부품 상호간 공진현상이 발생되지 않는 구조이어야 한다.
- 제어기는 팬필터유닛을 조정하기에 편리하고, 팬필터유닛에서 발생될 수 있는 에러를 신속하게 감지하고 전달할 수 있는 체계를 가져야 한다.
- 팬과 모터의 교체가 용이한 구조이어야 한다.
- 벽체의 재료는 쉽게 박리되거나 녹이 발생하지 않아야 한다.
- 오염입자 또는 화학오염물 배출이 최대한 억제되어야 한다.
- 표면 대전 방지를 위하여 표면에 금속이나 정전도장 등 처리가 되어 있어야 한다.
- 플라스틱 사출물을 사용하는 경우에는 오염가스 발생 등에 대하여 사용자와 협의를 충분히 해야 한다.
- 울파필터 또는 헤파필터는 통산의 공기 조건에서 쉽게 변질, 부식되지 않아야 한다.
- 울파필터 또는 헤파필터의 부착부는 시간이 경과하여도 패킹의 고착에 의한 에어로졸의 누설이 없는 재료와 구조로 제작되어야 한다.
- 케미컬 필터가 적용되는 경우 구성품에서 가스발생이 없어야 한다.
- 팬필터 유닛은 종류는 1~6호로 구분되고 SPS-KACA-140에 기재되어 있는 것으로 한다.

(3) 클린룸 보조설비

① 에어샤워

• 일반사항

– 에어샤워는 전처리필터, 팬, 헤파필터, 공기분사노즐, 조명으로 구성되고 필요에 따라 자동문, 제전장치 등을 추가할 수 있다.

– 모든 재질은 KS 제품을 기준으로 하면 클린룸 내로 입자가 유입되지 않는 구조이어야 한다.

• 구조 : 산업표준 지침서 참조

그림 1-14 에어샤워 내부

② 패스박스

• 일반사항

– 패스박스는 가동플랜지, 고정플랜지, 핸들, 투명창으로 구성되고 필요에 따라 공기청정장치, UV램프, 제전장치를 추가할 수 있다.

– 모든 재질은 KS 제품을 기준으로 하면 클린룸 내로 입자가 유입되지 않는 구조이어야 한다.

• 구조 : 산업표준 지침서 참조

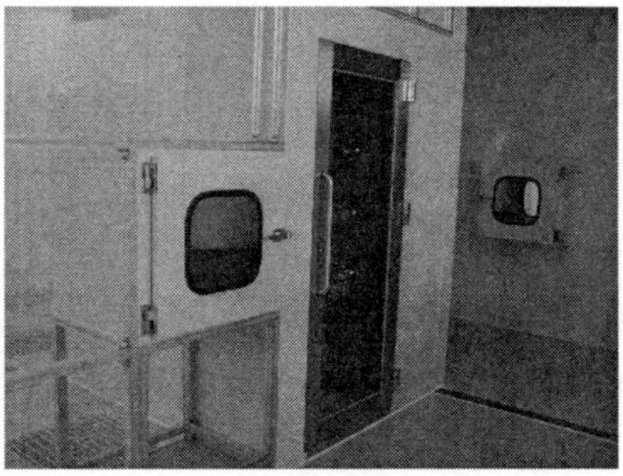

그림 1-15 패스박스

③ 클린 벤치(무균 작업대)

• 일반사항

– 클린벤치는 전처리필터, 팬, 헤파필터, 조명등, 조명등커버 등으로 구성되고 필요에 따라 전면 셔터, UV램프, 거스버너, 시수공급장치, 제전장치 등을 설치한다.

그림 1-16 클린벤치

– 클린벤치는 수평기류형과 수직기류형이 있다.
– 모든 재질은 KS 제품을 기준으로 하면 클린룸 내로 입자가 유입되지 않는 구조이어야 한다.

이외에도 클린부스 및 바이오 해저드 안전 캐비넷 등의 구성요소가 있다.

| 연 습 문 제 |

01 청정실(Clean Room)에 대한 정의를 논하시오.

02 청정실을 규정하는 Class에 대해 논하시오.

03 청정실(Clean Room)을 구성하는 중요한 요소 중의 하나인 여과시스템(filter system)의 종류를 나열하고 설명하시오.

Chapter 02

반도체 설비

반도체 제조 fab에서 사용되는 기계설비의 유지관리 및 제조 지원 장비의 시설구축에 필요한 최소한의 기준 및 참고자료를 통하여 이해한다. 또한 일반적인 설비의 개요 및 설비의 종류별 기능, 구성요소 및 흐름도에 대하여 소개하고, 기계 설비를 이해한다.

1. 반도체 청정실 기계설비

1) 기계설비 개요

반도체 소자 제조를 위한 청정실의 온·습도, 청정도 및 일반 사무실의 냉난방 유지에 필요한 각종 구동기계 장치 및 배관, 덕트(Duct) 등 HVAC 관련 일체의 기계장치는 물론 웨이퍼 제조공정(Wafer Process)에 직, 간접적으로 필요한 각종 유틸리티(Utility)를 공급하고 처리하는 시설물을 기계설비라고 한다. 기계설비의 유지관리 및 제조 지원 장비의 시설구축에 필요한 최소한의 기준 및 참고자료를 통하여 일반적인 설비의 개요 및 설비의 종류별 기능, 구성요소 및 흐름도에 대하여 소개하고, 기계설비를 이해하기 위한 기초 지식에 대하여 이해하고자 한다.

2) 기계설비의 구분

(1) 공기조화 기계설비

공기조화 기계설비란 '공조설비'라고도 하며, 사무실 및 청정실의 온·습도 및 청정도등 주로 냉·난방을 유지하기 위한 설비로서 냉동기, 냉각탑, 보일러, 공기조화기 및 이와 관계된 기계기구 일체를 말한다.

HVAC(Heating Ventilation & Air Conditioning)설비라고도 한다.

(2) 청정실(Clean Room) 기계설비

청정실 기계설비란 청정 환경유지에 직접적으로 필요한 기계·기구 및 관련설비 일체를 말하며 MUA, Air-Shower, FFU, HEPA Box, Pass Box 등을 들 수 있다.

(3) 유틸리티(Utility) 설비

유틸리티(Utility) 설비란 제조, 지원부문(시설포함)에 사용되는 각종 유체를 이송하기 위한 기계장치 및 배관, Duct 등 부속설비 일체를 말한다.

(4) 기타설비

기타설비란 비교적 간단한 시스템으로 주요설비를 보조하는 기능을 갖는 설비로서 온수공급설비, 경유공급설비 및 도시가스공급설비 등이 있다.

2. 기계설비 능력

표 2-1 기계설비 능력

No	종 류	용 량	수량(set)	총용량	용 도
1	Steam Boiler	10ton/hr	2	20ton	가습, 급탕, 초순수 가열
2	Hot Water Boiler	2,000,000 Kcal/hr	4	8,000,000 Kcal/hr	난방, 제습, 온수가열
3	5℃ Chiller	1,000RT	5	5,000RT	난방, 제습 PCW 냉각, Vac' Pump냉각
4	10℃ Chiller	1,000RT	6	6,000RT	냉방, 초순수 냉각
5	공기조화기-AHU	72,000CMH	15	567,200CMH	사무실 냉난방
6	공기조화기-AHU	62,000CMH	15	857,600CMH	Clean Room 급기
7	Packaged Air Conditioner	15RT 외	15	80RT	외곽건물 냉난방, 전산실 냉방 등
8	Heat & Gen 배기 Fan	51,000CMH	4	204,000CMH	Clean Room 장비의 일반배기
9	10℃ PCW System	6,000LPM	3	2,000LPM	Test Room 냉각수 공급
10	15℃ PCW System	17,500LPM	5	3,500LPM	Main Fab 냉각수 공급

No	종 류	용 량	수량(set)	총용량	용 도
11	Process Vacuum	936CMH	3	2,808CMH	Process Vacuum Service
12	House Vacuum	1,200CHM	2	2,400CMH	Clean Room 및 장비청소
13	City Water Tank (지하)	600ton	2	300ton	Process Water 및 식·생활용수
14	City Water Tank (고가)	60ton	2	30ton	식수·생활용수
15	온수 가열장치	2100Liter	2	4200Liter	식당 및 화장실, 샤워장 온수공급
16	LNG 공급설비	–	1	nm^3/day	boiler 연료, 식당취사, VOC배기 Service
17	경유 Tank	15,200Liter	1	15,200Liter	Boiler 비상연료, 발전기 연료
18	일반 배기 Fan	65,000CMH	15	210,580CMH	사무실, 식당, 화장실, 기계실 등의 배기
19	일반 배수 Pump	–	8	–	기계실, 공동구등 배수
20	N_2 Gas 제조고급설비	Plant/Tank	1	4,000Nm^3/hr	Process Gas 공급
21	O_2 Gas 저장공급설비	Storage Tank	1	120Nm^3/h	Process Gas 공급
22	H_2 Gas 저장공급설비	Cylinder 집합설비	1	35Nm^3/h	Process Gas 공급
23	He Gas 저장공급설비	Cylinder 집합설비	1	25Nm^3/h	Process Gas 공급
24	Ar Gas 저장공급설비	Storage Tank	1	25Nm^3/h	Process Gas 공급

3. 공기조화 기계설비의 종류 및 특징

1) 보일러(Boiler)설비

(1) 보일러 설비 개요

보일러란 강철제나 주철제로 만든 밀폐된 용기 속에 물을 넣고 열을 가하여 끓여서 증기를 발생시키거나 온수를 발생시키는 장치로서 각종 산업용 가열장치 및 난방용으로 이용하고 있으며 이를 유지하기 위한 여러 가지 기계장치를 통틀어 보일러 설비라고 한다. 대부분 반도체 제조회사에서는 증기(Steam) 보일러와 온수(HOT Tater) 보일러가 많이 사용되고 있다.

(2) 증기 보일러

① 일반적 사양

- 형　　식 : 노통 연관식
- 용　　량 : 10ton/hr
- 사 용 압 : 0~10kg/cm^2
- 사용연료 : LNG 및 경유

② 용도

- 사무실 가습 및 청정 증기 발생기(Clean Steam Generate) 가열
- 초순수 제조를 위한 온수 가열(Heating)
- 식당 취사

표 2-2 증기 보일러 기기의 기능

기 기	주요사양	기 능
보일러 종류	노통연관식	연소열을 이용 관수를 가열하여 증기를 발생시킴
급기 Fan	Sirocco Type	연소전 노내퍼지 및 연소에 필요한 공기를 공급
Burner	“F” Type(Gas & Oil)	Gas & Oil를 이용한 연소장치
급수 PUMP	그런포스입형다단펌프	보일러내부 관수보충(−15℃~+120℃사용)유량 1~97ton/h)
응축수 Tank	10ton×1EA	환수된 따뜻한 응축수를 저장하여 보일러에 공급
수위조절기(맥도날)	플로우트식	보일러내 일정한 수위를 유지시킴
CO_2 측정기	질코니아식	배기가스중의 O_2와 CO_2의 농도를 측정
안전밸브	스프링식(전량식)	보일러내압력 상승을 기계적으로 저지, 파열방지
정격 증발량	10,000kg/h	증기발생량을 보일러용량으로 표시함
수면계	크랭커반사식×2EA	보일러내의 수위를 눈으로 확인할 수 있게 함
화염검출기	광전관	연소 불꽃의 빛을 감지하여 버너를 단속시킴
화염온도검지기	질코니아식	배기가스온도를 감지하여 버너를 차단시킴
자동블로우 장치	전기작동식(BCV30)	용존 및 부유성 고형물 농도를 감지, 자동 배출시킴

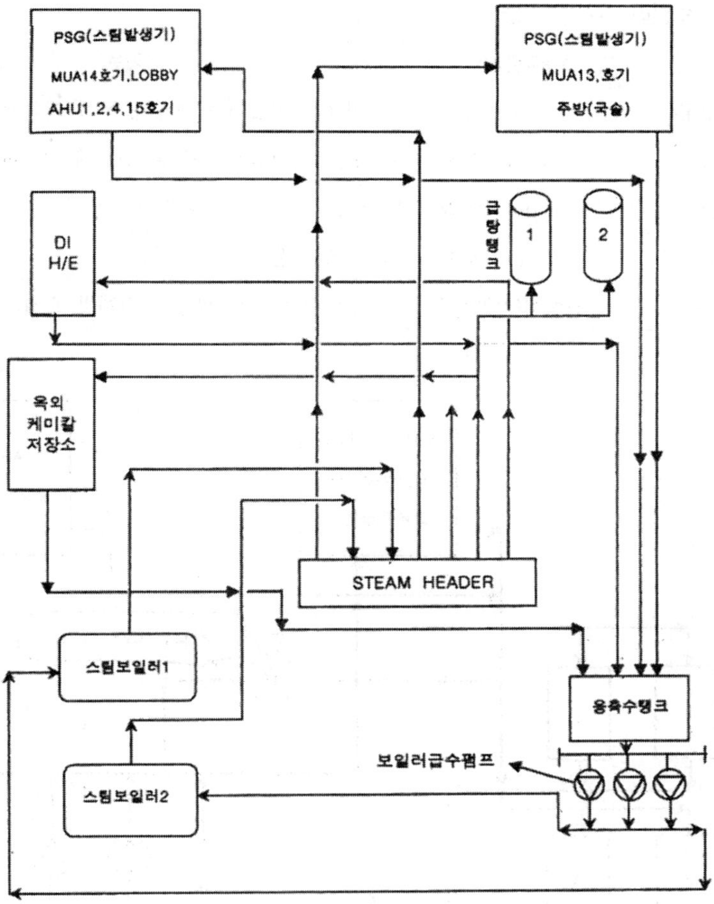

그림 2-1 증기보일러 흐름도

(3) 온수 보일러

① 일반적 사양

- 형　　식 : 노통 연관식
- 용　　량 : 2,000,000Kcal/hr
- 사 용 압 : 0～10Kg/cm^2
- 사용연료 : LNG 및 경유

② 용도

- 사무실 난방
- 청정실(Clean Room) 제습을 위한 사전 히팅(Pre-Heating)
- 기타 세면 및 샤워 등 위생설비용 등으로 사용한다.

표 2-3 온수 보일러 기기의 기능

기기	주요사양	기능
보일러 종류	노통연관	연료가 연소되는 연실과 물이 채워지는 수실
급기 Fan	Sirocco Type	연소 전 노내 퍼지 및 연소에 필요한 공기공급
Burner	"P" Type(Gas & Oil)	Gas & Oil을 이용한 연소장치
순환 Pump	Centrifugal	가열된 온수를 순환공급
안전밸브	전량식(스프링식)	보일러 내 압력상승을 기계적 저지, 파열방지

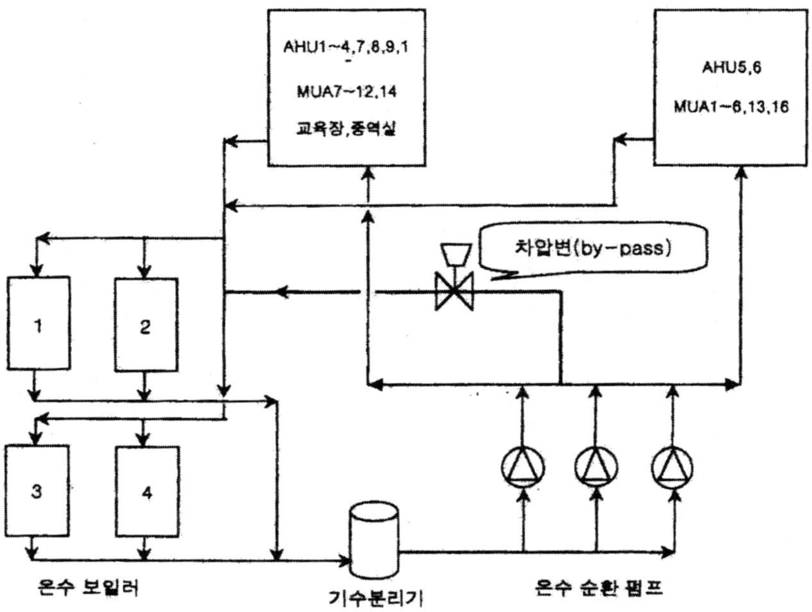

그림 2-2 온수 보일러의 흐름도

(4) 보일러(Boiler)의 유지관리

① 일상적인 점검사항

- 압력조절 장치는 정상동작 하는지?
- 수위조절 장치는 정상동작 하는지?
- 배기가스 온도(120~180℃)는 적절하게 유지되고 있는지?
- 공기혼합비가 적절한지?
- 증기 보일러의 경우 주기적으로 Blow Down을 실시하는지?
- 연수기는 정상 작동하고 있는지?

• 보일러수의 수질은 기준에 적합한지?
• 수처리용 약품은 정상으로 투입되고 있는지?
• 각종 게이지는 정상으로 동작하고 있는지?
• 누수가 되는 곳은 없는지?

② 특기 사항

• 보일러(Boiler) 안전 관리자 채용 의무 : 각종 보일러(Boiler)는 에너지 이용 합리화법 제 59조 1항에 의거 에너지 기기 조종자(안전 관리자)를 선임하여야 한다. 또한 보일러(Boiler)의 연료를 도시가스를 사용하는 경우 고압가스 안전관리법 제29조 1항에 의거 안전 관리자를 선임하여야 한다. 이 경우 선임대상자는 재직 사원으로서 유자격자(국가 기술자격법 관련)를 선임하여야 하며 상기 2가지를 만족하는 자를 에너지기기 안전 관리자로 선임할 수 있다. 필요한 자격은 보일러 취급기능사 또는 열관리 기사 및 고압가스 기계기능사 또는 기사 자격을 동시에 소지한 자 이어야 한다.
• 검사의 의무 : 보일러(Boiler)는 에너지 합리화법 제58조 2항에 의거한 일정 규모 이상의 경우 최초 설치 시 안전설치검사를 받아야 한다. 또한 사용 중인 보일러(Boiler)는 에너지 합리화법 제 33조 1항에 의거 매 년 1회 계속 사용검사를 받아야 하며 2년에 1회 성능검사를 받아야 한다.

③ 보일러수의 수질기준

보일러 내의 물은 가열과 냉각 및 상변화를 계속하며 각종 기계·기구를 순환함에 따라 각종 불순물의 발생 및 농축에 따른 축척(Scale) 및 부식생성으로 보일러(Boiler)의 효율을 감소시키며 또한 보일러(Boiler)는 물론 관계통을 통하여 관 및 관련설비의 수명을 단축시키는 결과를 가져 온다.

이와 같은 손실을 방지하기 위해서는 지속적으로 적정 수질을 유지할 수 있도록 관리하여야 하며 적정수질 기준은 표 2-4와 같다.

표 2-4 보일러수의 적정 수질 기준

구 분	항 목 ╲ 수 질	수질관리 기준			비 고
		보일러수	냉 수	냉각수	
1	탁도	–	2 이하	20 이하	
2	PH(at 25℃)	11~11.8	7~10	8~9	
3	전도율(μm/cm)	4000 이하	2500 이하	2000 이하	
4	P-알카리도($CaCO_3$)	80~600	–	–	
5	M-알카리도($CaCO_3$)	100~800	–	150~300	
6	전경도($CaCO_3$)	0	–	–	
7	Ca-경도($CaCO_3$)	0	–	150~300	
8	Silica(Sio_2^-)	350 이하	–	150 이하	
9	염소이온(CI^-)	400 이하	100 이하	350 이하	
10	전철(Fe)	2 이하	2 이하	2 이하	
11	인산이온(PO_4^{-3})	20~40	–	6~10	
12	아질산 이온(NO_2)	–	250 이상	–	

표 2-5 수 처리용 화학제품(Chemical)의 종류 및 특성

약품명	특 성	주성분
TC-221	유기인산염이 수중의 2과 금속과 반응하여 금속 표면에 방식피막을 형성하고 폴리머는 스케일화하는 무기질 성분이나 대기중 먼지에 의한 침전물을 분산시켜 생성을 방지한다(슬라임 번식억제).	유기인산염 폴리머 동방식제
TC-266	미생물의 회백질 중에 있는 여러 가지 원자단을 변소성 시키므로서 살균 시킨다(슬라임 부착방지).	유기질소
TC-261 (고체염소)	단백질중의 Cysteine기를 파괴하여 슬라임 장해의 원인이 되는 미생물을 사멸시킨다(슬라임 박리처리).	염소화합물
TC-272	물속에 녹아있는 용존 산소와 철성분의 접촉을 차단하여 배관 부식을 방지한다(방식 피막 형성).	아질산염
TB-100 (청관재)	스케일 성분을 부유 또는 침전물로써 블로우에 의해 제거하고 PH 조절과 용존산소를 제거하여 부식을 방지함	인산

2) 냉동설비

냉동설비란 열을 흡수하는 성질을 가진 냉매의 상변화를 이용하여 물체 또는 일정한 장소로부터 열을 제거하여 온도를 낮게 유지하는 장치로서 냉동기, 냉각기, 냉

장고 및 냉방 등 이에 관계된 일체의 설비를 말하며 일반 및 산업용 냉각장치로 폭넓게 사용되고 있다. 반도체 제조 회사에 주요 설치되어 있는 냉동설비를 살펴보면 다음과 같다.

(1) 냉동기(Chiller)

① 형 식 : Turbo

② 용 량 : 1,000 USRT × 11sets

③ 소비동력 : 700KW

④ 사용냉매 : R-123(R-11)

⑤ 용 도

- 5℃ Chiller
  - Clean Room Make-up(급기) 공기의 냉각 및 제습
  - 초순수 냉각(Di Water Cooling)
  - 10℃ PCW Cooling
  - 사무실 냉방유지
- 10℃ Chiller
  - 청정실내 순환공기의 현열 제거(Dry Coil용)
  - 18℃ PCW Cooling
  - 공정 진공 시스템 냉각

⑥ 주요 구성기기의 종류 및 기능

표 2-6 냉동기의 주요 구성기기의 특성

종 류	사 양	기 능
압축기	Turbo Type	냉매를 상온에서 액화하기 쉬운 상태로 압축
응축기	Shell & Tube	압축된 기체냉매를 냉각수로서 액체냉매로 상변화
팽창기	Expansion Valve	냉매액을 증발하기 쉬운 상태로 감압
증발기	Shell & Tube	냉매액이 기체로 변화하면서 냉수를 냉각
유분리기	−	냉매속에 녹아있는 윤활유를 여과하여 냉매효율 증대
오일 Pump	−	압축기내의 발열을 제거하기 위하여 Oil을 순환
여과기	Filter	압축기 오일속에 포함되어 있는 이물질 제거

⑦ 냉동의 기본 순환 주기(Cycle)

- 증발과정 : 액체의 냉매는 압축기에 의해 저압으로 유지된 증발기내에서 그 압력에 상당하는 비등온도로 증발이 된다. 즉 기내압력이 수은주 −510mm (절대압력 250mmHg)로 될 때는 냉매가 0℃에서 냉매가 비등 증발된다. 이 때냉매 1kg의 기화잠열은 42.33Kcal이다. 이 열량은 증발기내의 냉수와 열 교환하여 냉수를 냉각하게 된다.
- 압축과정 : 증발기내에서 생긴 냉매는 압축기 내에 흡입되어 고속도로 회전하는 임펠러(Impeller)에 의해 응축기내 압력까지 압축이 된다. 이때 냉매증기를 압축하기 위해 소비된 동력은 열로 되어 냉매증기 중에 축적되어 냉매증기의 온도는 상승하게 된다.
- 응축과정 : 압축기 내에서 응축기내로 보내진 냉매증기의 열, 즉 증발기내에서 냉수로부터 흡수한 열과 압축과정에서 가해진 열은 응축기 내를 흐르는 냉각수에 빼앗기고 냉매는 응축기내 압력인 상태에서 응축온도까지 냉각되어 액체로 되어 응축기 하부에 고이게 된다. 이때 응축온도는 냉각수 출구온도보다 약간 높고 냉각수는 냉매증기로부터 열을 빼앗아 온도가 상승되어 응축기 밖으로 나오게 된다.
- 감압과정 : 응축기하부에 고인 고온의 냉매액은 응축기내 압력과 증발기내 압력차에 의해 증발기로 흘러가는데 이 과정에서 냉매액은 증발기내 압력까지 감압되고 온도도 응축기내 온도에서 증발기내 온도까지 강하하게 된다.

⑧ 터보 냉동기(Turbo Chiller) 시공 사진

그림 2-3 냉동기 시공사진

(2) 냉각탑(Cooling Tower)

냉동기 운전에 따른 기계적 발열 열량 및 응축기로부터 흡수한 열을 제거해주어야 냉동 순환이 이루어지는데 이때 이 열을 흡수 방열시키는 기능을 하는 것을 냉각탑이라고 하며 냉동열원 외기타 기계장치로부터 발생되는 열을 제거하기 위하여 사용되며 반도체 제조 회사에 주로 사용되는 냉각탑의 사양은 다음과 같다.

① 형 식 : Open-Cross Flow type

② 용 량 : 1,200USRT × 11sets

③ 소비동력 : 20KW(5KW × 4cells)

④ 용 도

- 냉동기 발열제거
- 공기 압축기(Air Compressor) 발열제거

⑤ 주요 구성기기

표 2-7 냉각탑의 주요 구성기기의 특성

종 류	사 양	기 능
본 체	ERP,PVC	냉각수조 기능 및 Fan 및 충진재설치용 구조체
충진제	Flim type 목재, Plastic	냉각수와 공기를 열교환시키기 위한 일종의 열과환기
Eliminator	Plastic or Stainless stl	냉각수의 비산을 방지하기 위한 일종의 Buffer
Fan	입형(축류), V-belt 감속	냉각수의 열을 공기와 열교환 시키기 위한 공기를 순환시킴

⑥ 냉각탑(Cooling Tower) 시공 사진

그림 2-4 냉각탑 시공사진

⑦ 5℃ Chiller Water Flow Diagram

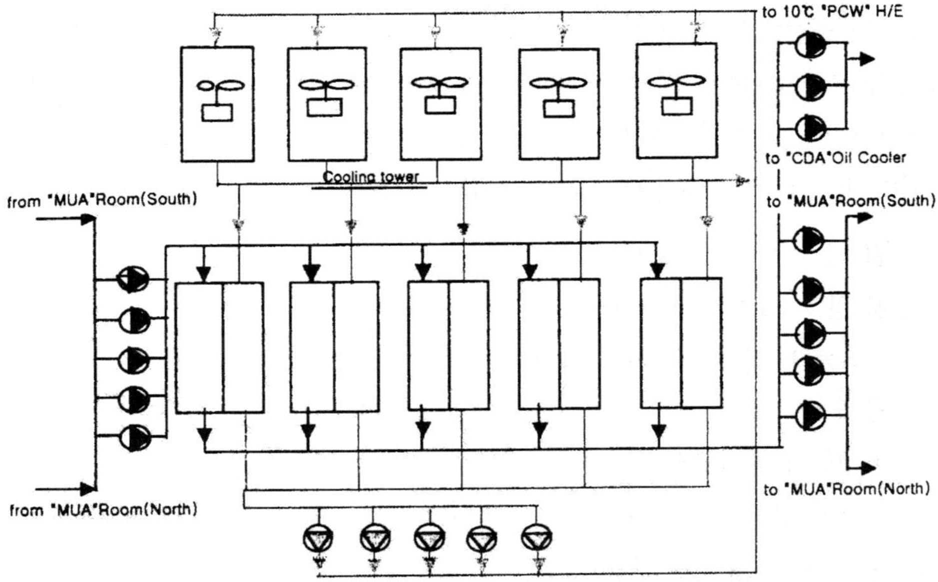

그림 2-5 5℃ Chiller Water Flow Diagram

⑧ 10℃ Chiller Water Flow Diagram

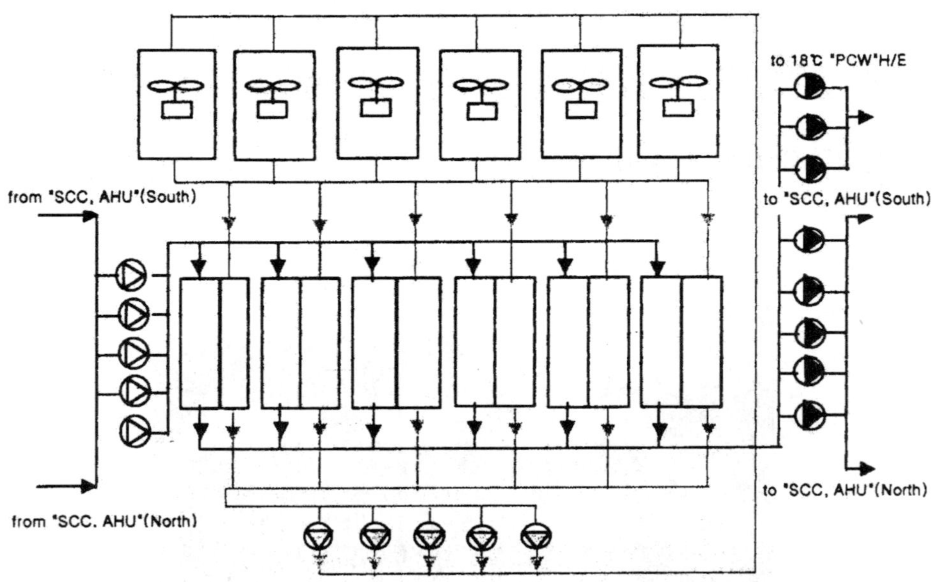

그림 2-6 10℃ Chiller Water Flow Diagram

3) 공기조화 설비

공기조화란 실내의 온도, 습도, 기류, 먼지, 냄새, 박테리아, 유독가스 등의 조건을 제조 활동 또는 인체에 가장 좋은 조건으로 유지하기 위한 공기처리 설비로서 반도체 제조 회사에서는 AHU와 MUA로 구분하고 있다.

(1) AHU(Air Handing Unit)

① 개요

청정실(Clean Room)을 제외한 일반 사무실 지역의 공기조화를 목적으로 설치하였으며 급기용 Fan과 환기용 Fan이 함께 설치되어 계속적으로 공기가 순환되도록 운영하고 있으며 특별히 청정실용 MUA와 다른점은 HEPA Filter가 없으며 비교적 정압조건이 약 60mmAq 정도로 낮은 편이다.

또한 배기가 별도로 이루어지지 않는 일반적인 사무실의 경우 계절 및 외기조건에 따라 다소의 차이는 있지만 대략 10~20% 범위 내에서 배기를 시키고 대신 신선한 공기를 공급하여 실내를 항상 쾌적하게 유지한다.

표 2-8 AHU의 구성요소 및 기능

No	종 류	기본사양	기 능
1	Air Filter	Demister Filter	주로 금속 Wire를 사용하며 비교적 입자가 큰 분진 등 이물질 제거용
2		Pre-Filter	중량법에 의한 포집효율 60~90%의 Filter를 의미하며, 초기 Filter로 이용
3		Carbon Filter	외기에 섞여있는 Co를 비롯한 화학 물질을 걸러주기 위한 Filter를 의미
4		Medium Filter	비색법에 의한 포집효율 80~95%의 Filter를 의미하며, 2차 Filter로 사용
5	Cooling Coil	10℃	하절기 제습된 공기를 적정한 온도 및 과열된 온도 보상 Coil
6	Heating Coil	88℃	과냉각된 공기를 위한 재열 Coil, 및 동기 온도 보상용 Coil
7	Humidifier	Steam ($0.5kg/cm^2$)	Room내의 습도를 일정하게 유지하기 위한 일반 Humidity
8	Supply Fan	Air Foil (익형 송풍기)	50~160mmAq의 고성은 Fan으로 공기조화된 공기를 Office로 공급함
9	Return Fan	Air Foil (익형 송풍기)	30~50mmAq의 Fan으로 Office로 공급된 공기를 환기하는 역할을 함

② AHU의 구조

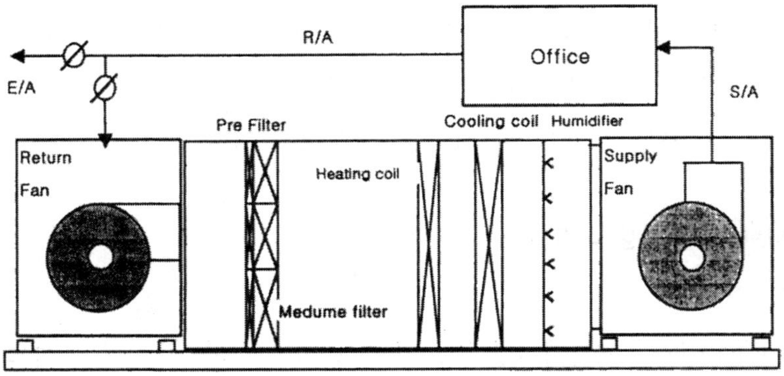

그림 2-7 AHU의 구조

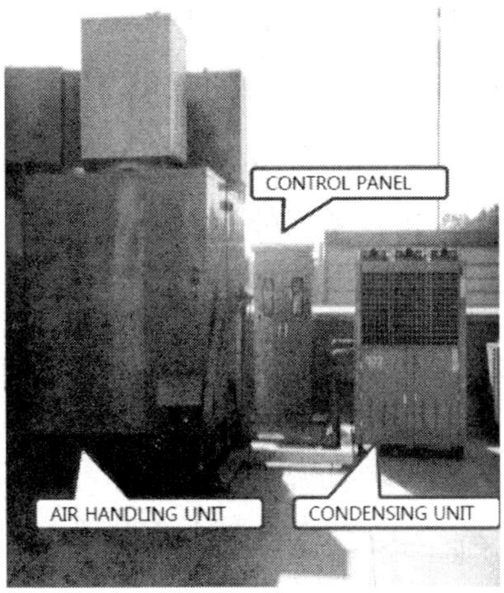

그림 2-8 외부 공조시스템

(2) MUA(Make-up Air Handing Unit)

① 개요

청정실(Clean Room)내 제조공정에서는 각종 화학제품/가스(Chemical/Gas)가 사용됨에 따라 유해가스가 발생하고 있는데 이 유해가스를 배출시키기 위하여 몇가지 배기장치로서 장비내의 가스를 외기로 배출시키고 있다. 이 경우 청정실내부는 음압이 걸리게 되는데 이럴 경우 외부로부터 오염된 공기가 청정실내로 유입이 되어 청정 환경을 깨뜨리게 된다. 이를 방지하기 위해서는 외부에서 깨끗한 공기를 불어넣어 음압을 보상하여야 하는데 이때 보상하는 공기도 청정실내의 조건과 동일하게 유지하여야 한다.

이와 같이 청정실내의 공기 균형(Balance)을 유지하기 위한 급기장치를 MUA라 한다. 반도체 제조회사에서는 비교적 흡입 및 토출저항이 크기 때문에 정압이 큰 Air Foil Type의 Fan을 채용한다. 일반적으로 AMU 공기의 량은 배기가스의 량에 의하여 결정되며 청정실내를 양압으로 유지하기 위하여 일정량(3~5%)의 공기를 가산하여 공급한다. 즉 급기량은 배기 가스량+양압용 공기량으로 결정된다.

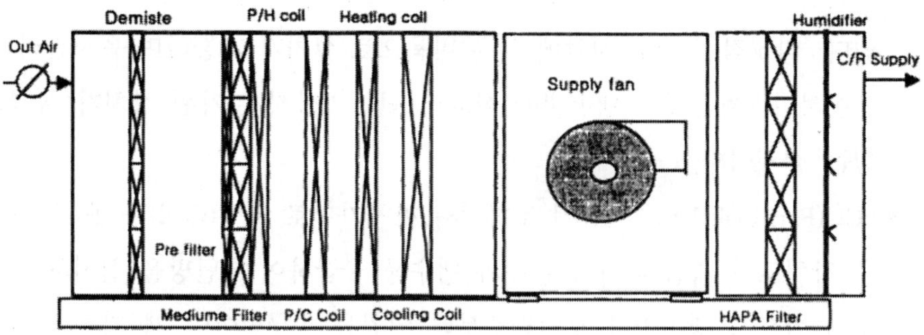

그림 2-9 MUA의 구조

표 2-9 MUA의 구성요소 및 기능

No	종 류	기본사양	기 능
1	Air Filter	Demister Filter	주로 금속 Wire를 사용하며 비교적 입자가 큰 분진 등 이물질 제거용
2		Pre-Filter	중량법에 의한 포집효율 60~90%의 Filter를 의미하며, 초기 Filter로 이용
3		Chemical Filter	외기에 섞여있는 냄새 및 각종 화학오염 물질을 제거
4		Medium Filter	비색법에 의한 포집효율 80~95%의 Filter를 의미하며, 2차 Filter로 사용
5		HEPA Filter	고순도의 FIlter로 0.3μm의 매우 작은 Particle을 제거하기 위한 Filter
6	Preheating Coil	88℃	동절기에 외기의 차가운 외기로 인한 Coil 동파 방지를 위한 Coil
7	Heating Coil	88℃	과냉각된 공기를 위한 재열 Coil 및 동기 온도 보상용 Coil
8	Precooling coil	5℃	하절기 외기 습도의 적절한 제습을 위한 제습용 Coil
9	Cooling coil	5℃	하절기 제습된 공기를 적정한 온도 및 과열된 온도 보상 Coil
10	Humidifier	Injection type (1kg/cm^2)	Room내의 습도를 일정하게 유지하기 위한 기습장치
11	Fan	Air Foil (익형 송풍기)	180mmAq의 비교적 고성능 Fan으로서 공기조화된 공기를 C/R으로 공급

② 기타 공기조화 기기

- PAC(Package Air conditioner) : 냉동기와 공기 조화기의 기능을 조합한 냉방 장치로서 소규모 시설 및 부분적 공기조화가 필요한 부분에 사용하며 실외기와 실내기로 구분하며 또한 응축(냉각)방법에 따라 공랭식과 수냉식으로 구분되며 우리가 흔히 말하는 에어콘(Air-Con)을 말한다. 또한 이는 냉방용뿐만 아니라 냉장용으로도 사용하고 있으며 항온, 항습기로도 사용하고 있다. 비교적 소규모 시설에 적은 비용으로 설치가 가능하며 유지관리 또한 용이하다. 최근에는 냉방뿐만 아니라 난방기까지 부가된 장치가 공급되고 있는 실정이다.
- FCU(Fan Coil Unit) : 공기 조화기와 마찬가지로 코일(Coil)과 팬(Fan)을 갖춘 장치로서 계절에 따라 온수와 냉수를 공급하여 냉난방을 실시하는 장치로서 반드시 냉동기나 보일러로부터 열원을 공급받아야 제 기능을 발휘할 수 있는 냉난방 기기이다. 중앙집중식 공기조화기로서 처리가 곤란하거나 부하조건이 불평등하여 국부 냉난방을 할 필요가 있는 지역에 비교적 간단하게 설치할 수 있다. 이외에도 공기조화용 기기는 여러 가지가 있으나 기본적인 측면에서 살펴보자.

(3) 공기조화 기계설비의 흐름도

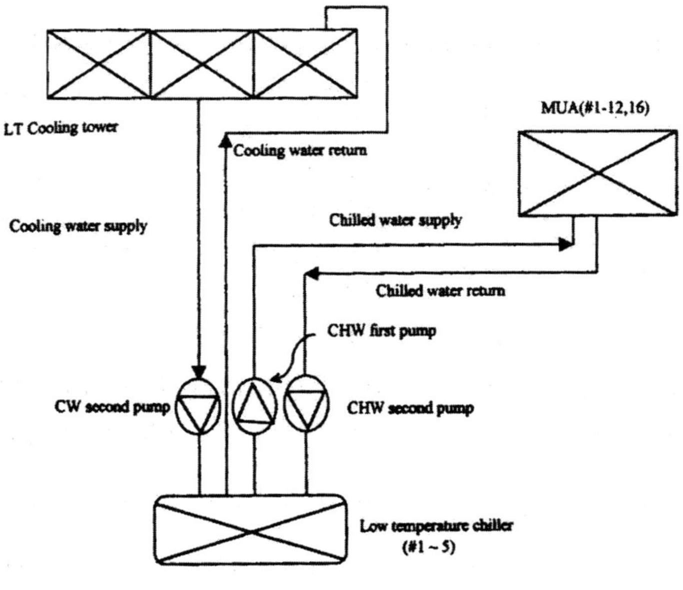

그림 2-10 5℃ Child Water Flow Diagram

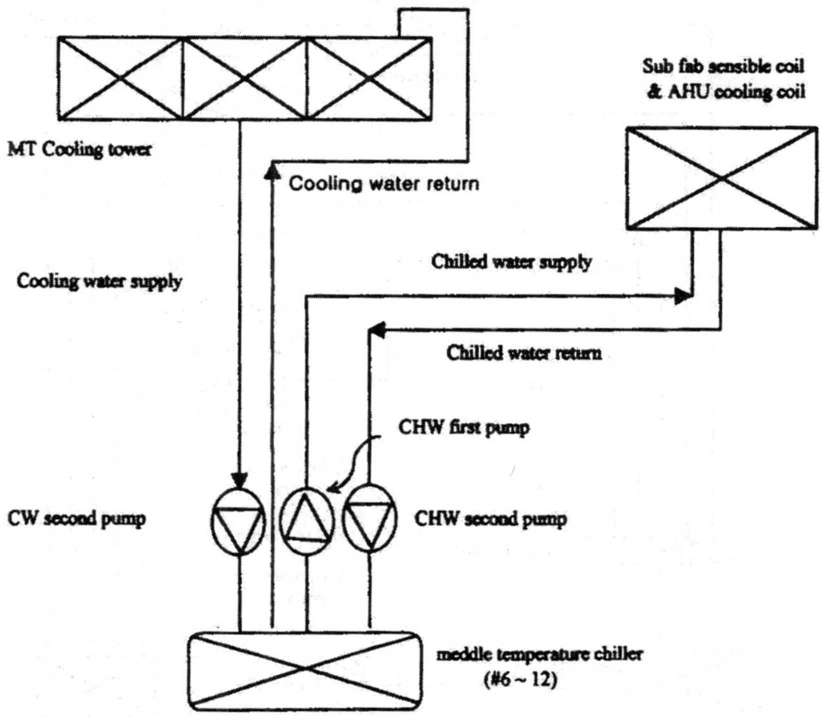

그림 2-11 10℃ Child Water Flow Diagram

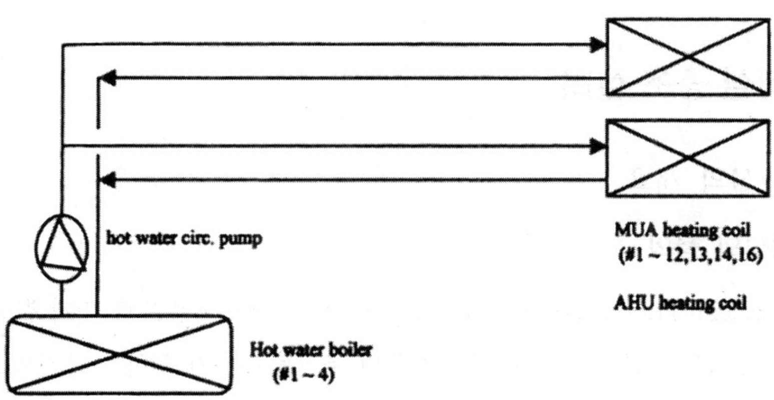

그림 2-12 Hot Water Flow Diagram

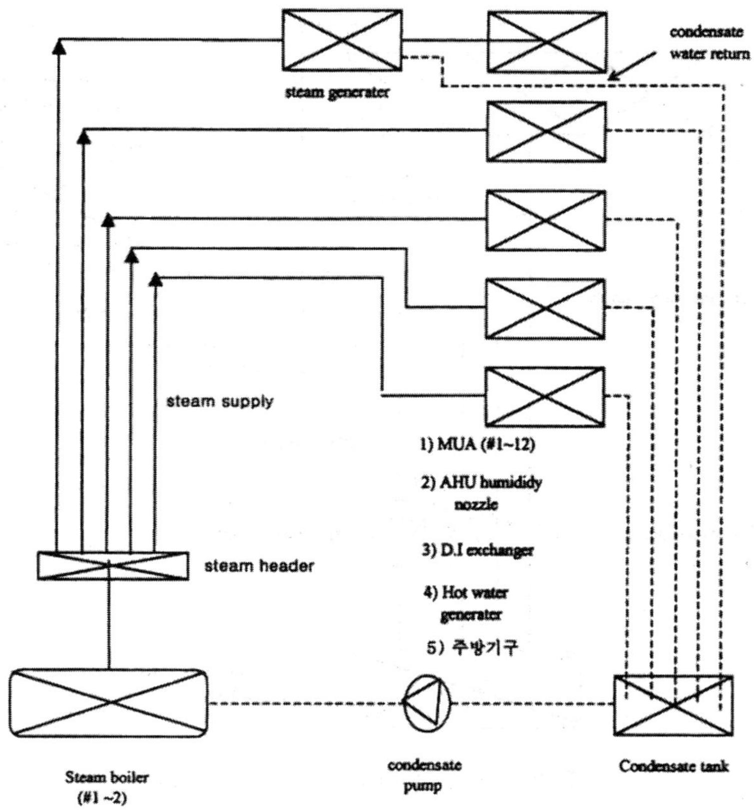

그림 2-13 Steam Flow Diagram

4. 청정실 공조 설비

1) 청정실의 개요

(1) 청정실의 정의

청정실(Clean Room)이란 먼지가 없는 깨끗한 공간이란 뜻으로 먼지 뿐만 아니라 세균, 온도, 습도, 소음, 진동 및 정전기 등의 조건을 우리가 원하는 조건으로 맞추어 관리하거나 제거할 수 있는 공간을 말한다.

청정실은 일반적으로 먼지를 대상으로 하는 청정실과 세균을 대상으로 하는 바이오 청정실로 구분할 수 있으며 일반적으로 청정실은 주로 반도체 등의 정밀전자산업용 청정실을 의미하며 바이오 청정실은 제약회사나 세균을 연구 시험하는 청정실을 뜻한다.

(2) 청정도의 정의

청정도란 1입방 피트의 공기 안에 함유된 먼지입자의 크기와 수량으로서 표시하며 현재 청정도의 표기는 일반적으로 미연방규격을 널리 이용하고 있다. 이 규격에 따른 청정도 1(Class 1)이라 함은 1입방 피트가 공기 속에 0.5μm 이상 크기의 먼지입자가 1개 이하가 존재한다는 의미이다.

한편 점차 산업이 발달되고 특히 반도체기술과 같은 첨단산업의 기술이 발전됨에 따라 한 차원 높은 청정실이 요구되고 있으며 표기방법 또한 달리할 필요성이 인정됨에 따라 청정도에 관한 표기 방법을 국제표준화기구 (ISO) 규격에 따른 청정도가 정의 된다.

2) 청정실 공조방식

(1) 수직 층류방식(Laminar Down Flow 방식)

이 방식을 주로 청정도 100이상의 청정실에 채용하는 방식으로서 천정면으로 부터 공기가 수직 하부로 흐르도록 설계된 공조방식으로서 이것을 유지하기위한 기본 조건은

① 천정면 전체에 여과기(Filter)를 설치

② 하강 기류의 속도를 0.4~0.5m/s로 유지하여야 한다.

난류 방식에 비하여 건설비 및 운전비가 수 배 이상이 되나 반도체공장과 같은 정밀산업에는 대부분 이 방법을 채택하고 있으며 그림 2-14와 같다.

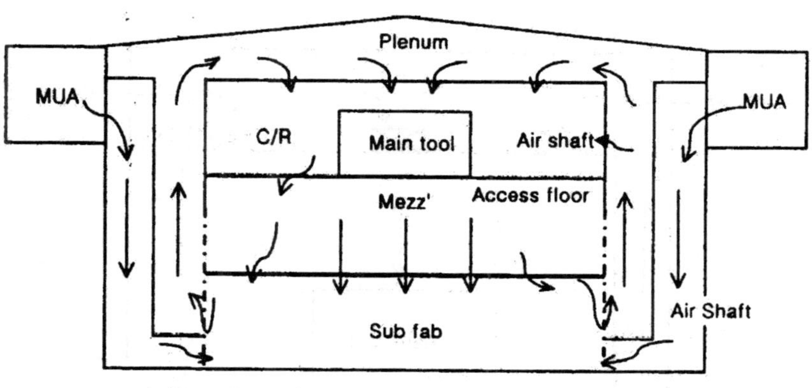

그림 2-14 수직 층류방식(Laminar Down Flow 방식)

(2) 수평 층류방식(Laminar Cross Flow방식)

청정도 관리목표는 상기 수직 층류방식과 동일하나 구조적으로 시설이 곤란하거나 특별한 목적이 있을 때 적용하는 방식으로 먼지제거 능력이 수직 층류방식에 비하여 약간 떨어지는 특징을 가지고 있으며 그림 2−15와 같다.

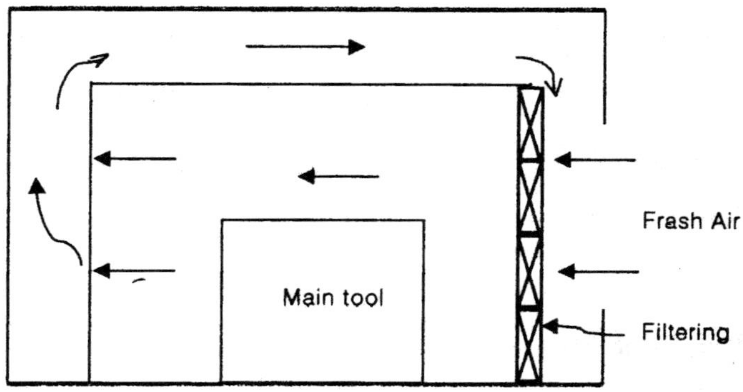

그림 2−15 수평 층류방식(Laminar Cross Flow방식)

(3) 난류방식(Turbulent Flow)

기류의 방향이 일정하지 않고 무질서하게 이루어지며 Class100이하를 유지하기는 곤란하며 천정면에 부분적으로 여과기(Filter)가 설치되어 있으며 기류의 속도는 대략 0.4m/s 이하가 대부분이다. 또한 난류 방식인 관계로 청정실 내에서 발생된 먼지도 효율적으로 제거하기 어렵다. 일반적인 전자산업에 채용이 가능하며 건설비 및 유지비가 층류 방식에 비하여 현격히 적게 소요되는 것이 특징으로 그림 2−16과 같다.

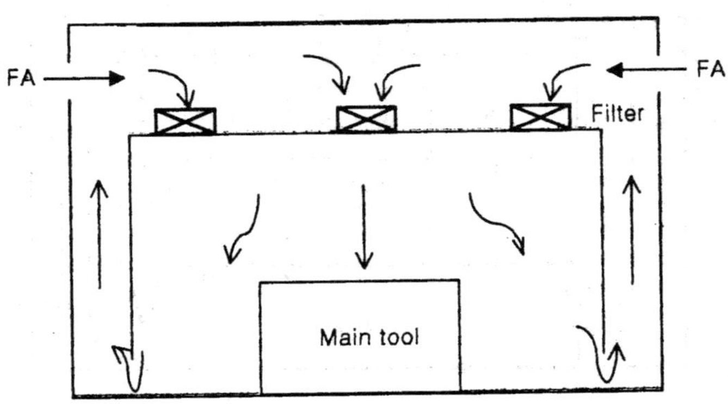

그림 2−16 난류방식(Turbulent Flow)

3) 청정도에 영향을 미치는 인자

(1) 시설물의 재료

청정실을 구축하는 시설물은 먼지(Particle)를 발생하지 않는 재료를 사용하여야 하며 또한 정전기 등에 의해 발생된 먼지가 시설물에 적체되지 않아야한다.

(2) 작업자

청정실내에서 작업하는 사람으로부터 수많은 미세한 먼지(Particle)이 발생하는데 이를 차단하기 위하여 무진 장구를 착용하고 있다. 그러나 무진 장구를 착용하였다고 하여 먼지가 완전히 차단되는 것은 아니므로 작업자는 정숙한 자세를 유지하지 않으면 안 된다. 뛰거나 달리는 행위를 삼가야 한다.

(3) 환기횟수

환기 횟수는 청정실내의 작업자 수, 제조장비 수, 작업여건 등 여러 가지 조건에 의하여 계산되는 것으로 청정도에 미치는 영향이 제일 크다고 볼 수 있으며 통상 아래와 같은 표 2－10의 실험치를 채용한다.

표 2-10 청정도를 유지하기 위한 환기 횟수 실험치

청정도 등급	환기횟수(회/시간)
Class 100	300～600
Class 1,000	50～100
Class 10,000	30～40
Class 100,000	20～30

(4) 청정실 오염방지의 5원칙

① Preventing(침입방지) : 먼지의 실내 침입을 방지

② Purging(제거) : 발생된 먼지는 완전히 제거

③ Prohibiting(발진방지) : 기기나 인체로부터의 발생을 방지

④ Protecting(응집, 퇴적) : 발생된 먼지가 잔재하지 않도록 함

⑤ Providing(세척설비준비) : 반입물질은 철저히 세척을 함

4) 일반 반도체 Fab의 청정실사양과 구조

(1) 청정실 규격(Clean Room Specification)

표 2-11 청정실의 규격

No	Items	Description & Spec	Remark
1	Feb Capacity	25,000 WSPM	
2	Main C/R Size	60m X 100m	
	Total C/R Space	7,800m^2	
3	Feature	Open Ballroom Clean Room	
		Steel Truss & Concrete	
		Minienvironment Feb(SMIF)	
4	Clean Class	C/R Area : class 100 ≤ 0.1 μm	
		Wing Area : Class 100~1,000 ≤ 0.1 μm	
		Minienvironment : Class 1 ≤ 0.1 μm	
5	Temperature	21±0.5℃	21±3℃
6	Humidity	43±3RH%	43±5RH%
7	Air Velocity	0.45m/s	
8	Diff Press	1.5~3mmAq	
9	Vibration	Process Equip' : Less Than 0.2 μm	
		Access Floor : Less Than 0.5 μm	
		Building : Less Than 2.0 μm	
		Frequency : 50Hz	
10	Noise	Less Than 65dB(A)	
11	Antistatic	Static Voltage : Less Than ±10V	
		Conductivity : 10^{-6}~10^{-8} Ωcm	
12	Filter	ULPA Filter : 99.9999%@0.1 μm	
13	Illumination	500 LUX, Yellow	

(2) 청정실(Clean Room) 구조와 공조 흐름도

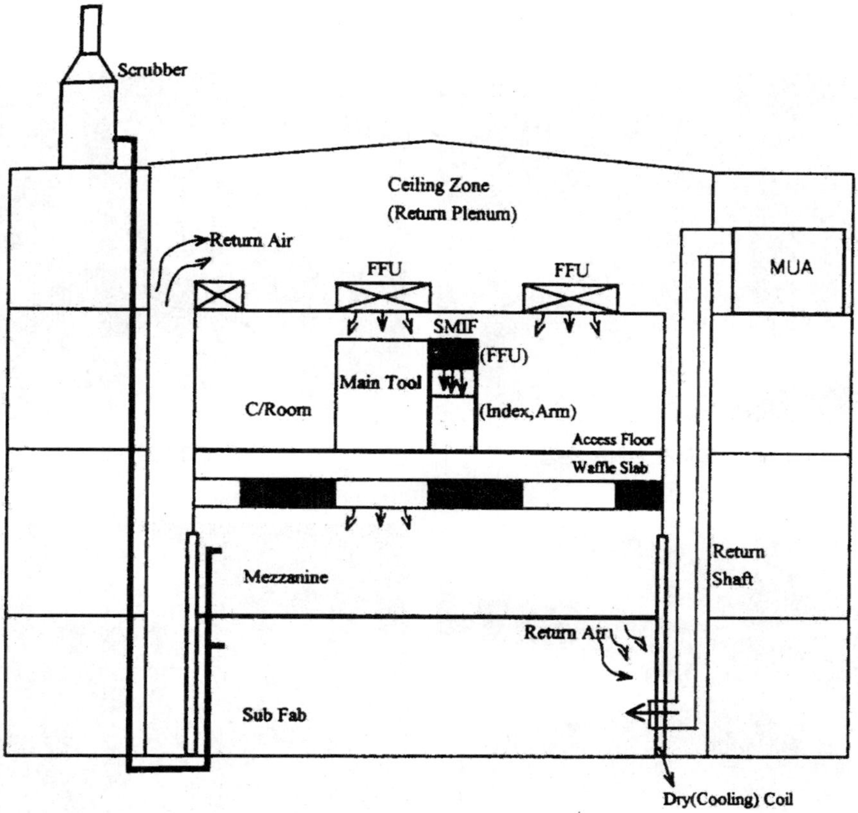

그림 2-17 청정실 구조와 공조 흐름도

① Access Floor

다공판으로 청정실의 바닥을 말하며 공기의 흐름을 제어한다.

(a) Access Floor

(B) 시공사진

그림 2-18 Access Floor

② Ceiling Zone

천정내부 공간을 말하며 청정실 순환공기의 흐름 공간을 말한다.

(a) HEPA 필터가 설치된 천정 (b) 공조덕트 1

(c) 공조덕트 2 (d) 드라이 코일 시공사진

그림 2-19 Ceiling Zone

③ Dry Coil

청정실내에서 발생되는 발열을 제거하기 위한 냉각 코일(Coil)을 말한다.

④ FFU

Fan Filter unit의 약자로 청정실내에서 발생된 미립자(Particle)를 제거한다(BFU-Blower Filter Unit).

⑤ Mezzanine

Fab의 중간층을 말하며 격자 강철세공(Steel Grating)으로 되어 있고 주로 주변제어장비를 배치한다.

⑥ MUA

Make-up Air Handing Unit을 말하며 청정실내로 공기를 공급한다.

⑦ Return Air

청정실과 Mezzanine 및 Sub Fab을 거쳐 냉각, 여과하는(Filterring) 목적으로 돌아오는 공기를 말한다.

⑧ Return Plenum

청정실 및 Air Shaft를 통과한 공기가 Make-up Air와 혼합되는 공간을 말한다.

⑨ Return Shaft

Return Air가 흐르는 공간을 말한다.

⑩ Scrubber

청정실에서 발생되는 각종 유해가스를 처리 하여 배기하는 장치를 말한다.

⑪ SMIF

Standard Mechanical Interface라는 Trade Mark로서 원하는 부분만을 고청정 지역(Area)로 관리하기 위한 국부청정 제어 장치로서 미니 인바이런먼트(Mini-environment) 하고도 함

⑫ Sub Fab

Fab의 최하층으로서 주로 오염원 발생률이 높은 부대장비 가 배치한다.

⑬ Waffle Slab

격자(벌집)모양의 보로서 공기 및 각종 유틸리티(Utility)가 통과하는 공간이다.

5) 청정실(Clean Room)관련 설비의 종류 및 개요

(1) MUA(Make-up Air Handing Unit)

본 MUA는 청정실에서 배기되는 공기 양 만큼을 보충하기 위한 공기조화장치를 말한다.

(2) FFU(Fan Filter Unit)

FFU란 독립 공기정화 장치로서 공기를 순환시켜주기 위한 원심식 다익형 Fan과 공기를 정화할 수 있는 여과기(Filter)가 조합되어 있는 장치로서 천정이나 분리된 칸(Booth)에 설치할 수 있으며 설치 및 관리가 용이하며 공기조화기와 비교하여 특별히 저소음으로의 관리가 가능하며 국부(제한된 구역)청정실 구축에 용이하게 사용할 수 있다. 이 FFU에는 주로 HEPA Filter와 ULPA Filter를 장착하고 있으며 FFU의 사양은 다음 표 2-12와 같다.

그림 2-20 FFU 사진

표 2-12 FFU의 사양

항 목	규 격	항 목	규 격
풍량(CMM)	18	Power(V×p×W)	220×3×200
정압(mmAq)	9	Matetial	Aluminum
풍속(m/s)	0.35~0.45	Filter	ULPA
가로×세로(mm)	600×1,200	Filter'Eff(%@0.12μm)	99.9999
소음(dB-A)	60	Speed Type	3step

(3) 에어 샤워(Air Shower)

에어 샤워란 일종의 청정실로서 공기를 분출, 순환시켜주기 위한 팬(Fan)과 공기중의 미립자(Partical)를 제거하기 위한 여과기(Filter)가 장착되어 있으며 공기를 고속으로 분사시켜 주기위한 노즐(Nozzle)로 구성되어 있다.

이 장치는 청정실(Clean Room)과 비 청정실(Non-Clean Room) 사이 EH는 청정도가 낮은 지역에서 분사하여 제거시키는 역할을 하는 장치로서 청정실의 필수장치이다.

또한 이 장치에는 팬을 제어하기 위한 장치와 여과기의 오염정도를 관찰할 수 있는 계기가 설치되어 있다.

(a) 에어샤워 내부 사진

(b) 에어샤워 외부 사진

그림 2-21 에어샤워

(4) 청정부스(Clean Booth)

청정부스(Clean Booth)란 상부에 팬 여과기 유니트(Fan Filter Unit)를 설치한 구조로서 청정실이 아닌 일반 구역에 일부분 또는 기계장치 구역만을 청정실로 유지하고자 할 경우 및 청정실 내에서 보다 더 높은 청정실 유지가 필요할 경우 설치하며 필요에 따라서는 이동이 가능한 구조로 구성한다.

그림 2-22 Clean Booth 사진

(5) 핸드 샤워(Hand Washer)

인체의 손에 묻어 있는 염분, 유분 및 미립자(Partical)들을 제거하기 위한 장치로서 용수로 초순수(UPW)가 공급되며 세척 후 건조시킬 수 있도록 전열기(Electric Heater)가 부설되어 있다.

주로 청정실 입구에 설치하여 입실시 세척을 할 수 있도록 하고 있다.

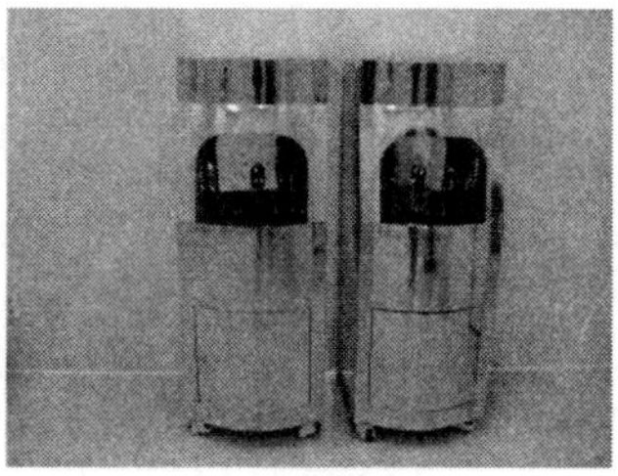

그림 2-23 핸드샤워 사진

(6) 패스 박스(Pass Box)

청정도가 각기 다를 경우 및 청정실과 비 청정실 사이의 벽체에 주로 설치하여 청정실로 반입, 반출 되는 자재를 오염물질(Partical, 수분 등)로부터 보호하기 위한 장치로서 상호 연동장치(Interlock) 기능이 있어 양쪽에서 동시에 문을 열 수 없도록 관리하고 있다.

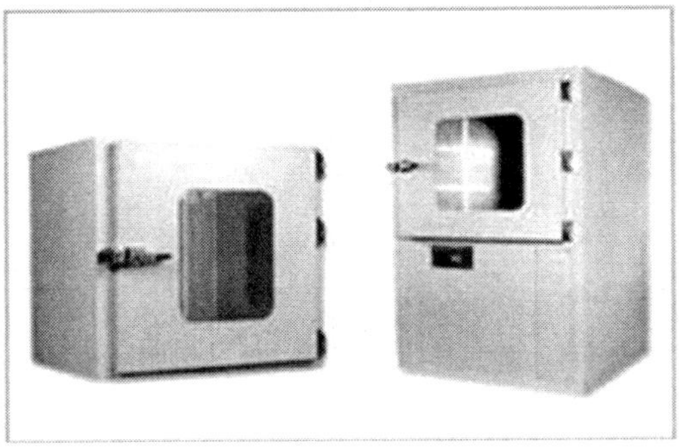

(a) 패스 박스 사진

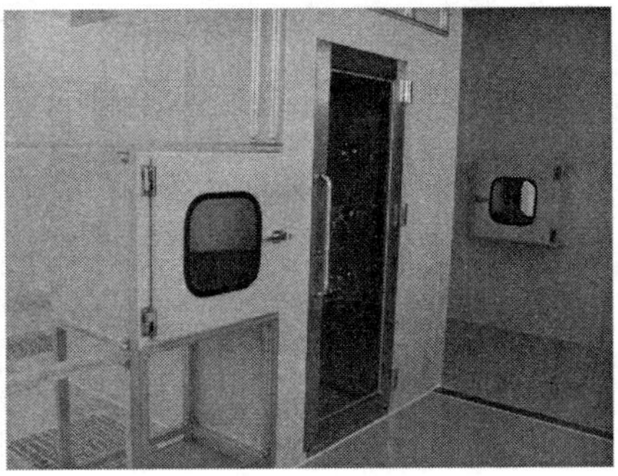

(b) 패스 박스 설치 사진

그림 2-24 패스 박스

5. 유틸리티(Utility) 설비

1) 유틸리티 설비의 정의

'유틸리티'란 어떤 물품을 제조하거나 운전하는데 필요한 직접소요 물질 및 이를 공급하기 위한 시설물은 물론, 이와 같은 제조시설 및 지원시설 등을 유지하기 위한 각종 에너지 및 유체수송관련 설비(N_2, PCW, DIW, CDA, EXHAUST 등)를 공급 시켜줌으로써 장비 운용을 원할 하게 할 수 있도록 도와주는 시스템을 말한다.

(a) GAS CABINET

(b) CDA SYSTEM

(c) P-VAC SYSTEM

(d) PCW SYSTEM (e) DI SYSTEM (f) EXHAUST SYSTEM

그림 2-25 각종 유틸리티

2) 유틸리티 설비의 종류 및 개요

(1) 압축공기설비(CDA : Compressed Dry Air System)

① 개요

'CDA'란 압축건조공기라는 뜻으로 대기중의 공기를 압축기에서 흡입하면서 공기 중에 함유된 입자가 큰 먼지(Partical : 10μm 이상)를 제거한 후 압축하여 공기에 압력과 속도의 운동에너지를 부여하게 되며 흡인된 공기는 압축에 따라 발열이 되고 냉각이 되면서 노점온도 다다른 일부의 수분이 제거되어 Receiver Tank와 1차 Line Filter를 거쳐 에어 건조기(Air Dryer)로 공급이 된다. 에어 건조기(Air Dryer)내에는 Ball Type의 Al_2O_3 Gell(산화알루미나)이 내장되어 있으며 이 Gell은 유인된 공기 중에 함유된 수분을 흡수하여 완정건조(Dew Point : −73℃) 상태의 공기를 생성하게 된다.

본 건조기(Dryer)는 2드럼(Drum) 1set로서 흡수와 배수의 동작을 반복적으로 수행하면서 연속적으로 건조공기를 생성하게 된다. Al_2O_3는 다공질 물질로서 압력 및 삼투압 원리에 의해 수분을 흡입하고 감압될 때 역삼투압에 의해 흡수한 수분을 뱉어내게 되며 이미 건조된 공기에 의해 최초의 상태를 유지하게 된다. 건조기(Dryer)에서 건조된 공기는 2차 여과기(Filter)와 최종 여과기(Filter)에서 마이크로 단위의 미립자(Particle)까지 제거된 후 사용처로 공급되어 진다. CDA는 제조 공정과 지원 및 시설 장비로 공급되며 주로 장비 구동을 위한 공압용으로 사용되며 장비 정화(Purge)용으로 사용된다. 또한 CDA 시스템용 압축기는 2sets이며 어떤 문제가 발생하여 가동이 불가능할 경우는 가스제조공장(Gas Plant)용 압축기로부터 압축공기를 공급받을 수 있게 되어 있으며 CDA 시스템 전체의 문제로 CDA공급이 불가능할 경우 액체질소 탱크로부터 대체(Back-up)를 할 수 있도록 배관이 연결되어 있다.

② CDA System 기본 사양

- 압력 : 7.5~8.5kg/cm^2
- 노점온도 : −73℃ 또는 −40℃
- 여과효율 : 50ea 이하/0.1㎛

③ 압축공기설비 흐름도

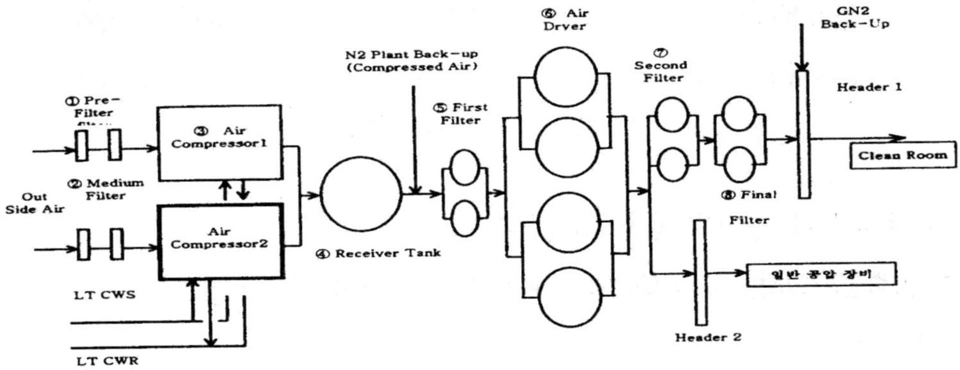

그림 2-26 압축공기설비 흐름도 1

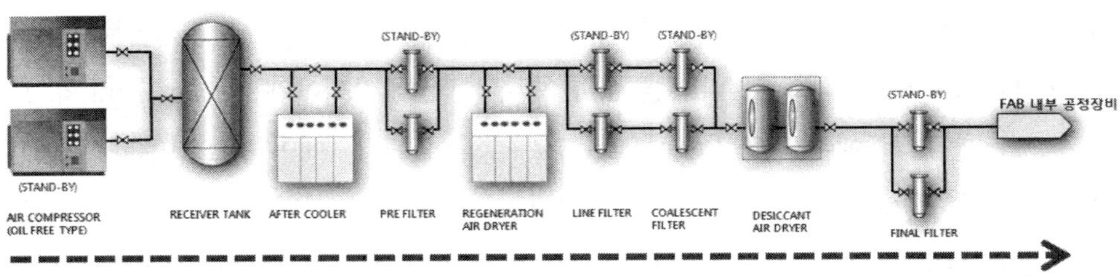

그림 2-27 압축공기설비 흐름도 2

사용처마다 조금씩 설치방법은 다르지만 대부분 흐름도 1번과 같은 방법으로 시공하며, 흐름도 2번과 같이 Air Copressor를 2대 설치하는 이유는 공정장비에 공급되는 과정 중 고장이 발생 했을 경우 생산장비 또는 필요로 하는 시스템에 공급이 중단되지 않도록 하기 위해서 Back-up용으로 설치한다.

에어 콤프레샤(Air Compressor) 1대가 고장이 날 경우 Stand-by용 Compressor가 자동으로 운전되도록 구성한다.

④ 압축기 종류와 구분

압축기는 크게 나눠 5가지로 구분이 되는데 급유식 스크류 압축기, 무급유식 스크류 압축기, 터보 압축기, 다이아프램(Diaphragm) 압축기, 로타리 베인(Rotary Vane) 압축기로 구분이 된다. 압축기의 특징에 대해 알아보자.

• 급유식 스크류 압축기 : 급유식 스크류 압축기는 적당량의 윤활유를 분사하여 압축과정에서 발생하는 열을 제거하고, 압축공간의 밀폐, 윤활작용을 동시에 하는 것으로 다음과 같은 장점이 있다.

- 적당량의 윤활유를 직접 냉각함으로써 토출 온도가 낮게 되고 압축과정이 등온압축에 가까우므로 높은 효율을 얻을 수 있다.
- 윤활유에 의한 직접냉각을 하므로 단당 압력 비를 높일 수 있다.
- 주입되는 윤활유에 의해 로터와 로터사이, 로터와 케이싱 사이의 밀폐가 유지되며, 냉각에 의해 열팽창이 적어 틈새를 적게 할 수 있으므로 저속으로 높은 효율을 얻을 수 있다.
- 저속으로 높은 효율을 얻을 수 있으므로 진동이 적고 저소음화가 가능하다.
- 내부 윤활식이기 때문에 숫로터가 암로터를 직접 구동 할 수 있다.
- 적절한 용량조절방식을 채택하여 효율적으로 운전 할 수 있다.
- 토출 가스에 맥동이 없다.

• 무급유식 스크류 압축기 : 무급유식 스크류 압축기는 압축공기 중에 유분이 포함되지 않는 압축기로 다음과 같은 특징이 있다.

- 로터와 케이싱 사이, 로터와 로터가 접촉하지 않고 내부 윤활을 필요로 하지 않으므로 압축가스 중에 유분이 포함되지 않는 깨끗한 가스와 공기를 얻을 수 있다.
- 토출 가스에 맥동이 없다.
- 유지보수가 간단하다.
- 진동이 적다.
- 단점으로 최고 토출 압력에 제한이 있다.

• 터보 압축기 : 터보 압축기는 회전축의 기계적 에너지를 공기의 운동 에너지로 변환 시킨다.

- 토출가스가 맥동이 없고 안정적 이다.
- 윤활유가 혼입되지 않아 깨끗한 가스를 얻을 수 있다.
- 고속 회전형으로 같은 마력의 다른 압축기보다 소형 경량이다.

• 다이아프램(Diaphragm) 압축기 : 다이아프램 압축기는 용적식, 무급유식 이다. 횡경막의 운동으로 기계적 구동이나 유압으로 작동 되는 것으로 구분되며, 기계적 다이아프램 압축기는 유압식보다 소형으로 제작 된다. 결과적으

로 두가지 형태의 중복은 제한된 범위에서만 발생 한다. 기계식은 가격이 비교적 저렴하며, 구조가 간단하며 대기보다 낮은 압력을 압축하는 장치로 사용 될 수 있다. 기계식이 보통 베어링 하중을 고려해야 하기 때문에 제한이 있는 반면, 유압식은 기계식보다 고압을 더 쉽게 형성 할 수 있다.

– 기밀이 정적이므로 안정된 기체를 만들 수 있다.

– 기체가 분리돼서 운전되기 때문에 100% 오일이 없는 압축공기를 공급한다. 이 형식의 단점은 토출량이 적고 압축비가 제한되어 있다는 것이다.

• 로타리 베인(Rotary Vane) 압축기 : 로타리 베인 압축기는 원통형 실린더 내에 편심으로 로터를 설치하고 로터에는 가동익(Vane)을 설치하므로 가동익(Vane)과 실린더에 둘러 쌓인 공간이 로터의 회전에 의해서 변화하는 것을 이용해서 기체를 압축 하는 것으로써 일반적으로 다량의 윤활유를 실린더 내에 주입하여 밀폐, 윤활과 동시에 압축 열을 제거하는 유냉식으로 되어 있다. 이 형식에서는 가동익(Vane)이 실린더 또는 로터에 대하여 습동 운동을 하므로 가동익(Vane)의 재질 선정이 중요하므로 내열성이 높고 오일이나 수분의 흡수가 적은 것을 선택하며, 다음과 같은 단점이 있다.

– 구조상, 습동에 의한 마모를 초래하는 것을 피할 수 없다.

– 가동익(Vane) 강도가 습동 속에 제한되기 때문에 습동 속도가 크게 될 때는 2단 압축식의 채용이 필요해지고 기계 크기가 커진다.

– 구조상 고압 압축기에는 사용 할 수 없다.

⑤ 압축기 후단부의 주요 기능과 역할

• 공기압 탱크(Receiver Tank) : 공기압 탱크는 공기의 압축성을 충분히 갖도록 함으로써 소비량의 변동에 대응하여 압축기의 맥동을 제거하거나 탱크의 표면에서의 방열을 이용하여 냉각 작용을 돕는 것도 가능하다. 또 저장된 공기를 정전 시 사용하는 것도 가능하다.

• 에어필터(Air Fiter) : 압축된 공기에 포함된 파티클(Particle) 및 이물질은 공압기기 및 생산제품에 불리한 영향을 끼치므로 이를 제거하기 위해 공기 필터를 설치한다. 여기서 '파티클'이란 미세 먼지를 의미한다.

• 공기건조기(Dryer) : 후부냉각기나 탱크에서의 냉각으로는 수분제거가 불충분하므로 강제적으로 수분을 제거하여 가압하 노점을 하향시키기 위해 드라이어를 설치한다.

⑥ 압축공기설비의 장비사양

표 2-13은 현 산업에서 사용하는 사양서를 예로 표현한 것이다.

장비사양은 각 사용처마다 다르게 설치되며, 생산 Capacity에 따라 설계를 하여 그에 맞게 용량 및 수량을 선정한다.

표 2-13 압축공기설비의 장비사양

No	장비명	수량(sets)	규격 & 사양
1	Suction pre-Filter	2	부직초 Plat Frame
2	Suction Miduem pre-Filter	2	
3	Air Compressor	2	
4	Receiver Tank	1	
5	First Line Filter	2	500L×10500×5㎛
6	Air Dryer	2	
7	Second Line Filter	2	500L×10500×10㎛
8	Final Line Filter	2	F-020-M8-0.02㎛

다음은 시공사례를 나타낸 사진이다.

⑦ 시공 사례(CDA System)

그림 2-28 압축공기설비 시공사진

그림 2-29 압축공기설비 구성요소

(2) 공정냉각수설비(PCW-Process Cooling Water System)

① 개요

'공정냉각수설비'란 제조공정에서 장비가동에 따른 발열을 제거하기 위한 냉각수를 냉동기의 냉수로서 적정온도까지 냉각하고 물속에 존재하는 미립자(Particle) 등을 제거하여 부식에 안정적이며 냉각효율이 높은 상태로 유지하기 위한 냉각수 설비를 말한다.

본 공정냉각수는 개방계로서 물의 순환은 없는 상태로서 수질의 저하에 따라 배수를 실시하며 배수되는 만큼 깨끗한 물(전기전도도 18.0MΩ.Cm의 초순수)을 보충하여 사용하도록 구성되어 있으나 일부 공장에서 냉각수로 사용한 후 배수(Drain)를 시키고 있다. 또한 장비조건에 따라 10℃냉각수와 15℃ 냉각수 2종으로 분리 운영되고 있다.

② PCW System 기본 사양

- 압력 : 4~6kg/cm^2
- 온도 : 18℃ and 10℃
- 보충수 수질 : 초순수(전기전도도-18.0MΩ.Cm 이상) 또는 시수(City Water)
- 여과효율 : 99.9%@50㎛

③ PCW설비 흐름도

초순수 설비(D.I Plant)로 부터 초순수를 공급받아 저장 탱크(Storage Tank)에 저장한 후 펌프(Pump)를 이용하여 필요한 압력(에너지)을 부여하여 판형 열교환기(Plate Type Exchanger)로 보내지며 열교환기에서는 냉동기의 10℃(5℃) 냉수를 이용하여 냉각수를 18℃(10℃)로 냉각시키고 최종 공정인 여과기(Filter)로 공급되어 냉각수 속에 함유된 이물질을 제거한 후 공정장비에 공급되며 장비로부터 열을 흡수한 냉각수는 다시 환수관을 통하여 저장탱크로 돌아와 처음 상태가 되어 순환을 계속하게 된다.

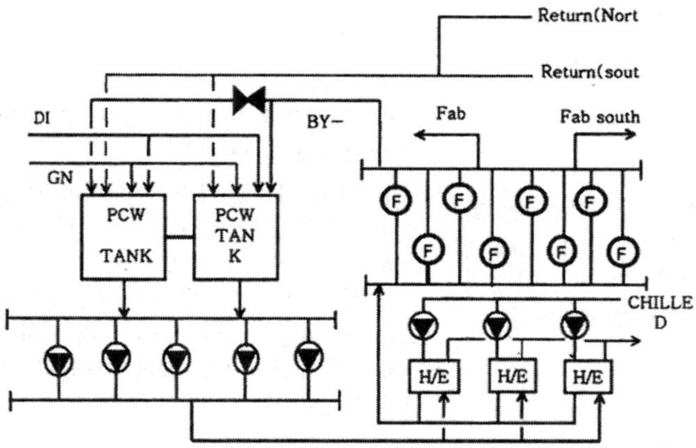

그림 2-30 PCW설비 흐름도_1(수냉식)

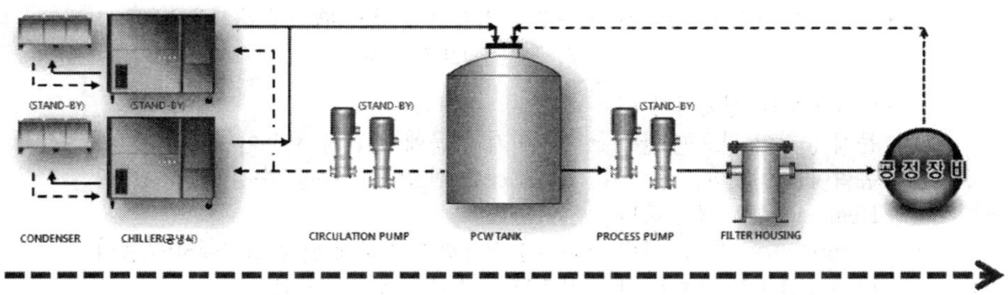

그림 2-31 PCW설비 흐름도_2(공냉식)

사용처마다 조금씩 설치방법은 다르지만 대부분 흐름도_1, 2번과 같은 방법으로 시공하며, 흐름도_2번과 같이 칠러(Chiller)를 2대 설치하는 이유는 공정장비에 공급되는 과정 중 고장이 발생 했을 경우 생산장비 또는 필요로 하는 시스템에 공급이 중단되지 않도록 하기 위해서 Back-up용으로 설치한다.

칠러 1대가 고장이 날 경우 Stand-by용 칠러가 자동으로 운전되도록 구성한다.

표 2-14 장치 냉각방식에 따른 비교

냉각방식	장 점	단 점	비 고
공냉식	Fin을 붙여서 자연 방열할 경우 실내의 공조 Zone에서 처리되기 때문에 장치 냉각 설비가 필요하다.	• 자연방열의 경우 발열체의 위치, 구조, 발열량에 의해 제약을 받는다. • 냉각 Fan을 이용할 경우 Fan에서의 먼지가 확산되고 장치에서의 열도 실내로 방열되기 때문에 열배기 설비도 필요하다. • Fan에서의 실내로 배기 시킬 경우 신선공기를 도입하기 때문에 공조 Cost가 더 든다. • 장치 냉각 부분의 온도 제어가 어렵다. 냉각공기의 온도에 좌우되기 쉽다.	
수냉식	• 공랭식에 비해 냉각효율이 높다(비열이 크다). • 공조 Running cost 증가와 무관하게 열을 외부로 도피할 수 있다. • 장치내의 온도가 안정적이다.	• 냉각수 배관, 순환 Pump, 냉각원 및 열 교환기 등이 필요하고 수온수량, 수질 등의 조정이 필요하다. • Pump의 진동, 맥동이 배관이나 물을 통해 전달되기 쉽고 방진대책이 필요하다. • 누수의 위험성이 있기 때문에 대책을 미리 고려해 둘 필요가 있다.	
냉매식	• Gas에 의해 행해지기 때문에 순환이 필요한 반송 동력이 절약된다. • Heat Pipe를 겸용하면 Compressor 등의 동력이 불필요하고 진동은 전혀 없다.	• 저온이기 때문에 배관의 보온이 필요하고 배관 Space도 필요하다. 수량, 수질 등의 조정이 필요하다. • Gas를 사용하기 때문에 만약 실내에서 누출이 생기면 공기가 오염될 수 있다.	

④ 장비사양

표 2-15 PCW설비 사양

장비명	형 식	수량(set)	용 량	재 질	비 고
Chiller(냉동기)	공랭식 or 수냉식	2		–	
Storage Tank	사각	2	60ton	FRP or SUS304	
Pump	Volute	5	12,600LPM	SUS304	
열교환기	Plate Fin	3	2,175,000Kcal	SUS304	
Filter	Drum Catrige	8	50μm	SUS Drum	

표 2-15는 현 산업에서 사용하는 사양서를 예로 표현한 것이다.

장비사양은 각 사용처마다 다르게 설치되며, 생산 Capacity에 따라 설계를 하여 그에 맞게 용량 및 수량을 선정한다.

⑤ 시공 사례(PCW System)

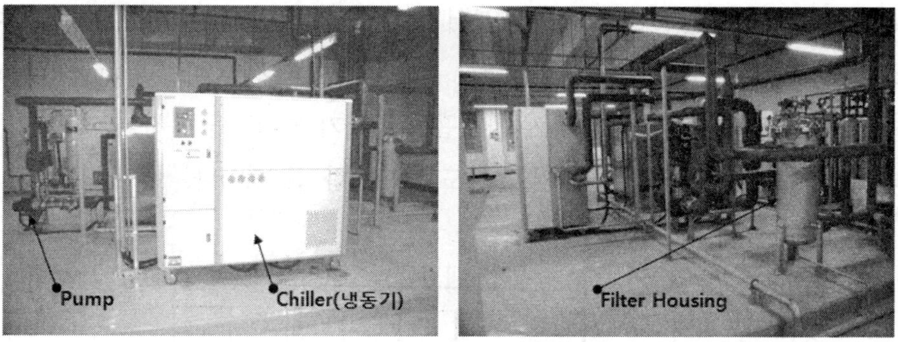

그림 2-32 PCW System 시공 사진

그림 2-33 PCW System 구성요소

(3) 공정진공설비(P-VAC : Process Vacuum System)

① 개요

청정실(Clean Room) 내 제조장비의 구동용 공압으로 주로 이용되며 진공펌프(Pump) 및 리져브 탱크(Vacuum Reserve Tank) 등으로 구성된다. 본 진공펌프(Vacuum Pump)는 '수봉식'으로 펌프(Pump)내에 물을 채우고 회전을 시킴으로 물의 원심력으로 진공을 발생시킨다. 보급수로는 냉각수를 사용하며 시스템에서 순환이 계속됨에 따라 마찰열이 발생하여 온도가 상승하게 되며 이럴 경우 물의 압축율이 높아져서 진공 효율이 감소하게 됨으로 낮은 온도를 유지하기 위하여 냉수로서 적정 온도로 냉각을 시켜 일정한 온도를 유지한다. 순환수는 탱크(Tank)와 펌프(Pump) 그리고 열교환기를 계속적으로 순환한다.

② P-VAC 기본 사양

- 수봉식 Type(Pump)
- 진공도 : 730mmHg 이상

③ P-VAC설비의 흐름도

진공압(에너지)에 의해 제조장비로부터 흡입된 이 물질 등은 첫 장비인 리져브 탱크(Vacuum Reserve Tank)를 거치면서 걸러지고 이후 진공펌프(Vcuum Pump)에서 장비에서 원하는 진공도를 유지하며 흡입된 공기는 배관을 통하여 외기에 방출된다. 그림 2-34는 P-VAC설비의 흐름도를 도식화 한 것이다.

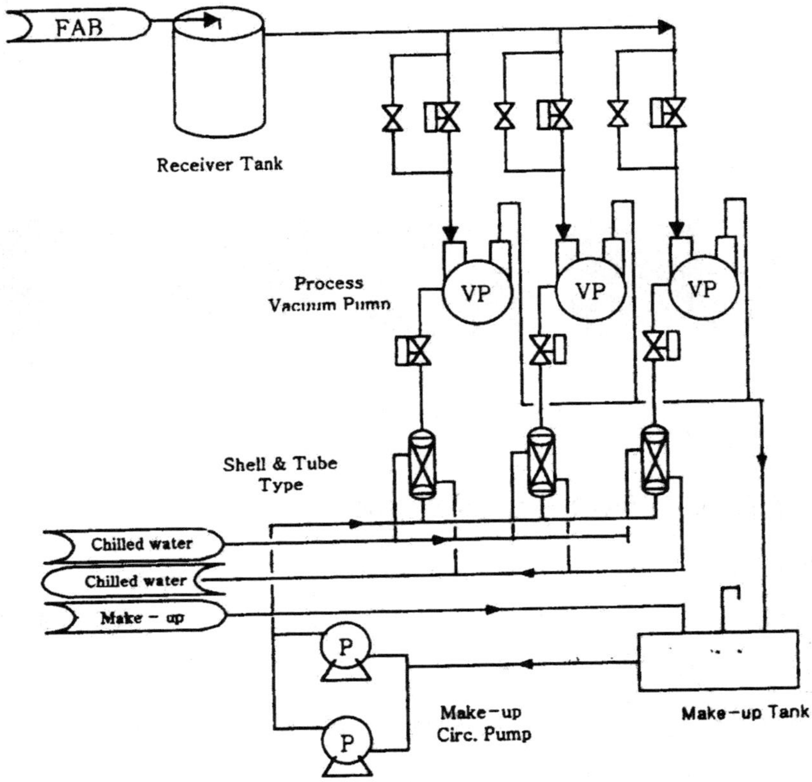

그림 2-34 P-VAC설비의 흐름도_1

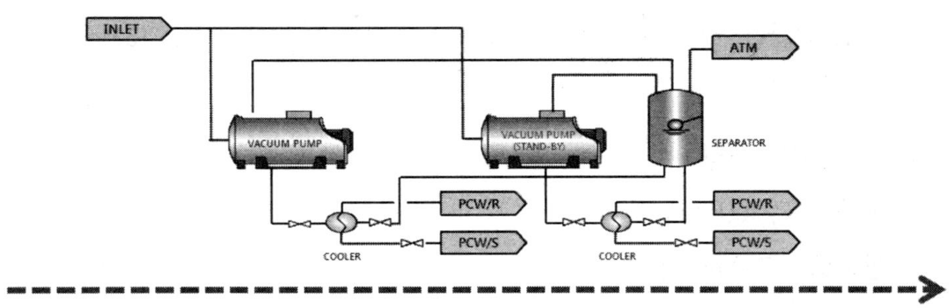

그림 2-35 P-VAC설비의 흐름도_2

사용처마다 조금씩 설치방법은 다르지만 대부분 흐름도_1, 2번과 같은 방법으로 시공하며, 흐름도_2번과 같이 Vacuum Pump를 2대 설치하는 이유는 공정장비에 공급되는 과정 중 고장이 발생 했을 경우 생산장비 또는 필요로 하는 시스템에 공급이 중단되지 않도록 하기 위해서 Back-up용으로 설치한다. Vacuum Pump 1대가 고장이 날 경우 Stand-by용 Vacuum Pump가 자동으로 운전되도록 구성한다.

④ 진공의 압력 범위

진공도 범위에 따라 적용되는 공정 및 펌프 기종 사용이 결정 된다. 반도체 산업에서는 특수한 경우가 아닌 이상 25~760 Torr를 사용한다.

표 2-16 진공의 압력 범위

진공영역	진공도 범위	적용되는 공정	진공펌프의 기종
저진공 (LOW/ROUGH VACUUM)	25~760Torr	진공흡착 이송, 분말 충진, 진공성형, 진공포장, 크린룸 구성 등	건식 로타리, 급유식, 수봉식, 스팀 이젝타
중진공 (MEDIUM VACUUM)	7.5×10^{-3} ~25Torr	진공건조, 탈기장치, 진공함침, 진공증류, 진공청소, 가스주입장치 등	다단식 로터리, 다단식 스팀 이젝타, 루츠, 피스톤, 확산펌프
고진공 (HIGH VACUUM)	7.5×10^{-3} ~7.5×10^{-7}Torr	진공코팅, 진공 동결 건조, 진공합금, 신소재 합금, 이온주입 등	확산펌프, 터보분자펌프, 흡착펌프, 저온냉각펌프, 승화펌프
초고진공 (ULTRAHIGH VACUUM)	7.5×10^{-7} ~7.5×10^{-10}Torr	원자핵 연구장치, 전자현미경, PLASMA 발생기, 물리 실험장치 등	터보분자펌프, 저온냉각펌프, 흡착펌프
극고진공(EXTREME ULTRA HIGH VACUUM)	7.5×10^{-10} Torr~	원자핵 연구, 입자가속, 우주실험 등	터보분자펌프, 저온냉각펌프, 이온펌프

⑤ 진공 펌프(Vacuum Pump)의 종류 및 장단점

진공펌프에는 여러 가지 종류가 있다. 그 중 일반적으로 사용하는 펌프를 알아보자.

- 수봉식 진공 펌프 : 수봉식 진공펌프는 19세기~20세기 초에 거쳐 제안된 것으로 그 후 유럽에서 1-작동형, 미국 NASH에서 처음 개발한 2-작동형이 제품화 되었다. 일본에서는 1960년 전후에 장점이 인식된 2-작동형이 표준화 되어 수요가 늘어났고, 그 후에 효율이 좋은 1-작동형 펌프가 표준화 되어 수요가 확대 되었다.

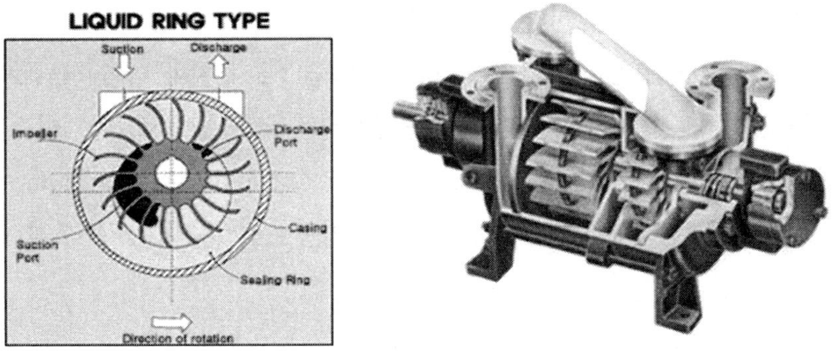

그림 2-36 수봉식 진공펌프 구조

– 수봉식 진공 펌프의 구조와 원리 : 수봉식 진공펌프는 원형 케이싱 및 임펠러로 본체를 구성하며 케이싱 내에 적당량의 물을 회전 시키면 무거운 물은 원심력에 의해 케이싱 내벽을 따라 대체로 두 개의 링 상태가 된다. 이 봉수링의 내벽과 임펠러 날개에 둘러 쌓여있는 공동의 용적이 회전 위치에 따라 변화하는 것을 이용하여 측벽 또는 임펠러의 내벽에 설계되어 있는 흡, 배기구를 통해서 작용을 일어나게 한다. 고속으로 회전하여 배기가 연속적으로 이루어지므로 효율이 극히 우수한 펌프다.

그림 2-37 수봉식 진공펌프 원리

– 수봉식 진공 펌프 장단점
- 공급수의 온도에 따라 진공도 변화가 있다.
- 다량의 수증기가 포함한 기체를 흡입하는 능력은 좋으나 공정중의 GAS와 물이 접속하여 폐수문제가 심각하다.
- 저진공 펌프로 사용이 한정되고 부대설비 및 비용이 든다.

• 드라이 진공 펌프(Dry Vacuum Pump) : 드라이 진공 펌프는 윤활유(Oil)나 Seal Liquid(봉수액)으로부터 오염이 없이 연속적으로 대기압의 배기능력을 갖춘 Positive-Displacement Vacuum Pump로 묘사된다. 처음으로 소개되기 시작한 것은 Oil Type Vacuum Pump가 갖고 있는 문제점과 Oil 역류에 의해 생기는 오염문제를 해소하기 위해 1980년 일본의 반도체 산업 분야에서 처음 적용되기 시작했다.

  – 드라이 진공 펌프 장단점

    ‣ 에너지와 진공도 효율성이 높다

    ‣ Oil Pump의 공해 및 수질 오염 문제가 전혀 없다.

    ‣ 제품의 순도에 영향을 미치지 않는다.

• 스크류형 드라이 진공 펌프(Screw Dry Vacuum Pump) : 드라이 진공펌프로 처음 사용하기 시작한 것을 1990년대 초 일본에서 처음 소개되기 시작하여 독일, 한국, 미국에서 가장 널리 사용하는 모델이다. Screw 원리를 이용한 2개의 나선형 회전축이 Casting Cylinder 내에서 나란히 서로 반대 방향으로 설치되어 있고 타이밍 기어에 의해서 양방향으로 회전하고 있다.

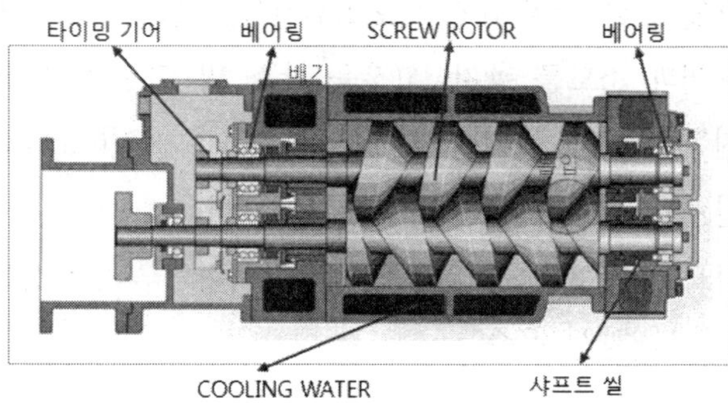

그림 2-38 스크류형 드라이 진공펌프 기본구성도

  – 스크류형 드라이 진공 펌프 장단점

    ‣ 현재 세계적으로 CIP 공정에 가장 폭넓게 사용되고 있다.

    ‣ 배기속력이 매우 크다.

    ‣ 대기압부터 고진공에 도달하는 능력이 뛰어나다.

    ‣ 펌프의 구조가 간단하여 수리 시간이 짧고 비용이 적다.

    ‣ 공정물의 원활한 배출이 가능하고 수평으로 펌프를 설치하므로 공간이 적다.

• 오일식 진공 펌프(Oil Rotary Vacuum Pump) : 단 하나의 축과 직접 구동 방식을 갖춘 설계의 단순함으로 인해 유지비와 운전비가 적게 들면서 견고한 구조로 내구성이 우수한 진공펌프다.

– 구조 및 동작 원리

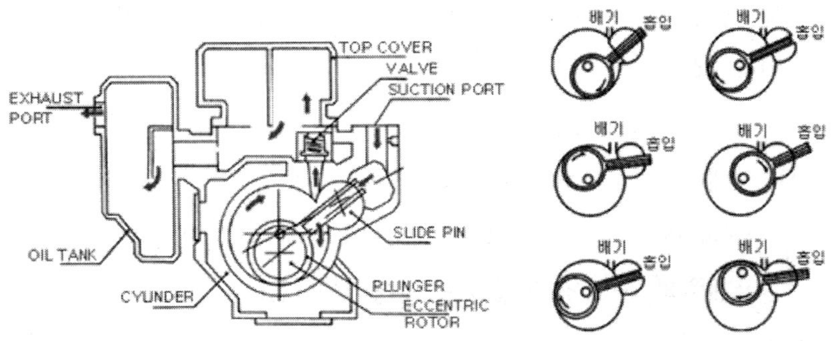

그림 2-39 오일식 진공펌프 구조 및 동작원리

– 오일식 진공펌프의 특징

‣ 내구성, 저소음 : 펌프와 모터의 직결형 구조와 실링 오일의 윤활효과로 정숙한 운전과 기계적 내구성이 우수하다.

‣ 오일 순환 장치 내장 : 오일필터와 오일 미스트 필터 내장으로 오일의 오염과 소모를 방지, 고장율 감소 및 펌프 수면 연장

‣ 진동 안전성 : 실린더(Cylinder)와 카본 베인(Carbon Vane) 구동의 최적 설계와 직결식 구동으로 저진동 실현

‣ 마모 저항성/긴 수명의 신뢰성 : 최적의 특수재질 Vane 적용과 설계로 마모 저항성 우수

표 2-17 진공 펌프별 장단점 비교

구 분	DRY SCREW PUMP	WATER SEALED PUMP	OIL ROTARY PUMP
진공도	Screw에 의한 건식 Type 이므로 냉각수 또는 공정 중의 수분 유입에도 진공도 변화가 전혀 없다(예 : 상용 진공도 1~10Torr).	Sealing Water에 의한 포화 증기압으로 인해 진공도의 변화가 온도에 따라 심하다(예 : 상용진공도 60Torr).	공정 중 수분 유입으로 인하여 Oil과 유화 됨으로써 수분 재증발로 인한 진공 Hunting 현상이 일어난다(예 : 상용진공 1~10Torr).
UTILITY	2중 Jacket Type으로 기계적 압축열을 낮추기 위한 냉각수만 소모됨(예 : 20Hp 기준 0.42m^3/Hr)	진공을 형성하기 위한 Sealing Water가 과도하게 소모됨(예 : 20Hp 기준 : 1.7m^3/Hr)	Piston or cylinder의 운동 및 진공 Oil의 압축열 및 온도상승을 막기 위한 냉각수가 필요하다(예 : 20Hp 기준 0.5m^3/Hr).

구 분	DRY SCREW PUMP	WATER SEALED PUMP	OIL ROTARY PUMP
동 력	배기 능력에 비해 다른 Type의 진공펌프보다 소모 동력이 적으며 저 진공에서 고진공까지 진공도의 변화에 따른 소모도역 변화가 없다.	공급되는 Sealing Water의 양, 온도 및 공정 중 유입되는 가스의 응축성 또는 비응축성에 따라서 소모 동력이 변하며 운전 진공도 영역에 따라서도 소모 동력이 크게 변한다.	공급되는 Oil 및 공정 중 수분유입으로 인한 재증발에 따라 소모동력의 변화가 있다.
MAINTEN-ANCE	Casing Rotor 간의 접촉부위가 없어 마모가 없다. 냉각수 공급 불량 시 과열현상	공급수 불량일 경우 기계적 고장의 원인 고진공일 경우, Cavitation에 따라 Impeller 마모가 심하다. Accessories(Cooler, Separator Tank 등)의 관리 소홀로 인한 작업 불량	냉각수 공급, 불량으로 인한 Vane 또는 Piston 소손 Oil 공급 불량으로 인한 진공 Hunting 및 기계적 파손

⑥ 장비사양

표 2-18 P-VAC 설비의 사양

장비명	형 식	수 량	용 량	재 질	비 고
Receiver Tank	원통수직형	1	$3m^3$	Steel	–
Vacuum Pump	수봉식	3	$15.6m^3$	SUS304	730mmHg
Heat Exchanger	Shell/Tybe	3	$4m^2$	Steel	–
순환 Pump	Volute	2	420LPM	Steel	–
Water Tank	사 각	1	1ton	Steel	–

위 표는 현 산업에서 사용하는 사양서를 예로 표현한 것이다.

장비사양은 각 사용처마다 다르게 설치되며, 생산 Capacity에 따라 설계를 하여 그에 맞게 용량 및 수량을 선정한다.

⑦ 시공 사례(P-VAC. SYSTEM)

그림 2-40 시공사례

(4) 진공청소 설비(H-VAC : House Vacuum System)

① 개요

청정실을 청정한 상태로 유지하기 위하여 여러 가지 방법이 있다. 청정실에서는 인체 또는 장비로부터 및 장비의 정비는 물론 시설물 유지관리 등의 사유로 여러 가지 오염물질(먼지 등의 Particle) 등이 발생하고 있는데 이것을 2차 오염 없이 신속하게 제거하기 위한 진공 펌프 설비를 진공청소 설비라고 한다. 본 진공 펌프 설비용 노즐(Nozzle)은 청정실, 부속 팹(Sub Fab) 및 장치보조 지역(Support Area) 등에 약 10~20m 간격으로 설치되어 어떤 장소에서라도 이용이 가능하도록 설치한다. 청정실과 기타 장치보조 지역(Support Area)에는 Floor Type을 설치하고, 부속 팹(Sub Fab)에는 Wall-in Type(매립형)이 설치되어 운영하는 것이 일반적이다.

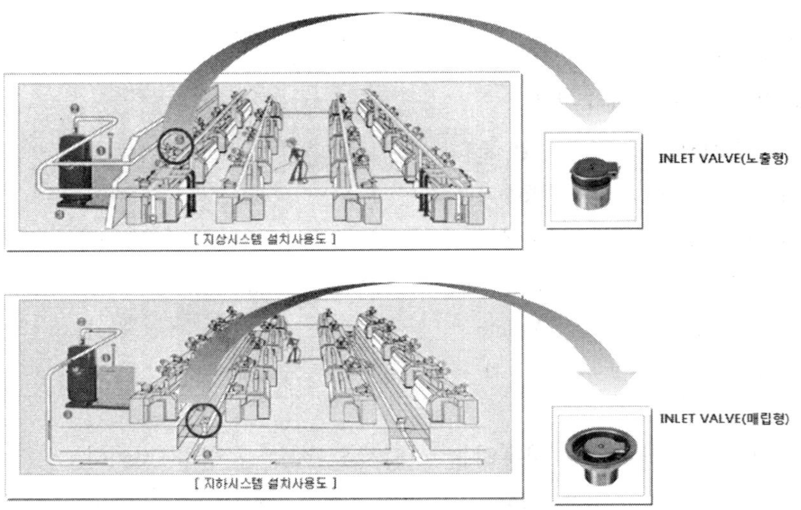

그림 2-41 H-VAC 시스템(지상/지하)

② 진공청소설비 사양

- 진공도 : 180mmHg
- Bag Separator(Air Pulse type)

③ 진공청소 설비의 흐름도

진공압(에너지)에 의해 청정실 및 기타 서비스지역(Service Area)로부터 이물질이 흡입되어 1차로 초기탱크(Primary Tank)에서 부피가 큰 이물질이 제거되며 비교적 입자가 작은 먼지 등의 이물질이 여과기 박스(Filter Box)에서 제거된다. 또한 흡입된 공기는 펌프 및 배관을 통하여 대기로 방출된다.

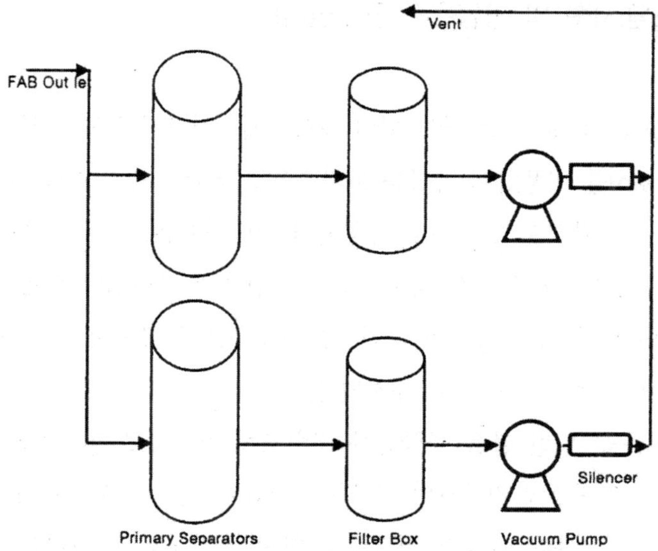

그림 2-42 진공청소설비 배관의 흐름도

표 2-19 진공청소 설비의 사양

장비명	형 식	수 량	용 량	재 질	비 고
Primary Saparators	원통수직	2	–	Steel	
Filter Box	원통수직	2	–	Steel	
Vacuum Pump	원심식	2	1,020CMH	Steel	

표 2-19는 현 산업에서 사용하는 사양서를 예로 표현한 것이다. 장비사양은 각 사용처마다 다르게 설치되며, 생산 Capacity에 따라 설계를 하여 그에 맞게 용량 및 수량을 선정한다.

④ 시공 사례(H-VAC. System)

그림 2-43 시공사례

(5) CW 시스템(시수 및 공업용수 급수설비)

① 개요

시수는 상수 라인(Line)으로 공급받아 보통 건물 지하에 있는 지하 저수조에 저장하고 펌프(Pump)를 이용하여 옥상층 고가수조로 공급하고 여기서 사용처로 공급하여진다. 시수는 일반적으로 시수로 사용되며 식당식수용, 화장실 세면기용 및 보일러 급수로 사용된다. 또한 지하 저수조로부터 펌프에 의해 고가수조로 공급되는 관로에서 분기하여 제조공정장비의 냉각 및 세정수로 공급되며 부스터 펌프(Booser Pump)에 의해 일정한 압력으로 유지된다.

또한 공업용수는 일반 물을 공급받아 저수조에 저장하고 정수처리장에서 정수를 하여 정수 지하 저수조에 저장하며 펌프를 이용하여 옥상층 고가수조로 공급하고 여기서 사용처로 공급한다. 공업용수는 주로 화장실 위생용, 배기처리장치(Scrubber), 냉각탑 등에 공급되며 소화용수로서 스프링클러, 옥내소화전 및 옥외 소화전 등에 공급된다.

② 시수 및 정수설비 흐름도

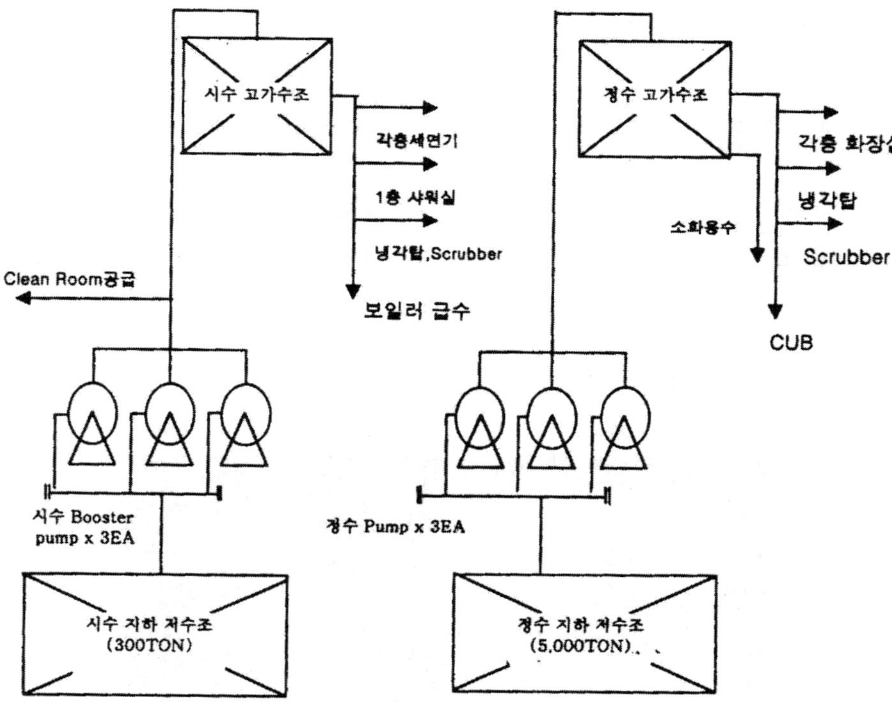

그림 2-44 시수 및 정수설비 흐름도

③ 장비사양

표 2-20 시수 및 정수설비의 사양

구 분		용량(Ton)	재 질	수 량	비 고
시 수	저수조	300ton	Stainless Steel	2	
	고가수조	20ton	Stainless Steel	2	
	Pump	760LPM	Steel	3	Packaged
정 수	저수조	5,000ton	Conc'+Epoxy Coated	2	
	고가수조	50ton	Stainless Steel	2	
	Pump	480LPM	Steel	3	Multi Strage

표 2-20은 현 산업에서 사용하는 사양서를 예로 표현한 것이다.

장비사양은 각 사용처마다 다르게 설치되며, 생산 Capacity에 따라 설계를 하여 그에 맞게 용량 및 수량을 선정한다.

(STAND-BY)부분은 생산장비에 공급되는 과정 중 PUMP 고장이 발생 했을 경우 장비에 시수 공급이 중단되지 않도록 하기 위해서 BACK-UP용으로 설치한다.

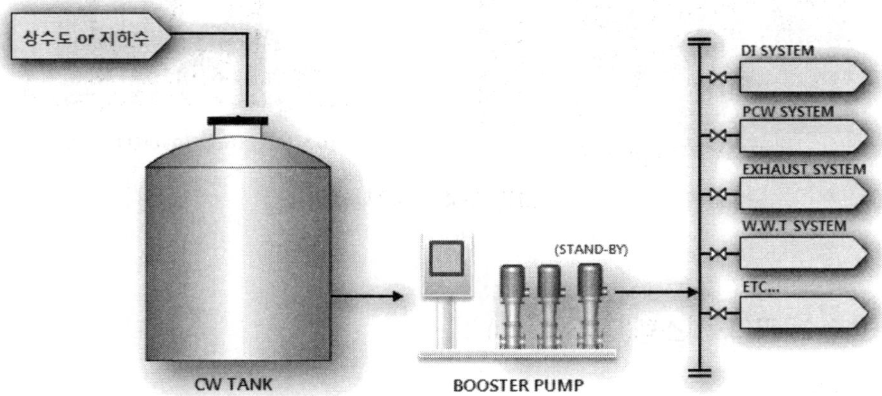

그림 2-45 CW 시스템 흐름도

④ Booster Pump 종류

Booster 종류에는 크게 압력센서 제어 운전방식과 인버터 제어운전방식으로 나눠어지며, 반도체 관련 생산업체는 유지비용이 저렴한 인터버 제어방식을 선호하며 시공하고 있다.

표 2-21 Booster 펌프 종류

형식 구분	운전 방식	특 징	압력 편차
	압력센서 제어운전 (압력+대수)	• 압력센서로 병렬교대 운전 • 순차 제어 운전 • 최소압력을 유지하기 위해 펌프가 자동 운전하여 동력비 절감 • 설비비가 저렴함	설정압력 ±1.0kg/cm^2
	인버터 제어운전 (압력+대수+회전수)	• 회전수 제어로 급수 압력이 일정함 • 인버터 채용으로 전력비 절감되어 운저비용 저렴	설정압력 ±0.2kg/cm^2

⑤ 시공 사례(City Water System)

CW SYSTEM 설치 모습

Booster Pump(Inverter Type)

그림 2-46 시공사례

(6) 초순수 공급 시스템(DI System)

① 개요

DI(Deionized) Water System 이란 이온교환장치, 역삼투막(R/O)장치, 한외여과막(U/F)를 사용하여 수중의 이온성분, 미립자, 생균, 유기물등의 불순물을 제거하여 초순수를 제조하는 장치라 한다.

반도체, LCD, 정밀부품 세정, 의약품 제조, 식음료 제조, 화학분야 및 다용도에 사용되며 원수의 성상과 요구수질 및 용도에 적합하게 설계 제작하여 사용한다.

② 초순수 설비 사용 분야

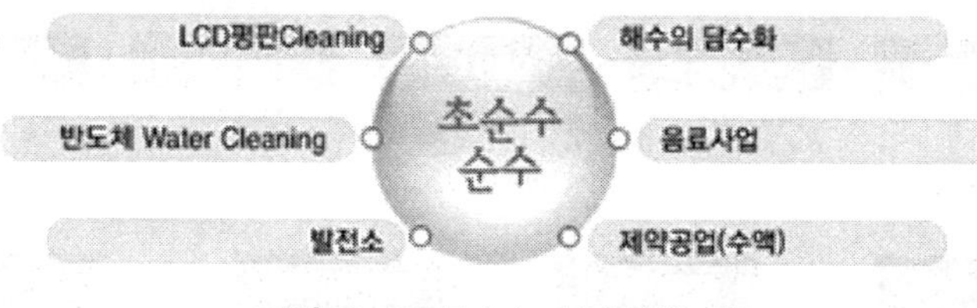

그림 2-47 초순수 설비사용 예

- 〈반도체 제조 공정〉에서는 주로 Wafer의 표면 세정 작업에 사용되며, 주변 장치 Cassette Cleaning에도 사용된다. Chemical Mixing, Hand Washer, PSG(Pure Steam Generator) 보충 및 Process Chemical의 Blending System에도 사용된다.
- 〈원자력 및 발전소〉에서의 용도로는 냉각용이나 발전소의 터빈을 구동하는 스팀용수로도 사용한다.
- 〈제약 업체〉에서는 제약에 필요한 정제수나 주사제 용수로도 사용된다.
- 〈전자 및 도금 분야〉 에서는 제품의 Final 세척용으로 널리 사용된다.

③ 초순수 설비 흐름도

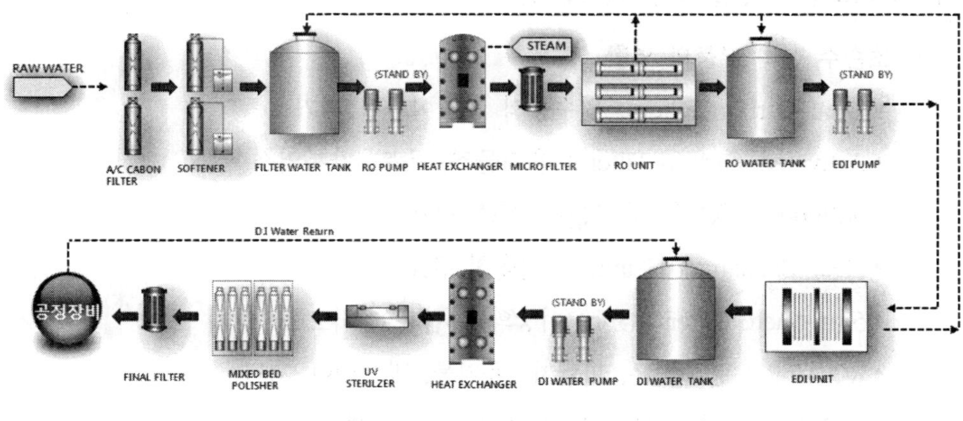

그림 2-48 DI system 흐름도

사용처마다 조금씩 설치방법은 다르지만 대부분 흐름도_1번과 같은 방법으로 시공하며, 흐름도_1번과 같이 펌프를 2대 설치하는 이유는 공정장비에 공급되는 과정 중 고장이 발생 했을 경우 생산장비 또는 필요로 하는 시스템에 공급이 중단되지 않도록 하기 위해서 Back-up용으로 설치한다.

펌프 1대가 고장이 날 경우 Stand-by용 Pump가 자동으로 운전되도록 구성한다.

④ 단계별 응용 분야

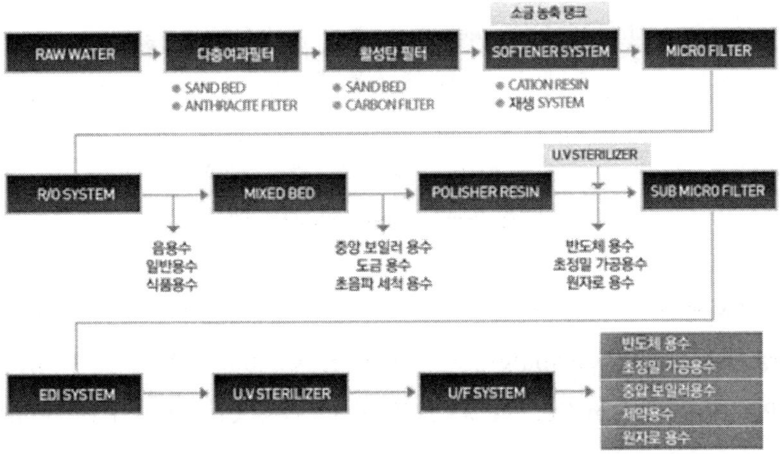

그림 2-49 DI water의 단계별 응용분야

위 그림은 흐름도는 초순수 시스템의 응용분야를 나타낸 것이며, 사용되는 초순수 용도에 따라 시스템 구성이 결정 된다. 예를 들면 음용수 및 식품용수로 사용하고자 한다면 R/O System까지만 구성하면 되는 것이다.

반도체 분야에서는 초순수의 요구 수질의 따라 생산제품 불량률이 달라지기 때문에 위 시스템 구성을 전부 설치한다.

⑤ 초순수 설비 부품의 역할

- Dual Carbon Filter : 원수중의 조대이물질 제거
- Activated Carbon Filter : 유기물질, 유분, 잔류염소, 색도 제거
- Softener : 경도(Ca_2^+, Mg_2^+) 성분 제거
- Heat Exchanger(Heatin) : 겨울철 온도 유지
- 5㎛-Micro Filter : 5㎛ 이상의 미립자 제거로 RO장치 보호
- RO Unit : 용존이온, 미립자, 유기물, 박테리아 제거
- EDI Unit : 잔존이온 제거하여 1차 순수 생산
- Heat Exchanger(Cooling) : 여름철 및 순화되는 DI의 온도 유지
- UV Sterilizer : 245mm의 자외선 파장으로 미생물 살균
- DO Removal Contactor : 물속의 용존산소 제거
- Mixed Bed Polisher : 잔존하는 극미량의 이온 제거. 초순수 생산
- 0.03㎛-Micro Filter : 0.03㎛ 이상의 작은 Particle 제거
- Ultra Filter : Bacteria Cell을 포함한 0.01㎛ 이상 Particle 제거

⑥ 이온교환 및 역삼투막 장치의 개요 및 특징

- 이온교환 : 이온교환 이란 비드같은 구형 레진에 물을 통과시켜 물중에 포함된 이온과 비드에 고정된 다른 이온을 새로 교환 시키는 것이다. 이와 같은 이온교환 원리를 이용하는 것에는 연수화(Softening), 탈이온(Deionization)이 있다. 연수화는 주로 역삼투 순수제조장치에 앞서 물의 경도를 낮추기 위한 전처리 단계로 칼슘, 마그네슘이온 등을 소디움이온(Na^+)으로 치환하는 과정을 말한다. 또 탈이온 과정은 양이온 레진으로 하이드로겐 이온을 음이온 레진으로 하이드록실이온을 사용하여 이온을 제거하는 과정이다. 복상식 순수제조장치(2B3T)와 혼상식 순수제조장치(Mixed Bed)가 있다.
- 역삼투막 분리개요 : 역삼투막은 지지층(두께 50μm)과 분리기능을 가지는 활성층(두께 0.2μm)으로 구성되어 있으며 역삼투 현상을 이용하여 용매와 용질을 분리하는 막이다. 염수와 담수 같이 농도차가 있는 용액을 반투막으로 분리해 놓고 일정시간이 지나면 저농도 용액의 물이 고농도 쪽으로 이동하여 수위에 차이가 나게 된다. 바로 이러한 현상이 삼투 현상이며 이때 발생하는 수위의 차이가 삼투압이다. 이때 고농도 용액에 삼투압 이상의 압력을 가하면 저농도 용액쪽으로 물이 이동하게 되는데 이러한 현상을 "역삼투(Reverse Osmosis)현상"이라 한다. 그리고 이 원리를 이용한 설비를 역삼투 설비라 한다. 막의 재질에 따라 CA(Cellulose Aceteat, 비대칭막)와 PA(Polymide, 복합막)이 있다. 현재는 거의 PA을 사용한다.
- RO(역삼투) 장치의 원리

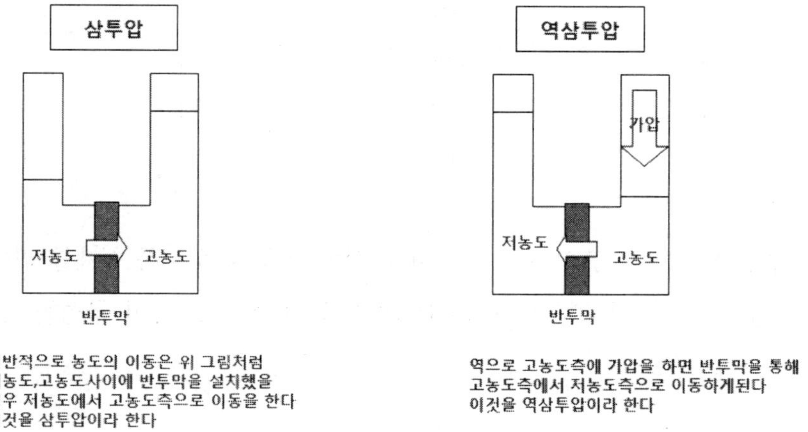

그림 2-50 삼투압과 역삼투압

• RO의 이온 제거

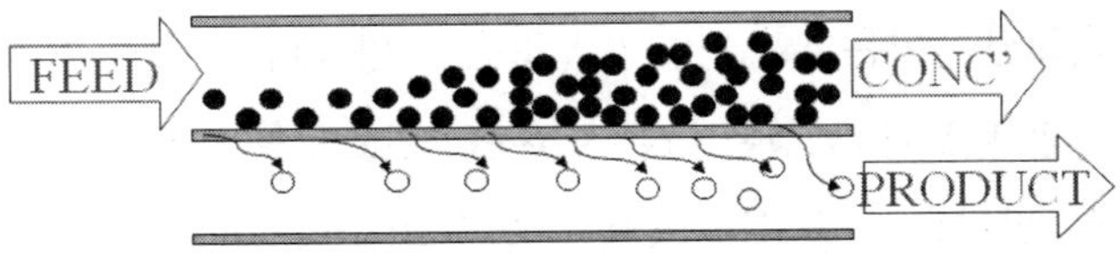

그림 2-51 이온 제거

INLET보다 농축되어지는 최종부분에서 상당히 농축되는 현상이 일어난다(농도분극현상).

위의 현상에서 알 수 있듯이 농도분극현상이 심화 혹은 설계가 잘못되었을 경우 FOULING이 발생한다.

⑦ 장비 요구 사양

표 2-22 장치 요구사양

Item	Unit	Design Basis	Remark
Resistivity	MΩcm at 25℃	18↑	
Particle	ea/ml(0.1μm)	1↓	
Bacteria	cfu/l	5↓	
TOC	ppb	100↓	
SiO_2	ppb	0.1↓	
D.O.	ppb	8~10	
Cu	ppt	5↓	
Al	ppt	5↓	
Fe	ppt	5↓	
Na	ppt	5↓	
Cl	ppt	5↓	

초순수 설비는 위 표의 요구 사양에 수질이 나올 수 있도록 설계를 해야하며 반도체 산업에서는 전기 전도도가 18MΩ(메가옴) 이상으로 하여 구성한다.

⑧ 시공 사례(초순수 시스템)

그림 2-52 DI water시스템 시공사례

그림 2-53 역삼투장치

그림 2-54 EDI system

(7) 열배기 설비와 일반 배기설비(Heat & General 배기설비)

① 개요

제조공정에서는 각종 화공약품 및 가스류가 사용됨에 따라 수십 종의 연기류(Fume)등이 발생되는데 이것을 제거하지 않으면 공정 및 청정실의 오염을 유발시키게 되며 또한 독성가스가 누출되었을 시에는 작업자에게도 위험한 영향을 미치게 된다.

이를 방지하기 위하여 각각의 오염물질 특성에 적합한 여러 가지 배기시설을 운영하고 있는데 이중에 산처리용 '습식 스크러버(Wet Scrubber)' 및 솔벤트(Solvent)류 처리용 'VOC 시스템' 등이 있다.

열 및 일반(Heat &General) 배기설비는 제조장비로부터 발생되는 배기가스를 덕트(Duct)로서 옥상에 설치된 팬까지 유도하여 대기로 배출하는 시설이 일반적이다. 배기 팬은 대부분 2대씩 설치되어 운전된다 그 이유는 팬 1대만 설치해서 고장날 경우 배기가스가 대기로 배출되지 않고 청정실 및 작업자에게 그대로 노출 되기 때문에 장비멈춤을 대비해 Fan 2대를 설치(1대 Spare_스패어) 하여 장비운전이 될 수 있도록 구성하는 것이다.

덕트(Duct)의 재질은 FRP 또는 Galva를 사용하고 있으며 시공금액을 줄이기 위해서 Galva 재질을 많이 사용 하고 있다. Hook-up에 해당되는 부분 또한 Galva(갈바)를 사용한 것이 일반적이다.

그림 2-55 배기덕트

그림 2-56 국소배기장치

② 열 및 일반(Heat & General) 배기설비의 흐름도

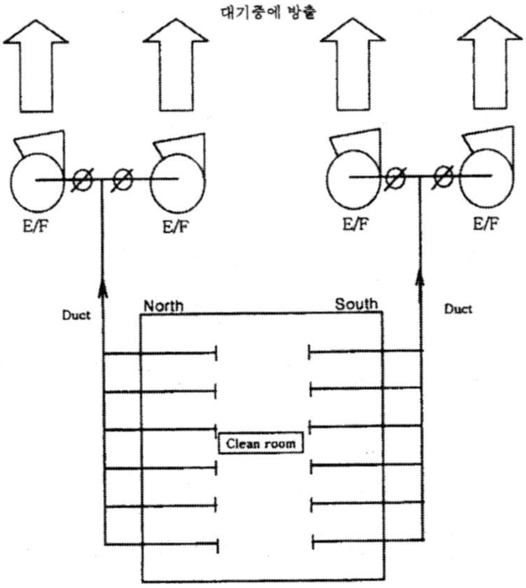

그림 2-57 Heat & General 배기설비의 흐름도_1

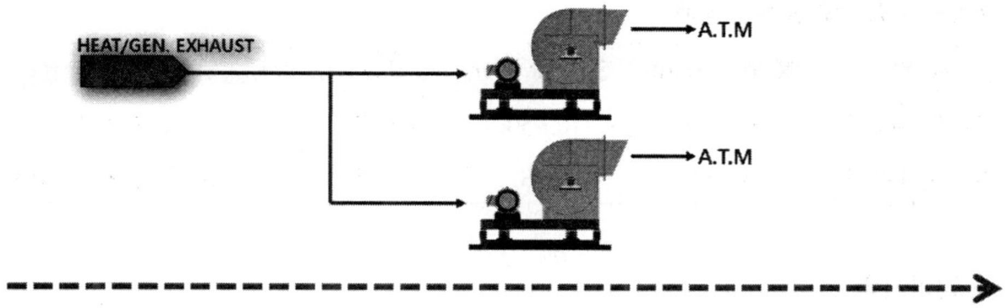

그림 2-58 열 및 일반(Heat & General) 배기설비의 흐름도_2

사용처마다 조금씩 설치방법은 다르지만 대부분 흐름도_1, 2번과 같은 방법으로 시공한다.

③ 팬(Fan) 종류와 특징

송풍기(Fan)의 종류에는 크게 원심형, 축류형, 사류형, 횡류형으로 구분되며, 풍량 및 정압 또는 용도, 기계의 수송 및 압축작용을 하는 회전날개의 형식에 따라 송풍기는 다음과 같이 구분한다.

표 2-23 원심형 송풍기

종 류	풍량(m^3/min)	정압(mmAq)	효 율	용 도
다익형	10~10000	10~150	45~60	저속덕트 공조용, 공조 급· 배기용
리밋로드형	20~5000	40~250	50~65	저속덕트 공조용(중규모 이상), 공장 환기용
터보형	60~900	50~2000	60~80	고속덕트 공조용, 보일러 급기용
익형	60~1500	40~250	75~85	고속덕트 공조용, 최근 공조용으로 많이 사용됨
래디얼형	20~1000	30~300	40~70	시멘트, 사료, 정미소, 톱밥이송, 환기용
관류형	20~50	10~50	40~50	옥상 환기용

※다익형 : SIROCCO FAN, 익형 : AIRFOIL FAN, 후곡형 : TURBO FAN

표 2-24 축류형 송풍기

종 류	풍량(m^3/min)	정압(mmAq)	효 율	용 도
프로펠러형	10~400	0~15	10~50	환기용, 소형 냉각탑, 유닛 히터팬
튜브형	500~10000	5~15	55~65	국소 통풍용, 대형 냉각탑, 대풍량에 적합
베인형	40~1000	10~80	75~85	터널 환기용, 국소 통풍용

표 2-25 사류형 및 횡류형 송풍기

종 류	풍량(m³/min)	정압(mmAq)	효 율	용 도
사류형 송풍기	10~30	10~30	65~75	국소 통풍용
횡류형 송풍기	3~20	0~8	40~50	팬코일 유닛, 에어커텐용

④ 장비사양

표 2-26 열 및 일반(Heat & General) 배기설비의 사양

장비명	형 식	수 량	정압(mmAq)	풍량(CMH)	재 질	비 고
Fan	Air Foil	4sets	150	51,000	Steel	40Hp
Controller	–	1set				inverter 포함

표 2−26은 현 산업에서 사용하는 사양서를 예로 표현한 것이다.

장비사양은 각 사용처마다 다르게 설치되며, 생산 Capacity에 따라 설계를 하여 그에 맞게 용량 및 수량을 선정한다.

⑤ 시공 사례

그림 2-59 시공사례

(8) 산처리용 습식 스크러버(Acid Scrubber)

① 개요

인입된 오염가스에 물+흡수제를 분사시켜 충진물 표면에서 오염가스와 물이접촉 반응되어 오염물질을 흡수, 제거한 청정공기를 대기 중으로 방출 시킨다. 이런 원리를 이용한 장치가 '세정식 집진 장치(Wet Scrubber)'라 한다.

② Scrubber 형식

기본적인 Scrubber의 종류는 유체의 흐름 방향에 따라 수직형(Vertical) 타입과 수평형(Horizontal) 타입으로 구분된다.

- 수직형(Vertical) Type Scrubber : 일명 대향류 충전탑이라 하여 유체의 흐름은 아래에서 위로 흐르고 흡수액은 상부에서 하부로 흘러 잔가스를 흡수하여 제거 시킨다.
- 수평형(Horizontal) Type Scrubber : 일명 교차류 충전탑이라 하여 유체의 흐름은 수평으로 흐르고 흡수액은 상부에서 하부로 흘러 잔가스를 흡수하여 제거 시킨다.

그림 2-60 수직형/수평형 스크러버

③ Acid Scrubber 흐름도

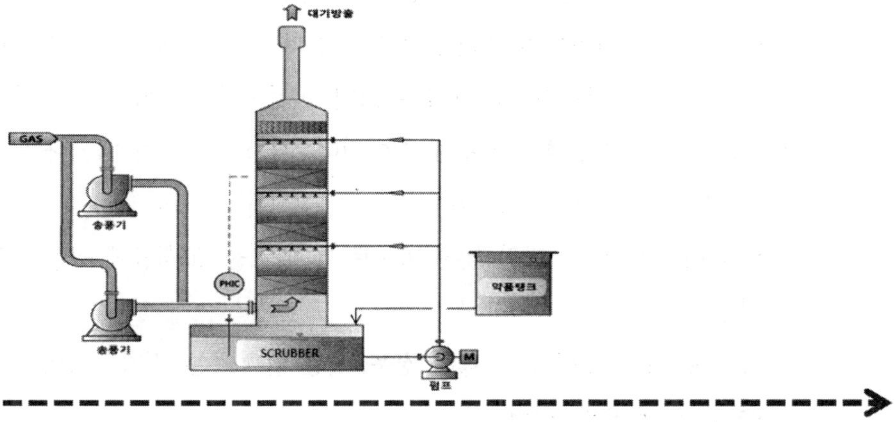

그림 2-61 흐름도

④ Acid Scrubber 구성

- 충전층(Packed Bed) : 충전탑은 가스 흡수를 위해 사용되는 장치 중 가장 일반적이다. 또한 이러한 충전탑의 설계에 있어 가장 핵심이 되는 부분이 바로 충전물(Packing)이다.
- 액분산(Liquid Distribution) 장치 : 액분산은 충전탑의 운전에 있어 그 운전 효율을 좌우할 수 있는 매우 중요한 요소이다. 불량한 액분산은 편류(偏流) 또는 공동현상(空洞現像) 등을 유발하게 되고 기·액 접촉효율을 저하시켜 가스 흡수 효율을 저하시키게 된다. 따라서 효율적인 가스 흡수탑을 설계하기 위해서는 액분배 장치, 충전물, 충전물 지지대 및 액재분배 장치 등 액분산에 관계된 모든 설계 부분을 세심히 고려하지 않으면 안된다. 액분배 장치의 종류에는 기본적으로 네 가지가 있다.
  - 노즐 분사식(Nozzle Spray) : 액분산 효율이 가장 뛰어 남
  - 위어(WEIR) : 주로 많은 고형물이 존재하는 경우 사용
  - 구멍 파이프(Perforated Pipe) : 쉽게 막히는 단점
  - 오픈 스플래쉬 판(Open Splash Plate) : 고농도의 고형물이 함유된 조건에서 매우 선호
- 기·액 분리장치(Mist Eliminator) : 흡수장치에 있어 또 하나 고려해야 할 중요한 미스트(Mist)의 분리 장치이다. 충전탑의 조작을 위해 충전층에 스프레이를 행하게 되고, 물에 젖은 충전층을 지나게 되는 가스의 흐름은 어떠한 경로이던 간에 미스트를 동반하게 된다. 충전탑의 효율적인 운전을 위해 이렇게 비산하는 미스트를 제거할 필요가 있다. 미스트 분리 장치로부터 발생되는 미스트는 비교적 그 크기가 크며 관성충돌 및 차단의 기전에 의해 99.9% 이상의 제거 효율이 쉽게 얻어진다. 미스트 제거장치는 다음의 네 가지 형식이 주로 이용되고 있다.
  - Wore Mesh Pad : 가장 높은 미시트 제거 효율, 고형물에 의한 막힘 현상 발생
  - Packed Bed : 고형물이 많은 경우, 낮은 압력손실, 점착된 고형물의 청소주기, 시간 오래 걸림
  - Zigzag Baffle(Chevron) Plate : 고형물에 대해 가장 적합한 방식
  - Combination : 위 형식 중 2가지 이상의 복합된 형식

⑤ 부대설비

이상의 설명에서 예측 할 수 있듯이 흡수탑은 피 흡수가스를 흡수탑 내로 유입 시키고 흡수액을 순환 시키는데 필요한 송풍기와 펌프가 필요하다는 것을 예상 할 수 있다. 또한 흡수설비를 운전하기 위해서는 DUCT, 풍기 팬), Chemical Pump, Pipe, Valve, Chemical Tank, 순환조(Sump)와 기타 계장장치가 필요하다.

<기타 부대설비 사진>

송풍기 (FAN) | 약품탱크 (CHEMICAL TANK) | 약품 이송 PUMP (CHEMICAL PUMP)

그림 2-62 부대설비 사진

⑥ 시공 사례

그림 2-63 시공사례

(9) 유기 흡착탑 설비(Activated Carbon Tower)

① 개요

유체(Gas) 분체가 고체표면(Surface Of Solid)에 접촉하여 부착(Adhere)되는 원리를 이용한 것으로 이러한 흡착 현상을 이용하면 가스나 액체 또는 고체의 농도가 극히 낮을 경우라도 일정한 흡착제를 사용하면 선택적으로 제거할 수 있기 때문에 산업분야 및 환경방지 설비 등에 광범위하게 활용되고 있다. 보통 Organic Scrubber 이라고 하며 A/C Tower라 불리기도 한다.

② A/C Tower 흐름도

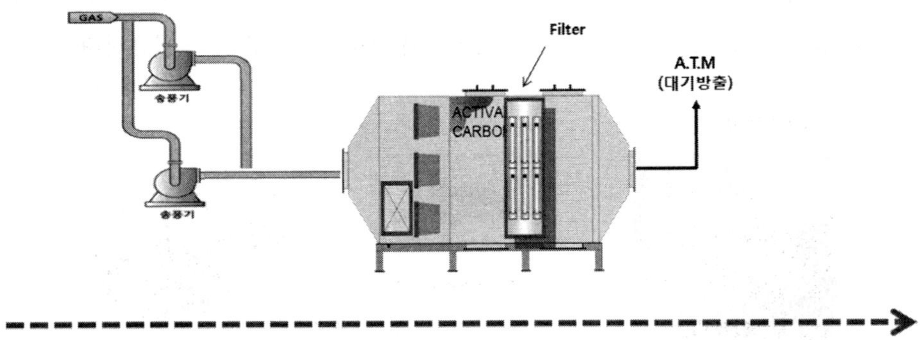

그림 2-64 A/C Tower 흐름도

반도체 제조 공정에서 사용되는 Organic 처리 시스템으로써 각종 유기성 가스 및 악취를 물리, 화학적 방법으로 흡수, 흡착하여 제거하는 장치이다.

분자중으로 구성된 고체 표면에 있는 원자의 자유 결합과 가스만의 화학적 결합에 의하여 강한 흡착력이 가스를 흡착하는 설비이다. 송풍기 2대 중 1대는 Stand-by 이며, 고장 시를 대비해 Spare로 설치한다.

③ 활성탄 흡착제

물리적 형상에 따른 구분 활성탄을 분류하면 물리적 형상에 따라 분말 활성탄(수처리 규격 : −200mesh, 90% 이상), 입상 활성탄, 섬유상 활성탄으로 구분될 수 있는데, 입상 활성탄은 다시 모양이 각각 다른 파쇄 활성탄과 일정한 모양을 가진 원주형 조립(造粒) 활성탄, 구형(球形) 조립 활성탄으로 나누어진다.

④ 활성탄 종류와 장단점

- 조립 활성탄(Constructed Carbon)은 고가이지만 높은 흡착율을 보여 고농도의 가스처리에 주로 이용 된다.
- 입상 활성탄(Granular or Pelletized Active Carbon)은 충분히 넓은 표면적을 갖고 고정상(fixed bed)에서 압력강하가 적으면서 흡착된 물질을 비교적 쉽게 회수할 수 있어 가장 널리 사용되고 있다.

• 분말탄(Powdered Active Carbon)은 값은 싸지만 입상탄보다 질이 떨어지고 충전탑에 사용할 때 압력강하가 너무 크기 때문에 사용에 많은 제한이 있다. 또한 분말탄은 거의 재생할 수 없어 사용 후 폐기하여야 한다.

그림 2-65 활성탄 종류

⑤ 시공 사례

그림 2-66 시공사례

(10) 국소배기 장치

① 개요

반도체 제조 공정에서 발생되는 오염물질의 발생원 (분진, 가스, 증기, 흄, 미스트) 근접하게 설치하여 오염물질이 발생되자마자 오염물질을 포집하여 작업장 외부로 배기 시키는 시스템이다. 설비는 후드(Hood) 흡입덕트, 공기정화장치, 배기 팬, 배기 덕트 및 배기구 등으로 이뤄진다.

② 국소배기 장치 흐름도

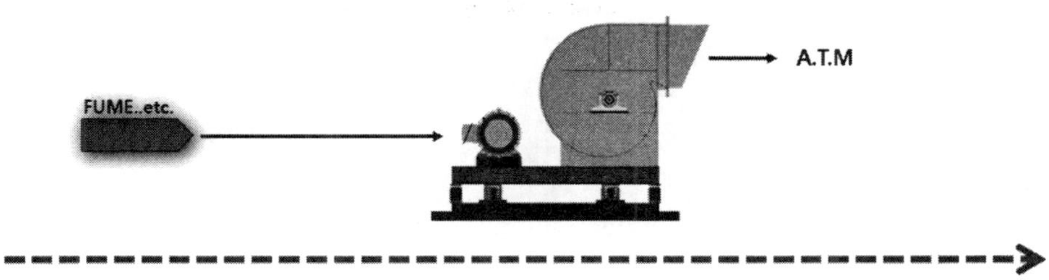

그림 2-67 국소배기장치 흐름도

국소배기 장치는 공정에 필요로 하는 시스템이 아닌 룸 배기용 시스템이기 때문에 송풍기 1대만 설치한다.

③ 후드(Hood) 종류

유해물질을 흡입하여 DUCT로 들어가도록 유도하는 장치로써 국소배기 시스템의 성능을 좌우한다. 형태는 생산설비 및 작업대의 형태, 오염물질의 발생방향, 근로자의 작업방법과 동선을 고려하여 선정하여야 한다. 일반적으로 후드는 발생월 둘러싸거나 발생원에 근접되게 설치하여야 환기 효과를 크게 할 수 있으며, 배기량을 줄일수록 설치비용과 운전비용을 줄일 수 있게 된다.

- 포위식(Cover Type) 후드 : 오염 공기가 외에 유출되지 않을 정도의 비교적 적은 개구부를 갖게 되며 최소의 배기로 최대의 효과를 얻을 수 있다.
- 외부식 후드 : 작업여건상 발생원을 포위 할 수 없을 경우에 후드내로 기류를 유도하여 오염물을 후드를 통해 배기 할 수 있도록 하는 방식으로 외부에 기류가 일정치 않을 때에는 큰 효과를 기대할 수 없다는 것이 단점이다.
- 리시버식(Receiver Type) 후드 : 발생원에서 열 부력에 의한 상승기류, 회전에 의한 관성기류등의 일정방향의 오염기류 현상이 일어날 때 기류의 방향으로 오염공기를 흡수하여 같은 방향으로 배기 할 수 있도록 하는 방식으로 일견하여 외부식과 유사하나 기능면에는 차이를 갖고 있다.

그림 2-68 원형 Type 후드

그림 2-69 리시버식(RECEIVER TYPE) 후드

④ 시공 사례

그림 2-70 시공사례

(11) 배관 및 덕트(Duct)설비

배관 및 덕트(Duct)설비에 관한 상세하고 구체적인 내용은 아래 표 2-27과 같이 반도체제조 회사 내에서 주로 사용하고 있는 각종 배관 및 덕트에 대한 재질 및 연결방법에 관한 사항을 나타낸 것이다.

그림 2-71 가스배관 SPOOL 작업

표 2-27 Utility Material 사양 및 Connection 조건표

Utility	Item	Size	Connection Type	Materical & Specification	Remark
PN2 PO2 PH2 PHe PAr	Tube	1/4"~1"	–	SUS316L, EP, 5S, Ra10, Single Melt	SUS316L, Chem Compositions C : less than 0.01 Si : less than 0.3 Mn : less than 0.4 Al : less than 0.01 P : less than 0.03 S : less than 0.03 Cu : less than 0.25 Ni : 14.5~15 Cr : 16.5~17 Mo : 2.7~7.5
	Fittings	1/4"~1"	Weld & VCR	SUS316L, EP, 5S, Ra10, Long, Single Melt	
	Valve	1/4"~1"	Maile VCR	SUS316L, EP, Ra10, Diaphram Valve, Lkg : lx10N9cc/ses.He	
	Regulator	1/4"	Maile VCR	SUS316L, Ra10, EP, Diaphram. P1, P2=0~10g/cm^2, Q=60LPM,lx10N9cc/ses.He	
		3/8"		SUS316L, Ra10, EP, Diaphram. P1, P2=0~10Kg/cm^2, Q=150LPM, lx10N9cc/ses.He	
		1/2"		SUS316L, Ra10, EP, Diaphram. P1, P2=0~10Kg/cm^2, Q=200LPM, lx10N9cc/ses.He	
	Gasket	1/4"~1"	–	Nickel, Retainer Assembly	
	POU Filter	1/4"	Maile VCR	SUS316L, VAR, Media : SUS316L-Cylinder, Q=60LPM, P=8Kg/cm^2	
		3/8"		SUS316L, VAR, Media : SUS316L-Cylinder, Q=150LPM, P=8Kg/cm^2	
		1/2"		SUS316L, VAR, Media : SUS316L-Cylinder, Q=200LPM, P=8Kg/cm^2	
CDA GN2	Tube	1/4"~1"	–	SUS316L, BA, 5S, Ra25, Single Melt	
	Fittings	1/4"~1"	LOK	SUS316L, BA, 5S, Ra25, Single Melt	
	Valve	1/4"~1"	LOK	SUS316l, Bright Polyshing, Ball or Needle Type, P=0~10kg/cm^2	
	Regulator	1/4"	LOK & NPT	SUS316L, P1, P2=0~10Kg/cm^2, Q=60LPM, Bright Polyshing, lx10N8cc/ses.He	
		3/8"		SUS316L, P1, P2=0~10Kg/cm^2, Q=200LPM, Bright Polyshing, lx10N8cc/ses.He	
		1/2"		SUS316L, P1, P2=0~10Kg/cm^2, Q=300LPM, Bright Polyshing, lx10N8cc/ses.He	
P-Vac PCW CW	Tube	1/4"~1"	–	SUS304, 5S	
	Fittings	1/4"~1"	LOK & NPT	SUS304, 5S	
	Valve	1/4"~1"	Femaile NPT	SUS304,Ball Valve, PFA Seat	
	Flow Meter	3/8"	Femaile NPT	Q=10LPM, P=8Kg/cm^2, T=50℃, Mass Flow	
		1/2"		Q=50LPM, P=8Kg/cm^2, T=50℃, Mass Flow	
		3/4"		Q=100LPM, P=8Kg/cm^2, T=50℃, Mass Flow	
		1"		Q=150LPM, P=8Kg/cm^2, T=50℃, Mass Flow	

Utility	Item	Size	Connection Type	Materical & Specitication	Remark
UPW (초순수)	Pipe	15~50A	Butt Weld (IR Joint)	HP-PVDF, PN16, Ra0.15μm	*F/Resist : 5×10P14 Ohm.cm *S/Resist : 10P13 Ohm * Density : 1.78g/cm^2
	Fittings	15~50A	Butt Weld (IR Joint)	HP-PVDF, PN16, Ra0.15μm	
	Valve	15~50A	Butt Weld (IR Joint)	HP-PVDF, PN16, Diaphram-Zero Static Va/ve, Ra0.15μm	
	Flanger	15~50A	–	PVDF Coated Steel	
	Gasket	15~50A	–	EPDM+PTFE Coated Steel	
	Flange	1/2"	Loose Flange	SUS304, ANSI#150	
	Tube	1/4" ~1/2"	–	PFA	
	Adapter	1/4" ~1/2"	Flaretak	PFA	
	Ferrule	1/4" ~1/2"	–	SUS316,EP	
Acid Exhaust	Pipe & Fittings	50 ~300A	Socket Bond&Weld	PVC-VG1, Gray Color	
H&G Exhaust					
Vacuum Exhaust		50 ~100A	NW Flange & Weld	SUS304#10	
Solvent Exhaust		50 ~300A	Welding & Flange	SUS304#10	
Scrubber Exhaust		50 ~100A			
IW Drain		15~25A	Socket Bond&Weld	PVC-VG1	
HF-R Drain					
Slurry Drain					
DI-R Drain		15~25A	Butt Weld	PVDF,PN16	
H_2SO_4					
HF-C Drain					
IPA Drain		15~25A	Welding & Flange	SUS304#10	
ACT-CMI Drain					
Solvent Drain					

(12) 기타설비 흐름도

① LNG설비 흐름도

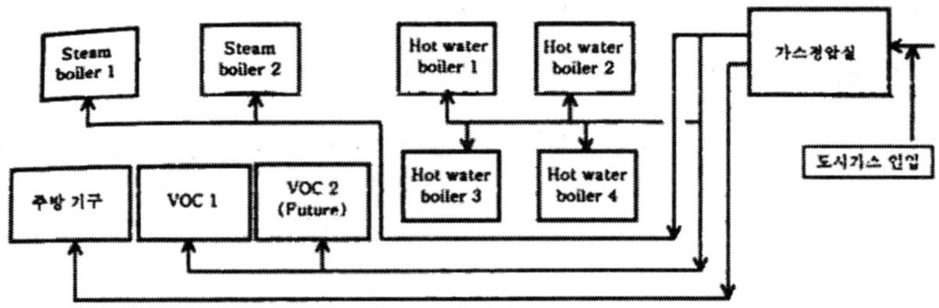

그림 2-72 LNG설비 흐름도

② 경유공급설비 흐름도

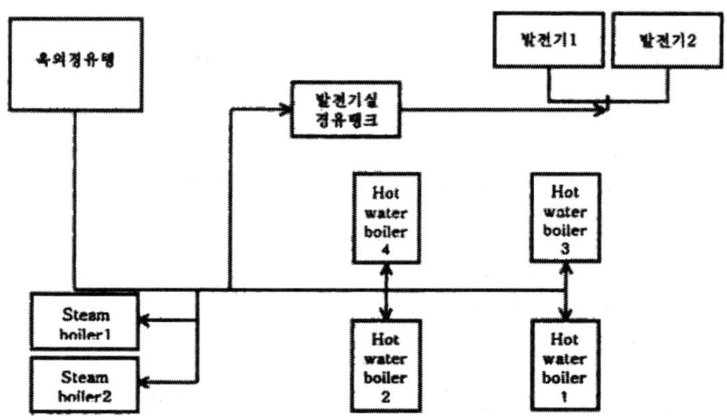

그림 2-73 경유공급설비 흐름도

③ 온수공급설비 흐름도

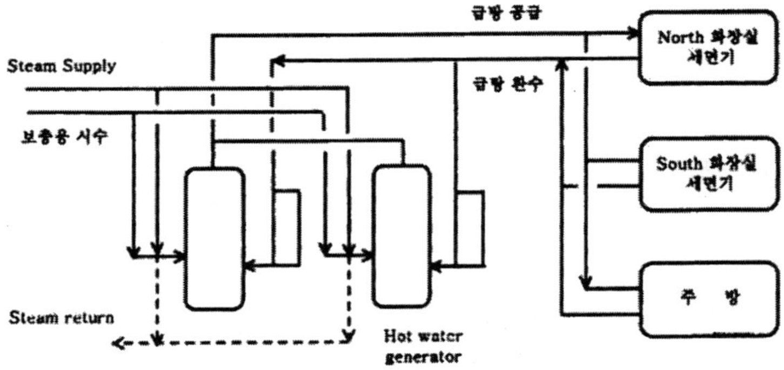

그림 2-74 온수공급설비 흐름도

(13) 벌크가스(Bulk Gas) 설비

① 벌크가스정의

벌크가스란 반도체공정에 사용되는 각종의 가스 중 비교적으로 단위 사용량이 많아 가스 캐비넷(Gas Cabinet)로 공급이 곤란하며 일반적으로 유해 위험성이 적은 가스로서 저장탱크 및 실린더(Cylinder) 집합설비 및 배관계통을 통하여 원거리에서 공정으로 공급되며 주로 정화(Purge) 및 분위기 가스로 사용되는 가스를 말한다.

다른 의미로 대단위 저장, 집합 설비로부터 배관망을 통하여 원거리까지 공급되는 가스를 벌크가스라고 한다. 일반 산업용으로 사용되는 가스도 대단위 집합 설비로부터 공급되는 가스 설비(특히 도시가스 집합설비 등)를 벌크가스설비라고도 한다.

② 반도체 공정에서 벌크가스의 역할

벌크가스의 많은 부분은 분위기 가스로 사용되고 있으며 각 가스별 및 웨이퍼 공정(Wafer Process)별로 각각 어떤 목적으로 사용되고 있는지 표 2−28에 나타냈다.

표 2-28 벌크가스(Bulk Gas)의 종류 및 역할

Gas 종류	원소기호	Wafer process에서의 역할
Nitrogen	N_2(질소)	전공정에서 Purge Gas로 사용되며 일부공정에서는 Carrier Gas로 사용되며 nitride(질화실리콘 형성)공정에서 반도체 표면을 습기나 불순물로부터 보호하기 위하여 질소화합물을 증착하거나 Active영역의 산화방지막으로 사용
Oxygen	O_2(산소)	Oxidation($si+O_2=SiO_2$) 공정에서 확산로를 이용하여 고온(650~1200℃)에서 Wafer 표면에 산화막을 형성
Hydrogen	H_2(수소)	특정고압가스로 관리되고 있는 Gas로서 Silicon Xpitaxial층 성장 등의 고온반응에서 Carrier Gas로 이용
Helium	He(헬륨)	일부공정에서 Carrier Gas 또는 Purge Gas로 사용하며 진공상태를 만들기 위한 Blanketing Gas 등으로 사용되며 Plasma 공정에서는 PR을 굳게 하기위한 열전달 매체 EH는 희석액으로 사용
Argon	Ar(아르곤)	일부공정에서 Carrier Gas 또는 Purge Gas로 사용된다.

③ 벌크가스 불순물 규격(Bulk Gas Impurity Specification)

• POS(Point of Source) 불순물 규격(Impurity Specification)

표 2-29 반도체 FAB의 POS(Point of Source) 불순물 규격 샘플 단위 : ppb

Impurities	Gas	CDA	GN_2	PN_2	PO_2	PH_2	PAr	PHe
CO	Warning Alarm	N.A N.A	900 1,000	25 30	25 30	25 30	25 30	25 30
CO_2	Warning Alarm	N.A N.A	900 1,000	15 20	15 20	15 20	15 20	15 20
O_2	Warning Alarm	N.A N.A	1,800 2,000	15 20	N.A N.A	15 20	15 20	15 20
N_2	Warning Alarm	N.A N.A	N.A N.A	N.A N.A	25 30	25 30	25 30	25 30
H_2O	Warning Alarm	5,000 10,000	1,800 2,000	5 10	5 10	5 10	5 10	5 10
THC	Warning Alarm	N.A N.A	900 1,000	5 10	5 10	5 10	5 10	5 10
Ar	Warning Alarm	N.A N.A	N.A N.A	N.A N.A	90 100	90 100	N.A N.A	N.A N.A
Partical	pcs/cft@0.1μm	50	50	1	1	1	1	1
Pressure	Kg/cm^2@0.5	7.5	7.5	7.5	7.5	7	7	7

* Based on plant Site

• 벌크가스 정화 규격(Bulk Gas Purchasing Specification)

표 2-30 반도체 FABDML 벌크가스 정화 규격 샘플단위 : ppm

구 분	N_2	O_2	H_2	Ar	He
CO	1	1	2	1	0.1
CO_2	1	2	2	1	0.1
O_2	2	–	15	2	1
N_2	–	–	50	5	3
H_2O	2	3	3	1	0.5
THC	1	25	3	1	0.1
H_2	1	1	–	1	0.1
Ar	–	400	100	–	–
%(Vol)	99.999	99.9	99.98	99.998	99.999

• 질소 설비 장비(N_2 Plant Equipment) 사양

표 2-31 질소 설비 장비(N_2 Plant Equipment) 샘플 사양

No	Equipment	Maker	Model	Q' ty	Descriptions	Remark
1	Air-Compressor	Ingersoll -Rand	2CC25M3 (C-10)	3	• Capa : 3400Nm^3/h • Type : Centrifugal • Power : 6600V, 500kW, 600HP • Cooling Water Temp : 32/38℃ • Cooling Water Flow Rate : 405/525PM	
2	Pre-Heater	Sumitomo	H-21	1	• Material : Aluminium	
3	CO Converter	한주기계	T-20	1	• Design Press : 11.5kg/m^2 • Design Temp : 200℃ • Line Heater(H20) Capa : 30kW	
4	Freon Refrigerator	Nippon Sabroe	CMO-24 (C-14)	1	• Comp, Capa : 6,200kcal/h(Mptor 15kW) • Refrigerant : R-134a • Condenser : Horizontal Shell & Tube • Power : Main 380V, Control 100V • Cooling Water Temp : 32℃(Max 34℃)	
5	Water Separator	한주기계	B-14	1	• Design Press : 11.5kg/m^2 • Design Temp : 40℃	
6	M/S Tower	한주기계	T-18	2	• Design Press : 11.5kg/m^2 • Design Temp : 300℃ • Reactivation Heater(H-18)Capa : 65kW	
7	Expanaion Tubine	Cryostar	D-10	1	• Type : Oilbrake • Speed : 22,000~32,000rpm • Flow : 3,000Nm^2/h • Press : Inlet 4, Outlet 0.3kg/cm^2 • Inlet Temp : −170℃	
8	Recyle Compressor	Atlas Copco	ZG-4(C-80)	1	• Capa : 4,600Nm^3/h • Power : 380V, 230kW	N_2 Plant
9	Recyle Compressor	Atlas Copco	ZG-4(C-80)	2	• Capa : 580Nm^3/h×2 • Power : 380V, 55kW	UPO Plant
10	Storage Tank	A.TEC	R-51	1	• Capa : 80,000Liter	
		MVE	R-40	1	• Capa : 10,000Liter	
		MVE	R-90	1	• Capa : 10,000Liter	
11	Vaporizer	Teisan		2	• Capa : 2,000Nm^3	
		동아가스산업		2	• Capa : 100Nm^3	
		동아가스산업		2	• Capa : 100Nm^3	
		Teisan		1	• Capa : 200Nm^3	승압용
12	Cooling Tower	경인기계	EX-700CKL	1	• Capa : 700RT(4Cell) • Water Flow : 234m^3/h • Water Temp : Inlet 40℃, Outlet 30℃ • Spray Pump : 5HP, 380V×4sets • Circulation Pump : 10HP, 7.5kW×3sets	

④ 벌크 가스 제조 공장(Bulk Gas Plant) 개요

그림 2-75 벌크 가스 제조 공장

• 제조공장(plant) 설비 현황 및 개요

표 2-32 반도체 FAB의 벌크 가스 제조 공장(Bulk Gas Plant)샘플

No	종 류	설비구분	수량(set)	총 용 량	비 고
1	N_2 Gas 제조공급설비	제조설비	1	4,000m^3/hr	
		Tank 저장설비	1	80,000 liter	
2	O_2 Gas 저장공급설비	정제설비	1	120Nm^3/h	
		Tank 저장설비	1	12,000 liter	
3	H_2 Gas 저장공급설비	Cylinder 집합시설	1	677Nm^3	
4	He Gas 저장공급설비	Cylinder 집합시설	1	677Nm^3	
5	Ar Gas 저장공급설비	Tank 저장설비	1	10,000 liter	

• 정제설비 현황 및 개요

표 2-33 반도체 FAB의 정제설비 샘플

No	구 분	Capacity	Qt'y	원 리	기 능(용도)
1	N_2 Purifier	400Nm^3/h×3	3	고온흡착식	O_2, H_2, CO, CO_2, CH_4, H_2O 정제
2	O_2 Purifier	60Nm^3/h×2	2	고온흡착식	H_2, CO, CO_2, CH_4, H_2O 정제
3	H_2 Purifier	25Nm^3/h×2	2	고온, 저온 흡착식	N_2, O_2, CO, CO_2, CH_4, H_2O 정제
4	He Purifier	20Nm^3/h×2	2	Gatter 흡착식	N_2, O_2, H_2, CO, CO_2, CH_4, H_2O 정제
5	Ar Purifier	20Nm^3/h×2	2	Gatter 흡착식	N_2, O_2, H_2, CO, CO_2, CH_2, H_2O 정제

• 분석기기 현황 및 개요

표 2-34 반도체 FAB의 분석 설비 샘플

NO	분석기명	Model & Type	수량	원 리	기 능(용도)
1	MK5/Z	MK5/Z	5	Hersch식	Oxygen Impurity 측정
2	Hycosmo2	S-1200	4	산란광검지방식	Moisture측정
3	RGA5	1	1	G/C	H_2, CO, CO_2, CH_4, NMHC 측정
4	Gow-Mac	590DID GC	1	G/C	O_2내 Ar Impurity 측정
5	Partical Counter	HPGP-101	2	Laser Beam 방식	Partical 측정
		MLPC-HS	4	Laser Beam 방식	Partical 측정
6	Panamatrics	Series 35	2	Sencer	Moisture 측정
7	Horiba	GA-F365E	1		O_2내 THC Impurity 측정

⑤ N_2 제조설비 사양

• 공정(Process) 개요 : 질소 가스를 만들기 위한 흡입 공기는 공기 압축기에 장착된 필터를 통하여 먼지가 제거된 깨끗한 공기(Air)가 공기 압축기에 의하여 승압되어 냉동기에 의해 냉각된 후 흡착탑에 의하여 공기 중의 수분 및 이산화탄소가 제거된다.

흡착탑은 2기로서 서로 상호변환 관계를 가지며 1Set의 흡착탑이 수분을 흡착 흡수의 정제공정을 진행할 때 다른 1Set의 흡착탑은 흡수한 수분을 증발시키는 재생 상태로 운전한다.

이 흡착탑에서 흡착이 끝난 원료 공기는 열교환기에서 질소 가스, 폐가스 및 팽창 터어빈에 의해 냉각된 폐가스는 열교환을 하면서 일부 공기가 액화된 상태로 정류탑으로 보내어진다.

정류탑 하부로 들어간 공기는 정류탑 내부에 위치한 트레이(Tray)의 구멍 부분을 통과하고 기둥(Column) 상부로 상승한다.

트레이(Tray) 위에는 상부로부터 하강해 오는 액이 흘러 액체(LiQuid)와 가스가 직접 접촉하므로 동일 압력으로 된 N_2의 비점 온도는 O_2의 액화점 온도보다 낮다.

따라서 액체(Liquid)와 가스(Gas)가 직접 접촉될 때 액체(Liquid) 중의 일부 N_2는 가스중의 산소와 부분적인 열교환을 하여 가스 질소가 되어서 기포

중으로 흡입되고 역으로 일부 가스중의 산소는 액체 산소로 되어서 액화 중에 녹아 들어간다.

이 정류 효과를 되풀이 해서 정류탑 꼭대기는 순수한 질소 가스가 되고 하강해 오는 정류 트레이(Tray)를 흐를 때 마다 산소 성분이 증가되고 정류 트레이(Tray) 밑 바닥에는 산소 44% 정도의 액화 공기가 된다. 분류탑 하부에 고인 산소가 풍부한 액체 공기는 팽창하여 분류탑 상부의 응축기로 보내어진다. 상부 응축기에서 다시 한번 정류 시킨 공기(폐 가스)는 열교환기를 통과하면서 발생하는 냉각 손실은 폐가스를 팽창시키는 팽창 터어빈에 의해 단열 팽창되어 약 −144℃에서 약 −172℃로 보상된다.

• 흐름도(Flow Diagram)

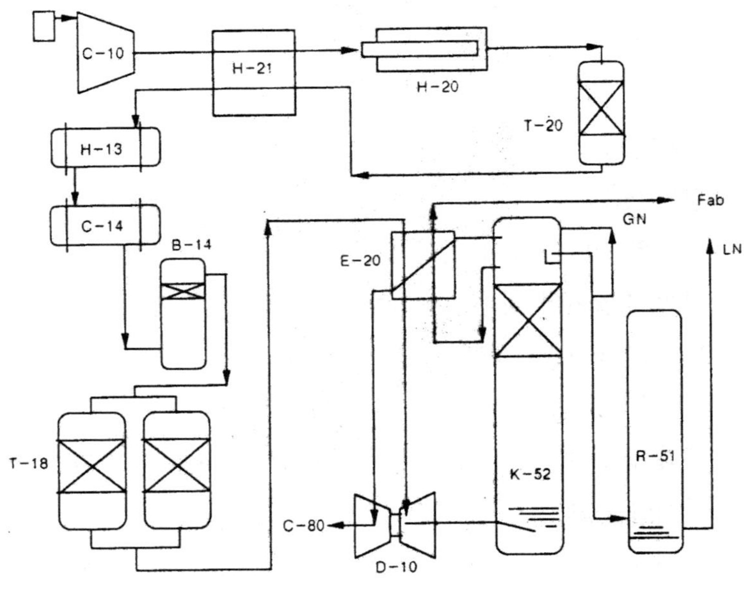

그림 2-76 반도체 FAB의 N_2 제조설비 흐름도

⑥ UPO 정제설비 사양

• 공정(Process) 개요 : 원료용 산소저장탱크로부터 냉장박스(Cold Box) 내부에 설치된 K54 O_2 Coulmm의 하부로 액화 산소를 공급한다. 이곳에서 증류 작용에 의하여 상부는 메탄성분이 제거된 GO_2와 하부는 메탄 성분을 함유한 LO_2로 분리된다. K54 O_2 Coulmm 하부의 LO_2는 T64 LO_2 여과기(Filter)를 거쳐 E64 O_2 재보일러(Reboiler)에서 순환 질소에 의해 기화되고 이 기화된 가스는 다시 K54 O_2 Coulmm으로 이송되어 가스의 일부는 E21 Recycle

N_2 교환기(Exchange)를 거쳐 가온된 후 대기로 방출된다. 또한 K54 O_2 Coulmm 하부내 소량의 LO_2는 탄화수소의 축적을 방지하기 위하여 V54 AI 교환기(Exchange)에서 기화된 후 대기로 방출한다. 메탄성분이 제거된 다량의 GO_2는 K54 O_2 Coulmm상부에 설치된 E74 O_2 농축기(Condenser)에서 기화하는 순환질수와의 열교환에 의해 응축된다. 응축된 O_2는 K54 O_2 Coulmm의 환류액으로 사용되어지고 이곳 상부에서 공급된 소량의 GO_2는 아르곤 성분을 없애기 위해 K57 Pure O_2 Coulmm의 탑중부로 이송되어, 증류작업에 의하여 상부는 아르곤이 포함된 GO_2와 하부는 초고순도 LO_2로 분리된다.

K57 pure O_2 Coulmm 상부에 설치된 E77 고순도 산소 농축기(Pure Oxygen Condenser)내에서 아르곤성분이 포함된 다량의 GO_2는 기화되는 순환질소와의 열교환으로 응축되어 K57 Pure O_2 Coulmm의 환류용으로 Tm여지고 나머지 가스는 폐가스로서 대기로 방출된다. K57 Pure O_2 Coulmm 하부로 떨어진 초고순도 LO_2는 E67 Pure Oxygen Reboiler에서 대부분 재기화 된다. 이때 기화가 되지 않은 LO_2의 잔여분은 제품으로도 B57 Liquid Oxygen Capacity로 이송되어 가압된 후 초고순도 산소저장 탱크로 공급된다.

이 초고순도 산소는 기화기를 거쳐 Fab으로 최종 공급된다.

• 흐름도(Flow Diagram)

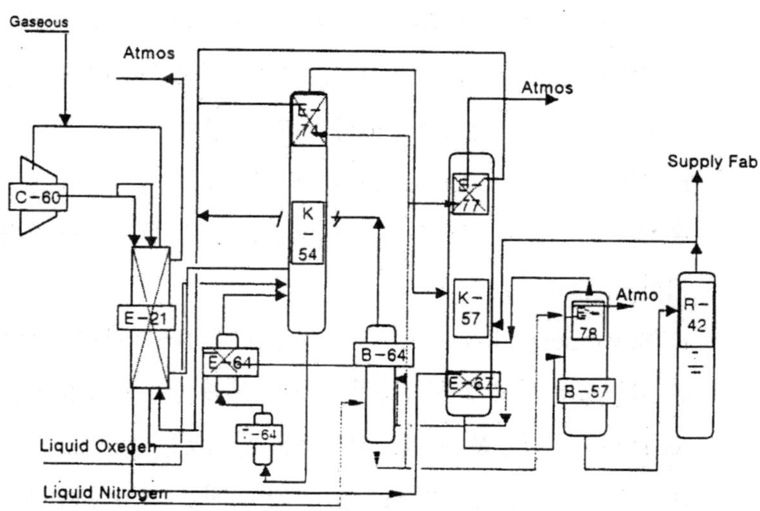

그림 2-77 반도체 FAB의 UPO 정제설비 흐름도

• 장비(Equipment)별 기능

- C-60(Recycle Nitrogen Compressor) : 공정을 마친 N_2Gas를 재압축해서 다시 Cold Box로 보내 UPO를 생산하는 장치
- E-21(Recycle N_2Exchanger) : C-60에서 재압축되어진 N_2Gas와 K-54하부의 불순물을 함유한 액화산소 Gas가 교환 작용하여 고온 압축된 GN_2를 냉각시키는 장치
- E-60(Recycle N_2Reboiler) : E-21를 거쳐 냉각되어진 N_2Gas와 K-54하부의 불순물을 함유한 액체 산소를 액화가스로 교환하여 다시 K-54 Coulmm으로 보내는 장치
- T-64(Liquid Oxygen Filter) : K-54하부의 불순물을 함유한 액체산소를 저장하였다가 E-64를 통해 다시 K-54 Coulmm으로 보내는 임시 저장탱크
- K-54(Oxygen Coulmm) : 원료용 산소저장탱크로부터 Feed O_2를 공급받아 E-74를 거쳐 증류작용에 의하여 상부는 메탄성분이 제거된 GO_2와 하부는 메탄성분을 함유한 LO_2로 분리하는 Column
- E-74(Oxygen Condenser) : K-54상부에 설치되어 K-54를 통해 올라온 O_2 Gas중의 CmHn을 제거하는 장치
- B-64(Recycle Nitrogen Seperator) : 원료용 액체질소 저장탱크로부터 Feed LN_2를 공급받아 각각의 열 교환기로 LN를 공급하는 장치
- K-57(Pure Oxygen Column) : K-54를 거쳐 CmHn성분이 제거된 O_2Gas를 E-77를 거쳐 증류작용을 이용 Ar을 제거 정제하는 Coumn
- E-67(Pure Oxygen Reboiler) : K-57하부에 설치되어 E-77를 통해 알곤이 포함된 LO_2를 기화시켜 Gas화 시키는 장치
- E-77(Pure Oxygen Condenser) : K-57상부에 성치되어 E-67를 통해 올라온 알곤이 포함된 GO_2와 초고순도 LO_2로 분리하여 Gas중의 Ar성분을 제거하는 장치
- E-78(warmer) : R-42로 UPO를 이송한 후 B-57내부의 압력을 K-57과 같은 압력으로 강하시키는 장치. B-57상부에 설치되어 K-57를 통해 초고순도 LO_2를 공급받을 때 압 력상승을 방지하는 장치
- B-57(Liquid Oxygen Capacity) : 각 공정을 거쳐 순수한 산소로 정제되어진 UPO를 받아 저장하였다가 R-42로 이송하기 전에 임시로 저장하는

Cold Box내의 탱크

– R-42(High Ultra Pure Ocygen Tank) : 진공 단열된 2중 Tank로써 초 순수 액화 산소(UPO)를 저장한 탱크

⑦ 저장 및 공급 설비

- 탱크(Tank)저장(액화가스 N_2, O_2, Ar) 공급설비

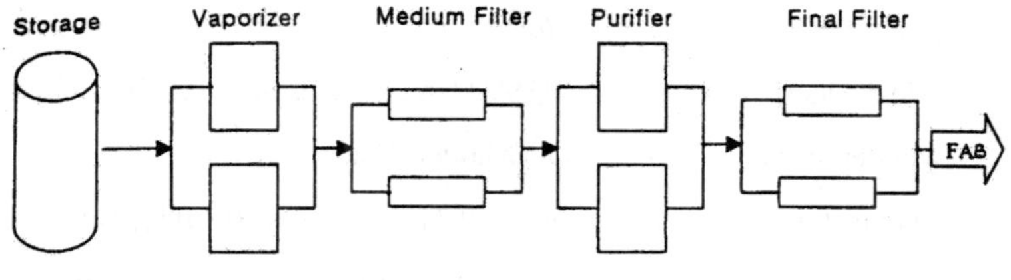

그림 2-78 반도체 FAB의 탱크저장(액화가스) 공급설비 흐름도

- Cylinder집합(압축가스 He, H_2) 공급설비

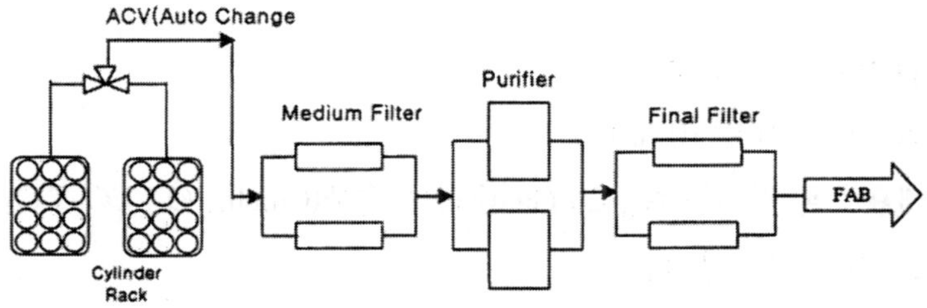

그림 2-79 반도체 FAB의 Cylinder집합(압축가스) 공급설비 흐름도

- 저장 및 공급설비 사양

표 2-35 반도체 FAB의 저장 및 공급설비 사양 샘플

설비명	장비명	수량(set)	사양 및 Capacity
O_2 설비	저장탱크	1	12,000Liter
	기화기	2	100 Nm^3/h
	1st Filter	2	99.9999%@0.01 μm,SUS316L Housing, Poly
	Purifier	2	60 Nm^3/h
	Final Filter	2	99.9999%@0.01 μm, SUS316L Housing, SUS Media
Ar 설비	저장탱크	1	10,000 Liter
	기화기	2	100 Nm^3/h
	1st Filter	2	99.9999%@1 μm, SUS316L Housing, Poly

설비명	장비명	수량(set)	사양 및 Capacity
Ar 설비	Purifier	2	20 Nm^3/h
	Final Filter	2	99.9999%@0.01μm, SUS316L Housing, SUS Media
He 설비	Cylinder Rack	8	12Cylinder 1Rack
	Regulator	2	in 0~200kg/cm^2, Out 0~10kg/cm^2
	1st Filter	2	99.9999%@1μm, SUS316L Housing, Poly
	Purifier	2	20 Nm^3/h
	Final Filter	2	99.9999%@0.01μm, SUS316L Housing, SUS Media
H_2 설비	Cylinder Rack	8	12Cylinder 1Rack
	Regulator	2	in 0~200kg/cm^2, Out 0~10kg/cm^2
	1st Filter	2	99.9999%@1μm, SUS316L Housing, Poly
	Purifier	2	25 Nm^3/h
	Final Filter	2	99.9999%@0.01μm, SUS316L Housing, SUS Media

⑧ 정제장치(Purifier) 설비

- N_2 & O_2 정제장치(Purifier)
  - 개요 : 본 장비는 N_2, O_2 Gas내의 불순물(CmHn, O_2, CO, CO_2, H_2, H_2O)을 제거하는 장치임
  - 흐름도(Flow Diagram)

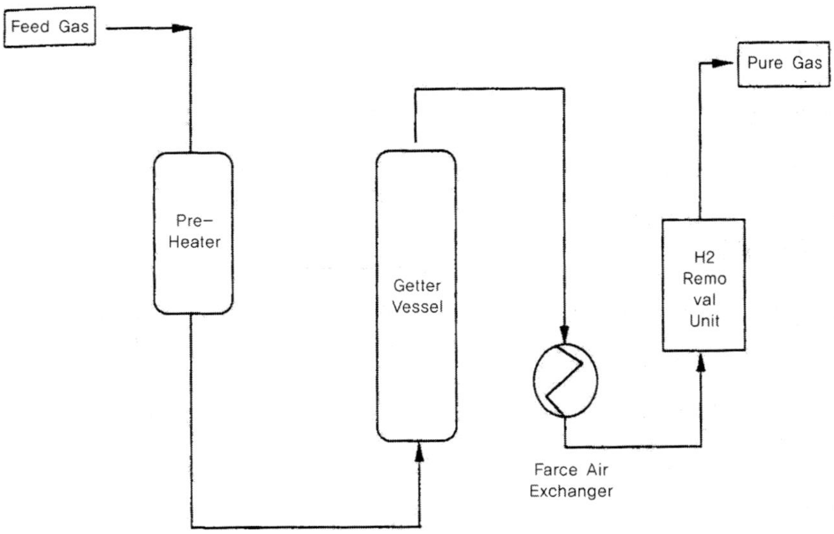

그림 2-80 반도체 FAB의 N_2 & O_2 정제장치(Purifier) 설비 흐름도

– 정제 원리 : 첫째 Feed Gas와 일정량의 산소를 혼합한 가스가 450℃로 가열된 반응장치(Reactor)로 들어가 내부의 촉매와 반응하여 각각의 불순물(CmHn, O_2, CO, CO_2, H_2, H_2O)은 CO_2와 H_2O로 치환되어 다음공정인 Purifier Column에서 각각 흡착 제거가 되어진다. A Tower를 사용할 때는 B Tower는 흡수한 수분을 증발시키는 재생 운전이 행하여짐. 흡착제로는 활성탄, 실리카겔, 합성 Zelolite가 가장 많이 사용되고 있으며 그 원리는 다음과 같다.

합성 Zelolite는 미세한 작은 구멍의 지름이 다른 종류가 있고 그 분자분리 효과를 이용하여 가스분리 등에 사용되고 있고 일반적으로 합성 Zelolite의 가스에 대한 흡착력은 H_2O〉NH_3〉H_2S〉SO_2〉CO_2〉CO.CH4〉N_2〉O_2〉H_2〉He 순이다. 수분 및 탄산가스에 대한 흡착력이 기타의 흡착제에 비해 대단히 강하다. 이것이 고순 도 가스 정제에 합성 Zelolite를 사용하는 이유이며 합성 Zelolite 흡착제를 사용할 경우분화 및 금소이온이 유출되지 않도록 흡착력이 작은 성분(H_2, O_2, CH_2, CO 등)은 가능한 흡착력이 큰 성분(H2, CO_2)으로 변환 후 정제한다. 흡착정제 원리는 가열재생 방식(350℃)을 사용하고 있다

- He & Ar 정제장치(Purifier)

– 개요 : 본 장비는 He, Ar Gas내의 불순물(CH_4, O_2, CO, CO_2, H_2, H_2O, N_2) 을 제거한 장치이다.

– 흐름도(Flow Diagram)

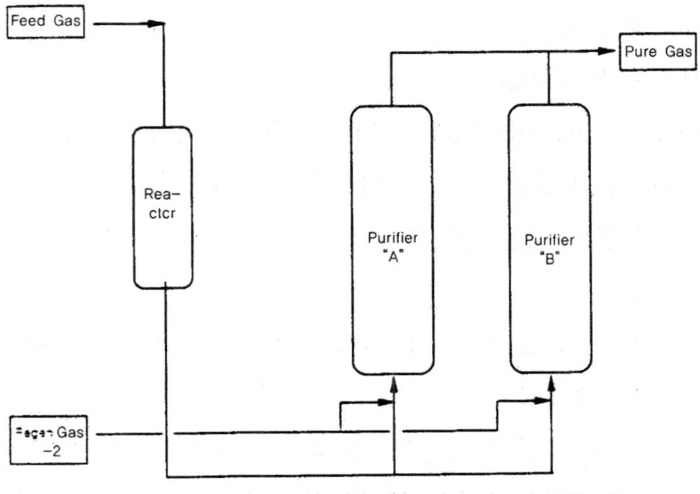

그림 2-81 패반도체 FAB의 He & Ar 정제장치 설비 흐름도

– 정제 원리 : 특수한 합금(Zr, Ti)이 고활성 상태에서 N_2, O_2, H_2, H_2O 등의 불순물을 비가역적으로 화학 흡착하는 것을 이용하여 주로 Ar, He과 같은 가스를 정제하는데 이용된다.

예를 들어 아르곤 가스(Ar Gas)중의 불순물을 제거하는 정제기를 설명하면 아래와 같다. 아르곤 가스(Ar Gas) 중에 함유된 질소를 포함한 미량의 불순물을 개터(Getter)를 사용하여 제거한다. 개터(Getter)제로는 Ti 및 Zr이 사용되고 400~900℃의 고온하에서 각종 불순물과 비가역적으로 반응하는 성질을 이용하여 아르곤 가스(Ar Gas)의 고흡착화를 꾀하는 것이다. 개터(Getter)제에 의한 불순물 제거 반응은 다음과 같다.

$2Zr+O_2=2ZrO$

$2Zr+N_2=2ZrN$

$2Zr+CO(CO_2)$ R $ZrC+ZrO$

$2Zr+H_2O(H_2)$ R ZrH_2+ZrO

$2Zr+CH_4$R $ZrC+ZrH_2$

한편 불순물과 Getter와의 반응에는 각각 불순물에 반응하는 최저 온도 영역이 있고 촉매 정제 방식(흡착 정제)이 정제 재생을 연속으로 하여 사용하는데 비해 개터(Getter)r정제 방식은 소정의 처리 가스량을 정제하고 나서 개터(Getter)를 교환하는 방식이다.

⑨ 분석기기(Analyzer)

분석기기로는 산소분석기, 미립자계측기, Ar 가스분석기, 수분분석기, 탄화수소분석기 등을 다룬다.

■ 산소 분석기(MK5/Z)

• HERSCH/OSAKA OXYGEN(PPB산소 분석계 형식 : MK5/Z)는 질소, 아르곤, 헬륨 등의 불활성 가스, 수소, 메탄 등 가연성가스 중에 포함된 극미량의 산소를 신속, 정확, 간단히 측정할 수 있다(최소 표시는 0.01ppb 단위까지 이다.).

범위는 최소 범위 : 0~10ppb, 최대 범위 : 0~10ppm의 범위로 4범위를 임의로 설정할 수 있다.

Notice : 산성 Gas, 할로겐 화합물, 유기용매 및 반도체용 재료 Gas 등에 함유된 미량의 산소는 측정할 수 없다.

0~50ppb 미만(0~10ppb, 0~20ppb 등)의 고감도 범위(Range)에는 다소의 Drift, Nipple이 발생한다.

• 사양

표 2-33 반도체 FAB의 산소 분석기 설비 사양 샘플

형 식	MK5/Z
측정 RAMGE	Min. 0~10ppb, Max, 1~10ppm, 4 RANGE Range 1. 0~10ppb Range 2. 0~10ppb Range 3. 0~10ppb Range 4. 0~10ppb
측정가능 Gas	N_2, Ar, He 등의 불활성 Gas 및 수소, 메탄 등의 가연성 Gas
측정불가 Gas	산성 Gas, 할로겐 화합물, 유기 용매 및 반도체 재료 Gas등
측정 Gas 압력	0.5~3kg/cm^2
측정 Gas 유량	100cc/min(25℃에서)
측정 Gas 온도	5~40℃
주변 온, 습도	10~35℃±3℃/24hr RH 20~80%
Power	AC 110V
Analog 출력	DC 0~20mA 또는 DC 4~20mA, 절연출력 최대부하 저항 800Ω

• 원리 : 가스는 개통도에 표시된 라인을 따라 흘러서 마지막에 분석 셀(Cell)로 흘러들어간다. 이 셀에 의하여 가스 중의 산소농도를 측정한다. 분석 셀은 수산화 칼륨(20% KOH) 전해액과 그 안에 잠겨있는 불활성 Ag전극, 보호전류 및 활성 Cd 전극으로 만들어진 일종의 Calvanic 전지이다.

– Ag전극

$O_2+2H_2O+4e \rightarrow 4OH$

이 셀에 시료 가스를 흘리면, 가스는 셀 중심부의 습한 튜브(Tube)를 지나서, Ag전극의 표면에 도달하고, 이 표면에서 가스중의 산 분압에 비례한 산소가 흡착 된다. 흡착된 산소분자는 수산 이온으로 되어 전해액에 용해된다.

– Cd전극

$2Cd+4OH \rightarrow 2Cd(OH)_2+4e$

이 수산 이온(Ion)은 Cd 전극을 향하여 이동하고 Cd과 반응하여 수산화 Cd이 된다. 이와 같이 수산 이온이, 대전을 잃을 때에 Ag 극으로부터 Cd극의 외부 회로로 전류가 흐FMS다. 따라서 이 전류를 측정하면 가스중의 산소농도를 측정할 수가 있다.

■ 미립자 계측기(Particle Counter)

• 미립자(Particle)의 정의

– 기체 중에 떠있는 고체 또는 액체상의 입자들을 일컬으며, 에어로 졸이라고도 한다. 기체는 주로 공기나 질소, 아르곤, 헬륨 등도 포함한다.

– 입자의 크기는 대부분 직경으로 0.002μm에서 100μm의 범위에 있다. 특수 한 경우 직경이 mm 이상인 입자라도 공기 중에 상당기간 떠 있을 때는 에어로졸이라 할 수 있다.

– Fifth State of Matter : 고체, 액체, 기체, 플라즈마, 에어로졸

– 종류 : Dust, Mist, Fume, Fog, Smoke, Smog

• 측정 원리 : 미립자 계측기(Particle Counter)는 세가지 기본적 일을 한다. 그것은 미립자(Particle)의 크기(Size)를 재고, 수를 연산해서 흐름의 단위 당 연산된 수를 표준화시키는 것 이다. 각각 다른 반사계수(Albedo)치의 수많은 형태의 미립자(Particle)을 크기(Size)에 맞게 측정하는 것이 과연 가능한가? 아니다. 정답은 크기(Size)를 잴 수 없다는 것이다. 미립자 계측기(Particle Counter)는 빛 파장의 강도를 연산하고 측정한다.

동일한 직경은 Reference Sphere의 알려진 굴절 표(Refractive index)의 직경으로서, 미립자(Particle)이 측정될 때 미립자 계측기(Particle Counter)의 Photo Detector안에서 동일한 전자 반응이 생성되도록 한다.

미립자 계측기(Particle Counter)(이하 PC로 통일)는 미립자(Particle)에 의해 빛의 분산 양을 재고, 'Size Bin'에 미립자(Particle)의 상대적인 크기를 넣는다. A Size Bin은 Threshold의 경계에 의해 정해진다.

만약 PC가 μLPC－110처럼 8개의 Channels(이하 ch로 통일)을 갖는다면, 첫 번째 ch의 표시(Display)는 o.1μ이 될 것이고, 두 번째 ch의 표시(Display)는 0.2μ, 세 번째는 0.3μ이 될 것이다. 만약 A ch이 첫 번째 ch안으로 떨어진다면, 그것의 Size는 0.1~0.2μ 사이가 될 것이다. 그것은 0.105sk 0.195μ이 될 수도 있지만, 첫 번째 ch 안에 계속 있을 것이다.

■ Ar Gas 분석기(Gow-Mac)

- 개요 : Gom-Mac(G/C 590 DID System 및 PCI Program)는 혼합된 화합물을 단일 성분으로 분리하는데 목적이 있으며 분리된 시료를 정성정량 하는데 사용된다. 현재 주요 용도는 O_2 Gas에 함유된 Ar의 양을 측정하는데 사용한다.
- Gas Chromatography(G/C)의 기본적인 원리 : 일반적으로 높은 온도에서 기화된 시료 성분들이 Column(분리관)에 충진되어 있는 Stationary Phase와 이상을 통해 흘려보내는 Mobile Phase인 운반 기체(Carrier Gas) 사이에 서로 다른 분배과정을 거쳐 각 성분별로 분배가 일어나게 된다.
- Gas Chromatography(G/C)의 구성

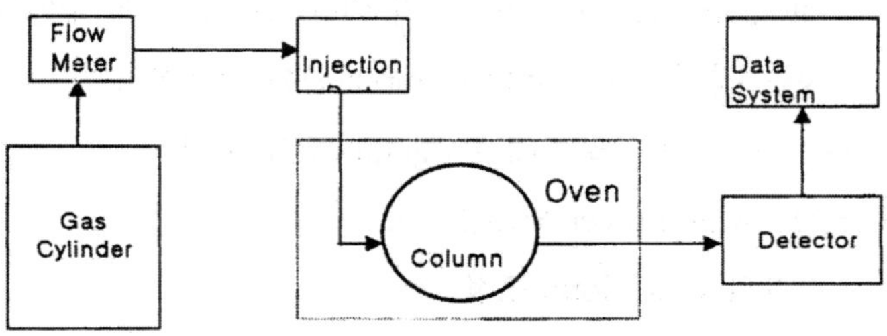

그림 2-82 G/C 구성도

모든 기체 크로마토그래프는 기본적으로 위의 그림과 같이 구성되어 있다. 분석하고자 하는 시료의 성분들은 시료주입구(Injection Port)에 주입됨과 동시에 기화되어 이동상 기체 (Carrier Gas)화 함께 컬럼(Column)으로 흘러 들어가고 컬럼내에서는 각각의 성분들이 분배계수(Partition Coefficient)에 의해 액체 또는 고체의 고정상(Stationary Phase)과 이동상 상이에 분배되어 서로 다른 속도를 가지고 컬럼을 통과하게 된다. 이렇게 분리된 각 성분들은 검출기(Detector)에 의해 측정되어 시간의 함수로 기론되다.

- 이동상 기체(Carrier Gas)
  - 정의 : 시료주입구에서 기화된 시료를 컬럼으로 이동시켜 주는 순수한 기체
  - 조건 : 비활성(Non Activity), 순수(Inertness), 건조(Dryness)
  - 종류 : 수소, 질소, 헬륨, 아르곤
    - Injection Port(시료주입구) : 시료를 기화시켜 컬럼(Column)으로 이동시키는 장치로서 사용하고자 하는 컬럼의 종류, 시료의 상태 등에 따라 선택적으로 사용할 수 있다.

- Oven(오븐) : 주입구에 주입된 시료가 분리관(Column)으로 유입되면 고정상과 흡착 및 분배의 원리에서 단일성분으로 분리되는데 이때 온도에 따라 분리되는 모양이 달라질 수 있기 때문에 오븐에서는 온도를 올리거나 내리는 장치이며 분리관을 장착할 수 있는 곳이다.
- Column(분리관) : 혼합성분이 단일성부로 분리되어지는 곳이다.
- Detector(검출기) : 검출기(Thermal Conductive Detector; TCD)내부 에 존재하는 Filament에 열을 얼마만큼 가져가는 것에 따라 검출되는 검출기로서 모든 유기화합물을 검출할 수 있는 장점이 있다.
- Data 처리장치 : 검출기에서 검출된 신호를 사용자가 알기 쉽게 Chrom-atogram으로 나타내주며 각 Chromatogram에 수반된 정보를 계산하여 주는 장치로서 컴퓨터(Computer)를 사용한다.

– G/C 590 DID 및 PCI Program 작업 순서

- 220 ACV Power Switch on
- 각각의 Gas Flow 조정

  Detector He : 10㎖/min　　Carrier 2 HE : 30㎖/min
  Purge He : 30㎖/min　　Carrier 1 He : 30㎖/min
  Carrier 3 He : 30㎖/min
- 온도 Setting

  He Purifer : 400℃　　Detector : 55℃
  Column : 70℃　　Oxygen trap :150℃
- Voltage Mode Switch를 Start 위치로 놓고 Discharge Current Display에서 방전 전류가 흐르는 것을 환인한후 run 위치로 변환
- PCI Program 실행
- Base Line이 안정화될때까지 기다린다.
- Zero Contol에 의한 Bass Line의 영점 조정 및 적당한 Attenua-tor 값을 설정
- PCI Program

장비 선택 : Instrument 1 또는 Instrument 2
Method Mode에서 Base Line 확인
Calibration Gas주입 : 30㎖/min

Calibration Run에 의한 Data 작성 및 Method File에 저장

Sample Run에 의한 Sample 측정

Report 작성 및 출력

– G/C 590 DID 및 PCI Program 점검 사항

‣ Gas Leak 확인

‣ Discharge Current값 및 변동 사항 확인

‣ Gas Flow값 확인

‣ Base Line 확인

‣ 온도 Setting값 및 현재 온도 Display값 확인

‣ Gas Line의 압력은 충분한지 확인 : 30~50 psi

‣ Sample 측정을 하지 않을시 G/C setting condition

Carrier Gas 2와 Detector He의 Flow값은 그대로

Carrier Gas 1, Carrier Gas 3와 Purge Gas He은 10*ml*/min

PCI Program은 Off

■ 수분분석기(HYCOSMO-2)

- 개요 : 저온광학 노점계 HYCOSMO-2는 N_2, O_2, Ar, He, H_2, 및 Air 중에 함유된 미량 수분을 측정할 수 있는 분석계이다.
- 원리 : 가스 중에 포함된 수분은 일반적으로 불포화상태로 존재 가스 온도를 저하시킴에 따라 포화상태에 도달한다. 포화상태에서 더욱 온도를 내리면 수분이 상변화를 일으켜 결로한다. 노량이 증가할 때는 과포화, 감소할 때는 불포화로 되므로 포화상태로 되도록 평형 시킨다. 이때의 온도를 측정하여 여기에서 수분을 구하는 방법을 결로법 이라고 한다. 포화증기량은 대기압에 있어서 온도와의 계수로 온도를 측정하여 수분량을 측정할 수 있는 직접 측정법의 하나로 이것이 수분측정 기준이 되고 있다.

HYCOSMO-2, Senser의 주요구성품은 Mirro, 측정 가스를 Mirro에 도입하는 도입부, Mirro를 냉각시키는 소형 스타링 He 냉동기, 고휘도 LED를 이용한 광원부, 결로시 산란광을 받는 수광 Fiber와 광검지부, Mirro 온도를 검출하는 백금축온 저항체, Mirro 냉각속도 및 가열 속도를 조절하는 온도조절계, 산란광의 광량을 최적화하는 광량조절계로 구성되어있다.

특수 Mirro는 −140℃까지 냉각시킬 수 있는 소형 스타링 He 냉동기의 Cold Head에 밀착 취부되어 있다.

광휘도 LED 광원으로부터 투광 Fiber를 거쳐 충분히 집광된 광속이 Mirro 면에 대하여 수직으로 반사 된다.

한편 수광 Fiber는 비결로시에 조사광이 직접 수광되지 않도록 Mirro면에 대하여 수직으로 반사 된다.

한편 수광 Fiber는 비결로시에 조사광이 직접 수광되지 않도록 Mirro면에 대해 어떤 각도를 주어 복수개배비가 되고 있다.

Mirro상에서 수의 상변화가 일어나면 액체 또는 고체에 의해 Mirro의 평활도가 변화하고 반사광로로부터 빗겨진 방향에 산란되는 광이 수광 Fiber로 집광되어 수광 소장에 도달한다.

이때의 Mirro 온도를 백금측온저항체에서 측정, 수의 상변화하는 온도를 계측 측정 가스는 일정유량으로 제어되어 가스 도입부에 흘러간다.

한번 Mirro 상면에서 형성된 수의 액상 또는 고상과 가스 상의 계면에서는 상시 응축과 증발이 일어나고 있으며, 응축속도와 증발속도가 같을시 응축층의 성장이 정지하므로 이때 평형상태가 성립했다고 본다. 이 온도를 포화점이라고 한다.

Mirro면을 냉각 중에, 수분의 응축개시점이 산란광의 발생점으로 관측되는 N점의 Mirro온도 Tn을 관측한 후 서서히 Mirro면 온도를 올려서 응축층의 성장이 정지하는 S점에서의 Mirro면을 냉각 중에 응축 량이 증가하기 시작하는 A점에서의 Mirro 온도가 지난번의 Ts와 일치하는지 평형상태가 이루어졌는지를 판단한다.

• 사양

– 원리 : 광학계(산란광 검지방식)　　– 측정방식 : 포화점 방식
– 형식 : S-1200
– 측정 Range : 자동 변환 Range와 임의 설정 고정 Range의 2 Type선택
– 측정가능 Gas : N_2, O_2, Ar, He, Air
– 측정불가 Gas : 부식성 Gas, 수분과 공존하에서 반응성이 있는 Gas비점이 −120℃ 이상 Gas
– 최소검출감도 : 0.5ppb, −115℃, −175℉

표 2-37 반도체 FAB의 수분분석기 설비 사양 샘플

구 분	Auto Select Range 1	Auto Select Range 2	Fix Range	최대 설정치
농도표시 ppb	0~50	0~5000	0 Set point	500
섭씨온도 ℃	−120~−100	−120~-50	−120 Set point	−50
화씨온도 ℉	−180~−140	−180~-60	−180 Set point	−60

■ 탄화수소 분석기(Gas Chromatograph-R.G.A)

- 개요 : RGA 5는 Sample Gas내의 H_2, CO, CO_2, CH_4, NMHC을 PPM~PPT Level까지 분석하는 최고순도 가스 분석기로 Gas Chromato-graph이다(NMHC는 Non Methane Hydro Carbon으로 CH_4,를 제외한 탄소와 수소의 화합물을 의미한다.).
- 원리
- RGD Column : 환원가스 검출기(Reduction Gas Detector : RGD)는 환원가스가 산화수은과 반응시 발생하는 Hg 증기량을 UV-lamp에 의해 광학적으로 검지하여 H_2, CO, CO_2, CH_4, NMHC 성분을 검출하는 분석 Column이다.

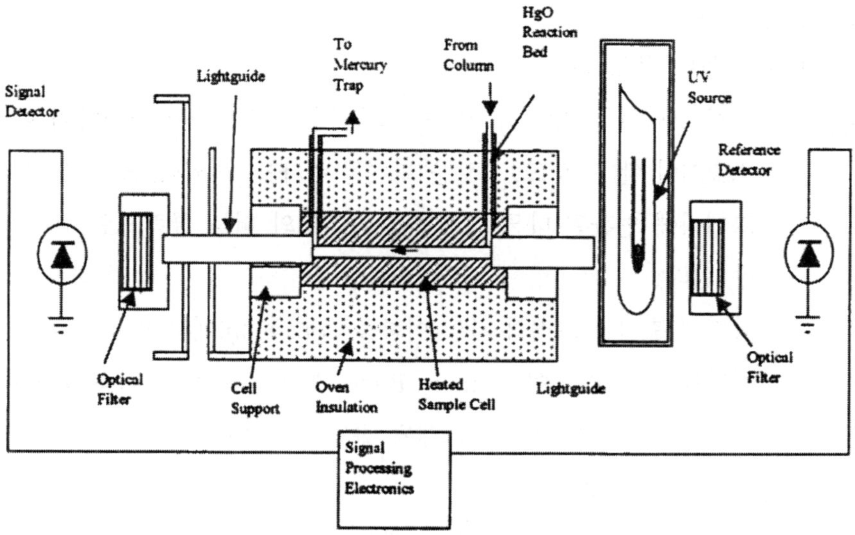

그림 2-83 탄화수소 분석기

⑩ BGMS(Bulk Gas Monitoring System)

■ 프로그램 기능 정의

• 경보발생 및 정상 프로그램

– 각 시스템의 경보발생 유·무를 검사하여 경보(경고)가 1개라도 존재하면 경보(경고)발생 아이콘, 경보(경고)가 없으면 정상 아이콘을 표시하고 선택하면 현재의 경보상태를 리스트로 화면상에 발생시키거나 온수를 발생시키는 장치로서 각종 산업용 가열장치 및 난방용으로 이용

– 각 센서에서 보내어진 데이터를 PLC를 통해 모니터에서 읽어들여 Config에 설정되어진 센서의 규정(Spec)과 비교하여 알람(Alarm)여부 를 확인한다.

• 이전 경보 프로그램

– 이전에 발생되었던 경보(경고)에 대해서 년/월/일/시/분을 원하는 시 간으로 입력하여 입력된 기간에 발생되었던 정보 내용을 리스트(list) 로 화면상에 표시하고 Menu에 의해 프린터 출력할 수 있다.

– 현재 Real Data Alarm여부를 확인하여 그 상태를 하나의 Code Base File로 저장하여 주어진 시간에 해당되는 Alarm을 읽어서 Dialog Box에서 표시한다.

• 화면 선택 프로그램

– 현재 모니터 화면에 표시되는 그래픽을 리스트에서 선택하여 화면 에 디스플레이 할 수 있고, 새로운 화면을 추가할 수 있다. 또한 현재 화면상의 그래픽에 연관된 다른 그래픽을 마우스의 더불 클릭드오 영역을 설정할 수 있다.

– 화면에 출력할 그래픽 파일 이름을 Config, Ini에서 Monitoring System이 시작될 때 읽어들여 Memory Buffer에 저장하여 그 내용 중에서 선택한 File을 새로운 배경으로 그래픽 화면에 디스플레이한 다.

• 변화 곡선 프로그램

– 현재 화면상에 표시된 센서에 대하여 원하는 기간 동안의 이전 값을 Line Graph형식으로 화면상에 표시하고, Manu에 의해서 프린터 출력, 표시하는 Y축의 범위, 새로운 기간의 설정이 가능하다.

– 각 센서의 이전 값은 File에 의해 월/일별로 저장되어 있으며 센서 와 일자를 선택한 경우 해당되는 자료를 읽어 들인 후 화면에 선 그래프 (Line Graph)로 출력한다.

• 이전상태 프로그램

– 현재 화면상에 표시된 센서에 대하여 원하는 기간 동안의 이전 값을 화면상에 리스트로 출력하고 메뉴에 의해서 프린터로 출력이 가능 하 다.

– 각 센서의 이전 값을 File에 의해 월/일별로 저장되어 있으며 센서와 일자를 선택한 경우 해당되는 데이터를 읽어 들여 저장된 현식의 Diagram에 출력한다.

• 보고서 프로그램

– 전체 설정된 센서에 대해 연광성이 있는 센서에 대하여 최대, 최소, 평균 등을 계산하여 보고서 형식으로 프린터로 출력한다.

– 각 센서의 Data를 가공하여 일보/월보의 레포트 Form형식에 맞춰 생성하여 보고서형식으로 출력한다.

• 관제점 리스트 : 이미 설정된 센서의 상태를 화면상에 리스트로 출력하여 메뉴에 의 해 프린터로 출력이 가능하다.

• 관제점 설정

– 현재의 화면상에 연관된 센서에 대해 새로운 센서를 추가, 삭제할 수 있으며 센서의 상태를 설정할 수 있다.

– 센서의 상태를 설정하기 위해 기존에 등록된 센서는 Config 파일에서 메모리 Buffer에 저장하고 추가시 메모리 Buffer를 설정하여 새로운 센서를 기존센서의 해당내용과 연결한다.

• 화면 구성 프로그램

– 화면에 표현된 센서의 형태를 저장하고 등록한다.

– 그래픽 편집기로 이동 그래픽을 수정할 수 있게 한다.

– 화면에 표현된 글자의 크기를 저장할 수 있게 한다.

• 사용자 정보 프로그램

– FOG ON/OFF시키고 Program을 사용한 이력을 저장 및 출력한다.

– 새로운 사용자 등록 및 편집기능을 한다.

– 시스템의 시간설정을 변경할 수 있게 한다.

• 도움말 프로그램

— Monitoring System에 대한 개략적인 설명을 화면상에 출력한다.

— Monitoring 운영에 필요한 기본적인 정보를 Dialog로 만들어 출력한 다.

• BUffer ON/OFF프로그램

— 경보(경고) 발생시 경고음이 출력 여부를 표시한다.

— Alarm 발생시 경고음의 출력 여부에 대한 Flag를 설정하여 스위치 Click 시 ON/OFF를 토글 시킨다.

■ 내부처리 흐름도

• Local PC Data Flow

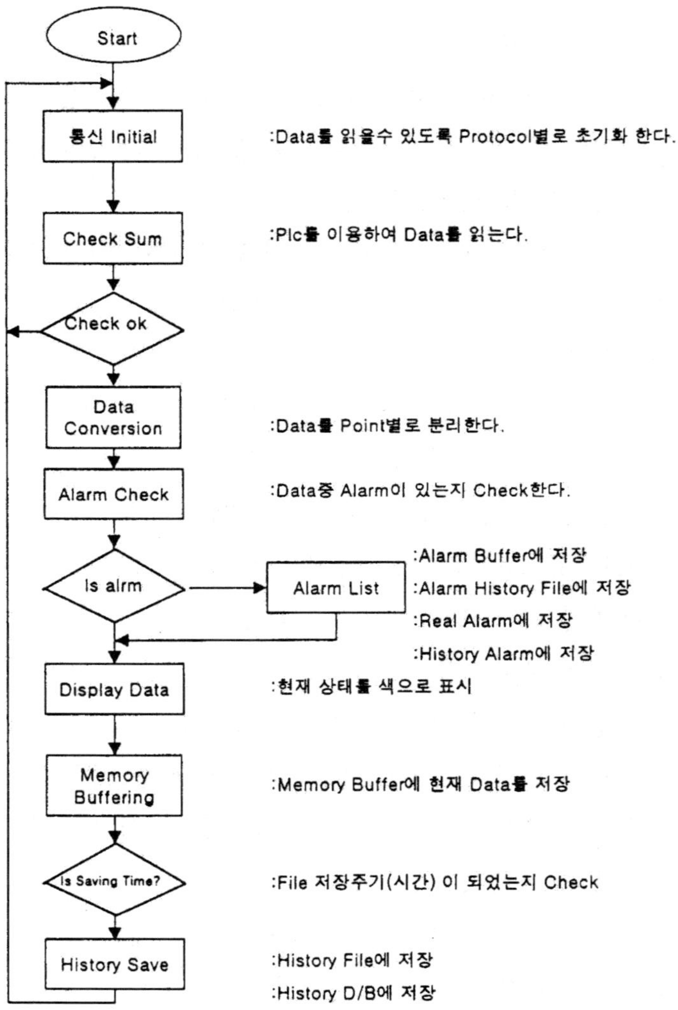

그림 2-84 국부 PC 데이터 흐름도

• 화면 감시 Data Flow

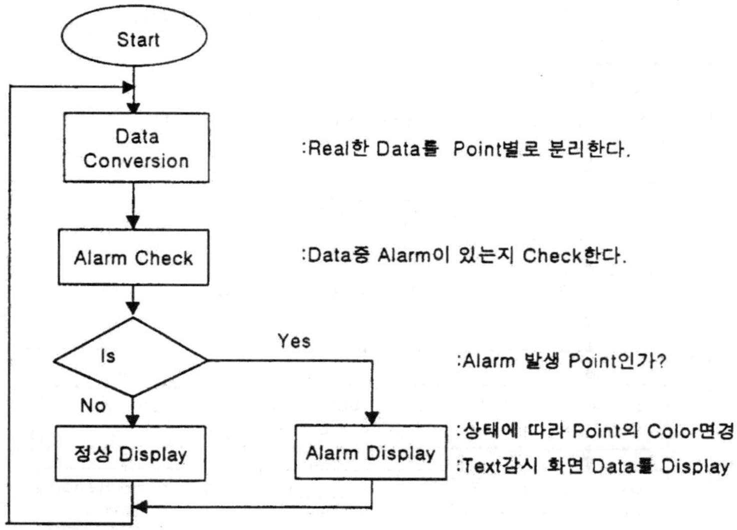

그림 2-85 화면 감시 데이터 흐름도

• 경보 상태 Data Flow

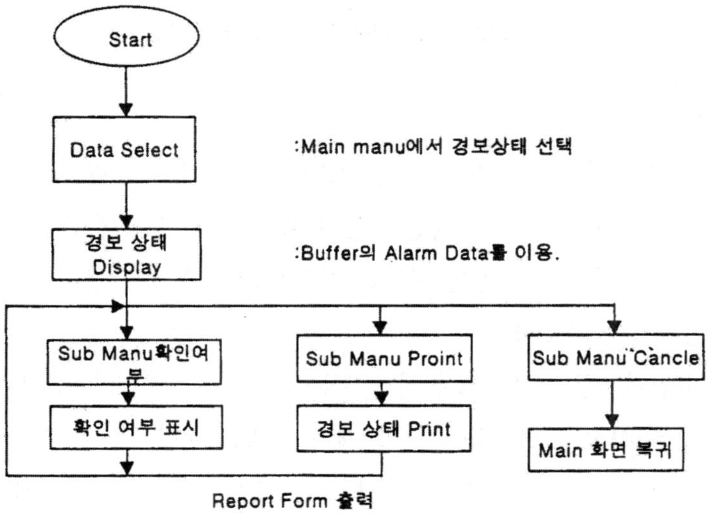

그림 2-86 경보 상태 데이터 흐름도

• 변화 곡선 Data Flow

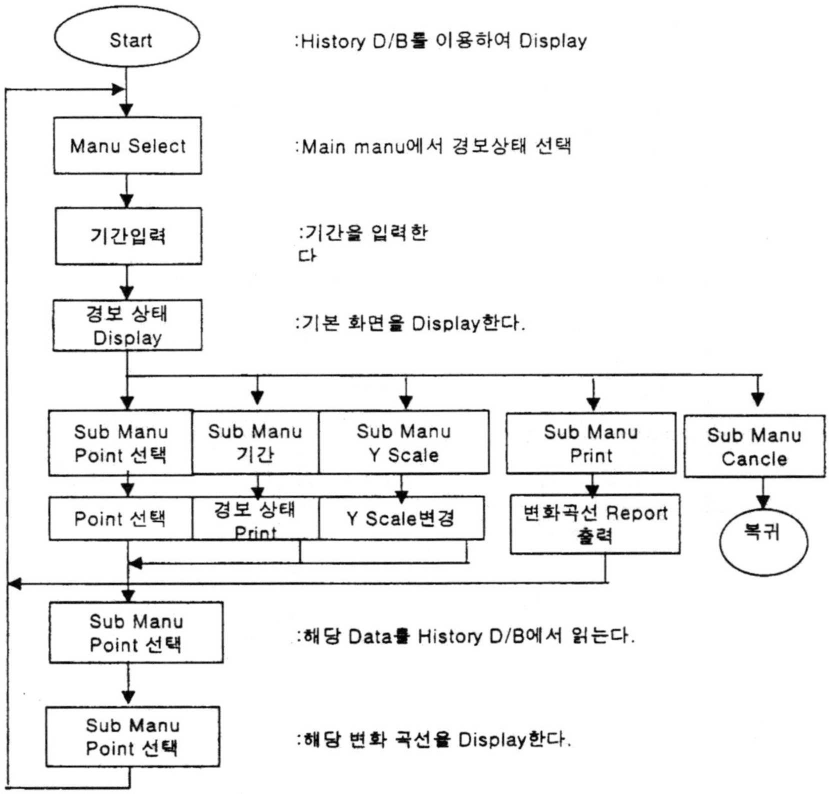

그림 2-87 변화 곡선 데이터 흐름도

⑪ 관련법규 사항

• 가스 안전 관리법 : 이법은 고압가스의 제조, 저장, 판매, 운반, 사용과 고압가스의 용기, 냉동기, 특정설비 등의 제조 및 검사 등에 관한 사항을 규정함으로써 고압가스로 인한 위해를 방지하고 공공의 안전을 목적으로 한다.

• 고압가스의 제조허가

– 고압가스를 제조하고자 하는 자는 시도지사의 허가를 받아야 한다. 허가받은 사항을 변경하고자 할 때에는 또한 같다.

– 저장소를 설치하고자 하는 자 또는 고압가스를 판매하고자 자는 시, 군, 구청장의 허가를 받아야 한다. 허가받은 사항을 변경하고자 할 때 에도 또한 같다.

– 저장소 : 용기 또는 저장탱크의 저장능력이 액화가스 3t(압축가스는 $300m^3$) 이상 독성인 경우 1t(압축가스는 $10m^3$) 이상 저장하는 일정한 장소

• 안전관리규정

– 안전관리규정의 제출대상은 액화가스 500kg(압축가스 50m^3), 독성의 액화가스는 100kg(독성의 압축가스는 10m^3) 이상의 저장설비를 갖추고 특정고압가스를 사용하는 자를 말한다.

– 안전관리규정의 실시기록은 5년간 보존해야 한다.

• 자체검사

– 고압가스의 제조, 저장 및 판매자는 그 시설에 대하여 검사(완성, 정기 및 자체검사) 후 6월이 되는 날의 전후 10일 사이에 자체검사를 실시하고 그 기록을 2년간 보존한다(정기검사와 겹치게 된 때에는 자체검사를 않고 정기검사를 실시한다).

– 용기, 냉동기 또는 특정설비의 제조자는 그자 제조한 제품에 대하여 자체검사를 실시한 후 그 검사기록을 5년간 보존한다.

• 안전 관리자

– 안전 관리자 선임의무

‣ 사업자 등과고법 제20조 제4항의 규정에 의한 특정고압가스사용 신 고자는 그 시설 및 용기 등의 안전 확보와 위해방지에 관리 직무를 수행하기 위하여 사업 개시 전 또는 특정고압가스의 사용 전에 안전관리자를 채용하여야 한다. 〈벌칙〉 위반시 200만원 이하의 벌금(법 제41조 제2호)

‣ 제1항의 규정에 의한 안전관리자를 채용 또는 해임하거나 안전관리자가 퇴직한 때에는 지체없이 이를 허가 또는 신고를 받은 관청에 신고하고, 해임 또는 퇴직한 날로부터 15일 이내에 다른 안전관리자를 채용하여야 한다. 다만, 그 기간 내에 채용할 수 없을 때에는 허가 또는 신고를 받은 관청의 승인을 얻어 그 기간을 연장할 수 있다. 〈벌칙〉 법 제15조 제1항과 같음

‣ 제1항의 규정에 의한 안전관리자를 채용한 자는 안전관리자가 여행, 질병 기타의 사유로 인하여 일시적으로 그 직무를 수행할 수 없을 경우에는 대리자를 선임하여 그 직무를 대행하게 하여 야 한다. 〈벌칙〉 위반시 100만 원 이하의 과태료(법 제43조 제1항 제1호)

‣ 안전관리자는 그 직무를 성실히 수행하여야 하며 그 사업자와 특정 고압가스 사용신고자 및 종사자는 안전관리자의 안전에 관한 의견을 존중

하고 권고에 따라야 한다.

‣ 안전관지라의 자격, 인원, 직무범위 및 안전관리자의 대리자의 대 행기간 기타 필요한 사항은 대통령령으로 정한다.

– 안전관리자 선임 범위

‣ 종류 : 안전관리 총괄자, 안전관리책임자, 안전 관리원

‣ 채용, 해임, 퇴직 시 즉시 신고하고 해임, 퇴직 후 15일 내에 채용
단, 그 기간 내에 채용할 수 없을 시는 허가(신고) 관청의 승인을 얻어 연장 가능(기간은 허가 관청과 타협)

‣ 여행, 질병 등 공석시 직무대행자 선임(대행기간 30일 이내)

‣ 직무범위

총괄자 : 사업소를 직접 운영관리, 안전에 관한 업무총괄관리

책임자 : 총괄자를 보좌, 기술적인 사항관리, 안전관리원 지휘감독

– 안전관리자 선임 자격 : 안전관리 총괄자는 자격을 갖추지 아니해도 가능하나 안전관리책임자, 안전관리원은 반드시 자격을 갖춘자를 채용해야 한다. 또한 총괄자가 자격을 갖추었을 시는 책임자도 겸임 가능하다.

• 완성검사 및 정기검사〈고법 제 16조〉

– 사업자 등이 고압가스의 제조, 저장, 판매의 시설이나 용기 등의 제조시설의 설치공사 또는 변경공사를 완공한 때에는 그 시설을 사용하기 전에 허가 관청의 완성검사를 받아야 한다. 〈벌칙〉 위반시 1년 이하의 징역 또는 300만 원 이하의 벌금(법 제40조 제3호)

– 제4조의 규정에 의한 허가를 받은자는 동력 자원부령이 정하는 바에 의하여 정기적으로 허가 관청의 정기검사를 받아야 한다. 다만, 대통령령이 정하는 자에 대하여는 정기검사의 전부 또는 일부를 생략할 수 있다. 〈벌칙〉 위반시 100만 원 이하의 벌금(법 제42조 제5호)

– 제1항 및 2항의 규정에 의한 완성검사 및 정기검사의 검사기준, 검사 방법 기타 필요할 사항은 동자부령으로 정한다.

• 특정고압가스사용신고 대상자(수소, 산소, 액화암모니아, 액화염소, 아세틸렌)

– 저장능력 250kg(압축가스는 25m^3) 이상인 액화가스 저장설비를 갖추 고 특정고압가스를 사용하고자 하는 자

– 배관에 의하여 특정고압가스를 공급받아 사용하고자 하는 자

– 액화염소, 암모니아를 사용하고자 하는 자(시험용 및 일정지역에서 사 료용의 볏짚발효를 위한 액화암모니아 사용시는 제외)
– 사용개시일 20일전까지 신고하고 신고받은 시장, 군수, 구청장은 7 일 이내에 소방서장에게 통고함

• 안전교육
– 사업자 등과 특정고압가스 사용신고자 및 제35조의 규정에 의한 검사 기관은 그가 채용하고 있는 안전교육대상자로 하여금 시, 도지사가 실시하는 교육을 받게 하여야 한다.
– 제1항의 규정에 의한 안전교육대상자의 범위, 교육기관 및 교육과정 기타 교육에 관하여 필요한 사항은 동력자원부령으로 정한다.

• 보험가입
– 사업자 등과 특정고압가스 사용신고자는 고압가스의 사고로 인한 타인의 생명, 신체나 재산상의 손해를 보상하기 위하여 보험에 가입하여야 한다.
– 제1항의 규정에 의한 보험의 종류, 가입대상, 가입절차 기타 필요 한 사항은 대통령령으로 정한다.

• 보고, 검사 등
– 허가 또는 신고를 받은 관청은 이 법의 시행을 위하여 필요한 때에는 사업자 등과 특정고압가스 사용신고자에게 그 업무에 관한 보고 또는 서류의 제출을 명하거나 소속공무원으로 하여금 그 사업소, 공장사업장 이나 창고에서 제조, 저장, 판매의 시설 용기 등과 장부, 서류 기타의 물건을 검사하게 할 수 있다.
– 제1항의 규정에 의하여 검사를 하는 공무원은 그 권한을 표시하는 증표를 관계인에게 제시하여야 한다.

⑫ 가스 기초이론

■ 가스 분류

• 고압가스의 분류
– 압축가스 : 가스를 압축하여 기체가 압축된 상태로 취급 운영되는 가스로 그 종류는 헬륨, 수소네온, 질소, 공기, 불소, 알곤, 산소, 산화질소, 메탄 등이 이에 해당된다.

– 액화가스 : 어떤 가스는 기압 압축하거나 냉각하면 쉽게 액화되는데 가스를 액화시키면 부피가 현저하게 작아지므로 저장, 운반 등의 운용상 효율성이 높아진다. 그 예는 암모니아, 프로판, 염소, 부탄, 에 틸렌 등 대부분의 가스가 이에 해당된다.

– 용해가스 : 아세틸렌 가스는 산소 또는 공기 의 혼입없이 순수한 100%의 아세틸렌 가스만으로도 가입하면 자기분해 폭발할 수 있다. 따라서 이를 막기 위해 용기 내에 미세한 격벽으로 구분한 다공 질물을 채우고 아세톤이나 디메틸포름아미드 같은 용제를 침유시킨 여기에 아세틸렌가스를 용해시킨 것이다. 용해가스의 예는 아세틸렌 뿐이다.

• 연소성에 의한 분류

– 불연성가스 : 가스 자체는 연소하지도 연소하는 것을 도와주지도 않는 가스로서 질소, 탄산가스 후레온과 헬륨, 네온, 알곤, 크립톤, 크세논, 라돈 같은 희가스가 이에 해당된다.

– 조연성가스 : 가스 자신은 연소하지 않으나 다른 가연성가스가 연 소하는 것을 도와주는 가스로 지연성가스라고도 부른다. 그 예로는 공기, 산소, 염소, 불소, 일산화질소, 오존, 초산가스 등이 있다.

– 가연성가스 : 그 가스 자신이 연소(산소 등의 조연성 가스와 함께 점화되면 빛과 열을 수반하게 되는 화학변화로 대표적인 것이 산소 와 의 산화반응)하는 것으로 법 규정에 의하면 폭발하한이 10% 이하 또는 폭발하한과 상한의 차가 20% 이상인 가스가 가연성가스로 규정되어 있다. 그 예로는 아세틸렌, 수소, 메탄, 프로판, 일산화탄소, 부탄 등의 많은 가스가 있다.

– 폭발범위 : 아세틸렌(25.~81%), 수고(4~75%), 메탄(5~15%), 프로판(2.2~9.5%), 일산화탄소(12.5~74%), 부탄(1.9~8.5%)

• 독성에 의한 분류

– 독성가스 : 인체에 해로운 가스란 으미로 법규정에 의하면 허용농도가 200ppm 이하인 가스로 규정되어 있다. 허용농도란 중년의 남자가 1일에 8시간을 중간정도의 작업을 해도 건강에 임상학적으로 지장을 초래하지 않는 농도의 평균치를 말한다.

— 허용농도 : 탄산가스-5000ppm, 일산화탄소 & 산화에틸렌-50ppm, 암모니아-25ppm, 브롬화메탄-20ppm, 시안화수소 & 황화수소-10ppm, 염화수소 & 아황산가스-5ppm, 불화수소-3ppm, 염소 &불소-1ppm, 포스겐 -0.1ppm

— 비독성가스 : 독성이 없는 가스를 말하는데 비 독성가스라고도 그 농도가 높으면 인체에 이롭지는 못하다. 또는 이 비독성인 가스의 농도가 높아 상대적으로 공기량(산소량)이 적어지면 산소결핍(산소농도 14~16%)이 된다.

■ 물리화학의 기초

• 압력

— 대기압 : 지구 중력에 의한 지구 주위의 공기 무게에 상당하는 압력

‣ 표준 대기압 $1atm = 1.033kg/cm^2 = 760mmHg$

$= 10.33mH_2O = 14.7lb/in^2 = 1013mbar$

‣ 공학 대기압 $1atm = 1kg/cm^2 = 735.5mmHg$

$= 10mH_2O = 14.2lb/in^2 = 980.6mbar$

— 게이지 압력 : 대기압을 기준으로 보고 압력계가 측정한 압력

‣ 단위 표기법 : kg/cm^2g, atg, kg/cm^2 게이지

— 진공압력 : 대기압보다 낮은 압력

‣ 단위 표기법 : kg/cm^2V, mmHgV, inHgV

‣ 진공도(%)=진공압력/대기압×100=대기압력−절대압력/대기압×100

— 절대 압력 : 완전진공을 기준 0으로 보고 측정한 압력

‣ 단위 : g/cm^2a, kg/cm^2abs

‣ 절대압력=대기압+게이지압

‣ 절대압력=대기압−진고압력

• 온도

— 섭씨온도 : ℃=5/9(℉-32)

표준 대기압 하에서 물이 끓는점을 100, 어는점을 0로 정하고 그 사이를 100등분하여 한 눈금을 1℃라 한다.

— 화씨온도 : ℉=9/5℃+32

표준 대기압 하에서 물이 끓는점을 212, 어는점을 32로 하여 그 사이를 180등분하여 한 눈금을 1℉라 한다.

- 섭씨절대온도 : °K=°C+273

물, 수증기, 얼음의 평형 온도 273°K(0°C)를 기준으로 하여 나타낸 열역학적 온도이다.

- 화씨절대온도 : °R=°F+460

460°R(0°F)를 기준으로 만든 온도

• 기체 법칙

- 샬(Charles)법칙 : 압력이 일정할 때 기체의 부피는 절대온도에 비례하여 1°C 상승함에 따라 0°C 체적의 1/273만큼씩 증가한다.
- 보일(Boyle)의 법칙 : 일정한 온도에서 기체의 부피는 압력에 반비례한다.
- 보일샬 법칙 : 압력이 일정할 때 기체의 부피는 절대온도에 비례하고 일정한 절대온도에서 기체의 부피는 압력에 반비례한다.

$$PV/T = P'V'/T' \text{ 또는 } PVT = R$$

- 이상기체 상태 방적식 : PV=nRT=W/MRT

여기서 P(압력, atm), V(체적, *l*), n(몰수, mol), R(기체상수, 0.082atm. *l* /mol. °K), T(절대온도, °K=273+°C), M(분자량), W(질량, g)

• 열량

- 1kcal : 순수한 물 1kg을 14.5°C에서 15.5°C까지 올리는데 필요한 열량
- 1BTU : 순수한 물 1lb를 60°F에서 61°F까지 올리는데 필요한 열량
- 1CHU : 순수한 물 1lb를 14.5°C에서 15.5°C까지 올리는데 필요한 열량

1kal=3.968BTU=2.2CHU

• 가스의 비중, 밀도, 비체적

- 가스비중 : 표준 상태(0°C, 1기압)의 공기 일정 체적당 질량을 1로 하여 동일체적의 가스 질량을 말하며 무차원수다. 그러나 계산상은 g/cm^3, kg/*l* 등 단위를 사용한다.

가스비중=가스 분자량/공기의 평균 분자량(29)

- 액비중 : 4°C의 순수한 물의 무게와 같은 부피의 액의 무게와의 비로 나타낸다.
- 가스밀도 : 가스의 단위 체적당 질량(g/ *l* , kg/m^3)

가스밀도=분자량/22.4

– 가스비체적 : 가스 밀도의 역수로서 단위 질량당 체적(l/g, m^3/kg)
가스비체적=22.4/분자량

- 열역학 법칙
  - 열역학 0법칙 : 온도가 서로 다른 물체를 접촉시키면 높은 온도의 물체의 온도는 내려가고 낮은 온도의 물체는 온도가 올라가서 온도는 평형을 이루게 된다.
  - 열역학 1법칙(에너지 보존의 법칙, 에너지 불변의 법칙)
    - 일은 열로, 열은 일로 바뀌어질 수 있으며 그 비는 일정하다.
    - 에너지는 그 존재가 완전히 없어질 수도 저절로 생성될 수도 없으며 한 형태로부터 다른 형태로 전환된다.
  - 열역학 2법칙
    - 일은 열로 바뀔 수 있으나 열은 스스로 완전히 일로 바뀔 수 없다.
    - 열은 외부에서 일을 해주지 않는 한 고온부에서 저온부로만 흐른다.
  - 열역학 3법칙 : 절대온도를 0도로 할 수 없으므로 100%의 열효율을 가진 열기관을 불가능하다.

■ 안전관리

- 연소 및 폭발
  - 연소란 : 가연성 물질이 공기 중의 산소와 급격히 화합하여 열과 빛을 내는 현상
    - 연소의 3요소 : 가연물, 산소공급원, 점화원
    - 연소의 형태 : 표면연소, 분해연소, 증발연소, 확산연소
  - 폭발 : 급격한 압력의 발생 또는 해빙의 결과로서 격렬하게 음향을 내며 파열, 팽창하는 현상
    - 원인 : 온도, 조성, 압력, 용기의 크기와 형태
    - 종류 : 화학적 폭발, 압력의 폭발, 분해 폭발, 중합 폭발, 촉매 폭발
    - 폭발 범위 : 가연성 물질이 공기 중에서 연소할 수 있는 농도의 체적(%)로 폭발 상한계와 하한계의 차
- 폭굉 : 가스 중의 음속보다도 화염전파속도가 큰 경우의 충격파로 강한 압력과 격렬한 파괴작용
    - 폭굉 속도 : 1000~3500m/sec

- 일반 연소속도 : 0.03~10m/sec
- 최괴 파괴압력 : 1000kg/cm^2(최초 압력의 5~35배)

– 폭굉유도거리(DID) : 최초의 완만한 연소가 폭굉으로 발전할 때까지의 거리

– DID가 짧을 경우
- 정상연소속도가 큰 혼합가스일수록
- 관속에 방해물이 있거나 관경이 가늘수록
- 압력이 높을수록
- 점화원의 에너지가 강할수록

• 혼합가스의 조성

– 몰(%)=어느 성분기체의 몰수/가스 전체의 몰수×100

– 용량(%)=어느 성분기체의 용량/가스 전체의 용량×100

– 중량(%)=어느 성분기체의 중량/기체 전체의 중량×100

• 혼합가스 폭발한계치

100/L=V1/L1=V2/L2=V3/L3

여기서, L : 혼합가스의 폭발한계치(%)

L1, L2, L3 : 각 성분 단독의 폭발한계치

V1, V2, V3 : 각 성분 체적(%)

■ 화재와 소화방법

• 화재

– A급 화재 : 보통의 가연물 화재로 목재나 종이처럼 연소후에 재를 남기는 화재물 또는 수용액, 포말, 산, 알칼리 등의 소화 제 사용

– B급 화재 : 유류화재처럼 재를 남기지 않는 화재로 대부분의 가스 연소도 여기에 해당물은 곤란하며 포말, 탄산가스 등의 소화제 사용

– C급 화재 : 전기 누전, 단락 등에 의한 전기 화제, 전도성이 있는 것은 곤란하고 유기 소화애기나 불연성의 기체 등을 사용

– D급 화재 : 마그네슘 등의 금속화재 건조한 모래가 좋다.

• 소화원칙 : 가연물 제거, 산소의 차단, 반응의 억제, 산화열의 방산

- 소화기의 종류
  - 포말 소화기 : 소화기를 거꾸로 하면 내부의 납 뚜껑이 미끄러져 내통과 외통이 섞여 호스의 노즐을 통해 방사된다. 5℃ 이하에서는 능력이 감소하므로 보온 조치해 둔다.
  - 분말 소화기 : 호스를 풀면 안전금구가 떨어지고 레버를 잡으면 내통의 봉관이 터져 내통의 질소나 탄산가스의 압력으로 외통의 분말을 노즐을 통해 분사시킨다.
  - 탄산가스 소화기 : 액화탄산가스가 무계목 강제 용기에 충전되어있어 사용시 안전핀을 뽑고 폰을 화염 방향으로 향하여 레바를 잡으면 액화탄산가스가 폰에서 기화하여 드라이아이스와 함께 방출된다.
  - 파병식의 산, 알칼리 소화기 : 안전 캡을 풀고 노즐은 잡아 푸시 금구를 때리면 내부 농황산이 터져 반응하고 이때 생긴 탄산가스의 압력으로 액을 분사하게 된다.

■ 가스의 제법과 용도

- 수소(Hydogen, H_2)
  - 성질
    - 무색, 무미, 무취의 가연성가스
    - 수소 폭명기 $2H_2+O_2 \rightarrow 2H_2O+136.6kcal$
    - 금속 화합물을 환원(환원성) $CuO+H_2 \rightarrow Cu+H_2O$
    - 폭발범위 4~75%
    - 자연 발화 온도 530℃
    - 고온, 고압 하에서 탄소강과 반응하여 탈탄작용

      $Fe_3C+2H_2 \rightarrow CH_4+3Fe$
  - 제법
    - 물의 전기분해 $2H_2O \rightarrow 2H_2\uparrow+O_2\uparrow$
    - 소금물의 전기 분해 $2NaCl+2H_2O \rightarrow Cl_2\uparrow+2NaOH+H_2\uparrow$
    - 수성 가스법에 의한 수소 생성 $C+H_2O \rightarrow CO+H_2$
    - 일산화탄소 전화법에 의한 수소 생성 $CO+H2O \rightarrow CO_2+H_2+9.8cal$
  - 용도
    - 암모니아(NH_3) 합성원료로 가장 많이 쓰는 외에 메탄올 합성원료, 기타 화학공업용 원료

- 환원성을 이용 금속 제련에 쓰인다.
- 인조보석, 유지제조용이나 연료용에 쓰인다.
- 기구 부양용 가스로 쓰인다.

• 산소(Oxygen, O_2)

– 성질

- 무색, 무미, 무취의 조연성 가스
- 무성 방전시키면 오존 $3O_2 \rightarrow 2O_3$
- 산화력이 있으며 연소의 3요소 중 하나

– 제법

- 염소산칼륨에 촉매로 이산화망간 $2KCLO_3 \rightarrow 2KCL+3O_2\uparrow$
- 액체공기 분별증유(−183℃)
- 물 전기분해시 부산물 $2HO_2 \rightarrow O_2\uparrow$

– 용도

- 고압용기에 충전되어 용접, 절단용에 가장 많이 쓴다.
- 대규모 용도로 철강공업의 고로용 산소나 유리 제조 또는 수성가스 제조용으로 쓰인다.
- 화학 공업에서는 고농도의 이산화탄소 제조, 암모니아 산화에 의한 질산의 제조, 황의 연소에 의한 황산제조에 쓰인다.
- 그 밖에 호흡용이나 의료용 산소, 액체산소 폭약, 로켓트 추진용으로도 쓰 인다.

• 질소(Nitrogen, N_2)

– 성질

- 공기의 주성분으로 78.1%
- 무색, 무미, 무취로 독성이 없지만 질식 위험
- 상온에서 안정한 가스이며 불연성가스
- 고온, 고압 하에서 암모니아 생성 $N_2+3H_2 \rightarrow 2NH_3$
- 고온에서 금속과 화합하여 질화물을 만든다.

– 제법

- 액화공기 분별증류(−198℃)
- 실험실법으로 아질산나트륨($NaNO_2$)과 염화마그네슘($MGCl_2$) 혼합가열

– 용도

- 암모니아나 석회질소의 질소비료 원료이다.
- 금속의 산화방지용 분위기 가스나 전구의 봉입가스로 쓰인다.
- 식품의 급속냉각용이나 저온용의 냉동기 냉매로 쓰인다.
- 가스설비나 배관의 치환용 가스 또는 기밀시험용 가스로 쓰이거나 질식 작용을 이용하여 소화제 제조용으로 쓰인다.

| 연 습 문 제 |

01 공기조화 기계설비에 대해 논하시오.

02 청정실(Clean Room) 기계설비에 대해 논하시오.

03 유틸리티(Utility)설비에 대해 종류별 논하시오.

04 보일러(Boiler)설비의 종류별로 특징을 논하시오

05 냉동설비의 기본 순환주기 과정을 설명하시오.

06 청정실 공조 방식을 나열하고 특징을 설명하시오.

07 청정도에 미치는 인자를 나열하고 설명하시오.

08 배관과 덕트 설비에 대해 설명하시오.

Chapter 03

반도체 설비 안전

각종 유독가스와 케미칼, 전기등을 사용하는 FAB(Wafer Fabrication)에서의 안전은 더욱더 중요하며, 단 한건의 안전사고는 인명 및 재산에 피해를 주어 기업경영에 막대한 영향을 줄 뿐만 아니라 재해자와 그 가정에 곤란을 주고, 밝은 직장 및 가정의 분위기마저 위협하기 때문에 안전관리의 중요성은 아무리 강조해도 지나침이 없는 것이다.
그러므로 안전관리는 귀중한 인명과 재산을 재해로부터 보호하여 근로자에게는 자아실현을 위한 가치창조에 기여하고 기업으로는 생산능률의 저하내지는 기업자산의 손실을 제거해 주므로 보다 크고 안정된 이윤을 보장하는 설비 안전을 이해하는데 목적이 있다.

1. 산업안전

1) 안전 활동

(1) 용어의 정의

① 안전이란

편안하고 쾌적하여 위험이 없고 안녕된 상태를 말한다.

② 산업안전이란

근로자가 작업하는 현장에 산업재해를 유발하는 유해위험요인을 없애 서 근로자에게 편안하고 쾌적한 작업환경을 조성하는 것을 산업안전 이라고 한다.

③ 산업재해란

근로자가 업무에 관계되는 건설물, 설비, 원재료, 가스 증기, 분진 등 에 의하거나 작업 기타업무에 기인하여 사망 또는 부상하거나 질병에 이환되는 것을 말한다.

④ 안전사고

계획되지 않은 일이 돌발적으로 발생한 상태. 즉 원치 않는 사건(Unwanted Event)

(2) 안전관리의 중요성

인간의 힘에만 의존하던 동력이 기술의 발전으로 생산설비의 고도화, 전문화, 대형화됨에 따라 인류는 고도의 산업사회를 맞이하게 되어 풍요한 생활을 가져다주었지만 반면 물리적, 화학적 에너지의 통제책이 미흡하여 다양한 안전사고가 놀랄 만큼 증가하고 있다. 따라서 안전관리의 중요성은 점차 강조되어 오늘날 산업의 각 분야에서 중대한 문제로 대두되고 있다.

특히 각종 유독가스와 케미칼, 전기등을 사용하는 FAB(Wafer Fabrication)에서의 안전은 더욱더 중요하며, 단 한건의 안전사고는 인명 및 재산에 피해를 주어 기업경영에 막대한 영향을 줄 뿐만 아니라 재해자와 그 가정에 곤란을 주고, 밝은 직장 및 가정의 분위기마저 위협하기 때문에 안전관리의 중요성은 아무리 강조해도 지나침이 없는 것이다.

그러므로 안전관리는 귀중한 인명과 재산을 재해로부터 보호하여 근로자에게는 자아실현을 위한 가치창조에 기여하고 기업으로는 생산능률의 저하내지는 기업자산의 손실을 제거해 주므로 보다 크고 안정된 이윤을 보장하여 궁극적으로는 경제발전과 인류복지 증진에 기여하는데 그 의의가 있다.

(3) 안전의 필요성

① 개인의 자아실현(인간존중의 이념)

정신적·육체적·사회환경적 건강이 보장되어야 목표한 삶을 영위

② 회사의 이윤창출(회사의 존재 이유)

안전이 확보되지 않는다면 기업의 생산활동이 저하되고 기능 인력과 장비의 손실 초래

③ 안전과 자아실현, 생산은 하나

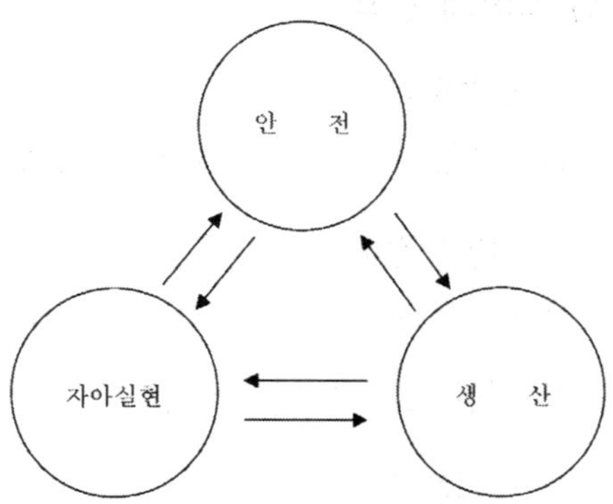

그림 3-1 안전의 관계도

(4) 안전관리 조직

반도체 제조 FAB에서 안전관리의 조직은 대체로 그림 3-2와 같이 구성한다.

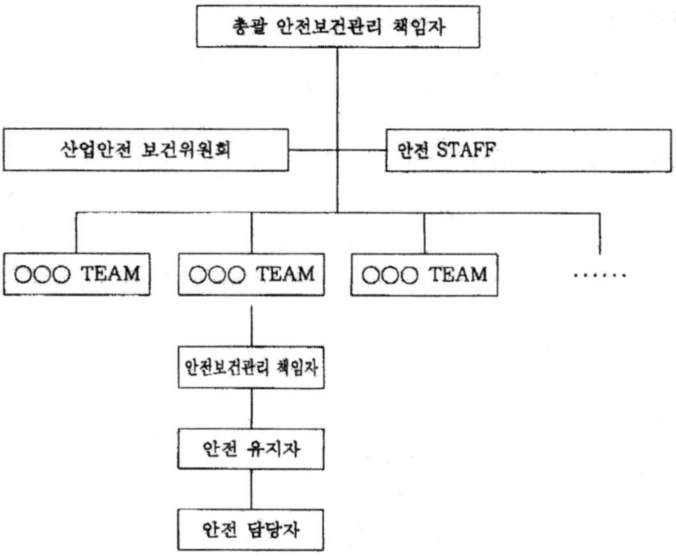

그림 3-2 반도체 FAB에서 안전관리 조직도의 사례

2) 재해론

(1) 재해의 분류

재해는 다음과 같이 두 가지로 분류한다.

① 자연재해

지지, 해일, 태풍, 번개 등 자연의 물리, 화학적 에너지로 인해 발생 되 는 사고를 말하며 전체사고를 100%로 볼 때 자연재해에 의한 사고는 약 2%에 불과하다.

② 인적재해

사람에 기인하여 발생하는 사고를 말하며, 이는 불안전 상태와 불안전 행동이 선행되어 재해로 발전한다.

- 불안전 상태 : 전체사고의 약 10%로 통계되며 이때의 피해정도는 확실한 것이 그 특징이다.
  - 재료/기계 자체의 결함
  - 안전장치의 결함/불비
  - 물건의 배치/작업장소의 불량
  - 작업환경의 불량
  - 장비 또는 공구의 설계불량

- 불안전 행동 : 전체사고의 약 88%가 사람의 위험한 행동이나 정신적인 결함. 즉, 안전지식 부족, 오판단, 오동작에 기인되고 있다.
  - 규칙/지시의 무시
  - 위험장소의 접근
  - 복장/보호구 착용의 불량
  - 불안전한 상태 방치
  - 의식의 우회(망각, 피로, 오해)

모든 사고의 대부분(98%)은 점검 및 검사, 교육 및 훈련 등으로 미연에 방지할 수 있는 것들이므로 모든 근로자들이 노력하는 자세를 보여야 할 것이다.

(2) 재해의 인과관계

① 재해의 발생단계

재해는 그림 3-3과 같은 단계로 발전하며 인명 및 재산상의 손실을 초래하게 되며 초기단계부터의 검토를 통해 재해를 예방하여야 하지만, 대부분이 재해는 간접원인의 제거를 통해 직접원인으로써 전개를 막아 사고 및 재해를 예방하여야 한다.

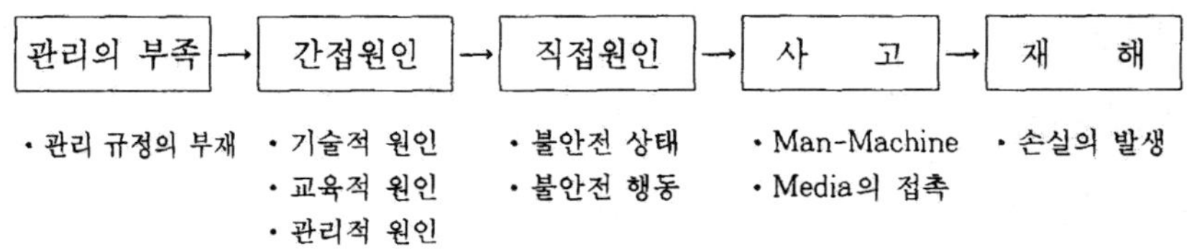

그림 3-3 반도체 FAB에서 재해 발생 단계도

② 간접원인

- 기술적 원인 : 기계/건물 등의 설계, 점검, 보전 등 기술상의 미비에 의한 것(교육/훈련)
- 교육적 원인 : 안전에 대한 지식과 경험의 부족에 기인된 것(교육/체험)
- 신체적 원인 : 신체상의 결함에 의한 것(치료/전환)
- 정신적 원인 : 성격/정신상의 결함으로 인한 것(교정/휴식)
- 관리적 원인 : 점검/보전의 불비, 적성배치의 미비 등 관리상의 결함에 의한 것(교육/제도개선)

③ 직접원인

- 불안전 상태 : 작업시설이나 환경의 불량(물리적 원인)
- 불안전 행동 : 작업자의 행위 불량(인위적 원인)

(3) 안전사고의 재해 분포도

Franek. E. Bird. Jr.에 재해발생이론은 그림 3-4와 같다.

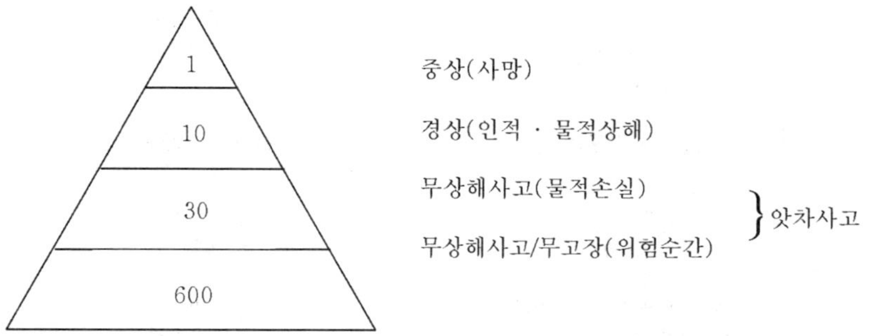

그림 3-4 반도체 FAB에서 안전사고의 재해 분포도

① 동일한 사고가 641번 발생하였다면, 무상해사고/물적손실이 없는 경우가 600회, 물적 손실만 일어나는 경우가 30회, 경상을 입는 인적상해 가 일어나는 경우가 10회, 중상 내지 사망하는 경우가 1회의 비율로 발생한다는 것을 의미한다.

② 같은 사고가 반복하여 발생하더라도 항상 같은 손실이 발생하는 것이 아니라 손실의 경중(輕重)은 우연히 결정되는 것이지 일률적으로 예측 할 수 있는 것이 아니라 발생빈도가 많은 앗차사고 등에 관심을 가져 큰 사고가 일어나지 않도록 노력해야 한다.

(4) 재발방지대책

재해의 궁합국인 원인 및 대책은 기술하면 그림 3-5와 같다.

① 사고(재해)예방의 체계도

- 예방가능의 원칙(불안전한 상태 쪽의 예방) : 모든 사고예방 가능. 인지(人智)와 노력이 문제, 모든 물질변화 완전한 것 없음. 조짐, 징후로 예방
- 원인연계의 원칙(모든 사고 원인 여러 복합 원인이 연계) : 모든 연계원인인 종합적인 검토, 제거 필요
- 손실우연의 원칙(사고 원인 같더라도 주변 여건에 따라 손실정도는 달라짐) : 사고의 관련될 수 있는 주변의 모든 요건까지 검토, 소개, 배치
- 대책선정의 원칙(불안전한 행동쪽의 예방) : 사고를 야기하는 인간의 불안전한 행동은 다양하므로 적정한 대책을 선정 우선 처방

Management : 관리대책

① 사기앙양
② 위험예지
③ 인간관계
④ Leadership
⑤ Team-Work
⑥ Communication

Machine : 설비대책

① 작업정보
② 작업자세
③ 작업방법
④ 피로방지
⑤ 작업환경

Mna : 인간대책

① 안전설계
② 위험방호
③ 본질안전화
④ 표준화
⑤ 표시장치나 조작기기
⑥ 점검정비
⑦ 지도감독
⑧ 직장활동
⑨ 건강관리

Madia : 작업대책

① 조직
② 규정기준
③ 계획
④ 적성배치
⑤ 평가
⑥ 교육훈련

그림 3-5 반도체 FAB에서 재발방지대책(4M)

따라서 4M에 의한 대책은 기본적으로 강구하여 불안전 행동 및 불안전 상태를 제거하는 것이 안전사고를 예방하는 지름길이다.

3) 무재해 운동

무재해란 근로자가 업무에 기인하여 사망 또는 4일 이상의 요양을 요하는 부상 또는 질병에 이환되지 않는 것이다.

① 무재해 운동의 이념 : 인간존중

② 무재해 운동의 3대 원칙

모든 사람들이 참가하여 현장의 위험요소를 사고로 이어지기 전에 사고뿐만 아니라 잠재위험까지 사전에 발견하여 산업재해의 뿌리부터 없애자는 의미로 무재해 운동을 실시한다.

- 무(無)의 원칙
- 선취(先取)의 원칙
- 참가(參加)의 원칙

③ 무재해 심벌

심볼의 가운데 부분은 숫자의 Initial인 'ZERO'로서 무재해의 의미 표출한 것이다. 양끝의 라인 처리된 6개의 원 형태는 일반안전, 기계안전, 전기안전, 화공안전, 건설안전, 보건안전의 분야를 내포되어 있다. 곡선과 직선의 현대적 감각처리로서 미적인 면과 부재해 심볼로서의 독보성 창출을 의미한다.

그림 3-6 반도체 FAB에서 무재해 심벌

④ 반도체 제조 회사 추진 목표시간

1,500,000Hr 등을 설정하여 추진한다(전자제품 제조업의 700~999인).

⑤ 무재해운동 추진 기법

- 위험예지 훈련
- 지적확인
- 원포인트 위험예지 훈련
- TBM(Too Box Meeting)
- 소집단 활동 기법
- 문제해결 기법
  - 재해사례 검토 기법
  - 안전관찰 기법
  - Touch and Call
  - 안전제안 제도 등

4) 법정 안전보건

① 신규채용시 안전보건 교육 : 발생시 8시간 이상

② 정기안전보건 교육 : 월 2시간 이상(생산직), 월 1시간 이상(사무직)

③ 관리감독자 안전보건 교육 : 월 2시간 이상

④ 작업내용 변경시 안전보건 교육 : 발생시 8시간 이상

⑤ 특별안전보건 교육 : 발생시·16시간 이상

5) 안전표지

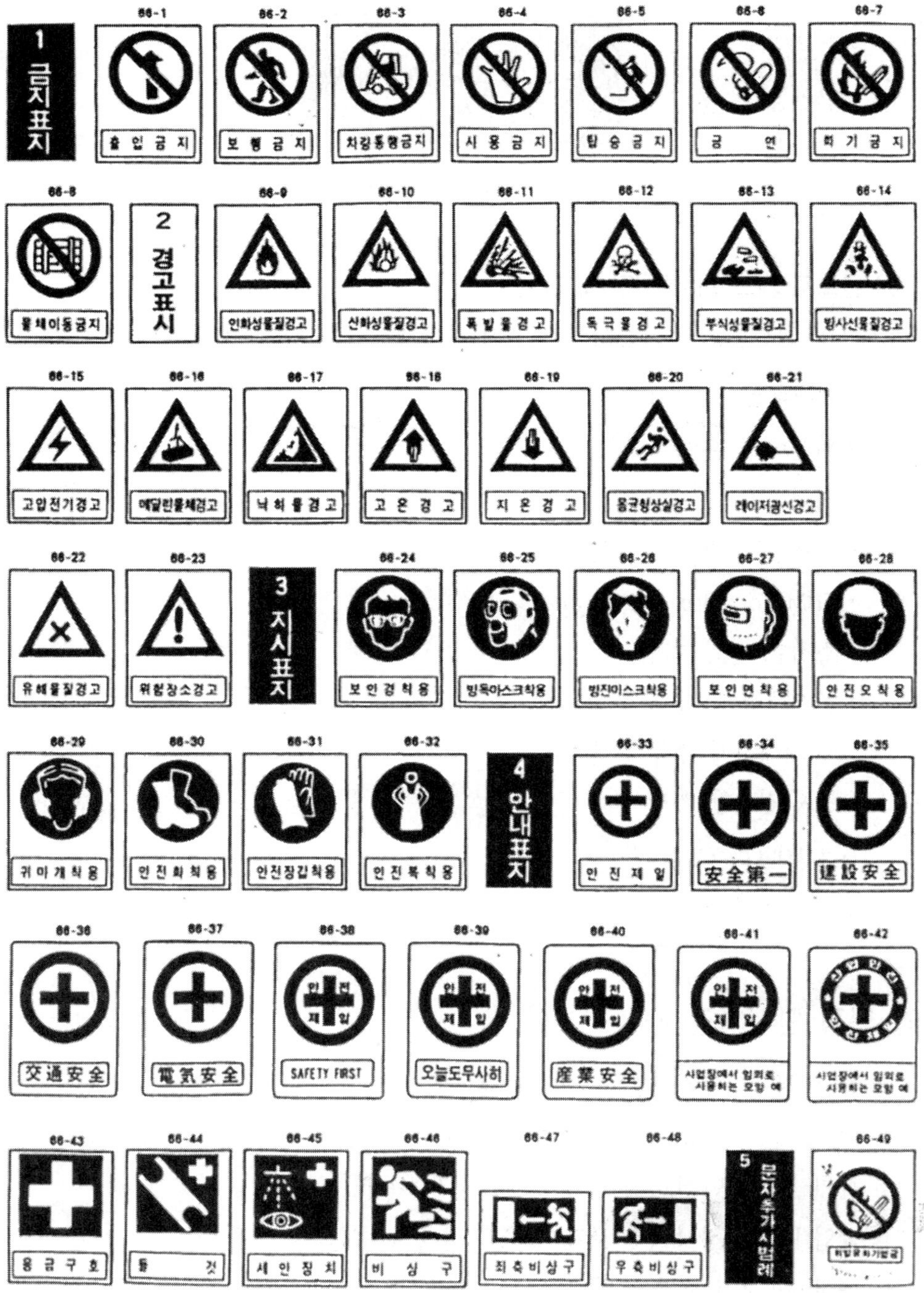

그림 3-7 반도체 FAB에서 안전표지판

2. 산업위생

1) 보건관리

(1) 사업장 안전보건 업무의 목적

① 안전관리 : 사고예방

② 보건관리 : 직업예방/건강증진

- 위생적(事前) : 작업환경관리(측정, 평가개선)
- 의학적(事後) : 질병의 치료

(2) 건강의 정의

단순히 병이 없는 상태만을 의미하는 것이 아니고 신체적, 정신적, 사회적으로 안녕한 상태. 즉, 건강이란 병이나 결함이 없고 환경에 잘 적응해서 인간 본래의 기능을 다하는 상태이다.

① 타고난 소질 : 체력

- 행동체력 : 활동을 위한 체력, 근력, 지구력, 순발력, 유연성, 민첩성 등
- 방위체력 : 외부 환경으로부터 스트레스에 적응하고 신체를 방위하는 능력

② 교육 : 보건교육, 위생교육

③ 환경 : 생활환경, 작업환경

(3) 작업환경과 유해인자

① 물리적 인자

- 온열조건
  - 고온 : 용융, 열처리작업 → 열중증
  - 저온 : 냉동차, 냉동실작업 → 동상
- 불량조명 : 시력저하
- 유해광선 : 자외선, 적외선, 가시광선 → 시력장해(각막염, 백내장)
- 소음 : 청력장애(소음성난청)
- 진동 : 착암기, 진동공구작업(레이노씨 질병)
- 이상기압 : 잠수잠함, 고기압 작업(잠함병)

② 화학적 인자

- 유해가스(증기, 흄)
  - 유기용제 : 알콜, 아세톤, 신나(중독, 빈혈)
  - 특정화학물질 : 황산, 염산, 불산(화상, 폐결핵)
- 중금속 : 연(납중독), 크롬(피부염), 비소(빈혈)
- 분진 : 광물성, 식물성, 면 등(진폐, 석연폐)

③ 생물학적 인자

세균/바이러스(감기, 전염병), 알레르기(피부질환)

④ 유해작업조건 및 유해인자 영향

근로자 건강위협, 직업성 질병유발, 근로욕구 감퇴, 작업능률 저하

2) 작업환경 측정

근로자가 근무하는 작업장에서 발생되고 있는 유해인자의 발생수준이나 적절한 대책을 강구함으로써 쾌적한 작업환경을 조성하고, 근로자가 건강을 보호하기 위해 실시하는 작업-환경평가

(1) 작업환경 측정의 목적

① 작업환경의 유해인자를 어느 수준 이하로 관리
② 신규설비, 원재료, 작업환경 등의 유해성 예측과 작업환경 개선의 효과 파악
③ 건강진단 결과에 따른 작업환경 실태 파악으로 근로자의 폭로를 재검토
④ 유해 위험한 장소의 출입금지 등 위험장치 조치의 필요성 결정
⑤ 특정화학물질, 연, 유기용제 등을 취급하는 작업장에서 국소배기 장치의 성능 점검

(2) 작업환경 측정 항목

작업환경측정은 다음의 항목은 6월 1회 이상 정기적으로 측정해야 하며 일부 항목은 수시로 작업전 체크하여야 한다.

표 3-1 반도체 FAB에서 작업환경 측정 항목

측정항목	측정시기
소 음	6개월에 1회
고 열	6개월에 1회
분 진	6개월에 1회
납	6개월에 1회
4알킬 납	6개월에 1회
유기용제	6개월에 1회
특정화학물질	6개월에 1회
산소농도	작업시작 전

(3) 허용농도

허용농도란 근로자가 유해물에 연일 폭로되는 경우에 당해 유해물의 공기중 농도가 이 수치 이하일 때에는 거의 모든 근로자에게 나쁜 영향을 보이지 않는 농도이다.

미국의 정부노동위생전문협회(American Conference of Governmental Industrial Hyginists : ACGIH)에서 공포한 TLV(Threshold Limit Values)이다.

허용농도의 수치는 ppm 및 mg/m^{3}로 표시되고 있다.

TLV에는 3가지의 범주가 있다.

즉, TLV-TWA : Time Weighted Average, TLV-STEL : Short Term Exposure Limit, TLV-Ceiling이 있다.

① 시간가중평균(TLV-TWE : Time Weighted Average)

시간가중평균은 1일 8시간 또는 주 40시간 노동에서 근로자의 폭로량 을 반영하는 것으로 유해물질에 폭로량의 지표로 된다.

시간가중평균은 일반적으로는 농도 수준에 따른 작업장 또는 직업단 위 마다 몇 회의 농도측정을 한다.

② 단시간 폭로한도(TLV-STEL : Short Term Exposure Limit)

15분 이하의 단시간, 계속적으로 폭로되더라도 자극을 느끼거나 생체 조직에 만성적 또는 비가역적인 병변을 일으키거나 마취작용에 의하여 사고를 일으키기 쉽다든지 자제심을 잃거나 작업능률이 현저하게 저하되는 일이 없는 최고농도를 나타낸다.

TLV-STEL의 허용조건으로는 일 노동시간내의 평균농도가 TLV-TWA를 초과하는 고농도의 폭로는 1일 4회 이내로 고농도 폭로와 다음 고농도 폭로간에 적어도 60분의 간격이 있어야 하며, TLV-STEL은 위의 조건을 만족하는 이상으로써 1일 노동중의 15분간에서도 그 시간가중 평균농도를 초과하여서는 안되는 허용한도로 생각하여야 한다.

③ TLV-Ceiling

자극성, 질식성, 마취성 등의 작종을 갖는 화학물질은 생체에 대해 급속히 작용하기 때문에 이러한 화학물질에 대하여 최고치를 설정하는 것은 합리적이다.

TLV-Ceiling(최고치)는 일반적으로 언제 어떠한 때라도 이 수치를 초과하여서는 안되는 농도로 되어 있다.

3) 건강진단

직업병을 비롯한 질병을 조기에 발견하고 현재의 건강상태를 정확하게 파악하여, 적절한 사후조치를 함으로써 근로자의 건강보호 및 노동생산성 향상에 기여하기 위함이다.

(1) 건강진단의 종류

① 채용시 건강진단 : 채용시 실시하는 건강진단

② 일반건강진단 : 상시 근로자에 대하여 정기적으로 실시하는 건강진단

③ 특수건강진단 : 유해작업에 종사하는 근로자를 대상으로 해당업무와 관련되는 항목을 추가로 실시하는 건강진단

④ 임시건강진단 : 근로자의 건강보호를 위하여 필요하다고 인정될 때 실시하는 건강진단

(2) 건강진단의 의무

① 회사

근로자의 건강진단(채용/일반/특수)은 회사부담으로 실시하여 질병자에 대해서는 의사소견에 따라 작업부서를 전환하는 등의 사후조치를 취하여야 한다.

② 근로자

근로자는 자신의 건강보호를 위하여 빠짐없이 건강진단에 참 여해야 한다. 미준수시 500만 원 이하의 벌금

(3) 건강구분 및 유소견자 사후관리 기준

표 3-2 반도체 FAB에서 건강구분 및 유소견자 사후관리 기준

건강구분	판정기준	사후관리
A	건강자	사후관리 필요 없음
B	경미한 이상소견이 있는 자	사후관리 필요 없음
C	건강관리상 요관찰자	의사소견에 따른 의학적 조치
D_1	직업병 유소견자	요양신청·작업전환·작업장소변경/휴직 및 근로 중 치료/기타 의학적 조치
D_2	일반질환 유소견자	근로시간 단축, 작업전환, 휴직, 근무 중 치료, 기타 의학적 조치
R	질환 의심자	2차 건강ㅈ인단 대상자

(4) 근로자가 해야 할 사항

① 철저한 개인위생을 유지해야 하며, 특히 식사 전 작업종료 후에는 반드시 손을 씻는다.

② 직업병 예방에 대한 철저한 인식과 주의를 한다.

③ 자신이 사용하는 유해물질의 종류, 인체에 미치는 영향, 안전취급 요령 등을 숙지하고 안전 보건상의 조치를 준수한다.

④ 작업시에는 국소배기장치 등 작업환경 설비나 방호장치를 정상적으로 착용하여야 한다.

⑤ 보호구를 지급 받거나 착용지시를 받은 때에는 당해 보호구를 착용하여야 한다.

⑥ 자신이 어떤 종류의 건강진단 대상지인지 알고 건강진단에 반드시 참여한다.

⑦ 안전보건 관계자의 지도·조언에 따라 작업한다.

⑧ 회사가 실시하는 안전보건교육에 반드시 참여한다.

4) 방사선 안전관리

(1) 방사선이란?

하전입자 또는 전자기파에 의한 에너지의 흐름으로 주로 전리방사선을 말한다.

① 전리 방사선

에너지가 높아 물질 내에서 물질을 구성하는 원자를 +이온, −전자로 분리시키는 능력이 있는 방사선(α, β, γ, x)

② 비전리 방사선

물질 내에서는 이온을 만들지는 못하나 에너지를 전달하는 방사선(자외선, 적외선, 가시광선, 단파, 중파)

(2) FAB내 방사선 발생하는 장소

① ION IMPLANTER 장치

② x-ray 발생 장치

(3) 방사선의 인체에 미치는 영향

방사선이 인체에 미치는 영향은 신체적 영향과 유전적 영향의 2가지로 나누어지며 신체적 영향은 급성영향과 만성영향으로 구분된다.

① 급성영향

일시에 고선량의 방사선을 전신에 받은 경우 나타나는 영향으로 증상 발현에는 개인차가 있으나 25렘 이하에서 는 임상증상은 나타나지 않고 150렘 이상에서 나타나는 방사선 숙취 증상은 전날 마신술이 그 이튿날까지 깨지 않는 것과 증상이 흡사함. 400렘에서는 30일내 50% 사망함(증상 : 피부의 홍반, 탈모, 백혈구 감소 등)

② 만성영향

대표적 증상으로는 암, 백내장으로 발암의 잠복기간은 개인차가 있으나, 대체로 10~30년 정도이다(백내장은 1회에 200렘 이상의 방사선을 받은 경우가 아니면 발생하지 않는다.).

③ 유전적 영향

생식을 담당하는 기관 즉 생식선의 세포에 대한 손상 에 의해서 일어나는 것으로 그 사람의 자신 및 그 후손에까지 전해진다.

※ 담배를 하루 20개비씩 1년간 계속피운 사람의 발암 확률은 7~28렘의 방사선 피폭을 받은 사람의 발암확률과 같다(담배 1개비 피우는 것은 1~4밀리렘의 피폭선량과 같은 정도의 발암확률이 있음)—우리나라의 방사선 종사자에 대한 1년간 허용 방사선 규제치는 5렘

표 3-3 방사선에 피폭된 인체의 조직별 영향 및 증상

<table>
<tr><th>조직구분</th><th colspan="2">영향 및 증상</th><th>발단선량(렘)</th><th>조직구분</th><th>영향 및 증상</th><th>발단선량(렘)</th></tr>
<tr><td>조혈조직</td><td colspan="2">백혈구수 감소</td><td>50</td><td rowspan="3">피부</td><td>일시적 궤양, 수종</td><td>2500</td></tr>
<tr><td>(적색골수)</td><td colspan="2">적혈구수 감소</td><td>100</td><td>영구적 궤양</td><td>5000</td></tr>
<tr><td>임파선 및 혈액</td><td colspan="2">혈소판수 감소</td><td>100</td><td>궤사</td><td>50000</td></tr>
<tr><td rowspan="4">생식선</td><td rowspan="2">남성</td><td>일시불임</td><td>15</td><td rowspan="2">수정체</td><td>수정체 혼탁</td><td>50~200</td></tr>
<tr><td>영구불임</td><td>350~600</td><td>백내장</td><td>500</td></tr>
<tr><td rowspan="2">여성</td><td>일시불임</td><td>60~150</td><td rowspan="4">갑상선</td><td>기능저하, 성인</td><td>2500~30000</td></tr>
<tr><td>영구불임</td><td>250~600</td><td>소아</td><td>100~1000</td></tr>
<tr><td rowspan="2">피부</td><td colspan="2">염색체 변화</td><td>50</td><td>급성갑상선염</td><td>20000</td></tr>
<tr><td colspan="2">일시적 탈모, 홍반</td><td>500</td><td>만성갑상선염</td><td>1000</td></tr>
</table>

(4) 방사선 취급시 주의사항

① 방사선을 취급하는 작업시에는 거리, 시간, 차폐의 3가지 요소를 고려해야 한다.

② 방사선은 거리의 역자승으로 강도가 감소하는 성질이 있으므로 선원과의 거리를 멀리한다.

③ 방사선이 존재하는 곳에서의 작업시간은 최대한 짧게 한다.

④ 방사선원과 작업자 사이의 차폐 물질을 두어 방사선에너지가 흡수, 감쇠토록 한다.

⑤ 방사선 발생장치의 모든 Interlock, 작업 지침 등 규정에 따른 작업 시에는 방사선에 노출될 위험이 없으므로 운전 Manual에 따른 운전을 한다.

⑥ Survey Meter를 이용하여 1주일에 1회 이상 노출량을 측정한다.

⑦ 모든 방사선 작업자는 Film Badge를 착용한다.

5) 안전보호구

(1) 안전보호구

유해·위험물질로부터 신체를 보호하기 위한 장구를 말한다.

① 지급보호구 종류

표 3-4 반도체 FAB에서 지급보호구 종류

신체부위	적용보호구	비 고
머리	안전모	A, B, AB, AE, ABE형
눈	보안경(차광, 칩비산방지, 흄, 유해광선)	적외선/레이저광선 차광
귀	귀마개, 귀덮개	85dB 이상 지역 필수 착용
코/입	간이마스크, 방독면, AIR MASK	산소농도 18% 이하에서 절대 사용금지
얼굴	보안면, 용접면	
팔	케미칼 토시, 용접토시	
손	안전장갑(케미칼, 용접, 내열, 절연)	
몸통	케미칼 앞치마, 용접 앞치마	
발	안전화, 고무장화	
전신	케미칼 복, 방열복, TOXIC GAS복	
피부	눈 중화제, 케미칼 복	
작업장	산 중화제, 알칼리 중화제, 방폭랜턴	

② 보호장구 사용시 주의사항

- 사용자는 보호구의 정확한 사용방법을 숙지하고 사용한다.
- 사용자는 작업전 보호구의 기능을 확인한 후 사용한다.
- 기능이 상실되거나 파손된 보호구/수명이 초과된 정화통은 즉시 교환한다.
- 회전체 근접 작업시 장갑의 착용을 금한다.
- 작업 중에는 지급받은 보호구를 완전히 착용하여 효과적으로 사용한다.
- 보호구를 타용도로 사용하거나 사외반출을 금지한다.
- 보호구의 분실, 파손 시 즉시 소속부서장에게 보고한다.
- 보호구를 임의로 분해하거나 개조하여 사용하지 않는다.
- 보호구를 지급 받은 자가 보호구를 착용하지 않고 작업하다 발생한 안전사고는 징계처리 기준에 따라 조치한다.
- 보호구는 최소한의 보호조치이므로 보호구를 과신하지 말고, 근본적 인 위험요인을 제거하도록 노력한다.

6) MSDS(Material Safety Date Sheets)

(1) MSDS의 개요

많은 종류의 유해 화학물질이 당사 FAB 내부에서 사용되고, 있으며, 화학물질로 인한 화재, 폭발, 유독물질 누출 등의 재해 예방을 위하여 유해 물질의 위험특성, 운송 및 취급에 대한 관리절차와 안전보건상의 관리대책을 기술한 것을 MSDS(물질안전보건자료)라 한다.

(2) MSDS의 구성 항목

① 화학제품과 제조회사에 관한 정보(Product and Company Identification)
② 구성성분의 명칭, 함유량 및 관련정보(Composition/Information on Ingredient)
③ 위험·유해성(Hazard Identification)
④ 응급조치요령(First-Aid Measures)
⑤ 폭발·화재시 대처방법(Fire-Fighting Measures)
⑥ 노출사고시 대처방법(Accidental Release Measures)
⑦ 취급 및 저장방법(Handling and storage)
⑧ 노출방지 및 개인보호구 관련정보(Exposure Control/Personal Protection)
⑨ 물리·화학적 특성(Physical and Chemical Properties)
⑩ 안전성 및 반응성(Stability and Reactivity)
⑪ 독성에 관한 정보(Toxicological Information)
⑫ 환경에 미치는 영향(Ecological Information)
⑬ 폐기시 주의사항(Disposal Consideration)
⑭ 운송에 필요한 정보(Transport Information)
⑮ 법적 규제에 관한 사항(Regulatory Information)
⑯ 기타 참고사항(Other Information)

(3) MSDS의 사용

본 자료는 FAB에서 사용, 취급되는 모든 물질이 수록되어 분기별로 개정 되고 있으며 Network 및 EDMS에 등록되어 쉽게 열람할 수 있도록 되어있다.

또한 Clean Room입구에는 인쇄물로 배포되어 있다.

장비별로는 장비 전면에 MSDS를 요약한 Card를 부착하여 수시로 작업 자에게 정보를 제공하고 있다.

3. FAB 내의 안전

1) FAB의 위험성

① 에너지 밀도가 높다.

- 고전압, 대 전류의 장비를 사용한다.
- 고압가스 및 고 ENERGY를 사용한다.

② 위험물을 사용한다.

- 인화성, 폭발성 위험물을 대량 사용한다.
- 가연성 가스를 사용한다.

③ 독성물질을 사용한다.

- 유독하고 부식성 가스(Toxic, Corrosive Gas)를 사용한다.
- 반응성, 자연발화성 가스를 사용한다.
- 유독한 가스(Toxic Gas) 누출 시 공기순환이 빨라 단시간 내 확산한다.

④ 폐쇄공간이다.

- 초정밀, 청정도 유지를 위한 무창층의 구조이다.
- 항온항습구조이며, 공기의 순환속도가 높다.
- 대피의 어려움이 있다.

2) Gas Chemical의 특성

(1) Chemical의 특성

표 3-5 반도체 FAB에서 사용하는 Chemical의 특성

물질명	화학식	일반적성질					화재관련위험성					유해성(有害性)				저장 (보관법)	소화법
		융점 (℃)	비점 (℃)	비중 물=1	수용성	증기 멸도	인화점 (℃)	발화점 (℃)	발화위험성	폭발한계(Val%) 하한	상한	허용농도 ppm	mg/m^2	유해위험성	위험 분류		
1.황산	H_2SO_4	(액) 10.5		1.83	쉽게				가연성물질과 접촉발화 금속부식 수소발생				1	부식성 화재시위험증기발생	◉▲	금속가루,가연성물질 염소산, 염 등 산화 성 물질과 격리	
2.초산	CH_3COOH	(액) 16.6	11.8	1.95	쉽게	2.1	428	427	인화폭발 산화성물질과격리	5.4	16	10	25	피부염,화상,점막	▲	화기엄금, 밀폐	분무수 분말, CO_2
3.염산	HCL	기체		1.3	가능				자체폭발성없음 금속과반응H_2 발생			5	7	극물		지하실 불가	
4.인산	H_3PO_4	(액) 42.35		1.87	쉽게 (670g)								1	고농도자극 먼지는점막 강과극	△	환기	
5.불화수소 (액)불소	HF 49%액	(액)	19.4 10.6	0.99 1.29		0.7	없음					3	2	눈,점막	0△	강한부식성백금,금 이외의금속부식,밀폐	
6.과산화수소	H_2O_2	(액)	순(S) 50% 111 39% 107 30% 106	 1.20 1.13 1.12	쉽게				65%이상은 가연성물질 의발화			5 · 1 단90%	7	눈,코,목구멍 자극		화기엄금 밀폐, 냉소	분말, CO_2 소량의물로도 가능
7.질산	HNO_3		98% 98.50% 62%	1.5 1.38	쉽게				가연성물질과 접촉하면 발화 철,동을 부식, H23 와 접촉 폭발			10	25	화상,증기흡입 위험	◉△	기름,가연성,금속가루 염소삼염과격리,화기 를 멀리할 것	분무수
8.아세톤	$(CH_3)_2CO$	56.5	94	0.73	쉽게	2.00	-17.8	5.38	연화성액체	3.0 (2.1)	11 -13	200 치사량 500	400	독성:비교적약함 다량흡수:최면작용		산화성물질과격리	CO_2, 분말 물(분무)
9.암모니아수	NII_4OII			공기-1	1				가연성물질과 혼합하면 화제 위험					강한자극 중심		히로겐,산 격리	CO_2, 분말
10.이소프로필 알콜	$(CH_3)_2CHOH$	83		0.79		2.1	15	3.99	상온 인화폭탄, 공기와 폭발성,배합가스	2	12	400	980	마취성,점막자극		화기엄금 환기잘할것	CO_2 알콜포
11. 가성소다 (수산화나트륨)	NaOH	(고) 318		2.13	쉽게 40-50g				물 또는 산에서 발열			·	2	극물 피부,점막	◉△	밀폐보관	
12.메탈부탄케튼 (MDK)	$(CH_3)_2CHCH_2$ $COCH_3$	(액)	118	0.80	난 (1.6g)	3.5	22.8	459	실온인화 증기는 공기보다 무거움	1.4	7.5	100	410	자극성 마취성		화기엄금,냉소	물분무 분말 CO_2

●:독물 ◉:극물 ○:일반유독물질 ■:독점유독물질 △:부식성물질

(2) 가스의 특성

표 3-6 반도체 FAB에서 사용하는 가스의 특성(1)

번호	1	2	3	4	5	6	7	8
품명	수소	실란	디실란	포스핀	아르신	브롬화수소	염소	염산
분자식	H_2	SiH_4	SiH_2Cl_2	PH_3	AsH_3	HBr	Cls_2	HCl
외관(상온상압)	무색기체	무색기체	무색기체	무색기체	무색기체	무색기체	황록색기체	무색기체
냄새	무취	페가나빠질듯한냄새	자극성냄새	썩은 생선냄새	마늘냄새	자극성냄새	자극성냄새	자극성냄새
가스비중	0.069	1.11	2.297	1.18	2.7	3.5	2.49	1,27
액체밀도 (g/ml)	67.723 (-250.2℃)	0.68 (-185℃)	0.901	0.746 (-90℃)	1.604 (-64.3℃)	2.8	1.468 (0℃)	1.27 (-36℃)
비점(1atm)	(-252.7℃)	(-112℃)	(-14.3℃)	(-87.7℃)	(-62.5℃)	(-67℃)	(34.5℃)	(-85℃)
융점(1atm)	(-259.1℃)	(-185℃)	(132.6℃)	(-133℃)	(-117℃)	(-86℃)	(-100.98℃)	(-114.2℃)
증기압	4.67atm (-240.2℃)	24.5atm (-30℃)	23.7atm (20℃)	36.6atm (21℃)	14.95atm (21℃)	15.750atm (25℃)	100mmHg (-71.9℃)	100mmHg (-114℃)
임계압력	12.80atm	48.0atm	50.84atm	64.5atm	65.14atm		76.1atm	81.5atm
임계온도	(-240.2℃)	(-3.5℃)	(150.85℃)	(51.3℃)	(99.9℃)		144℃	(51.4℃)
물에 대한 용해도	1.8ml/100ml	알카리성에 반응한다.	알카리성에 반응한다.	20ml/100ml (20℃)	20ml/100ml (0℃)	194%	73g/l (20℃)	81.31g/100g (0℃)
물과의 반응성	반응하지 않음	약산성 및 중성수와는 반응하지 않음. 알칼리성의 물에는 용이하게 분해	약산성 및 중성수와는 반응하지 않음. 알카리성의 물에는 용이하게 분해	수화물을 생성한다.	가압하에 수화물을 생성한다. 용해산소에 의해 As로 분해한다.		물과 반응하여 염화수소를 생성한다.	반응은 하지 않지만 물에는 잘 용해됨.
연소성	가연성 (4~75%)	가연성 (1.37~98%) 자연성	가연성 자연성	가연성 (1.32~98%)	가연성 (0.8~98%)	용기의 폭발가능성 있음.	지연성	불연성
기타 물질과의 반응성	C_{12} 등의 할로겐가스와 심하게 반응	C_{12} 등의 할로겐가스와 심하게 반응	C_{12} 등의 할로겐가스와 심하게 반응	C_{12} 등의 할로겐가스와 심하게 반응	C_{12}와 반응하여 HCl과 AsC_{13}로 됨.	암모니아와 격렬하게 반응. 불소와 격렬하게 반응.	H_2와 폭발적으로 반응함. 대부분 금속과 반응함.	불소와 심하게 반응함. 대부분의 금속과 반응해서 염화물 수소를 생성함.
부식성 등 사용상의 주의	탄소강등에 있어서 수소취성을 일으킴. 고분자에 있어서는 막투과 현상이 있음.	부식성은 없음.	환원성 부식성은 없음.	NH_3보다 강한 환원성 SUS, 탄소강은 사용가능	강화원성 SUS, 탄소강은 사용가능	50ppm에 인체의 생명에 지장을 초래함.	H_2와 폭발적으로, NH_3와 심하게 반응하므로, 공존시키지 말것. 공기보다 무거운 부식성 가스	수분의 존재로 강산 거의 모든 금속을 침식. 부식성
비고	고온고압의 수소는 금속중에 용해해서 금속 내부에 H_2분자로 되어 축적된다.	상온에서는 안정하지만 300℃ 이상의 가열 혹은 방전에너지에 의해 분해됨.	실란보다도 불안정하며 실온에서 SiH_4와 H_2로 분해됨.	300℃ 이상에서 분해됨.	300℃ 이상에서 분해됨.			

표 3-7 반도체 FAB에서 사용하는 가스의 특성(2)

번호	9	10	11	12	13	14	15
품명	불화수소	디크로로실란	삼염화붕소	일산화탄소	삼불화질소	암모니아	육불화텅스텐
분자식	HF	SiH_2Cl_2	BCl_3	CO	NF_3	NH_3	WF_5
외관(상온상압)	무색기체	무색기체	무색기체	무색기체	무색기체	무색기체	무색기체
냄새	자극성냄새	자극성냄새	자극성냄새	무취, 무미	곰팡이냄새	매운냄새	무취
가스비중	1.858	3.51	1.349	2.3(20℃)	자료없음	0.7067	12.9g/l
액체밀도 (g/ml)	1.858 (19.5℃)	3.51 (7℃)	4.03	0.968	2.46 (0℃)	0.5967	10.6
비점(1atm)	(19.5℃)	(8.2℃)	(52F)	-314F	(120℃)	(-33℃)	20℃
융점(1atm)	(-83.4℃)	(-12.2℃)	(-161F)	-326F	(-207℃)	(-78℃)	3℃
증기압	100mmHg (-83.4℃)	100mmHg (-12.2℃)	760mmHg (-13℃)	760mmHg (0℃)	1500mmHg (-119℃)	6658mmHg (-21℃)	863mmHg (-21℃)
임계압력	64atm	46.15atm			4530KPA		
임계온도	188℃	176℃			39℃		
물에 대한 용해도	불화수소산을 생성	반응함	분해됨		미세한 용해	38% (20℃)	가수분해
물과의 반응성	반응은 하지 않지만 물에는 잘 용해됨	가수분해하여 염산과 폴리시로케산을 생성함	가수분해하여 부식성 흄을 발생	상온상압에서 안정함.	상온상압에서 안정	상온상압에서 안정	물과 격렬히 반응하고 부식성의 불화수소와 옥시불화텅스텐이 방출
연소성	불연성	가연성	부식성	폭발성	지연성	가연성	지연성
기타 물질과의 반응성	반응성이 풍부하여 금속의 산화물, 수산화물과 용이하게 반응함.	아세톤과 반응함	알코올과 반응함.	과산화바륨, 염소와 격렬한 반응	상온상압에서 안정함	산과의 심한 반응 반응물질이 다수임.	연소율을 증가시킬 수 있으며 접촉시 점화를 일으킴. 환원물질과 폭발위험
부식성 등 사용상의 주의	부식성	미량수분의 존재로 강산, 부식성	염산의 과수분해에 의한 부식성 위험	1200ppm시 즉각 생명 위험	부식성 약간 있음	금속류는 극도의 독성, 피부접촉 또는 증기의 흡입을 피할 것.	부식성물질 접촉하면 발적, 통증이 있는 자극증상과 통증 발생
비고							

3) 공정안전관리(PSM)

(1) 공정안전관리(Process Safety Management)

화재(Fire), 폭발(Explosion), 유출물 누출(Toxic Release) 등의 중대 산업 사고예방을 위하여 설계단계부터 모든 사항을 안전측면에서 검토하여, 시행함으로써 근원적인 재해예방을 위한 총체적인 공정에 대한 안전 관리 제도이다.

(2) 공정안전관리제도의 구성요소

① 제조공정 관련 기술자료 및 도면의 체계화

② 체계화된 자료를 바탕으로 공정 위험성평가를 통한 필요한 조치 강구 및 시행

③ 안전운전절차·하도급 관리기준의 설정 및 시행을 통한 작업실수의 최소화 강구

④ 설비의 완벽한 성능유지를 위한 설계·제작·운전 및 정비기준의 제도화 실행

⑤ 사고 발생시 피해 최소화를 위한 비상조치 계획 수립 및 실천

⑥ 기타 각종 절차·기준 준수를 위한 전 종업원의 교육·훈련

⑦ 정기적인 자체검사실시를 통한 공정안전관리의 시행 확인 및 개선 등 이다.

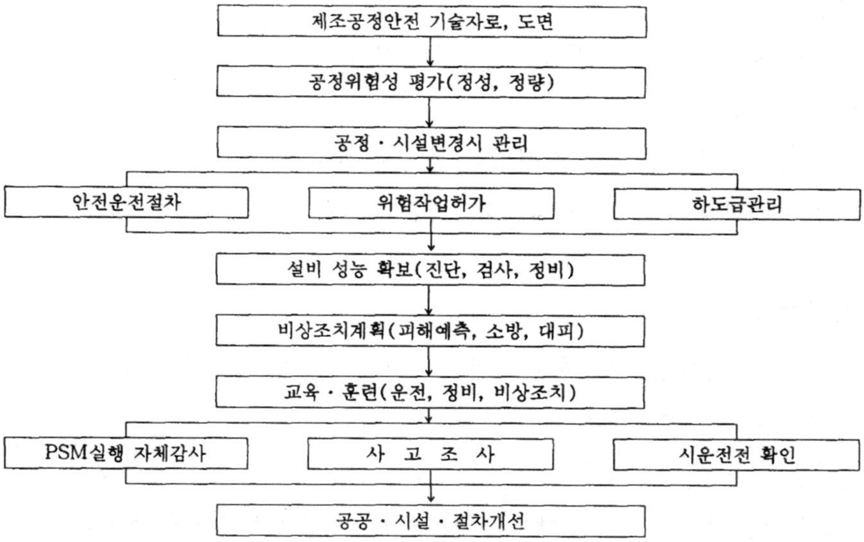

그림 3-8 반도체 FAB에서 공정안전관리제도의 구성요소

4. 방재 및 SCS

1) 방재 개요

(1) 연소의 3요소

① 가연물 : 목재, 종이, 유류, 가스 등

② 산　소 : 공기 중 21%

③ 점화원 : 전기불꽃, 마찰열, 충격불꽃 등

(2) 화재의 종류

표 3-7 반도체 FAB에서 화재의 종류

등 급	화재종류	소화방법	적용 소화기	사용금지 소화약재
A급	일반화재	제거/냉각소화	물/FOAM, 분말소화기	
B급	가스화재 유류화재	질식/제거소화 질식소화	CO_2, 분말소화기 FOAM, 분말, CO_2, 소화기	수용성 물질의 경우 물(예 : IPA)
C급	전기화재	질식/냉각소화	CO_2, 분말소화기	물, FOAM
D급	금속화재	질식/냉각소화	건조사, 팽창질식	물, FOAM

(3) 소화기 사용법

① 소화기를 화재가 발생한 지점으로 신속하게 옮긴 후
② 안전핀을 뽑고
③ 바람을 등지고 분사노즐을 화점으로 향하게 하여
④ 소화기 손잡이 레버를 힘껏 움켜쥐고 비로 쓸듯이 발사

(4) 소화전 사용법

① 소방호스를 꼬이지 않도록 하여 화재 현장까지 신속하게 펼치고, 호스 가 짧을 때는 보조호스를 연결한다.
② 한사람은 노즐을 잡고 다른 한사람은 옥외소화전인 경우, 렌치를 사용 하고 옥내소화전인 경우, 손으로 밸브를 시계반대 방향으로 천천히 돌린다.
③ 화재가 발생한 지점으로 향하여 물을 방사한다.
④ 모든 소화전은 2인 1조로 운영한다.

(5) 화재 발견시 행동요령

① 최초로 화재를 발견한 자는 큰 소리 또는 신호를 이용하여 불이 났음 을 주변 작업장에게 알린다.
② 화재가 발생하면 소화기 등을 사용하여 신속하게 초기 소화한다.
③ 화재신고는 FMS Room로 신속히 연락하고 불이 난 장소를 명확히 전달한다.
④ 자체 소화가 불가능 할 경우에는 지체 말고 신속히 대피한다.

2) SCS(Safety Contol System) 개요

(1) SCS 개요

SCS는 Life Safety의 실현을 위한 도구로서 FAB내의 Toxic Gas Leak, Chemical Leak Exhaust Down Fire 등의 위험신호를 감지하여 Tool Shutdown, Siren, Lamp Light 등의 경보 및 안전제어를 통해 인명과 재산상의 피해를 최소화하기 위한 종합 안전 System 이다.

모든 Control 계통은 대부분 PLC(Programmable Logic Controller)를 통해 이루어지며 FAB FMS(Facility Monitoring Station)에서 Monitoring 되며, 청정실 각 Zone의

LVDM(Local Video Display Monitor)를 통해 현재 상태를 Monitoring 할 수 있다.

(2) SCS의 구성

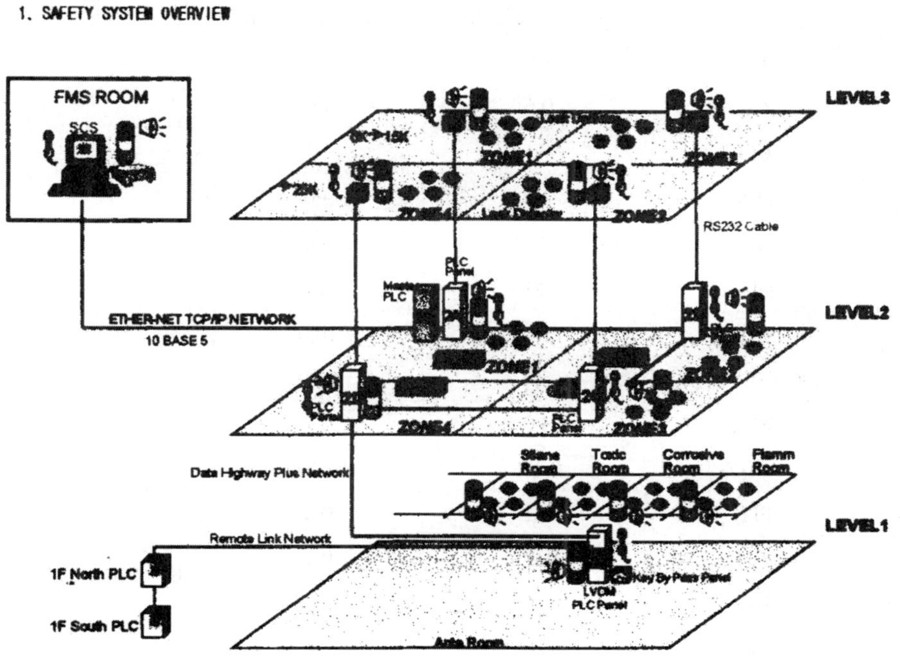

그림 3-9 반도체 FAB에서 SCS(Safety Contol System)의 구조도

입력정보 → SCS → 출력정보

입력정보

(Gas Cabinet 포함)

1) Semiconductor Manufacitarig Equipment
   ① Toxic Gas Leak Detector
   ② Malfunction
   ③ Exhaust Low
   ④ Scrubber Alarm
   ⑤ EMO
   ⑥ Fire Sensor
2) H_2 Plant
   ① Leak Detector
3) Breathing Zone
   H_2 Leak Detector
4) Solvent Room
   Solvent Leak Detector

SCS

출력정보

① Tool Shutdown
② Siren
③ 경광등
④ LVDM Animation
⑤ Room Shut Down

그림 3-10 반도체 FAB에서 SCS(Safety Contol System)의 구성도

(3) Gas Leak Detector Monitoring 현황

표 3-9 반도체 FAB에서 Gas Leak Detector Monitoring 현황

No	Gas	Monitoring Level		비 고
		Warning 값(ppm)	Alam 값(ppm)	
1	BCl_3	5.0	10.0	
2	Cl_2	0.5	1.0	
3	CO	30	60	
4	HBr	2.0	4.0	
5	NF_3	3.0	6.0	
6	NH_3	20	40	
7	SiH_4	5.0	10.0	
8	DCS(SiH_2Cl_2)	5.0	10.0	
9	Wh_6	3.0	6.0	
10	H_2	0.1%	0.2%	
11	PH_3	0.1	0.2	
12	AsH_3	0.05	0.1	
13	BF_3	3.0	6.0	
14	HF	3.0	6.0	
15	Solvent	0.5%	1%	
16	SiF_4	3.0	6.0	
17	O_2	18%	15%	

(4) Safety Matrix에 대한 SHUTDOWN 연계도

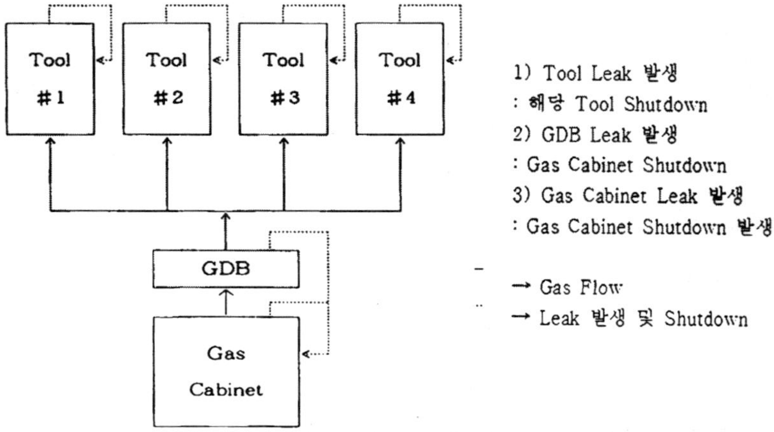

그림 3-11 반도체 FAB에서 Safety Matrix에 대한 Shutdown 연계도

(5) Safety Matrix

표 3-10 반도체 FAB에서 Safety Matrix

		Toole			GDB			Gas Cabinet							H2		Solvent						
		Warning	Warning 〉50min	Alarm	Warning	Warning 〉50min	Alarm	Warning	Warning 〉50min	Alarm	Tool Malfunction	Exhaust Low	Scrubber Alarm	EMO Activated	Warning	Alarm	Warning	Alarm	Scram Button	Key By-Passed	UPS Malfunction	PLC Error	Fire
Animation	SCS, Monior	x	x	x	x	x	x	x	x	x	x	x	x	x	x	x	x	x	x	x	x	x	x
	BF LVDM 1,2,3,4	x	x	x	x	x	x	x	x	x	x	x	x	x	x	x	x	x	x				x
	Gas Room	x	x	x	x	x	x	x	x	x	x	x		x	x	x	x	x	x				x
LiGHT	SCS	Y	R	R	Y	R	R	Y	R	R		R		R	Y	R	Y	R	R		R	R	R
	3F Zone, 1,2,3,4	Y	R	R	Y	R	R	Y	R	R		R		R	Y	R	Y	R	R				R
	2F PLC Panel	Y	R	R	Y	R	R	Y	R	R		R		R	Y	R	Y	R	R				R
	Gas Room	Y	R	R	Y	R	R	Y	R	R		R		R	Y	R	Y	R	R				R
Bozzer	SCS	x	x	x	x	x	x	x	x	x				x	x	x	x	x	x		x	x	x
	3F Zone 1,2,3,4	x	x	x	x	x	x	x	x	x				x	x	x	x	x	x				x
	2F PLC Panel	x	x	x	x	x	x	x	x	x					x	x	x	x	x				x
	Gas Room	x	x	x	x	x	x	x	x	x				x	x	x	x	x	x				x
Sbuldown	Toal		x	x												x			x				x
	Gas Cabinel					x	x		x	x									x				x
	GAS Room													x					x				x
	Solsent Room													x				x	x				x
	H2 Plant															x			x				x
Sirce	Gasroom		x	x		x	x		x	x				x					x				x
	Chemical Room													x					x				x
	Fab		x	x		x	x												x				x

5. 비상사태 발생시 행동요령

1) 비상사태의 종류

비상사태는 다음과 같이 구분한다.

① 상해사고 발생

② 화재, 폭발사고 발생

③ 유독물질 누출 발생

2) 비상사태 발생의 행동요령

(1) 상해사고 발생

① 사고발생 사실을 주변 근무자에게 알리고 긴급전화 또는 의무실로 그 사실을 통보한다.

② 응급처치를 실시한다. 응급처치는 기도유지, 지혈 등의 기본적인 것이며, 처치 불가시에는 의무실로 빨리 이송 한다.

③ 의무실에서는 기본적인 1차 치료를 하며 지정 병원으로 후송하여 진료를 받도록 한다.

(2) 화재, 폭발사고 발생

① 상황전파

- 화재를 발견한 사람은 큰소리로 주위에 알리거나 활용하고 FMS Room에 신속히 화재신고를 하여야 한다.
- 화재신고는 화재발생장소 및 화재상황을 침착하게 연락하여야 한다.
- FMS Room에서 화재를 발견하였을 시는 방송설비를 활용하여 신속정확하게 상황을 전파하고 안내방송을 실시하여야 한다.

② 소화

- 화재 초기발견자 또는 인근에 근무자는 주위에 비치된 소화기를 사용하 여 초기 소화활동에 주력하여야 한다.
- 또한 인근에 설치된 대형소화기 및 자동소화설비를 사용하여 소화 작업 을 실시한다.
- 화재 확대시는 인근에 설치된 옥내, 옥외 소화전을 활용하여 소화 및 화재 확대 방지에 주력한다.
- 소화활동에 필요한 소화용수 공급활동을 도모한다.

③ 화재방어

- 화재발생장소에 공급되는 가스나 위험물의 공급을 차단하여야 한다.
- 화재 확대 시 위험 가스의 용기나 위험물은 반출 제거하여 화재확대방지에 주력하여야 한다.
- 화재장소의 조명용 전기 외에는 전원을 차단하여야 한다.
- 연소확대 방지를 위한 방화문 방화 셧터를 폐쇄하여야 한다.
- 화재장소의 순환공기를 차단하여 화재확산을 방지하여야 한다.
- 비상전원을 통한 화재장소의 배기설비를 가동시켜 연기 및 유독가스를 배출시킨다.

- 화재장소 및 화재확대 위험장소에 비치된 중요자료를 신속히 반출하고 경계한다.
- 화재장소의 인근인원이 안전하게 피난 할 수 있도록 비상랜턴을 가지고 피난통로에 위치하여 안전하게 피난을 유도한다.

④ 의료구호

- 화재장소 주변에 부상자는 발생되지 않았는지 확인하고 부상자 발생시 즉시 인명구조에 노력하여야 한다.
- 부상자 발생시 구급차를 대기시켜 환자를 후송하여야 한다.

⑤ 피난

화재발생장소의 불특정인원 및 화재층의 상층인원은 화재발생 즉시 피난계단 및 피난기구를 활용하여 지상으로 안전하게 대피하여야 한다.

(3) 독성물질 누출시 행동요령

① 상황전파

- 사고발견자는 주위의 감독자 또는 엔지니어에게 사고 사실을 신속히 알린다.
- 또한 긴급전화로 지정된 상황실에 사고 상황을 신속히 연락한다.
- FMS Room에서 GAS누출을 발견하였을 시는 즉시 현장의 감독자는 엔지니어에게 연락하고 즉시 방송설비를 활용하여 상황을 전파한다.

② GAS, Chemical 차단

- 장비나 GAS배관에서의 누출 시는 중간밸브나 GAS용기 MAIN밸브를 잠근다.
- GAS용기에서 누출 시는 해당지역의 EMO를 누른다.
- GAS 차단이나 배기가 불가능시는 CO_2 소화기나 소화전을 활용하여 GAS 누출을 최대한 억제시킨 후 누설부위를 차폐시키거나 GAS용기를 실외로 이동시킨다.
- solvent류 누출 시에는 주위 점화원을 차단하고 흡착포 등으로 닦아낸다.
- 산, 알카리가 누출되었을 경우에는 산 중화제, 알카리 중화제를 이용하여 중화시킨 후 닦아낸다.

③ 방호조치

- GAS누설시 조치자는 필히 방독보호구(공기호흡기, 방독면) 및 보호 장갑 등을 착용후 작업에 임해야 한다.
- 실내의 급기량 및 배기량을 증대시켜 누출된 GAS를 신속히 배출시킨다.
- 가능한 실내의 문을 많이 열어 놓는다.
- 가연성 GAS 누출시 전기스위치의 조작을 금하고, 주위의 화기나 고온체를 제거하여 인화폭발을 방지한다.
- 가연성GAS가 체류하고 있을시를 GAS의 배출은 물론 N_2, CO_2, HALON 등 불연성 GAS로 희석하여 폭발범위 이하로 DOWN시킨다.

④ 대피

- 대형사고이거나 유독GAS의 다량 누출 시는 즉시 장비를 안전하게 조치 후 피난 유도 요원의 안내에 따라 신속히 대피한다.
- 소량 누설 시에는 감독자의 지시에 따라 행동한다.
- 감독자 및 엔지니어 GAS누출여부를 신속히 확인한 후 안전한 피난방향 으로 안내하여야 한다.

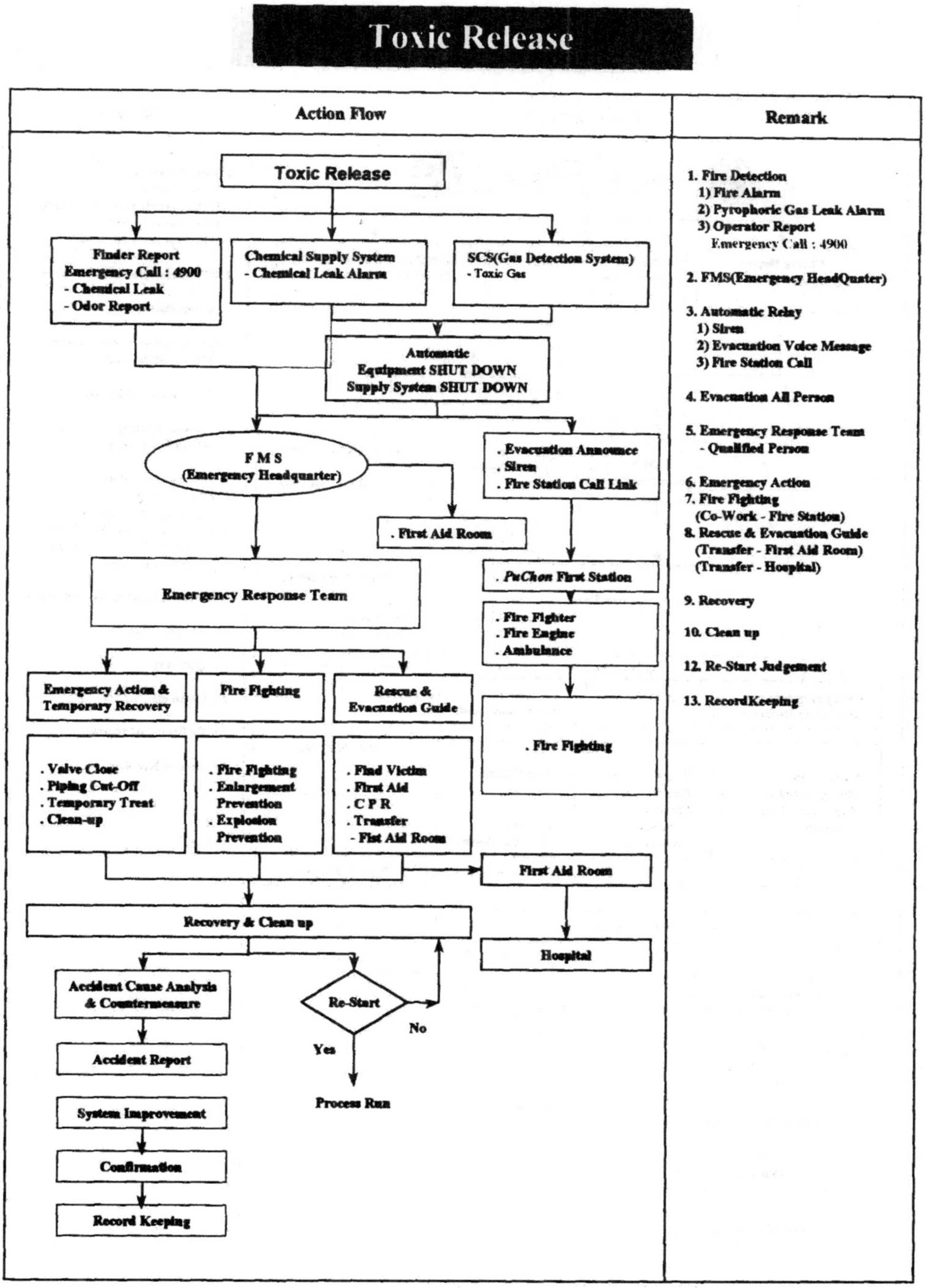

그림 3-12 반도체 FAB에서 독성물질 누출 시 대응 절차

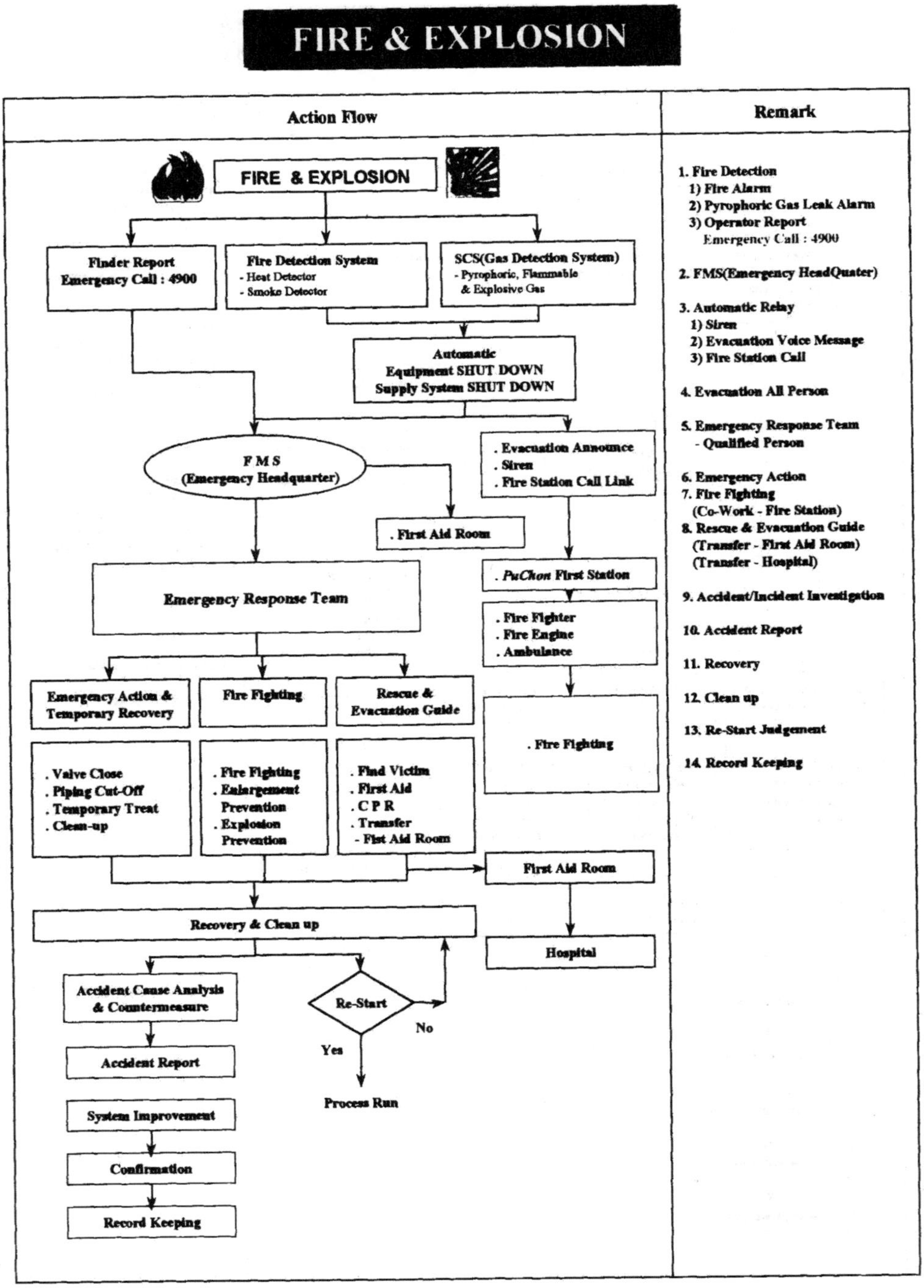

그림 3-13 반도체 FAB에서 화재, 폭발사고 시 대응 절차

| 연 습 문 제 |

01 산업안전, 산업재해, 안전사고에 대해 정의를 서술하시오.

02 안전관리의 중요성을 서술하시오.

03 재해의 종류대로 나열하고 설명하시오.

04 반도체 fab에서 재해 재발 방지 대책을 논하시오.

05 무재해 운동의 3대 원칙을 서술하시오.

06 방사선 안전관리에 대해 논하시오.

07 안전 보호구 사용 시 주의사항을 논하시오.

08 반도체 fab에 사용되는 chemical 특성과 가스의 특성을 논하시오.

09 비상 사태 발생 시 행동 요령을 논하시오.

10 독성 가스 누출 시 행동 요령을 논하시오.

Chapter 04

반도체 전기 설비

반도체 fab에 사용되는 최근에는 기계설비 뿐만 아니고 전기적 품질 즉 무정전, 정전압, 정전기 등에 대해서도 관심이 증가하고 있는 추세이며 그만큼 전력관련 설비의 중요성이 높이 대두되고 있다. 전기 설비에 대해 이해하는데 목적이 있다.

1. 전력설비

1) 지중(Cable Line)

(1) Cable 종류

XLPE 400SQ

Cross-Linked Poly Ethylene

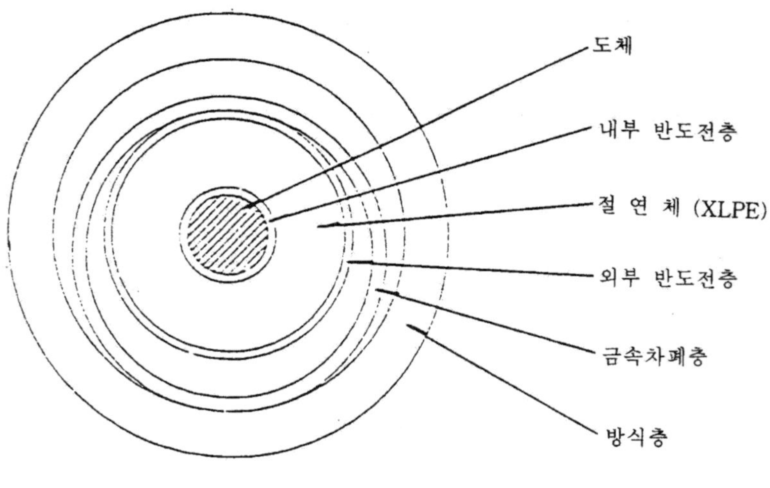

그림 4-1 반도체 FAB에서 사용하는 전력 케이블

① 도체

소선을 동심원 상으로 연합하고 압축 성형한 압축원형 연선

② 내부반도전층

도체위에 절연체와 동시에 동심원상으로 반도전 컴파운드 를 균일하게 압출하여 형성한 것이다.

③ 절연체

내부 반도전층 위에 가교폴리에칠렌 또는 그의 혼합물을 동심원 상으로 피복하여 형성한 것이다.

④ 외부 반도전층

절연체위에 절연체와 동시에 반도전 컴파운드를 동심원 상으로 균일하게 압출하여 형성한 것이다.

⑤ 알루미늄 피

외부반도전층 위에 압축 피복한 후 파형을 넣은 것이다.

⑥ 방식층

알루미늄피 표면에 방식 컴파운드를 도포하고 그 위에 밀착하 여 비닐을 압출 피복한 것이다.

2) Gas 절연 개폐장치(GSI-Gas Insulated Switchgear)

SF6 Gas 절연 개폐장치는 옥·내외 변전소용으로 정상상태의 스위치 개폐뿐만 아니라 사고, 단락등의 이상 상태에 있어서도 선로를 안전하게 개폐하여 계통을 적절히 보호하는 SF6 Gas로 절연된 복합개폐장치이다.

구성품으로는 차단기(GCB), 제어반(Control Panel), 단로기(D/S), 변류기(C/T), 계기용 변압기(P/T) 등으로 구성되어 있다.

3) 변압기(Transformer)

전자에너지를 매개로 전자유도 작용에 의하여 한편의 권선(1차 권선)에 공급한 교류전기 에너지를 다른편 권선(2차 권선)에 동일 주파수의 교류전기 에너지로 변환하여 필요한 전원을 얻을 수 있도록 하는 장치이다. 유입변압기의 주소는 철심, 권

선, 탱크, 방열기, 절연유 등으로 되어 있으며 Mold 변압기의 구조는 철심, 에폭시 수지로 Molding한 권선, Clamp, 방진고무, 무전압 Tap 절환단자 등으로 구성되어 있다.

4) 무정전 전원장치(UPS)

선로에 정전 되거나 입력전원에 이상상태가 발생할 경우 정상적인 전원을 부하측에 공급하는 설비를 말하며 정류기, 축전지, 인버터, 절체스위치 제어부, 보수용 절체스위치 등으로 구성되어있다.

5) 발전기(Generator)

공장이나 빌딩 등에서 상용전원이 정전될 경우 조명, 엘리베이터, 급·배수, 공조설비, 중요 생산 장비 등에 사고가 유발될 염려가 있으므로 그러한 사고를 방지하기 위하여 기능상 최소한의 비상전력을 확보할 목적으로 예비전원 설비인 비상발전기를 구축한다.

6) 차단기(Circuit Breaker)

(1) 진공차단기(VCB)

진공에서의 높은 절연내력과 아크 생성물의 진공 중으로 급속한 확산을 이용하여 소호하는 구조이다.

매우 높은 절연내력을 가지고 있고 차단기의 형태가 적어진다. 접촉자가 외기로부터 격리되어 있어 아크에 의한 화재의 염려가 없어 최근에는 방재겸용으로 급격히 사용되고 있다. 소경량이고 구조가 간단하며 보수 등이 용이한 장점을 가지고 있으나 동작시 높은 서지전압을 발생시키는 결점이 있다.

(2) 기중차단기(ACB)

기중차단기는 자연공기 내에서 개방할 때 접촉자가 떨어지면서 자연소호에 의한 소호방식을 갖는 차단기로 교류저압이나 직류차단기로 많이 사용된다.

직류용 차단기로 사용될 경우 단락전류를 차단할 때 개폐시간이 극히 짧고 한류작용을 나타내 고속차단기라고 한다. 배선용 차단기는 기구를 몰드된 절연함속에 넣어 소형화된 것인데 노퓨즈 차단기 또는 MCCB(Molded Case Circuit Breaker)라고 한다.

(3) 유입차단기 (OCB)

절연유 중에 소호실을 가진 것으로 소전류 영역에서는 피스톤에 의해 油流를 품어서 소호시키고, 대전류 영역에서는 발생한 아크에 의해 기름이 분해되어 소호실 내에 높은 압력을 만들고 아크에 강력한 가스를 뿜어서 소호시킨다. 유입차단기는 다른 종류의 차단기에 비해 차단성능, 보수면에서 불리한 점이 있으나 가격이 싸고 넓은 전압범위에 적용할 수 있다는 정점이 있어 소중용량 차단기로서 널리 사용되고 있으나, 기름을 사용하므로 화재의 위험이 있다.

(4) Gas차단기 (GCB)

가스차단기는 공기 대신에 절연내력과 소호능력이 뛰어난 불활성가스인 SF_6(육불화황)의 압축가스를 사용한 것이다. 가스차단기는 차단할 때 12～15kg/cm^2·g의 높은 가스계통에서 약 2kg/cm^2·g의 낮은 계통으로 SF_6 가스를 뿜어서 소호하는 밀폐사이클의 2중 가스압식과 단일 가스압식의 2종류가 있다. 보수점검횟수가 적고 차단성능이 좋을 뿐만 아니라 소음이 작다. 가격 등이 고가이며 설치면적이 커 대부분 초고압 계통차단기로 많이 사용된다.

2. 전압의 종류

1) 저압

직류는 750V 이하, 교류는 600V 이하

2) 고압

직류는 750V～7000V 이하, 교류는 600V～7000V 이하

3) 특별 고압

7000V 초과

4) 배전방식에 따른 분류

① 저압간선

- 단상 3선식 : 220/110[V]
- 3상 3선식 : 220[V]
- 3상 4선식 : 440/254, 380/220, 208/120[V]
- 직류식 : DC 100[V]

② 고압간선

- 3상 3선식 : 6KV급 3KV급

③ 특별고압간선

- 3상 3선식 : 22KV급(비접지 방식)
- 3상 4선식 : 22.9KV급(다중접지 방식)

④ 초고압간선

- 3상 3선식 : 154KV급, 345KV급

(1) 100V 단상 2선식

국내에서 점차 100V 사용을 줄여나가고 있으며 이미 모든 가전제품 등의 100V 전압제작을 법적으로 제작 금지하고 있다. 그러나 수용가의 운용상 필요한 곳에선 별도의 강압변압기를 제작하여 사용하고 있다. 특히 사무자동화기기용(OA), 컴퓨터 주변기기, 종합병원 등의 의료장비, 호텔, 공장 등에서 부분적으로 사용되고 있다. 최대사용전력이 30kW 정도이나 이 방식은 전압이 낮아 같은 전력을 필요로 하는 데 있어 전선소요 전선량이 가장 많이 필요하기 때문에 간선에는 채용하지 않고 있다.

(2) 220V 단상 2선식

단상전동기, 전열기, 40W 이상의 형광등에서 정격이 220V를 넘는 단상 부하에 사용된다.

실내배선에 사용할 경우 배선의 대지전압을 150V 이하(조건에 따라 300V 이하)로 낮추어야 한다. 이러한 방법으로는 중성점을 접지하여 양선의 대지전압을 100V로 낮춘다.

(3) 220/110V 단상 3선식

단상 2선식 110V의 간선은 대용량일 때는 전선크기가 커지므로 비경제적이다. 따라서 전류를 반감하기 위해 회로전압을 220V로 하고 한편에서는 110V의 전원도 할 수 있도록 한 것이다. 이 방식의 경우 중성선과 양쪽 선로 사이의 부하를 가급적 평형시키도록 하여야 한다.

3kW 이상의 일반전등. 40W 이하의 형광등, 0.75kW 이하의 단상전동기 등과 같이 용량의 비교적 큰 부하의 배선과, 30kW 이상의 50kW 정도의 배전선에 사용한다. 이 방식은 전등, 전열 병용의 인입선이나, 분전반의 간섭으로 채택하면 전선의 양이 많이 절약된다.

(4) 220V 3상 3선식

일반빌딩이나 공장에 시설되는 기계의 전동기는 대부분이 3상 220V 정격으로 되어있다(0.2~37kW). 따라서 동력전원으로 많이 사용되고 있다.

(5) 208/120V 3상 4선식

이 방식은 208/120V, 220/380V의 3종이 있으며, 3 상동력과 단상 전등부하에 전력을 공급할 수 있다. 208/120V는 무정전 장치를 이용한 컴퓨터 전원용으로 많이 채용된다. 특히 220/380V는 전등전압 220V 동력용 전압 380V로서 우리나라의 승압계획에 따라 거의 전부 이 방식을 사용하고 있다(단, 440/254V는 한전에서 공급하지 않고 자가 설비에서 사용한다).

(6) 6kW(3kV) 3상 3선식

400V급 배전방식에서는 100V급 전원을 얻으려면, 부하 가까이에 변압기를 설치할 필요가 있고, 이 방식을 확대한 것이며, 수요 장소 가까이에 설치한 변압기의 1차에 6kV를 공급한다.

이 방식은 각층마다 부하가 100kVA를 넘고 또한 층수가 20층 이상인 대규모의 빌딩에 적당하다. 부하가 큰 간선은 단상 3선식 또는 3상 4선식이 유효하고 경제적이다.

3. 전기적 장애와 위험성

1) 전기적 장애

근래에는 반도체 의약품 공장등에 고도의 생산 환경 조성이 요구되고 있어 온도, 습도, 공기청정도 등 기계설비에 관심이 많았고 기술적으로도 많은 발전을 거듭해 왔다.

그러나 최근에는 기계설비 뿐만 아니고 전기적 품질 즉 무정전, 정전압, 정전기 등에 대해서도 관심이 증가하고 있는 추세이며 그 만큼 전력관련 설비의 중요성이 높이 대두되고 있다. 이에 정전, 전압강하, Noise 등 몇 가지에 대해서 알아보고자 한다.

(1) 정전

근래에는 정전 또는 전압강하에 대해서 민감하고 예민한 장비가 많아 무정전을 요구하는 장비 또는 환경이 급격하게 증가하고 있어 이를 위하여 UPS 또는 축전지 설비를 사용하고 있다.

이는 정전압(Constant Voltage), 정주파수(Constant Frequency)를 유지하고 순간 정전, 전압 강하 등 이상 상태가 발생할 경우에 정상적인 전원을 부하측에 공급하여 전기적 품질을 향상시키고 있다.

(2) NOISE

각종 Cable Line 또는 장비에는 전자유도 작용에 의해 Noise가 발생하고 있는데 이를 감소시키기 위해 전기설비공사, 장비 공급용 전원 공사시 전력 Line과 Signal Line을 분리하여 공사를 진행하고 있으며 Noise의 유입을 막기 위해 차폐 Wire 등을 사용하고 있다.

(3) 고조파

요즈음은 정류기, 전자부품으로 이루어진 장비들이 대부분이므로 고조파 발생이 불가피한데 이 고조파의 피해를 줄이기 위하여 여과기(Filter), 역고조파 방지용 Transformer Reactor 등을 사용하고 있다.

2) 전기적 위험성

(1) 누전

① 누전이란 전기가 새는것(Leak)을 말하며 절연불량, 피복손상, 접촉불량 등의 원인에 의해서 발생한다.

② 누전으로 인해 감전하고, 화재 전력손실 등의 문제가 발생되므로 점검을 철저히 할 필요가 있다.

③ 대책으로는 공사시 피복보호를 염두에 두고 진행해야하며 수시로 Connection 상태와 절연저항을 Check하여 사고를 미연에 방지하도록 하여야 한다.

(2) Switch 조작

감전사고나 단락사고의 많은 부분을 차지하는 것이 Switch 조작시에 일어난다. 부하측의 정보가 없는 상태에서 Switch를 조작하기 때문이다.

Switch를 off하거나 on할 경우에는 반드시 부하측에 사람이나 장애물이 없는지 확인을 한후 조작해야 귀중한 생명과 재산을 보호할 수 있다.

(3) 과부하

전기로 인한 화재는 노후된 Cable이나 기기에 의해서도 발생하지만 많은 부분이 과부하에 의해서 발생한다. 각종 전선류나 전기기기에는 허용전류가 있는데 과부하에 의해 허용전류를 넘게 되면, 열이 발생하여 절연이 파괴되고 그로 인해 단락될 때 불꽃이 발생하거나 전선이 열화하여 화재로 진행되게 되는 것이다.

이를 방지하기 위해서는 수시로 전류나 전압을 Check하여 전선이나 전기기계 기구의 허용전류를 넘지 않도록 하는 것과 각 Connection 부위의 발열상태를 점검하여 열화되지 않도록 Bolt 등의 조임 작업을 수시로 하여야 한다.

3) 정전기

(1) 발생

① 유도성 대전

대전되지 않은 물체가 대전체의 전기장에 노출되면 분극되어 가까운 쪽에는 반대 극성의 전하가 가장 먼쪽에는 같은 극성의 전하가 모이게 된다. 이때, 한쪽에서 잔하를 끌어내면 그 물체는 대전체가 되는데 이를 유도성 대전이라 한다.

② 접촉성 대전

물체가 접촉이나 마찰, 분리, 등의 과정에서 한쪽의 물체는 전자를 잃고 다른쪽은 이를 쌓아 각각 +, −로 대전된다. 이를 접촉성 대전이라고 한다.

(2) 문제점

① 대전된 표면에 미소입지가 정전기적으로 견인 및 결합된으로 인한 오염
② 정전기 방전현상(ESD)에 노출된 소자나 System의 파손 및 고장
③ Digital System의 교란
④ 기억된 정보의 유실

(3) 정전기 원

작업자, 의복, 작업의자, 작업대, 바닥, 부품함, 포장재, 제조기계, 제조공정

(4) 대책

① 불필요하게 부품에 손대지 말 것
② 작업장의 불필요 물체 제거
③ 사용공구의 접지
④ Wrist Strap등 장비의 착용
⑤ 전기장 유도물체 근처에 부품의 Stock을 피할 것
⑥ Ionizer의 설치

|연 습 문 제|

01 전기설비에 사용되는 cable의 종류를 나열하고 특징을 서술하시오.

02 차단기를 종류대로 나열하고 특징을 설명하시오.

03 전압의 배전 방식에 따른 분류를 하고 특징을 설명하시오.

04 전기적 장애와 위험성을 나열하고 설명하시오.

05 전압에서 고압의 범위를 설명하시오.

Chapter 05

반도체 화공 설비

반도체 사용되는 화공설비를 이해하고 사용되는 설비와 물질에 대해 특성을 알고 취급에 대해 이해하는데 목적이 있다.

1. 가스 중앙공급 시스템(CGSS)

1) 가스 중앙공급 시스템(CGSS) 개요

(1) 용어해설

① CGSS : Central Gas Supply System(가스 중앙공급 시스템)

② GDB : Gas Distribution Box

③ Gas Cabinet : 반도체 공정용 가스를 안전하게 공급하는 장치

④ Specialty Gas : 반도체 공정용 특수가스

⑤ Bulk Gas : 반도체 제조공정에서 주로 분위기 가스로 많이 사용되는 가스

⑥ AGMS : Automatic Gas Monitoring System

⑦ Gas Cylinder : 고압 및 저압의 가스를 충진하는 용기

(2) Gas 중앙공급의 목적

① CGSS는 Fab에서 소비되는 가스를 한지점에서 필요로 하는 지점까지 공급해 주는 체계이다.

② CGSS의 목적은 Specialty Gas 공급에 있어서 효율성 및 안정성을 높이는데 있다.

2) 가스 공급시스템(Gas Supply System)

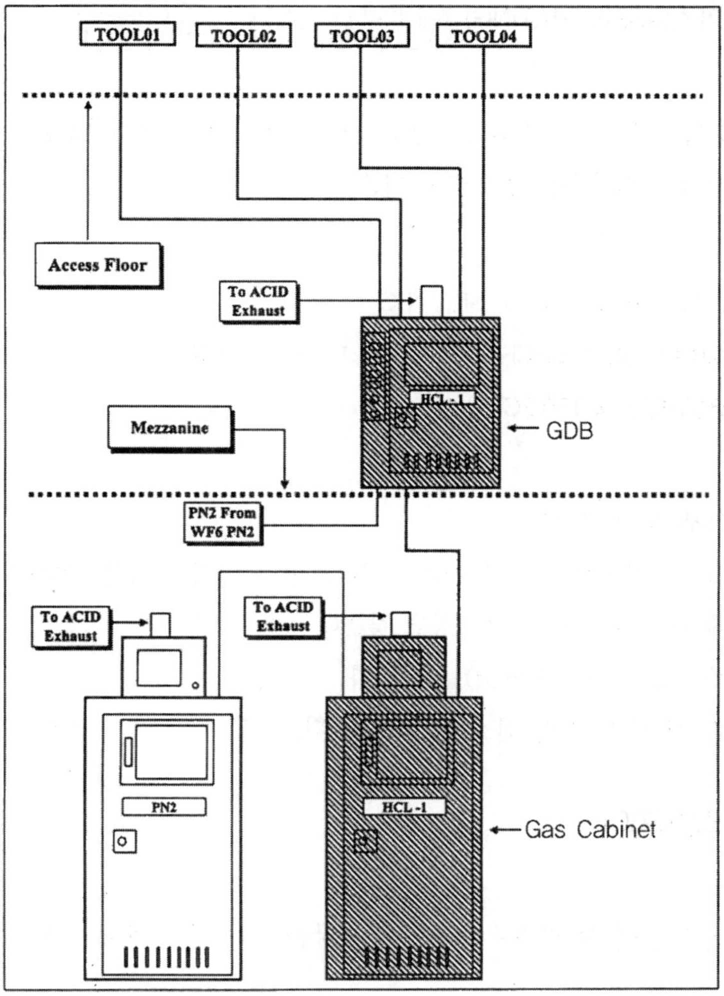

그림 5-1 반도체 FAB에서 사용하는 가스 공급 장치

그림 5-2 시공사진

3) 가스의 분류

(1) 질식성가스(ASPHYXIATING)

① 정의

용기내의 압축가스가 누출되면 활동하는데 필요로 하는 최저산소농도 이하로 산소를 고갈시켜 질식작용을 일으키는 가스

② 종류

- N_2, Ar, Ne, He, CO_2, SF_6, N_2O
- F-12(CCl_2F_2), F-14(CF4), F-16(C_2F_6), F-22($CHClF_2$)
- F-23(CHF_3), F-15(C_2ClF_5)

③ 특성

- 대부분 무색, 무취
- 흡입 시 질식작용을 일으키며, 과다하면 생명에 지장을 준다(질식사).
- 인체 내에서 화학적 반응성을 갖는다.
- 일반적으로 불활성(Inert) 가스이다.
- 누출 시 대기 중의 산소를 고갈시킨다.

(2) 독성가스(TOXIC)

① 정의

대기 중에 누설될 때 피부나 호흡기에 자극을 주는 등 인체에 해를 주는 가스를 말한다.

② 종류

표 5-1 반도체 fab에서 사용되는 독성 가스에 대한 규격

Gas명	허용농도(ppm)	Gas명	허용농도(ppm)	Gas명	허용농도(ppm)
Cl_2	1	HBr	3	$COCl_2$	0.1
ASH_3	0.05	SiF_4	0.5(미승인치)	PF_3	
PH_3	0.3	WF_6	2mg/m^3	PCl_3	0.2
B_2H_6	0.1	HF	3	PCl_5	
H_2S	10	N_2Se	0.05	HCl	5
BF_3	1	NF_3	10	$SiCl_4$	0.5

③ 특성

- 흡입시 생체내의 신진대사를 방해하여 손상을 준다.
- 대량 누출시 생명에 영향을 주며 중독현상 발생
- 맹독성이며 자극성을 갖는다.
- 패부나 눈에 손상을 준다.
- 강산, 강염기, 강산화성가스이다.
- 노출경로는 흡입, 피부접촉과 섭취 세가지가 있다.

(3) 부식성가스(CORROSIVE)

① 정의

일반적으로 이 가스는 물질들과 화학반응을 일으켜 물질조직을 파괴시키거나, 금속 등을 부식시키는 가스

② 종류

HCl, Cl_2, BCl_3, $SiCl_4$, $SiHCl_3$, NH_3, WF_6, BF_3, HF, PF_3, PF_5, PCl_3, SiF_4

③ 특성

- 강산, 강염기, 산화성 물질이다.
- 산성가스들은 수분 존재 시 부식성이 매우 강하다.
- 고온에서 부식반응은 격렬하게 일어난다.
- 일반물질을 부식시킨다.
- 이 가스를 사용하는 장비는 부식에 강한 재료를 사용해야 한다.
- Grease, Scale이나 다른 불순물과 혼합되는 것을 방지하여야 한다.

(4) 가연성가스(FLAMMABLE)

① 정의

- 폭발한계의 하한이 10% 이하인 것
- 폭발한계의 상한과 하한의 차가 20% 이상의 것

② 종류

SiH_4, SiH_2Cl_2, PH_3, B_2H_6, C_2H_2, H_2Se, H_2S, CH_4, $SiHCl_3$

③ 특성

- 점화원이 있으면 발화한다.
- 대부분 공기보다 무겁다.
- 자연발화성도 있다(SiH_4, PH_3, B_2H_6, SiH_2Cl_2).
- 연소후 부산물(Powder)이 생긴다.

(5) 산화성가스(OXDIZER)

① 정의 : 산소를 많이 포함하며 다른 물질의 연소를 돕는 가스

② 종류 : NO_2, O_2

③ 특성

- 기름, 그리스, 산, 알카리 등과 혼합되는 것을 방지해야 한다.
- 가연성 가스와 함께 보관해서는 안된다.
- 다른 물질과 반응 시 매우 폭발적이다.

4) 화학 물질 개별 특성

표 5-2 반도체 fab에서 사용되는 화학물질의 특성

물질명	화학식	Conentration	Gravity	외 관	발화위험성	유해성
암모니아수	NH_4OH	29%	0.892	무 색	가연성 물질과 혼합하면 화재위험	점막, 피부와 눈에 화상
과산화수소	H_2O_2	31%	1.12	무 색	가열되면 폭발	점막, 피부와 눈에 화상
황 산	H_2SO_4	97.50%	1.84	연 한 노란색	가연성물질과 접촉 발화, 금속부식 수소발생	흡입하면 치명적, 눈 피부에 화상야기
염 산	HCl	37.50%	≪0.95	무 색	자체 폭발성 없음, 금속과 반응 수소발생	호흡기, 피부, 눈에 화상 야기
질 산	HNO_3	69.50%	〈 1.31	연 노란색	가연성물질과 접촉하면 발화, 철·동을 부식, H_2S와 접촉 폭발	흡입하면 치명적, 눈 피부에 화상야기
아세톤	$(CH_3)_2CO$	99.50%	0.791	무 색	인화성액체	독성은 비교 적약함, 다량 흡수시 최면작용

물질명	화학식	Conentration	Gravity	외 관	발화위험성	유해성
Thinner	$C_6H1_2O_3$ PropyleneGlycol Monoethy Ether Acetate	≥99.50%	0.964	무 색	인화성액체	약한 자극을 일으킬 수 있음
NRD	NRD(Negative Resist Developer) Alipatic Hydrocarbon	99%	0.772	무 색	인화성액체	호흡계, 피부와 눈에 자극야기
HMDS	$C_6H_9NS_{12}$ Hexamethyldisilazane	99%	0.772	무 색	인화성액체	
불 산	HF(49%)	49%	〈 1.12	무 색	열에 노출시 경미한 화재위험	호흡기관 및 피부에 심한 자극야기
불산(0.49%)	HF 100 : 1	0.49%		무 색		호흡기관 및 피부에 심한 자극야기
불화암모늄 BHF	NH_4F Buffered Hydrofluoric Acid	1%	1.12	무 색	화재위험 거의 없음	점막에 심한 화상, 피부와 눈 자극
NMD-W	$C_4H_{13}NO$ Tetramethylamm-oniumhydroxide	2.38%	1	무 색	열에 노출시 경미한 화재위험	호흡계, 피부와 눈에 화상야기
인 산	H_3PO_4	80%	1.63	무 색	열에 노출시 경미한 화재위험	점막에 심한 화상, 피부와 눈에 화상야기
IPA	$CH_3CHOHCH_3$ Isopropl alcohol	99.99%	0.79	무 색	상온인화 폭발, 공기와 폭발성	마취성, 점막자극
ACT-CMI	$CH_3CON(CH_3)_2$ Diamethyl Acetamide	90.5 ~93.5%	0.96	갈 색	인화성액체	가손상시킴
슬러리	Slurry(SS-11) Silica, Amorphous Fumed, Crystalline Free	11%	1.067	흰 색		경미한 자극

5) 가스 개별 특성

① 산소(O_2) : 타 원소와 화합하여 산화하는 성질이 있으며 물, 유기 용매에 녹는다.

② 수소(H_2) : 공기, 산소, 할로겐과 친화성이 강하고 폭발성 GAS를 만들며 가장 가벼운 기체이다.

③ 질소(N_2) : 독성이 없으며 타지 않고 부식되지 않는다.

④ 아르곤(Ar) : 질식성이 있으며 불활성으로 정규의 화합물을 만들지 못하고 상온에서는 압축가스로 있다.

⑤ 아신(AsH_3) : 독성과 가연성이 강하여 산소 또는 공기와의 혼합 GAS는 폭발성이 크고, IMP의 불순물 주입용 Solid Source로 사용한다.

⑥ 헬륨(He) : 수소에 비하여 무거운 기체로 확산, 침투가 용이하여 누설 검출용 GAS로 사용되어지며 불연성이다.

⑦ 불화보론(BF_3) : 공기중에서 흰연기를 내며 독성이 강하고 상온에서는 압축 GAS이다.

⑧ 다이보렌(B_2H_6) : 공기중에서 발화하며 상온에서는 압축 GAS로 독성 이 강하고 폭발성이 크다.

⑨ 보스핀(PH_3) : 독성이 강하고 가연성이 강하며 공기 및 염소 중에서 폭발적으로 연소한다. 상온에서는 액화 GAS이다.

⑩ 싸일렌(SiH_4) : 독성이 있으며 자연 발화성의 GAS로서 공기 및 염소 중에서 폭발적으로 연소한다. 상온에는 압축 GAS이다.

⑪ 암모니아(NH_3) : 독성이 있으며 부식성이 크고 물에 잘 용해되며 상온에서는 GAS이다.

⑫ 디아클로로 싸일렌(SiH_2Cl_2) : 공기 중에서 흰 연기를 내며 폭발한다.

⑬ 4불화메탄(CF_4) : 독성, 연성, 부식성이 있으며 화학적으로 안전하고 상온에서는 압축 GAS이다.

⑭ 6불화에탄(C_2F_6) : 독성, 연성, 부식성이 있으며 화학적으로 안정하고 상온에서는 압축 GAS이다.

⑮ 염소(CL_2) : 독성과 부식성이 강하며 상온에서는 액화 GAS이다.

⑯ 3염화보론(BC_{13}) : 독성이 있고 공기중에서 흰 연기를 내며 상온에서 는 액화 GAS이다.

⑰ 4염화규소(SiC_{14}) : 공기중에서 흰연기를 내며 상온에서는 무색의 액체이다.

⑱ 4염화탄소(CC_{14}) : 독성이 있으며 무색투명한 액체이다.

⑲ 클로로포름(CHC_{13}) : Fume을 흡입하면 질식을 일으키고 마취 작용 을 하며 공기보다 4배 무겁다.

⑳ 6불황유황(SF_6) : 무색의 GAS로 물과 알콜에 용해된다.

㉑ 3불화메탄(CHF_3) : 무색의 독성 GAS로 질식성이 있다.

㉒ 6불황텅스텐(CF_6) : 자극성, 부식성이 있는 GAS로 흡입시 인체에 해가 된다.

2. 케미컬 중앙공급 시스템(CCSS)

1) 케미컬 중앙공급 시스템(CCSS) 개요

(1) 용어해설

① CCSS : Central Chemical Supply System(케미컬 중앙공급 시스템)

② CDM : Chemical Delivery Module(화공약품 공급장비)

③ VMB : Valve Manifold Box(CDM으로부터 공급된 케미컬을 각 장비 로 보내주기 Valve Box)

④ BB : Branch Box(CDM으로부터 공급된 케미컬을 여러대의 VMB로 보내기 위한 BOX)

(2) 중앙공급의 목적

CCSS의 목적은 반도체 제조공정에 필요한 Chemical 공급에 있어서 오염원을 차단하고 안정적이고 효율적으로 사용지점까지 공급해 주는 데 있다.

2) Chemical Supply system

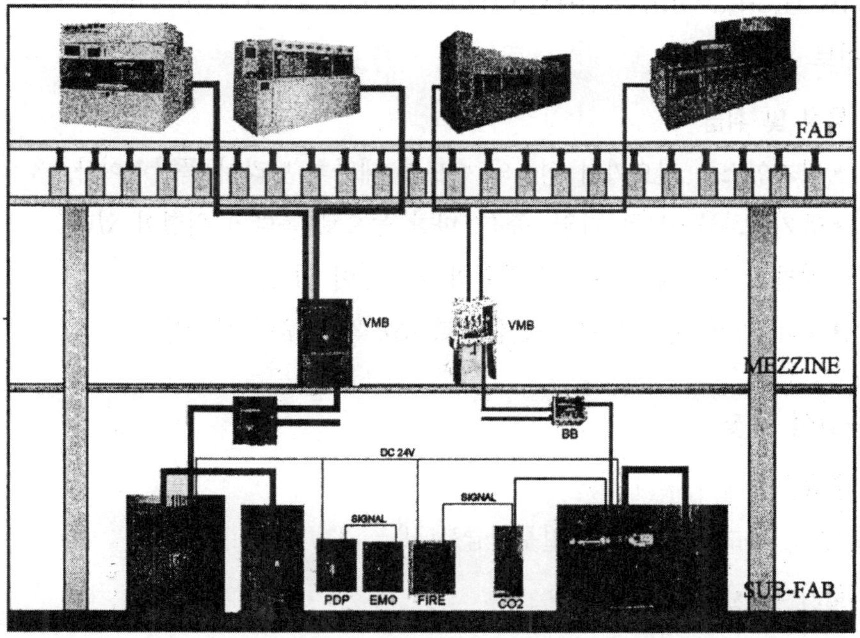

그림 5-3 반도체 Fab에서 사용되는 케미컬 공급 장치 구조도

3) 화학물질 분류별 특성 및 취급

(1) 인화성 물질

① 종류

초산(CH_3COOH), 아세톤(CH_3COOH_3), 메타놀(CH_3OH), IPA($(CH_3)_2CHOH$), TCE ($CHClCCl_2$), Developer, Stripper(R-10), Photoyesist, TCA($CHCl_2CH_2Cl$)

② 특성 및 취급

- 점화원이 있으면 인화되기 쉽다.
- 대부분 물보다 가볍다.
- 증기는 대부분 공기보다 무거워 바닥에 체류한다.
- 증기와 공기가 약간 혼합되어 있어도 연소한다.
- 통풍이 잘되는 곳에서 사용 및 저장한다.
- 인화점 이상 가열하여 취급하지 않는다.
- 화기 및 점화원으로 부터 격리 보관한다.

(2) 폭발성 물질

① 종류

TNT($C_6H_2CH_2(NO)_3$), 질산메틸(CH_3ONO_2), 니트로글리세린($C_3H_5(ONO_2)_3$), 다이나마이트

② 특성 및 취급

- 자기연소를 일으키며 연소의 속도가 대단히 빨라서 폭발적이다.
- 유기질화물이므로 가열, 충격, 마찰 등으로 폭발의 위험이 있다.
- 시간의 경과에 따라 자연발화의 위험성이 있다.
- 화재 발생 시 소화가 곤란함으로 조금씩 나누어 보관한다.

(3) 발화성 물질

① 종류

황린(P_4), 마그네슘분(Mg), 알루미늄분(Al)

② 특성 및 취급

- 비교적 낮은 온도에서 착화되기 쉬운 가연물이다.

• 금속분은 공기 중의 습기와 반응하여 자연 발화되며, 산화제와의 혼합물은 타격, 충격으로 연소한다.
• 황린은 물에 녹지 않으므로 물속에 보관한다.
• 건조하고 건냉한 곳에 보관한다.

(4) 산화성 물질

① 종류

과산화수소(H_2O_2), 과망간산칼륨($KMnO_4$), 중크롬산칼륨($K_2Cr_2O_7$), 질산(HNO_3), 황산(H_2SO_4)

② 특성 및 취급

• 일반적으로 불연성이며 산소를 많이 함유하고 있는 강산화제이다.
• 반응성이 풍부하여 열·충격·마찰 및 다른 약품과의 접촉으로 분해하며 많은 산소를 방출하여 다른 가연물의 연소를 돕는다.
• 조해성이 있으므로 습기에 주의하여 용기는 밀폐하여 저장할 것
• 환기가 좋은 건냉한 곳에 보관한다.
• 화재 위험이 있는 곳으로부터 멀리할 것

(5) 부식성 물질

① 종류

황산(H_2SO_4), 불산(HF), 염산(HCl), 질산(HNO_3), 인산(H_3PO_4), 옥시염화인($POCL_3$)

② 특성 및 취급

• 물과 만나면 발열한다.
• 피부에 묻으면 화상 또는 염증을 일으킨다.
• 공기 중에서 유독성 증기를 발생한다.
• 금속을 부식시키는 성질이 강하다.
• 햇빛에 노출되면 위험하므로 피하고 건냉한 곳에 보관한다.
• 점성이 있다.
• 황산 취급 시 물기에 주의하고, 희석시킬때는 물에 황산을 서서히 혼합한다.

(6) 유기용제

① 종류

메타놀(CH_3OH), 아세톤(CH_3COCH_3), XYLENE, TCE, 벤젠(C_6H_6), 초산메틸(CH_3COOCH_3), IPA(2-PROPANOL), 가솔린

② 특성 및 취급

- 대부분 인화성이 있다.
- 증기(Hume)를 장시간 흡입하면 두통, 현기증이 발생한다.
- 휘발성이 강하다.
- 피부에 닿으면 탈지작용을 한다.
- 저장 시 용기를 잘 닦아 보관하고 직사광선을 피한다.
- 특히 화기에 주의한다.

4) 가스별 주요특성

(1) 특성표

표 5-3 반도체 fab에서 사용되는 가스의 특성

Gas명	화학식	분자량	TLV (ppm)	Dot Label	비중 (air=1)	Gas 밀도(g/l)	외관	CGA No.	취급	인체영향	반응성
암모니아	NH3	17.03	25	Non Flammable	0.597	0.7708	무색, 자극취	660	40℃ 이하 단독 보관	폐렴, 기관지염, 각막염증	–
아르곤	Ar	39.95	약간의 마취성	Non Flammable	1.38	1.784	무색, 무취	580	통풍 잘 되는 냉암소	현기증 무력감, 언어장애	–
아르신	AsH3	77.95	0.05	Poison/ Flammable	1.38	1.784	마늘색, 무색	350	완전밀폐 후 취급	두통, 구토, 오한, 천식	H_2O, CL_2
보론트리클로라이드	BCL3	117.17	1	Corrosive	4.07	1.434 (액체)	무색투명, 풀냄새	660	세안기, 고무장갑, 공기호흡기 필요	호흡기 점막 자극	H_2O
클로린	CL2	70.906	1	Non Flammable, Corrosive	2.49	1.468 (액체)	황적색의 자극취	660	수분, NH_3와 격리 보관	두통, 화상, 수포, 피부자극	H_2O, H_2, NH_3
프레온 14	CF4	88	5,000	Non Flammable	3.04	3.946	무색, 약한 방향취	320	환기 잘 되는 곳	호흡기, 자극, 피부질환	H_2O
프레온 116	C2F6	138.02	설정치 없음	Non Flammable	4.8	156	무색, 무취	320 /660	환기 잘 되는 냉암소 보관	호흡기, 피부에 영향	H_2O
헬륨	He	4.003	약간의 마취성	Non Flammable	0.138	0.178	무색, 무취	580	고압가스 안전관리법에 의거	과폭로시 마취작용	불활성, 불연성

Gas명	화학식	분자량	TLV (ppm)	Dot Label	비중 (air=1)	Gas 밀도(g/l)	외관	CGA No.	취급	인체영향	반응성
수소	H_2	2.02	약간의 마취성	Flammable	0.069	0.09	무색, 무취	350	발열/CL근처에서 사용 금지	Non Toxic	F_2, CL_2
염화수소	HCL	36.46	5	Non Flammable	1.268	1.639	강한 자극취, 무색	330	화원으로부터 이격, 환기요구	기침, 질식, 피부화상, 궤양	HCL, F_2
브롬화수소	HBr	80.92	3	Non Flammable	2.812	2.16	자극적이고 톡 쏘는 쓴맛의 무색 기체	330	직사광선을 피하고 건조한 곳에 보관	눈/코 자극작용, 피부에 약상	–
질소	N_2	28.01	약간의 마취성	Non Flammable	0.967	1.25	무색, 무취	580	통풍 잘 되는 건조한 곳	고농도시 현기증, 무감각증	Al, Ni, Mg 상온-불활성 고온-대부분의 원소와 결합
삼불화질소	NF_3	71	10	Non Flammable	1.54	2.46	무색, 곰팡이 냄새	330	화염을 피하고 수성소화기는 피함, 폭방에 주의	졸음, 메스꺼움, 두통	상온에서 수소, 메탄, 암모니아와 반응 않지만 전기 불꽃에 의해 폭발적으로 반응
아산화질소	N_2O	44.01	설정치 없음	Non Flammable	1.53	1.977	무색/감미로운 방향	326	고압가스 안전관리법에 의거	웃음, 약한 마취작용	실온에서 포스핀, 수소, 염화주석과 격렬하게 반응
산소	O_2	32	설정치 없음	Oxidizer	1.105	1.429	무색, 무취	540	유지류, 장구류 가급적 사용금지/통풍이 잘 되는 냉암소		지연성가스로 산화성을 띈다.
육불화황	SF_6	146.07	1,000	Non Flammable	–	150.3	무색, 무취	590	환기 잘 되는 냉암소	다량 흡입시 현기증/질식, 피부에 닿으면 동상	수분
육불화텅스텐	WF_6	297.84	2.5	Non Flammable	–		무색	670	환기 잘 되는 냉암소	Toxic	수분, 수소
실란	SiH_4	32.12	5	Flammable	1.12	1.44	무색, 악취	350	습기에 의해 분해되므로 건조하고 화기가 없는 곳과 자발연소가 가능하므로 기밀유의	메스꺼움, 현기증, 두통증세	F_2, CL_2
사불화규소	SiF_4	104.06	설정치 없음	Non Flammable	3.61	1.59 (액체)	무색, 고농도 악취	330	물과 접촉 피하고 통풍/냉암소 보관	호흡기, 피부에 영향	수분, 질산
삼불화붕소	BF_3	67.81	1	Non Flammable /Posion	2.37	3.077	무색, 자극취	330	환기 잘 되는 냉암소	폐렴관 신장장해, 코의 출혈	H_2O
삼불화인	PF_3	87.98	설정치 없음	Non Flammable	3.05	2.332 (액체)	무색, 자극취	330	독성/고압이므로 취급에 주의	Toxic	뜨거운 물, 증기수소

(2) 화학물질 개별특성

① 황산(H_2SO_4) : 무색의 점성액체로 가열시 독가스를 발생시키며 물과 반응시 매우 높은열을 낸다. 피부에 접촉시는 화상과 탈수현상이 발생하며 Fume을 흡입하면 호흡기에 손상을 초래한다. 주로 Wafer Cleaning시에 사용함.

② 염산(HCL) : 무색의 액체로 가열시 약간 노란색을 띈 자극성 Fume을 발생하며 피부에 접촉시 손상을 초래하고 Fume을 흡입 하면 호흡기에 손상을 초래한다. 주로 Wafer Cleaning시 에 사용한다.

③ 불산(HF) : 물과 비슷한 무색의 액체로 자극성 Fume을 발생시키며 피부에 접촉시 즉시 통증은 없으나 일정시간이 지나면 치명적 손상을 준다. Oxide, Nitride 등의 Dipping 또는 Strip시에 사용한다.

④ 불화암모니아(NH_4F) : 무색액체로 Fume을 흡입시 호흡기에 손상을 준다. Oxide, Nitride, Poly 등의 Dipping 또는 Strip시에 사용한다.

⑤ 질산(HNO_3) : 무색액체로 Fume을 흡입시 호흡기에 손상을 초래한다.

⑥ 인산(H_3PO_4) : 무색액체로 Fume을 흡입시 호흡기에 손상을 초래하며 급속과 반응하여수소 가스를 발생한다.

⑦ 수산화암모니아(NH_4OH) : 무색액체로 자극적인 냄새가 난다.

⑧ 과산화수소(H_2O_2) : 무색액체로 열, 알칼리 존재시 급속한 분해로 폭 발 가능성이 있으며 표백, 소독, 산화제로 쓰인다.

⑨ 아세톤(CH_3COCH_3) : 무색의 휘발성 액체로 가연성, 인화성이 강하다.

⑩ IPA($CH_3CHOHCH_3$) : 무색의 액체로 알콜 특유의 냄새가 나며 가연성, 인화성이 강함

⑪ HMDS(C_2F_6) : 물, 알콜, 산 등과 반응하며 인화성이 강하고 피부에 접촉하면 화상을 입는다.

⑫ R-10 : Solvent 종류로 인화성이 강하며 피부에 접촉하면 화상을 입고 Fume을 오래마시면 인체에 해롭다.

⑬ 현상액(DEVELOPER) : 인화성이 강한 물질로 P/R을 현상시에 사용한다.

⑭ THINNER : 인화성을 강한물질로 증가가 누설되어 체류하면 폭발 혼합기체를 형성함

⑮ Photo Resist : 인화성이 강하고 피부에 접촉하면 해가되며 저장 온도에 유의하여야 한다. 사진공정을 위한 Coating 용액으로 사용된다.

⑯ $POCL_3$: 무색 투명한 액화상태로 독성이 있으며 냄새가 심하다. Fume을 마시면 인체에 해가 된다. Bubbler라는 용기에 보관 및 사용한다.

⑰ T.C.A : 무색 투명한 휘발성 액체로 피부에 접촉하면 탈수작용을 일으킨다. Quartz Tube 내에서의 Cleaning 용액으로 쓰인다.

| 연 습 문 제 |

01 CGSS에 대해 서술하시오.

02 BULK GAS에 대해 논하시오.

03 독성 가스에 대해 나열하고 그 특성을 설명하시오.

04 CCSS에 대해 서술하시오.

05 독성 화학물질에 대해 나열하고 그 특성을 설명하시오.

Chapter 06

반도체 환경

반도체 FAB의 환경 관리 체계를 이해하고 관리 요소를 통해 실행하는데 목적이 있다.

1. ISO 14001 이란?

① ISO 14000 시리즈 중 환경경영시스템(EMS)이란 무엇인지를 정의 하고, 이를 지도하고, 객관적으로 증명하기 위한 국제 환경인증 기준이다.

② 국제 환경 표준의 종류

- ISO 14000 시리즈 : 국제 환경 표준
- BS7750 : 영국표준
- EMAS : EDU(유럽공동체) 기준

2. ISO 14000 형성배경

① UN환경 개발 위원회(UN CED) 산하 '지속적 발전을 위한 산업계 회의' 환경에 대한 표준화 요청(1991. 6)

② 지구 환경 정상 회담인 "리우 회담"에서 환경과 개발의 조화에 관한 새로운 국제 질서의 형성(1992. 6)

③ ISO 및 IEC에서 환경 관련 표준화 제정 추진 : 환경 경영 표준화(ISO 14000 시리즈)를 위한 TC 207 설치(1993. 1)

④ ISO 14001(환경 경영 시스템) 규격 제정 및 발표(1996. 9)

⑤ 기타 14000 시리즈는 제정중(1997. 7~)

3. ISO 14000 시리즈

표 6-1 ISO 14000 시리즈

ISO 14000표준	조직관련 표준(System)	제품관련 표준(Product)
환경방침 이행	EMS ISO 14003일반 지침	제품의 환경 측면 표준 ISO 14060
인 증 (Certification)	EMS ISO 14001 : 운영세부지침	환경라벨링 (EL) 14020 : 일반원칙 14021 : 자체주장-용어 및 정의 14022 : 자체주장-심볼 14023 : 자체주장-시험 및 입증 방법론 14024 : Type I 환경 라벨링
평가도구 (Assesment)	EA 14010 : 일반원칙 14011 : EMS 감사절차 14012 : 감사자 자격기준 EPE 14031 지침	LCA 14040 : 일반 원칙 및 시행 14041 : 전과정 목록분석 14042 : 전과정 영향평가 14043 : 전과정 개선 평가
용어 및 정의 ISO 14050		

4. EMS(Environmental Management System)란 무엇인가?

ISO 14001에서의 정의

① 환경경영 (Environmental Management)에 대한 구제 표준 규격

② 기업의 생산 활동에서 비롯되는, 모든 제품, 서비스 등이 환경에 나쁜 영향을 미치는 것을 최소화하기 위한 경영 형태로서,

- 환경 관리를 위한 목표와 방침을 정하고
- 이를 달성하기 위한 조직, 책임, 절차를 규정한 후
- 기업 내 인적, 물적 자원을 효율적으로 배분하여 조직적으로 관리 하는 활동

5. EMS(환경경영시스템) 조임의 필요성

표 6-2 환경 경영에 대한 내, 외부 압력에 대처

내부압력	외부압력
• 종업원의 환경에 대한 불만 • 주식 투자자의 환경오염에 대한 우려	• 법적 규제 • 사회 환경 단체의 요구 • 국민의 환경에 대한 관심고조 : 환경 제품 선호 • 고객의 압력 강화

환경 경영활동을 통한 이익 및 경쟁력 향상

① 환경성과 향상

② 새로운 경쟁우위 확보(품질+가격+환경적합성)

③ 기업의 신뢰도/이미지 향상

④ 환경 관련 국제 무역 장벽에 대처

⑤ 환경오염에 대한 사전 예방활동으로 사후처리 비용절감

⑥ 환경 분야의 경영 리스트 제거

⑦ 환경법규 준수 및 지역 주민과의 조화

6. 환경친화적 경영 체계

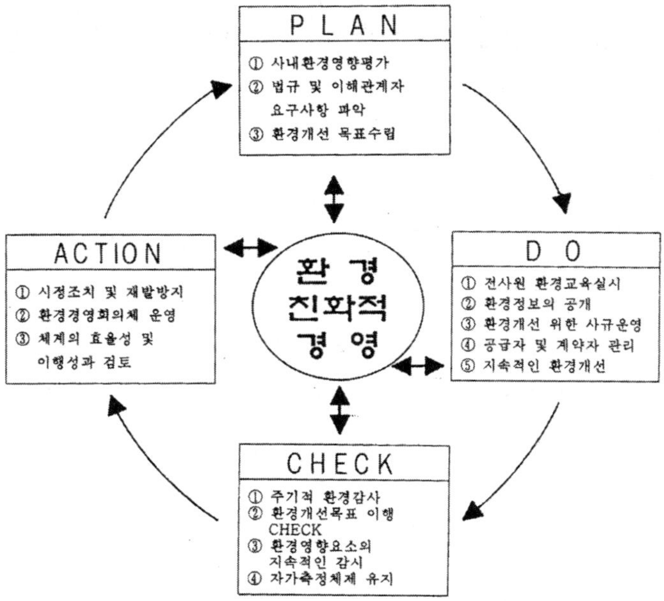

그림 6-1 반도체 Fab의 환경 친화적 경영 체계

기업활동의 부산물로 생성되는 환경영향을 효율적, 체계적으로 관리, 개선하기 위한 환경경영체계를 도입하여 운영함으로써 ISO 14000(SGS)인증 운영한다.

표 6-3 환경 관리 체계

구 분	관리요소	일반회사 표준
환경방침	환경활동의 기본원칙	환경경영메뉴얼
계 획 (Plan)	환경요인을 유발하는 요인들을 계속적으로 찾아내어 인식 및 평가함	환경영향 평가 및 등록
	법규 및 이해관계자가 있는 모든 관련자의 요구사항	환경법규등록 관리규정
	환경개선목표 수립	환경관리 규정
이행 및 운영 (Do)	환경과 관련된 모든 계획을 이행할 수 있는 자원의 제공 및 책임과 권한의 부여	환경경영 메뉴얼
	전 임직원을 대상으로 환경교육 훈련 실시 및 동기부여	교육훈련규정
	환경정보의 공개 및 경로의 수립, 유지	환경관리규정
	환경개선을 위한 제반사항 사내규정화 및 유지관리	사내표준관리규정
	공급선 및 계약자를 포함한 당사의 모든 활동들이 관리조건 하에서 실행됨을 보장	사내표준관리규정
	잠재적인 사고의 위험성이 내제되어 있는 요소를 인식하고 그에 따른 대응체계 수립	환경관리규정
점검 및 시정조치 (Action)	환경영향을 유발하는 요소들의 지속적인 감시	자가분석 실시
	환경개선목표의 이행 및 사내규정의 준수상태의 확인	환경감시규정
	환경관리 활동에 대한 주기적인 내부감사 실시	환경내부감시규정
	지속적인 개선을 위한 대안의 제시 시정조치가 요구되는 사향의 제기 및 재발방지를 위한 예방책의 수립	환경부적합 및 시정 조치 업무규정
체계검토 (Check)	체제의 효율성 및 이행성과의 주기적인 검토 체계윤영의 중대한 요소들에 대한신속, 정확한 의사결정의 도모	환경관리규정

7. 주요 환경 영향

표 6-4 주요 환경 영향

구 분	환경영향	관리방법
대 기	유독물 및 가스류 사용에 따른 HCl, HF, Sox가 주요오염 물질로 발생	• Chemical류 Fume은 흡수에 의한(Scrubber)을 통하여 오염물질을 집진 처리 • 기체상 물질은 1차 반응시설을 거쳐 무독성물질로 화학 반응후 2차 처리시설인 흡수에 의한 시설에 의하여 처리 되어 대기 배출됨
수 질	Wafer의 세척, 식각, 사진 등의 공정에서 산계 폐수(HF), Solvent 폐수가 발생	• 재이용이 가능한 폐수는 회수하여 Reclaim System을 거쳐 공정으로 재투입 하거나 중수도 또는 청소수로 재사용 계획 • 재이용되지 않은 폐수는 산계폐수(Solvent계), 불산계 폐수로 분리하여 폐수처리하여 배출됨
폐기물	액상 Chemical 사용에 따른 폐산, 폐유기요제류 및 폐수처리시 최종 부산물로서 폐수처리오니 발생	• 고농도 오염물질Chemical류는 별도 배관 및 회수 탱크를 설치하여 외부위탁 및 재활용 처리 • 폐수처리오니는 감량화하여 외부위탁 처리 • 일부 약품(폐황산, 폐IPA)은 재이용을 위한 프로세스 검토
기 타	각종 유해한 독성가스의 사용으로 누출시, 안전사고 및, 화재발생 가능성과 액상 Chemical 저장시설의 누출로 인한 오염가능성	• 주요 설비에 대한 Monitering system 설치로 중앙제어 설비 구축 • 탱크 및 저장시설에 적정용량의 유출방지턱과 Trench를 설치하여 비상시 폐수처리장으로 유입 처리 할 수 있도록 설비 구축 • 긴급 사태에 대비하여 종류별 모의실행 훈련실시 및 일상 점검실시

8. 오염물질 처리공정

1) 폐수처리 공정(Waste Water Tretment System)

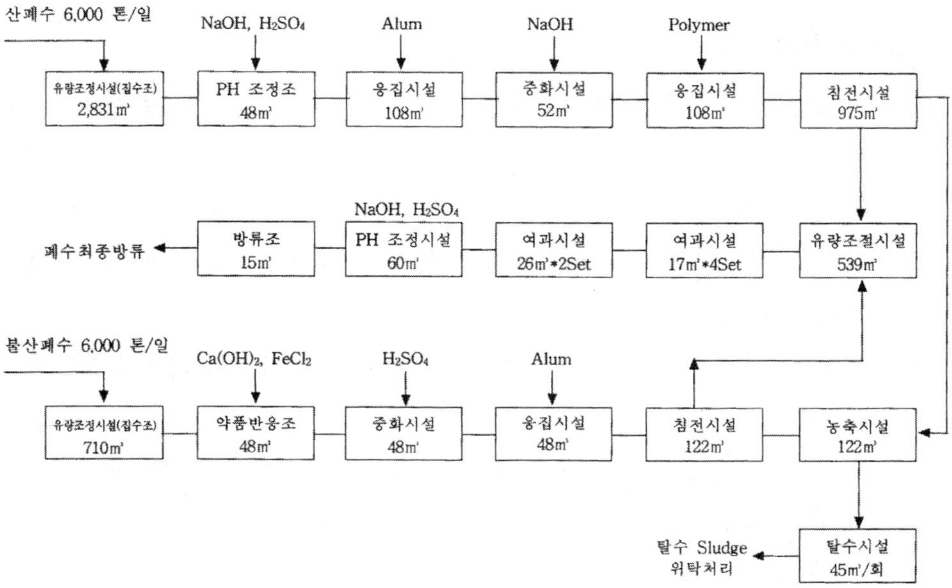

그림 6-2 반도체 Fab의 폐수처리 공정

(1) 공정설명(산폐수)

① 유량조절시설 : 공정에서 발생된 폐수를 효율적으로 처리하기 위한 폐수공급시설

② PH 조정시설 : NaOH를 투입하여 중화처리

③ 응집시설 : 주응집제인 Alum을 투입하여 폐수중에 포함되어 있는 오염물질을 응집시키기 위한 시설

④ 중화시설 : 주응집제인 Alum이 산성임을 고려하여 NaOH를 투입하여 중화처리

⑤ 응집시설 : 응집보조제인 Polymer를 투입하여 응집효율을 증가시킴

⑥ 침전시설 : Polymer를 통하여 형성된 응집Floc를 비중차에 의하여 자연침강분리시키기 위한 시설

⑦ 유량조절시설 : 여과효율을 높이기 위하여 안정적으로 용수를 공급하기 위한 시설

⑧ 여과시설 : 약품처리에 의하여 제거되지 않은 오염물질을 여과제 층을 통과시켜 오염물질을 제거하는 시설

⑨ PH 조정시설 : NaOH, H_2SO_4를 투입하여 최종 방류직전에 중화처리하기 위한 시설

⑩ 최종방류조 : 폐수를 외부로 최종방류 하기 위한 시설

(2) 공정설명(불산폐수)

① 유량조절시설 : 공정에서 발생된 폐수를 효율적으로 처리하기 위한 폐수공급 시설

② 중화시설 : H_2SO_4으로 PH 10-11 조건을 중화시키기 위한 시설

③ 응집시설 : 주응집제인 Alum를 투입하여 폐수중에 포함되어 있는 불소를 응집 시키기 위한 시설

④ 침천시설 : Polymer를 통하여 형성된 응집 Floc를 비중차에 의하여 자연 침강 분리시키기 위한 시설

⑤ 농축시설 : 침전조에서 자연침강된 Floc에 함수를 낮추기 위한 시설

⑥ 탈수시설 : 최종 오염물질에 부피를 감소시키기 위하여 고압으로 농축된 Floc을 탈수시키기 위한 시설

2) 대기처리공정(Exhaust Treatment System)

(1) 세정식 집진시설(Wet Scrubber System)

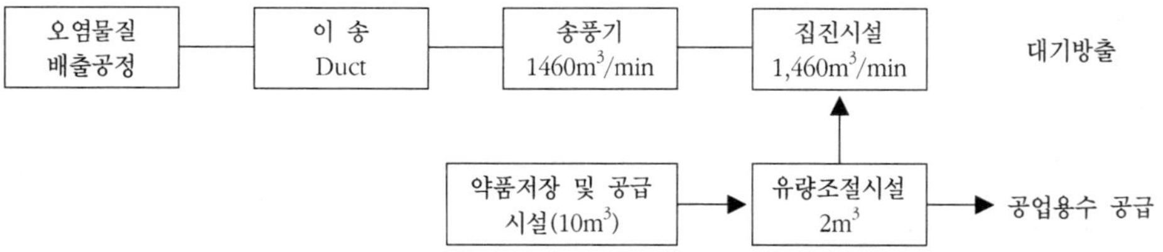

그림 6-3 반도체 Fab의 대기 처리 공정

(2) 공정설명

① 제거오염물질 : Gas 류, 먼지류, Chemical Fume류 등

② 이송 Duct : 장비 또는 공정 중에서 발생된 오염된 공기를 이송하는 시설

③ 송풍기 : 오염된 공기를 일정한 풍량 및 압력으로 배기하기 위한 시설

④ 집진시설 : 유량조정 시설에서 공급된 공업요수에 의하여 오염물질을 흡수하여 제거시키는 시설

⑤ 유량조정시설 : 집진시설에 공업용수를 공급하기 위한 시설

⑥ 약품저장 및 공급시설 : 오염물질 제거에 따른 용수에 PH 조절을 위한 약품(NaOH)공급시설

9. 환경인식 및 환경보호활동

1) 환경인식

① 환경오염은 영국에 산업혁명 이후 산업발전에 의해 부수적으로 발생하기 시작하여 지속적인 과학 발전으로 새로운 오염 물질이 생성된다(자동차, 원자력 등등).

② 선진국에 예를 들어 국민1인당 GNP가 10,000불 이내까지는 환경에 대한 인식이 거의 없다. 따라서, 우리나라도 1990년대 초부터 환경에 대한 인식이 새로워지기 시작하여 오늘에 이르게 되었다(우리나라도 1960년대 공장에서 검은 연기가 발생하는 것을 오히려 산 업 발전에 지표로 생각 하였다.).

③ 일반적으로 환경이라 하면 환경시설에 운영이나, 환경을 전문으로 한 사람만이 실시하는 것으로 인식되어져 왔으나, 실제는 모든 사람이 가정에서 또는 직장 등 사회 활동 시에도 동참할 수 있다는 인식의 전환이 요구된다.

2) 환경보호활동(실천항목)

① 식사 시 잔반을 남기지 않는 행동 : 라면국물, 찌개류, 음식 찌꺼기류에 BOD(생물화학적 산소요구량) 수치가 10,000~100,000ppm을 넘어 이를 정화 처리하기 위하여 정수가 1,000~10,000배가 필요하다.

② 자동차 함께 타기 : 대기오염물질을 발생하는 주요원인이 자동차이며, 특히 자동차 배기 가스에 의하여 2차 오염물질인 광화학물질을 생성하여 인체에 치명적 영향을 줄 수 있다.

③ 쓰레기 안 버리기(재활용) : 산이나 강가에 버린 쓰레기는 사람 또는 장비를 동원하여 회수하지 않는 한 영구적으로 존재하며, 이로 인하여 사람에게 다시 영향을 줄 수 있다.

④ 환경을 오염시키는 일은 반드시 환경이 나에게 오염시킨 대가를 지불한다.

| 연 습 문 제 |

01 ISO 종류대로 논하시오.

02 환경 경영시스템의 필요성을 설명하시오.

03 환경 친화적 경영체계를 4단계로 설명하시오.

04 대기와 수질에 대해 관리 방법을 설명하시오.

05 EMS란 무엇인가 설명하시오.

참고문헌

반도체 제조 장치 입문(임종성 변역)
반도체 공정 장비 기술(김상용 저)
반도체 기술 입문(김상용 저)
반도체 장비 실무 2(김영준 외 4인)
2010 크린룸 유지관리 및 반도체 장비 입문(한국과학기술대학교 자료)

Part **2**

반도체 생산 관리

Chapter 01

작업지시서의 이해

1. 작업지침서(Run-Sheet)

반도체 공정 흐름에 대해서 실제 반도체 장비를 이용해 공정(process)를 진행하기 위한 작업지시서(Run Sheet)를 말한다. 영업팀에서 고객으로부터 주문을 받으면 새로운 제품군(product code)을 생성한다. 그 후 담당 엔지니어는 영업팀에서 받은 정보를 바탕으로 shot map, net die 수, chip size 등에 대해서 제품의 기준 정보를 파악한다. 해당 정보와 route(반도체 flow) 등의 정보를 기반으로 하여 작업지시서(Run Sheet)를 작성한다. 그리고 해당 작업지시서(Run Sheet)를 전산에 입력하고 공정을 진행한다.

1) 작업지시서 입력 사항

① Route ② Description ③ Operation

④ Equipment ID ⑤ Recipe ⑥ Spec

Run Sheet 정보

LPT	DESC	OPN	DESC	Area	비공될	Recipe ID	SPEC	Parameterset
LPT0050	LOT FORM	1510	LOT START	D			EPI WF (EPI 6.5um, 11~15 c	
LPT0050	LOT FORM	1550	LASER MARK	D		LAMK01	AK*******-**-**	
LPT0050	LOT FORM	1100	SCI-MEGASON	D		1100SC	SC1/MEG(10min, 30'C) + 1/D	
LPT0050	LOT FORM	1520	PARTICLE CH	D		BARE	0.2um<50EA	PARIM
LAA0055	1ST OXIDAT	0340	PRE-FURNACE	D		340PFC	SC1(5min,80'C) + 100:1HF(5	
LAA0055	1ST OXIDAT	2005	OX	D		DNTK200	900degC H2/O2=6L/6L	
LAA0055	1ST OXIDAT	2940	THICKNESS M	D		DFOX01	(S/L)200+/-20 Å	THK19S
LPT0110	ZERO PATTE	3500	RESIST COAT	P		21	ILINE : 713-0242-ZR-00 / F	
LPT0110	ZERO PATTE	3900	VISUAL INSF	P				
LAA0112	ZERO LAYER	4055	STI NIT LOT	E		C75-ZERO		
LPT0114	ZERO ETCH	0100	NON-METAL A	E		1NM1		
LPT0114	ZERO ETCH	0600	NON-PHOS AS	D		600PAC	HOTSC1/ R/ HOTSC2/ R/ R /D	
LPT0116	ZERO DEPTH	5835	STEP MEASUF	E			(S/L)1200± 200Å with 1st	DEP19A

그림 1-1 작업지시서(Run Sheet) 정보

작업지시서 예시(Vertical~MOSFET~제조)

주 공정명	세부 공정	세부항목	작업조건	수량	작업일	작업 시간	작업자
RUN 투입		WAFER 편성	WAFER명:			/	
FIELD	FIELD Oxide	SC1/HF세정	장비명 :			/	
		OXIDATION	Recipe :			/	
		막두께검사	산화막(T): / (합/불) 규격 : XXX~XXXX Å			/	
		측정결과					
ACTIVE	Pattern	P/R COATING	장비명 : , Recipe명 :			/	
		ALIGN./EXPO.	장비명 :			/	
			Reticle명 :				
			JobFile명 : Expo.Time : msec				
		MARKING	제품명 / LOT NO			/	
		현상	장비명 : , Recipe명 :			/	
		현상검사	현미경저배율/고배율검사(합/불)			/	
		HARD BAKE	X ℃, Y 분			/	
	Etch	DRY ETCH	장비명 : , Recipe명 :			/	
		OXIDE 두께 검사	(합/불) , 규격 : X~Y Å			/	
		측정결과					
		Descum	장비명 : , Recipe명 :			/	
		WET ETCH (20:1)	TIME : min			/	
		ETCH검사	(합/불) less than 00 Å			/	
		측정결과					
		현미경 검사	(합/불) Chip Guard Ring 및 Active Oxide 잔류 확인!!			/	
		DRY PR제거	장비명 : , Recipe명 :			/	
		WET PR제거	장비명 : , TIME : min			/	
		P/R 잔유물검사	(합/불) 검사철저!			/	
N-GATE	Buffer Oxide	SC1/HF세정	장비명 :			/	
		OXIDATION	장비명 : , Recipe명 :			/	
		막두께검사	산화막(T): / (합/불) 규격 : XXX±XX Å			/	
		측정결과					
	IMP	이온주입 (IMPLANT)	장비명 : , B/C:______			/	
			SOURCE : , ENERGY : KeV, DOSE :				
	WET Etch	WETETCH	TIME : XX sec.			/	
		ETCH검사	(합/불) less than 00 Å			/	

주 공정명	세부 공정	세부항목	작업조건	수량	작업일	작업 시간	작업자
N-GATE	GATE Oxide	SC1/HF 세정	장비명 : , TIME : XX sec			/	
		OXIDATION	장비명 : , Recipe명 :			/	
		막두께검사	산화막(T): / (합/불) 규격 :			/	
		측정결과					
	P-LPCVD	SC1세정	장비명 :			/	
		DEPOSITION	장비명 : , Recipe명 :			/	
		막두께검사	POLY막(T) : / (합/불) 규격 : X~ Y Å			/	
	Doping	DOPING	장비명 : , Recipe명 :			/	
		표면저항 검사	(합/불) 규격 : XX~YYΩ/sq			/	
		측정결과					
	OXIDE Etch	WETETCH	장비명 : , TIME : X min			/	
		ETCH검사	(합/불)			/	
	Pattern	SC1 세정	장비명 :			/	
		P/R COATING	장비명 : , Recipe명 :			/	
		ALIGN./EXPO.	장비명 :			/	
			Reticle명 :				
			JobFile명 : Expo.Time : msec				
		DEVELOP	장비명 : , Recipe명 :			/	
		현상검사	(합/불)			/	
		HARD BAKE	XXX ℃, YY min.			/	
	Etch	DRY ETCH [OXIDE]	장비명 : , Recipe명 :			/	
		DRY ETCH [POLY]	장비명 : , Recipe명 :			/	
		OVER FLOW	DI RINSE			/	
		DRY ETCH [OXIDE]	장비명 : , Recipe명 :			/	
		POLY ETCH 검사	현미경 암시야 검사 (합/불)			/	
		OXIDE 두께 검사	(합/불) 규격 : X~Y Å			/	
		측정결과					
		DRY PR제거	장비명 : , Recipe명 :			/	
		WET PR제거	장비명 : , TIME : XX min.			/	
		P/R 잔유물검사	(합/불)			/	

주 공정명	세부 공정	세부항목	작업조건	수량	작업일	작업 시간	작업자
P-	IMP	이온주입 (IMPLANT)	장비명 : , B/C:________			/	
			SOURCE : , ENERGY : XX KeV, DOSE :				
	Diffusion	SC1세정	장비명 :			/	
		DRIVE-IN	장비명 : , Recipe명 :			/	
		OXIDE 두께 검사	(합/불) 규격 : XXX~YYY Å			/	
		측정결과					
		표면저항검사 N-	(합/불) 규격 RS : N- A~B KΩ/sq			/	
		표면저항검사 P-	(합/불) 규격 RS : P- C~D Ω/sq				
		표면저항검사 결과					
		N- RS					
		P- RS					
P+	Pattern	P/R COATING	장비명 : , Recipe명 :			/	
		ALIGN./EXPO.	장비명 :			/	
			Reticle명 :				
			JobFile명 : Expo.Time : msec				
		DEVELOP	장비명 : , Recipe명 :			/	
		현상검사	(합/불)			/	
		HARD BAKE	XXX ℃, YY min.			/	
	IMP	이온주입 (IMPLANT)	장비명 : , B/C:________			/	
			SOURCE : , ENERGY : XX KeV, DOSE :				
		DRY PR제거	장비명 : , Recipe명 :			/	
		WET PR제거	장비명 : , TIME : XX min.			/	
		P/R 잔유물검사	(합/불)			/	
N+	Pattern	P/R COATING	장비명 : , Recipe명 :			/	
		ALIGN./EXPO.	장비명 :			/	
			Reticle명 :				
			JobFile명 : Expo.Time : msec				
		DEVELOP	장비명 : , Recipe명 :			/	
		현상검사	(합/불)			/	
		HARD BAKE	XXX ℃, YY min.			/	
	IMP	이온주입 (IMPLANT)	장비명 : , B/C:________			/	
			SOURCE : , ENERGY : XX KeV, DOSE :				
		DRY PR제거	장비명 : , Recipe명 :			/	
		WET PR제거	장비명 : , TIME : XX min.			/	
		P/R 잔유물검사	(합/불)				

주공정명	세부공정	세 부 항 목	작 업 조 건	수량	작업일	작업시간	작업자
CONTACT	절연막	SC1세정	장비명 : , TIME : YY sec.			/	
		DEPOSITION	장비명 : , Recipe명 :			/	
		막두께검사	막(T) : / (합/불) 규격 : X~Y Å			/	
		측정결과					
	Reflow	DRIVE-IN	장비명 : , Recipe명 :			/	
		표면저항검사	IMP Monitor Oxide제거후 Rs측정			/	
		표면저항검사 N+	(합/불) 규격 RS : N- A~B KΩ/sq				
		표면저항검사 P+	(합/불) 규격 RS : P- C~D Ω/sq				
		표면저항검사					
		N+ RS					
		P+ RS					
	Pattern	P/R COATING	장비명 : , Recipe명 :			/	
		ALIGN./EXPO.	장비명 :			/	
			Reticle명 :				
			JobFile명 : Expo.Time : msec				
		DEVELOP	장비명 : , Recipe명 :			/	
		현상검사	(합/불)			/	
		HARD BAKE	XXX ℃, YY min.			/	
	Etch	Descum	장비명 : , Recipe명 :			/	
		WET ETCH	장비명 : , TIME : YY sec., 식각량 XXXX Å			/	
		OXIDE 두께 검사	(합/불) 규격 : X~Y Å			/	
		측정결과					
		HARD BAKE	XXX ℃, YY min.			/	
		DRY ETCH	장비명 : , Recipe명 :			/	
		OXIDE 두께 검사	(합/불)			/	
		측정결과					
		DRY PR제거	장비명 : , Recipe명 :			/	
		WET PR제거	장비명 : , TIME : YY sec.			/	
		P/R 잔유물검사	(합/불)			/	
METAL	Al-Sputter	전처리	장비명 : , TIME : YY sec.			/	
		SPUTTER	장비명 : , Recipe명 :			/	
		반사율검사	반사율 : ______%(합/불) 규격 : YYY 이상			/	
		Metal RS측정	(합/불) 규격 RS : C~D Ω/sq				

<table>
<tr><th>주 공정명</th><th>세부 공정</th><th>세부항목</th><th>작업조건</th><th>수량</th><th>작업일</th><th>작업 시간</th><th>작업자</th></tr>
<tr><td rowspan="16">METAL</td><td rowspan="7">Pattern</td><td>P/R COATING</td><td>장비명 : , Recipe명 :</td><td></td><td></td><td>/</td><td></td></tr>
<tr><td rowspan="3">ALIGN./EXPO.</td><td>장비명 :</td><td></td><td></td><td rowspan="3">/</td><td></td></tr>
<tr><td>Reticle명 :</td><td></td><td></td><td></td></tr>
<tr><td>JobFile명 : Expo.Time : msec</td><td></td><td></td><td></td></tr>
<tr><td>DEVELOP</td><td>장비명: , Recipe명 :</td><td></td><td></td><td>/</td><td></td></tr>
<tr><td>현상검사</td><td>(합/불)</td><td></td><td></td><td>/</td><td></td></tr>
<tr><td>HARD BAKE</td><td>XXX ℃, YY min.</td><td></td><td></td><td>/</td><td></td></tr>
<tr><td rowspan="8">Etch</td><td>Descum</td><td>장비명 : , Recipe명 :</td><td></td><td></td><td>/</td><td></td></tr>
<tr><td>WET ETCH</td><td>Etchant : , TIME : YY sec.</td><td></td><td></td><td>/</td><td></td></tr>
<tr><td>ETCH검사</td><td>(합/불)</td><td></td><td></td><td>/</td><td></td></tr>
<tr><td>Si 잔유물 제거</td><td>장비명 : , Recipe명 :</td><td></td><td></td><td>/</td><td></td></tr>
<tr><td>Si 잔유물 검사</td><td>(합/불)</td><td></td><td></td><td>/</td><td></td></tr>
<tr><td>DRY PR제거</td><td>장비명 : , TIME : YY sec.</td><td></td><td></td><td>/</td><td></td></tr>
<tr><td>WET PR제거</td><td>장비명 : , TIME : YY sec.</td><td></td><td></td><td>/</td><td></td></tr>
<tr><td>P/R 잔유물검사</td><td>(합/불)</td><td></td><td></td><td>/</td><td></td></tr>
<tr><td>SINTER</td><td>SINTER</td><td>장비명: , TIME : YY sec.</td><td></td><td></td><td>/</td><td></td></tr>
<tr><td>PCM</td><td>M/ PROBE</td><td>특성검사</td><td>Test Sheet에 기입</td><td></td><td></td><td>/</td><td></td></tr>
<tr><td rowspan="8">BACK METAL</td><td rowspan="5">BACK Grind</td><td>TAPE 부착</td><td></td><td></td><td></td><td>/</td><td></td></tr>
<tr><td>GRIND</td><td>장비명 : , Recipe명 :</td><td></td><td></td><td>/</td><td></td></tr>
<tr><td>두께검사</td><td>WAFER두께(T) : / (합/불) 규격 : XXX~YYYμm</td><td></td><td></td><td>/</td><td></td></tr>
<tr><td>Si ETCH</td><td>장비명 : , TIME : YY sec.</td><td></td><td></td><td>/</td><td></td></tr>
<tr><td>Over Flow</td><td>장비명 : , TIME : YY sec.</td><td></td><td></td><td>/</td><td></td></tr>
<tr><td rowspan="3">SOLDER Evapor.</td><td>전처리</td><td>X : Y BHF ; Z분</td><td></td><td></td><td>/</td><td></td></tr>
<tr><td>Over Flow</td><td>장비명 : , TIME : YY sec.</td><td></td><td></td><td>/</td><td></td></tr>
<tr><td>SOLDER</td><td>장비명 : , Recipe명 :</td><td></td><td></td><td>/</td><td></td></tr>
<tr><td rowspan="2">EDS TEST</td><td rowspan="2">A/ PROBE</td><td>AUTO PROBE</td><td>장비명 : _____</td><td></td><td></td><td>/</td><td></td></tr>
<tr><td>외관검사</td><td>(합/불)</td><td></td><td></td><td>/</td><td></td></tr>
</table>

이상 내역

공 정	발생일자	내 역	조치사항	조치자

2. 웨이퍼(Wafer)

1) 웨이퍼 취급

(1) 단결정 실리콘 성장(Silicon Growing)

실리콘 웨이퍼(Silicon wafer) 제조를 위한 공정은 실리콘(silicon) 용액에 실리콘 씨드(silicon seed)를 접촉하면서, 회전시켜 성장시킨 규소봉인 잉곳(ingot)만든다. 성장 방법에는 용융 대역법(floating zone) 방법과 인상(pulling) 방법인 쵸크랄스키(czochralski) 방법이 있다. 우선 용융 대역 용해(floating zone) 방법은 다결정 실리콘(ploy silicon) 봉을 척(chuck)으로 고정하고 그에 종자(seed)를 접촉시키고 그 부분을 고주파 유도로 가열하여 용융부분을 다결정 실리콘(ploy silicon) 방향으로 서서히 이동하면 종자(seed) 위에 새로운 단결정 실리콘 결정이 생성된다. 이렇게 성장시키는 방법을 용융 대역 용해(floating zone) 방법이라 한다. 그리고 쵸크랄스키(czochralski) 방법은 가장 많이 쓰이는 방법으로 다결정 실리콘을 석영관(quartz furnace) 속에서 고주파 유도로 가열하여 1500℃에서 용융시킨다. 그 다음 종자(seed)를 용액에 담가 서서히 회전시켜 끌어올리면 동일한 단결정이 성장하게 되는 방법을 말한다.

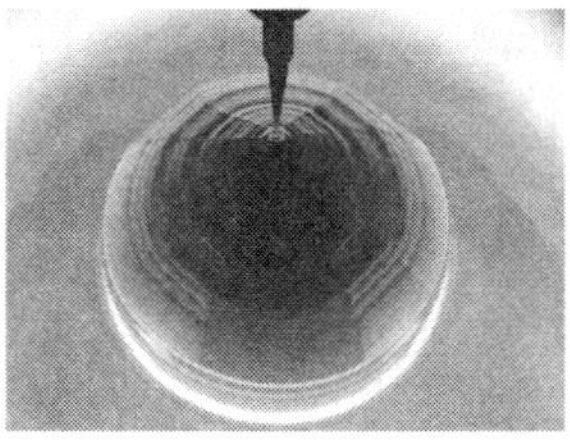

그림 1-2 300mm의 잉곳(Ingot)의 실제 사진

(2) 잉곳 절단(Ingot Slicing)

실리콘 잉곳(Silicon ingot)을 얇은 판으로 만드는 공정이며 단결정 조직이 정확히 정렬되도록 잉곳(Ingot)을 고도의 절삭기로 절단하여 웨이퍼(wafer)로 만들게 된다.

아울러 웨이퍼의 가장자리(edge) 부분은 매우 날카롭고 깨지기 쉽게 되어 있어서 가공하고 세척과정을 거친 다음 손상이 덜 받도록 한다. 그 후 이 웨이퍼(wafer)는 연마(polishing) 과정을 거쳐 거친 표면을 평탄하고 두께가 일정하게 만들어 표면의 질이 높아지도록 한다.

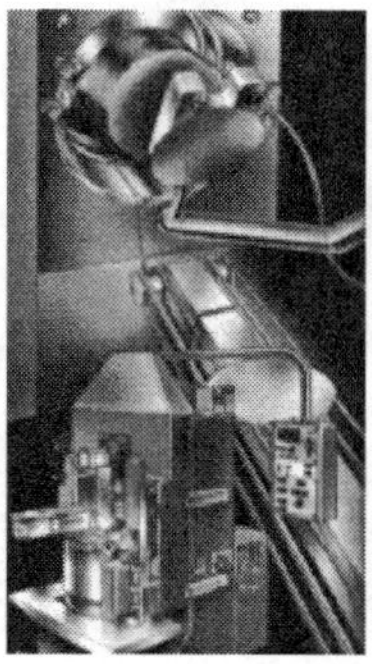

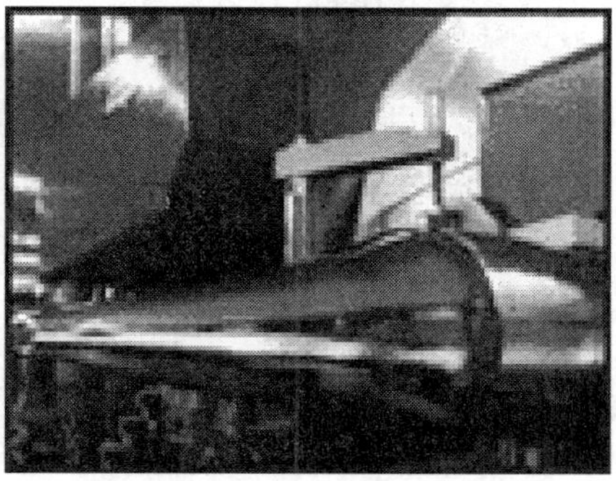

그림 1-3 잉곳의 절단(Ingot의 Slicing)

(3) 연마(Polishing)

웨이퍼(wafer)를 평편하게 하고 결함이 없이 깨끗하게 만드는 일은 집적회로에 있어서 매우 중요한 일이다. wafer 표면을 거울처럼 만들기 위해서는 반드시 연마(Polishing) 작업이 필요하다. 요즘에는 CMP(Chemicla Mechanical Polishing)을 하여 표면의 질을 한층 더 높여 놓았다.

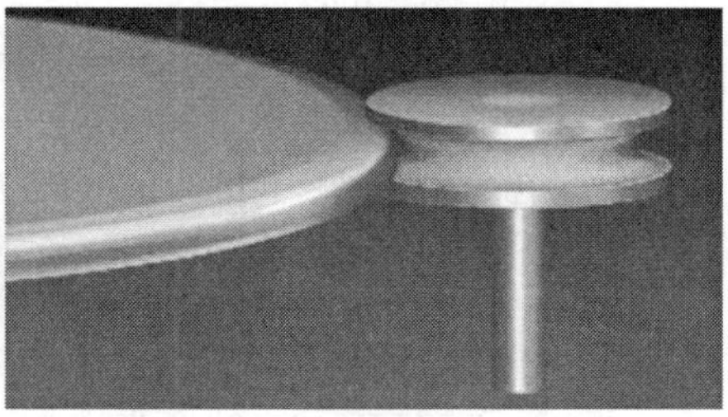

그림 1-4 웨이퍼 CMP9 Wafer Chemical Mechanical Polishing) 공정

(4) 웨이퍼 세정(Wafer cleaning)

웨이퍼(Wafer) 표면에 미립자(particle) 오염물, 중금속, 유기 오염물 등을 제거하기 위하여 청정실의 습식 (wet station)으로 강산 용액에 넣어 세정(cleaning)을 하고 초순수(DI water)로 행구기(rinse)를 하여 워이퍼 표면을 아주 깨끗하게 만든다.

그림 1-5 연마(Polishing) 작업을 마친 후 웨이퍼

2) 웨이퍼 종류

웨이퍼는 불순물 종류에 따라 N형 반도체와 P 형 반도체로 나눈다. N형 반도체는 5가 원소 P, Sb를 불순물로 사용하며, 도우너(donor) 불순물인 전자가 발생한다. 그리고 P형 반도체는 3가 원소 B를 불순물로 사용하고 액셉터(acceptor) 불순물인 정공이 발생한다. 또한 결정성장 방향에 따라 (100), (111) 등의 웨이퍼를 사용한다. 그리고 웨이퍼 크기에 따라 4inch, 5inch, 6inch(150mm), 8inch(200mm), 12inch (300mm)로 나눈다.

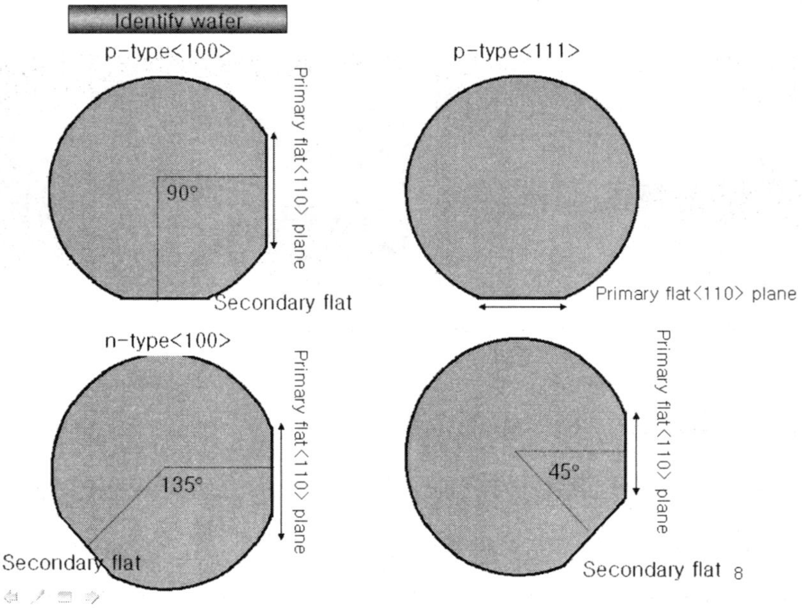

그림 1-6 웨이퍼 결정방향에 따른 종류 및 표시 방법

3) 웨이퍼 가공시 주의사항

웨이퍼 표면은 집적회로 제작 시 소자의 제조공정의 정밀성과 고품질 회로를 구성하기 위해 치명적인 영향을 주는 표면손상(scratch), 적은 양의 화학적 성분이 표면에 남아 있어서도 안 된다. 또 고도의 평탄화가 요구 된다. 그러므로 절단(slicing), 래핑(lapping), 연마(polishing)의 표면 처리 작업을 할 때도 미세한 진동도 없어야하며, 웨이퍼(wafer)를 운반할 때도 조심스럽게 이동해야 한다. 세정(Cleaning) 할 때 전기적 극성이 없는 초순수한 물(deionized water)를 사용하며 표면의 정전기를 방지하고 청전실(clean room)에서 작업해야 한다.

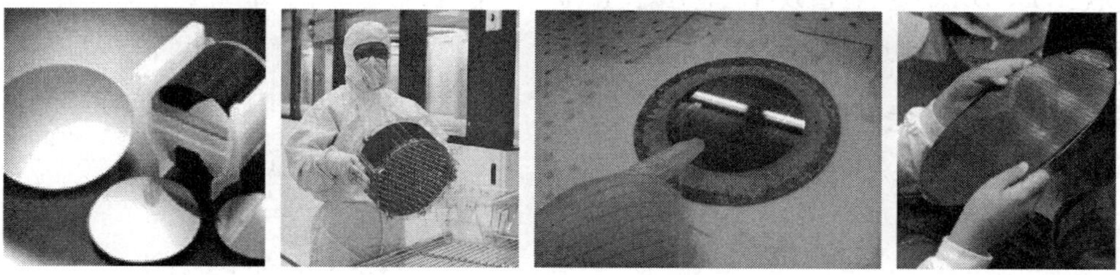

그림 1-7 웨이퍼의 실제 사진

4) 웨이퍼 관련 용어

(1) 칩(Chip), 다이(Die)

사각형 반도체 조각으로 가공된 전자회로가 들어 있는 아주 작은 수동소자, 능동소자 또는 집적회로가 만들어진 반도체 소자이다.

(2) 스크라이브 라인(Scribe line)

웨이퍼(wafer) 내에 제작된 chip을 자르기 위해 각각에 구분된 선을 만들어 놓았다.

(3) TEG(Test Element Group)

웨이퍼내에 정상적인 제품과 같은 공정을 진행하면서 특별히 테스트 패턴(test pattern), 테스트 소자(test device)를 만들어 측정하고 검사하는 용도로 쓰는 칩(chip)이나 다이(die)이다. 품질관리하고 수율을 높이는데 목적이 있다. 요즘에는 별도의 TEG를 만들지 않고 스크라이브 라인(scribe line)에 바로 만들어 쓰기도 한다.

(4) 가장자리 다이(Edge die)

웨이퍼의 가장자리 부분의 미완성 다이(die)를 말한다. 이것은 미완성 칩이기 때문에 웨이퍼의 손실이 된다. 작은 웨이퍼에 큰 die를 만든다면 손실률이 크다. 그러므로 큰 직경을 같은 웨이퍼를 생산하는 요인으로 작용한다.

(5) 플랫존(Flat zone)

웨이퍼의 결정 구조를 사람의 눈으로 알 수 있게 하기 위하여 결정에 기본을 둔 플랫존(Flat zone)을 만들었다. 전단선 중에서 하나는 평탄영역에 수직이고 다른 하나는 수평하게 만든다.

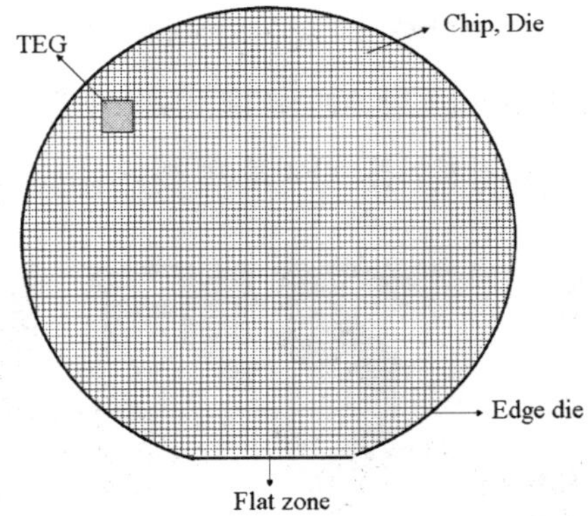

그림 1-8 웨이퍼 용어

3. 검사(Inspection)

공정이 진행되면서 웨이퍼 위에는 전자회로의 미세한 패턴(문양)이 형성된다. 다음 공정으로 보내기 전에 공정이 진행된 웨이퍼의 상태를 현미경을 이용하여 정상 여부를 검사하게 된다.

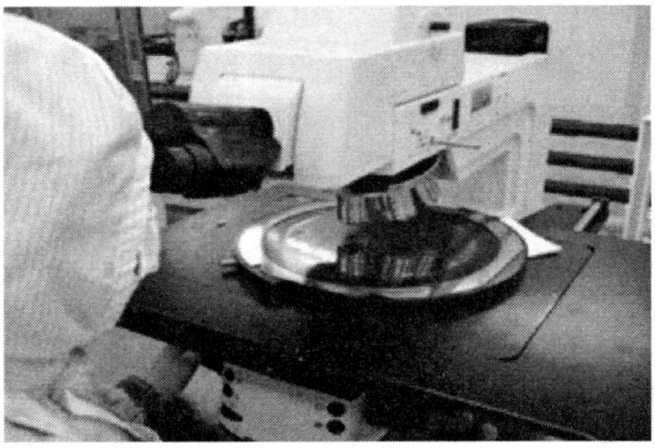

그림 1-9 SAW Inspection

1) SAW 불량

(1) 다이 균열(Die Crack)/칩핑(Chipping)

다이의 일부분이 깨어져 떨어지는 현상으로 쏘잉(Sawing) 시의 여러 인자가 최적 값으로 설정되어 있지 않아 과도한 응력이 가해지면서 발생한다.

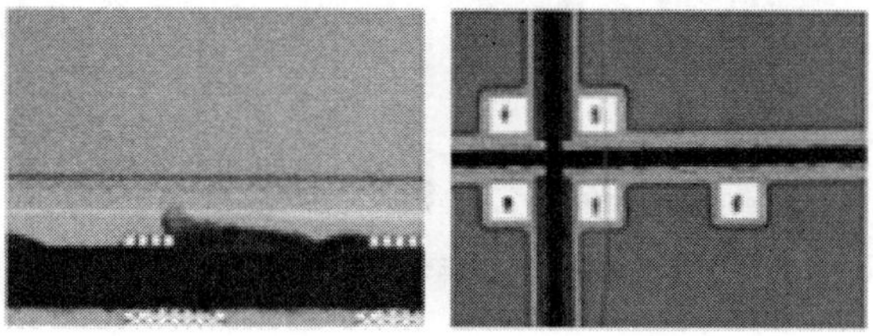

그림 1-10 다이 균열(Die Crack)/칩핑(Chipping)

(2) 다이 스크래치(Die Scratch)

도구를 잘못 다루어 die 위에 기계적인 손상이 가해지면서 발생하며 작업훈련 부족, 잘못된 장소 보관, 부적당한 도구의 사용 등에 의하여 발생한다.

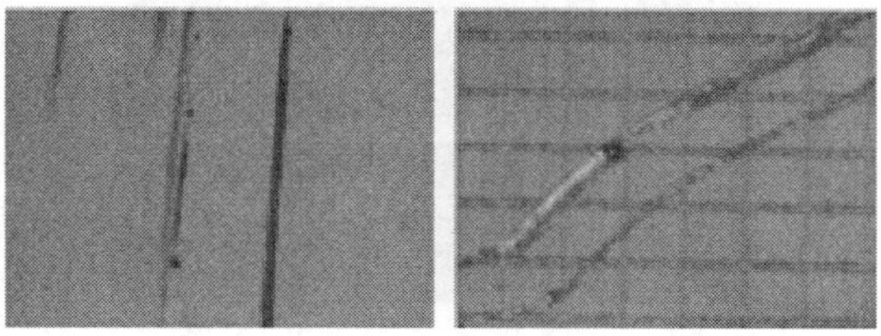

그림 1-11 다이 스크래치(Die Scratch)

(3) 다이 금속막 반점(Die Metalization Smearing)

다이(Die) 표면에 있는 금속선(metal line)이 변형되거나 손상되는 변형으로 뒷면 연마(back grinding) 테이프 위에 불순물이 있거나 웨이퍼 취급(wafer handling) 실수로 발생할 수 있다.

그림 1-12 다이 금속막 반점(Die Metalization Smearing)

(4) 다이 부식(Die Corrosion)

웨이퍼의 다이(die)가 물에 장기간 노출되어 다이(die)의 금속선(metal line)에 부식이 생기는 현상이다.

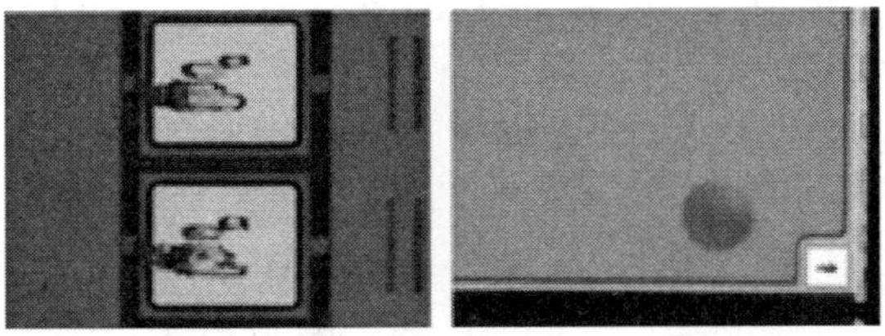

그림 1-13 다이 부식(Die Corrosion)

(5) 쏘잉 결손(Sawing Miss)

쏘잉(Sawing)이 쏘잉라인(Sawing line)이 아닌 다른 방향으로 진행되어 다이(die)의 손상이 생기는 현상이다.

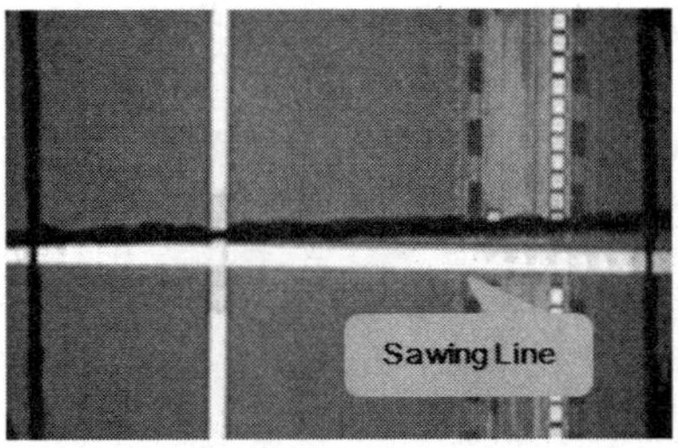

그림 1-14 쏘잉 결손(Sawing Miss)

(6) 정렬 불일치(Miss Alignment)

쏘잉라인(Sawing line)이 아닌 라인에 쏘잉(Sawing)이 진행되어 다이(die)의 손상이 생기는 현상이며 작업자의 실수로 발생한다.

그림 1-15 정렬 불일치(Miss Alignment)

(7) 플라이 다이(Fly Die)

테이프의 접착제가 다이(die)에서 깨끗하게 떨어지지 않고 다이(die) 위에 오염물이 묻어 있는 현상이다.

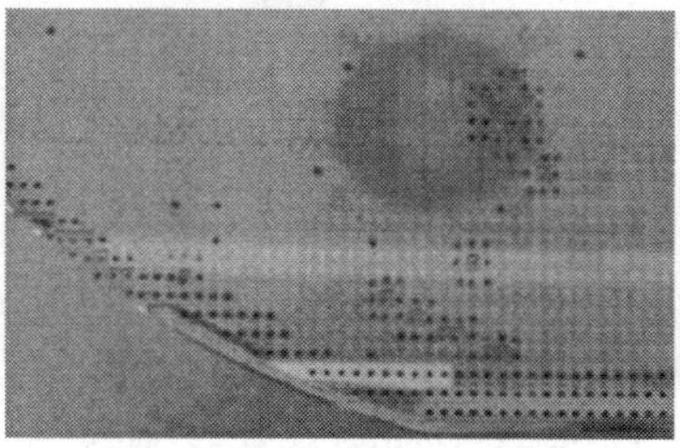

그림 1-16 플라이 다이(Fly Die)

(8) 테이프 버(Tape Burr)

웨이퍼 본딩(wafer bonding) 테이프인 WBL(wafer Bonding Laminate)가 쏘잉(Sawing) 과정에서 잘못된 브레이드(blade)를 사용하거나, 속도(speed), 회전수 등을 잘못 설정하여 테이프가 깨끗하게 절단되지 않아 발생하는 현상이다.

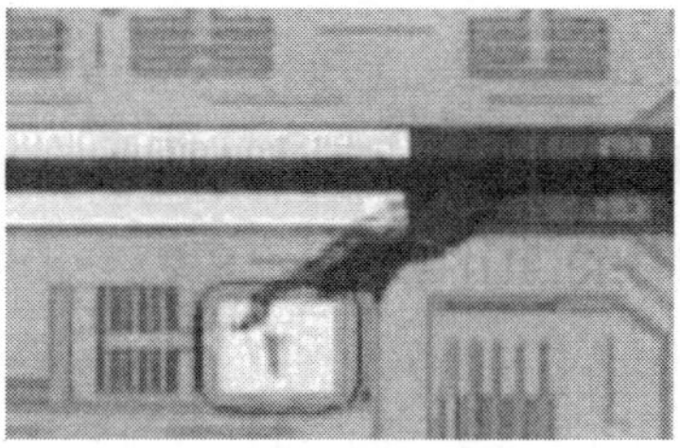

그림 1-17 테이프 버(Tape Burr)

(9) 웨이퍼 맵핑(Wafer Mapping)

다이 본딩(Die bonding) 시 양품 다이(die)와 불량 다이(die)는 맵핑 파일(mapping file)에 의하거나 불량 다이(die)를 잉크로 표시하여 구분하며, 본 그림에서 녹색이 양품, 자주색이 불량 다이(die)를 의미한다.

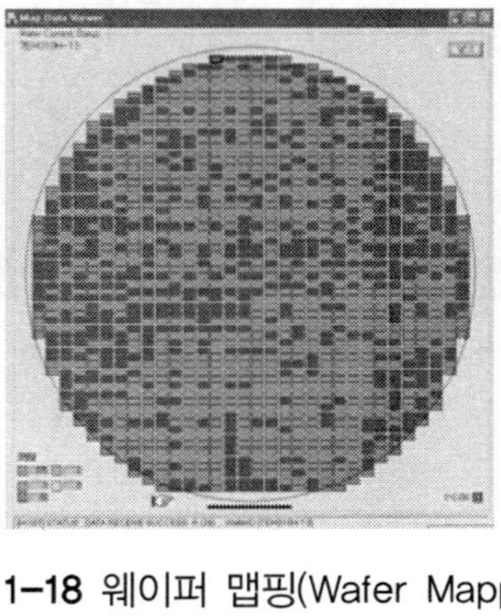

그림 1-18 웨이퍼 맵핑(Wafer Mapping)

그림 1-19 칩(Chip) 검사(Inspection)를 하고 있는 작업

2) 사진(Photo-lithograpy) 공정 중 정렬(align) 작업

사진(Photolithograpy) 공정을 하기 위해서는 마스크(mask)가 필요하다. 집적회로를 만들기 위해서는 마스크(mask)가 여러 장 있는데 이것을 연속적으로 사용하기 위해서은 정렬(alignment)라는 작업이 반드시 필요하다. 십자 모양의 정렬 키(align key)가 있어서 이것을 가지고 다음 마스크(mask)를 정렬하여 소자를 패턴링(patterning) 한다. 이 마스크(mask)는 투명한 것과 불투명한 것이 있다. 크롬 유리판에 소자(device)에 필요한 회로가 선(line)과 폭(space)로 되어 있는 것을 레티클(reticle)이라 한다. 이 레티클(reticle)을 반복적으로 사용하여 필요한 소자(device)의 집적회로를 패터닝(patterning)한다.

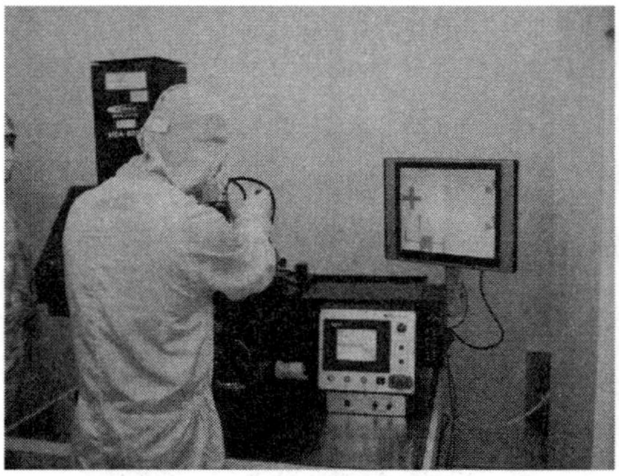

그림 1-20 사진(Photolithograpy) 공정 중 정렬(align)하는 작업

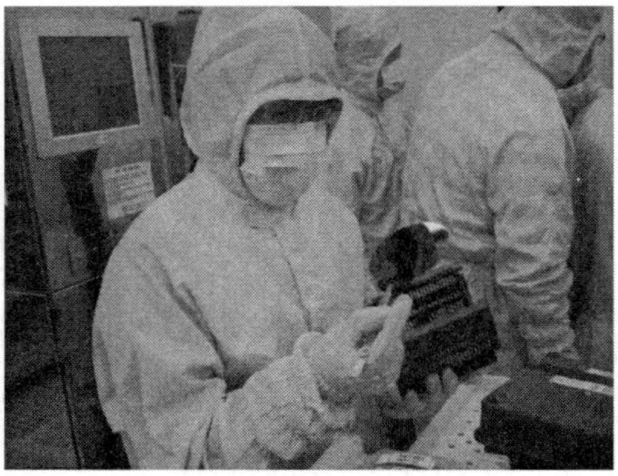

그림 1-21 사진(Photolithograpy) 공정이 끝난 후 검사

3) 공정불량의 예

(1) 핀홀(Pin hole) 불량

하부 금속(metal) 배선에 선과 공간(line and space)의 크기 및 배선 구조에 따라 p형 실리콘 질화막 증착(p type silicon nitride deposition) 후 공극이 발생되고, 사진(photolithogray) 공정 시 열처리(bake)에 의해 공극들에서 공기(air)가 팽창하여 감광막(photo resist)이 부풀어 오르거나 터지는 현상을 보이고 것이다.

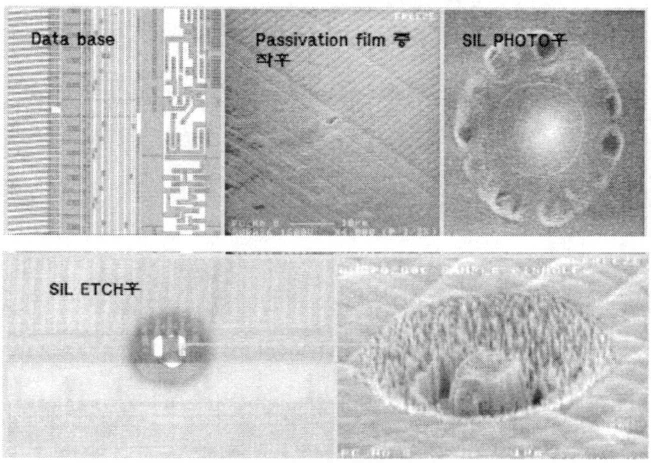

그림 1-22 핀홀(Pin hole) 불량

(2) 접착(Adhesion) 불량

접착(Adhesion) 물질인 HMDS 용액의 성증저하로 접착력이 부족하여 패턴된 감광막(PR)이 떨어지는 현상의 불량이다.

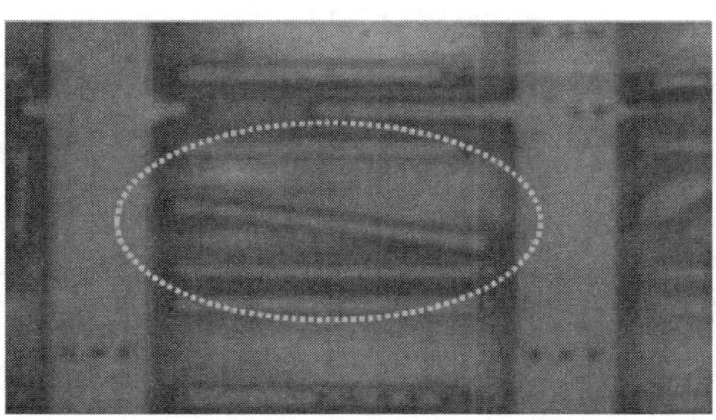

그림 1-23 접착(Adhesion) 불량

(3) 현상(Develop) 불량

노광(Expose)된 감광막(photo resist)과 현상액(develop solution)의 반응으로 생성된 반응 액을 제거하기 위해 진행한 초순수 행굼(DI water rinse) 불량이다.

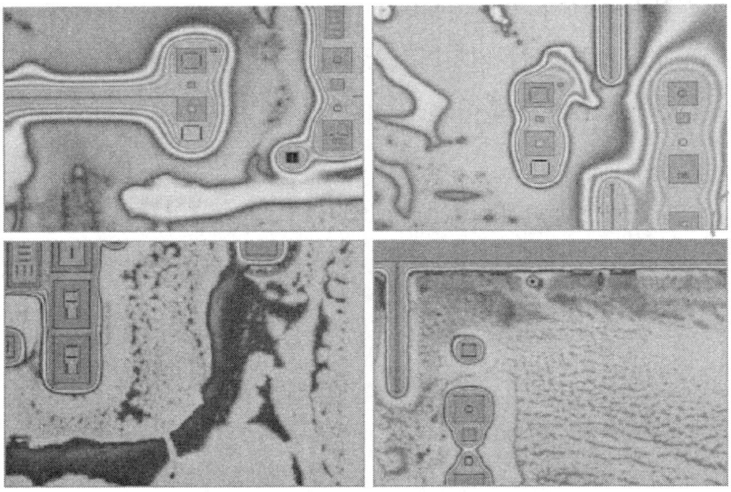

그림 1-24 현상(Develop) 불량

Chapter 02

샘플링(Sampling) 공정의 이해

1. 모니터링(Monitoring)

반도체 장비의 일간(daily), 주간(weekly), 월간(monthly) 주기별로 장비의 조건(condition) 변화를 사전에 확인을 통하여 불량을 예방하는 목적이 있다.

표 2-1 사진공정 모니터링(Photolithography Process Monitoring)

<table>
<tr><th>EQUIOMENT</th><th colspan="2">CHECK ITEM</th><th>JOB FILE</th><th>THK Recipe & measure point</th><th colspan="2">Spec</th></tr>
<tr><td rowspan="2">Nikon Scanner</td><td rowspan="2">Focus</td><td>SMP Focus</td><td>FOCUS SMP</td><td></td><td colspan="2">0.0±0.05μm
(RANGE 관리)</td></tr>
<tr><td>FC-2</td><td>Calibration command</td><td></td><td colspan="2">0.0±0.2μm</td></tr>
<tr><td rowspan="2">Nikon Stepper</td><td rowspan="2">Focus</td><td>SMP Focus</td><td>FOCUS SMP</td><td></td><td colspan="2">0.0±0.05μm</td></tr>
<tr><td>FC-2</td><td>Calibration command</td><td></td><td colspan="2">0.0±0.2μm</td></tr>
<tr><td rowspan="2">Nikon Stepper</td><td rowspan="2">Focus</td><td>SMP Focus</td><td>FOCUS SMP</td><td></td><td colspan="2">0.0±0.05μm</td></tr>
<tr><td>FC-2</td><td>Calibration command</td><td></td><td colspan="2">0.0±0.2μm</td></tr>
<tr><td>SF 120, 130, 140</td><td>AF</td><td>PSD Offset</td><td>Manual</td><td></td><td colspan="2">Max-Min <0.1μm
/X, Y-tilt <3urad</td></tr>
<tr><td rowspan="4">MUV Track</td><td rowspan="4">PR Coating Particle & Thickness</td><td rowspan="2">IX-925G-14C</td><td>305</td><td>Photo 19P</td><td>8500±30Å</td><td rowspan="4">σ<30Å</td></tr>
<tr><td>306</td><td>Photo 19P</td><td>11000±30Å</td></tr>
<tr><td rowspan="2">IX435L-10c</td><td>303</td><td>Photo 19P</td><td>12850±30Å</td></tr>
<tr><td>304</td><td>Photo 19P</td><td>15050±30Å</td></tr>
</table>

EQUIOMENT	CHECK ITEM		JOB FILE	THK Recipe & measure point	Spec	
MUV Track	PR Coating Particle & Thickness	IX405EM-55	301	Photo 19P	24000±100Å	σ<40Å
			302	Photo 19P	30000±100Å	σ<50Å
		PFI-93B25	313	Photo 19P	14000±50Å	σ<50Å
			314	Photo 19P	16000±50Å	
			315	Photo 19P	18000±50Å	
		PFI-DW64A8	311	Photo 19P	8500±30Å	σ<30Å
			312	Photo 19P	11000±30Å	
		GIS-1349	309	Photo 19P	12850±30Å	
			310	Photo 19P	15050±30Å	
		GIS-907	307	Photo 19P	24000±100Å	σ<40Å
			308	Photo 19P	30000±100Å	σ<50Å

(2) 온도와 습도

항온 항습은 반도체 공정에 아주 중요한 사항이므로 주기별로 모니터링(monitoring) 한다.

표 2-2 Fab. 측정지역에 따른 주기별 온도와 습도

구 분	Area	Control 기준(OOC)		Spec.(OOS)		측정주기
		온도(℃)	습도(%RH)	온도(℃)	습도(%RH)	
Fab	Photo Bay	23±0.5	40±4	23±1.0	40±6	1회/주±2
	Process	23±1.0	43±4	23±1.5	43±7	1회/주±2
	Service	23±2.0	45±10	23±2.5	45±15	1회/월±7
	Front Carrying Room	23±3.0	45±15	23±3.5	45±20	필요 시
	Carrying Room	23±4.0	45±15	23±4.5	45±20	1회/월±7
	Others	23±4.0	45±15	23±4.5	45±20	1회/월±7

(3) 장비에서 발생하는 진동과 오염

장비를 사용하면 여러 가지 자동 기계로 인하여 진동이 발생하며 연결 부위에서 원하지 않는 오염이 발생하므로 이것도 항시 주위 깊게 모니터링 한다.

표 2-3 장비사용 시 진동과 오염 사항

진 동	• 측정 대상의 바닥면의 중요한 곳을 측정한다. • 진동계를 사용하여 check한다. • 장비는 Bruel과 Kjaer Portable Pulse 혹은 동등한 장비를 이용한다.
Photo Bay 공기오염	• 측정 대상의 중요 check 곳과 장비 내부의 지정된 곳을 측정한다. • Photo bay 내에 설치된 IMS 장비를 이용하여 측정한다. • Spec Out 시 Impinger test를 이용하여 check한다. • IMS 및 Impringer 또는 동등한 장비를 이용하여 측정한다.
음이온	Impinger로 test 한다.

(4) 정전기(ESD) 모니터링(monitoring)

정전기가 발생되는 도구를 모니터링 한다.

표 2-4 각 도구들에서 발생되는 정전기 모니터링

구 분	측정항목(Item)	Spec(OOS)	측정주기(Period)
Work Table	Steel Surface	R≤10 Ohm/Sq	1회/월±7 (1/Month±7)
	Resistance To Ground	10e6≤R〈 10e9 Ohm	
Shelf	Steel Surface	R≤10 Ohm/Sq	1회/월±7 (1/Month±7)
	Resistance To Ground	10e6≤R〈 10e9 Ohm	
Cart	Resistance To Ground	10e6≤R〈 10e9 Ohm	1회/월±7 (1/Month±7)
Static Dissipative Floor	Surface Resistance	10e6≤R〈 10e9 Ohm/Sq	1회/월±7 (1/Month±7)
Equipment Earth	Resistance To Ground	R≤10 Ohm/Sq	1회/월±7 (1/Month±7)

(5) Fab. 공정 환경 관리 모니터링(monitoring)

표 2-5 Fab. 공정 환경 관리 항목별 측정 위치 및 측정 방법 모니터링

측정항목	측정위치	측정방법	측정장비
청정도	• Access floor로부터 높이 1.2m에서 측정한다. • 청정도 측정위치는 품질보증 팀장의 승인을 얻은 후 적용한다.	• 광 산란식 입자 계수기를 이용하여 측정한다. • 한 곳 측정 위치에서 시료 채취량은 1CFM으로 한다.	Air particle counter 또는 동등한 장비를 사용한다.
온도 및 습도	• Access floor로부터 1.2 높이에서 측정한다. • 벽, 바닥, 천장 각 면에서 30cm 이상 떨어져서 측정한다. • 온도 및 습도 측정 위치는 품질 보증 팀장이 지정한 곳에서 측정한다.	• 전자식 온도 습도계를 이용하여 측정한다. • 한 곳 측정 위치에서 최소 15초 이상 측정한 후 그 결과를 기록한다.	Vaisala HM-34 또는 동등한 장비를 이용한다.

측정항목	측정위치	측정방법	측정장비
풍 속	• FFU로부터 하단 30cm 거리에서 측정한다. • 1곳에서 3회 측정하고 전부 기록한다. • 풍속 측정 위치는 품질보증 팀장이 지정한 곳을 측정한다.	• 열선 풍속 측정기를 이용하여 측정한다. • 측정 한 곳이 모두 기준값에 만족해야 한다.	Delta DO9847 Air Flow Meter 또는 동등한 측정 장비를 사용한다.
차 압	• Working Area와 Service Area 사이에 측정 hole을 FFU로부터 1m 이상 떨어진 곳에 생성하여 측정한다. • 차압 측정위치는 품질보증 팀장이 지정한 곳을 측정한다.	출입문이 닫힌 상태에서 차압을 측정한다.	COMARK C9551 또는 동등 장비를 사용한다.
조 도	• Access floor로부터 높이 1.2m에서 측정한다. • 벽, 바닥, 천장 각 면에서 30cm 이상 떨어져서 측정한다. • 조도 측정위치는 품질보증 팀장이 지정한 곳을 측정한다.	• 조명 기구 점등 후 최소 30분 경과 후 측정한다. • 한 측정 위치에서 최소 3초 이상 측정한다.	TOPCON IM-2D 또는 동등한 장비를 사용한다.
소 음	• Access floor로부터 높이 1.2m에서 측정한다. • 조도 측정위치는 품질보증 팀장이 지정한 곳을 측정한다.	• 청정실 가동 후 측정한다. • 평균적 소음을 측정한다.	ONO SOKKILA-2111 또는 동등한 장비를 이용한다.

(6) Particle monitoring

표 2-6 Fab. 안에서 각 지역별 미립자 모니터링(particle monitoring)

구 분	Area	Particle size(㎛)	Spec.(OOS)	측정주기
Fab	Process	〉0.1	〈1	1회/주±2
	Corridor	〉0.1	〈1	1회/주±2
	Smock Room	〉0.3	〈100	1회/월±7
	Service	〉0.3	〈1,000	1회/월±7
	Front Carrying Room	〉0.5	〈1,000	필요 시
	Carrying Room	〉0.5	〈10,000	1회/월±7
	Others	〉0.5	〈10,000	1회/월±7

Chapter 03

청정도 요인의 이해

1. 청정도의 개요

공기 중에 떠다니는 먼지나 미세한 입자가 일정 용량의 기체 중에 얼마나 포함되어 있는가 하는 정도를 말한다. 또한 주변 환경에 있어서 오염물질의 오염 정도를 나타내는 척도로 나타낸다.

1) 청정도(Cleanliness)

일반적으로 청정실(clean room) 내에 공급되는 공기 중 일정 체적 $1ft^3$(cubic feet ; 입방피트) 즉, 약 28.3 l 내에 포함된 0.5㎛ 이상의 먼지 허용 개수를 말한다. 반도체 공정에서는 0.1㎛ 이하의 먼지에 대해서도 관리를 하고 있다.

2) Clean room의 종류

(1) 수평 층류 방식(Cross Flow Type)

Air filter를 통과한 공기가 한쪽 벽면에서 마주보는 벽면을 향해 흘러간다. 청정실(clean room)의 상부에는 고청정이 유지되지만 하부에서는 고청정 유지가 어려운 단점이다. 일반적으로 청정도가 class 100, class 1,000에 많이 설치하여 사용한다.

(2) 수직 층류 방식(Down Row Type)

공기 여과기(Air filter)를 통과한 공기가 천자에서 바닥면을 향해 아래로 흐르는 형태이다. 청정실(clean room)에 먼지가 발생하면 하강기류에 의하여 제거되어 청정도를 유지한다. 고청정 청정실(clean room)에 일반적으로 사용된다. 청정도가 class 1, class 10, class 100에 주로 사용한다. 그리고 System ceiling 및 access floor가 설치되어 있고 천장에는 팬 여과기계(fan filter unit)에 장착되어 있다.

(3) 난류 방식(Conventional Flow Type)

청정실(clean room)에 신선한 공기를 넣어 먼지를 희석시켜 실내 청정도를 유지시킨다. 청정도가 class 1,000, class 10,000, class 100,000에 많이 사용한다. 이 방식에는 바닥 순환시과 벽면 순환식이 있다. 그리고 장치로는 hepa filter unit 및 blower filter unit 있다.

(4) Tunnel Type

청정실 모쥴(clean room module) 방식으로 생산이 되어 최소 공간만으로 고청정을 유지할 수 있다. 공기순환 동력이 다른 방식에 배해 적으나 항온, 항습 유기 성능이 약간 떨어진다. 국부순환방식으로 인접실에 영향을 미치는 단점 때문에 초청정 방식으로는 사용하지 않는다.

(5) Open Bay Type

수직층류방식과 터널(tunnel) 방식의 단점을 보완한 복합 형태로서 청정실 내의 항온을 얻을 수 있다. 반도체 연구실이나 양산 공장에서 사용한다.

3) 청정실(Clean room)

공기 중에서 먼지의 개수가 규정된 한도에서 관리되고 있는 영역을 말하고 있으나, 실질적으로 먼지의 유입 및 발생을 억제하고 FFU(Fan Filter Unit) 및 BFU (Blower Filter Unit)를 사용하여 발생된 먼지를 제거하여 일정한 청정도를 유지하며, 통상적으로 먼지를 비롯한 제반환경인 항온, 항습, 양의 압력, 청정구역, 압력의 차이, 음이온 농도 등이 작업 공정에 적합하게 인위적으로 조절 및 관리되는 실내 공간을 말한다.

4) 청정도의 분류

표 3-1 청정실(clean room)의 미립자 크기(particle size)에 따른 등급 구분

Class	Particle size(μm)					
	0.1		0.3		0.5	
	No./ft^3	No./m^3	No./ft^3	No./m^3	No./ft^3	No./m^3
1	35	1,240	3.0	106	1	35.3
10	350	12,400	30.0	757	10	353.0
100			87.5	3,090	100	3,530.0
1,000			875.0	30,900	1,000	35,300.0
10,000					10,000	353,000.0
100,000					100,000	3,530,000.0

5) 청정실(clean room)의 공조 시스템

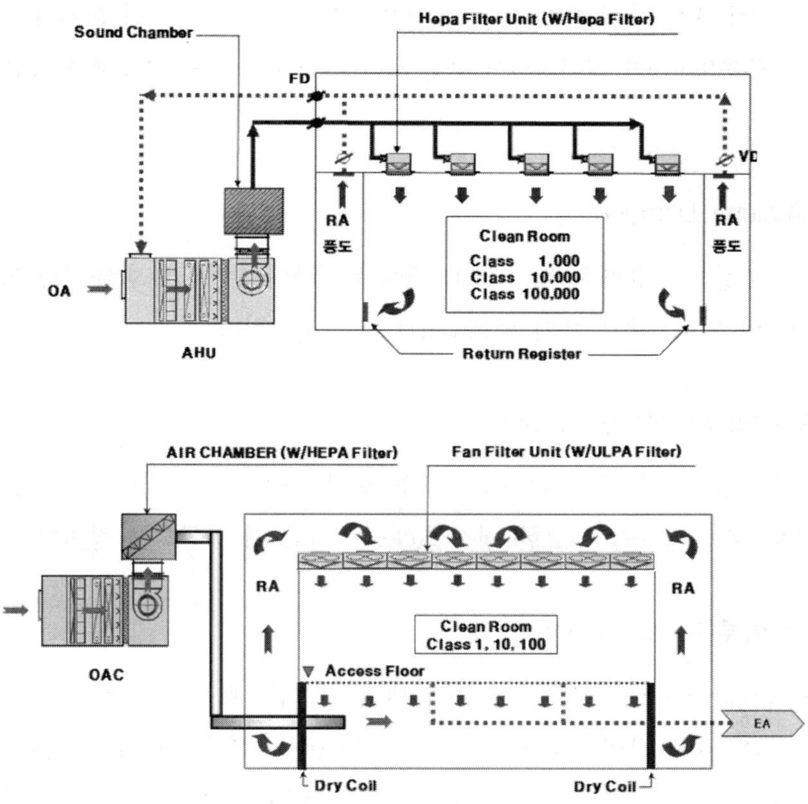

그림 3-1 Class 등급에 따른 청정실(clean room)의 공조 시스템 흐름도

(1) AHU(Air handling Unit)

외부 공기를 흡입하여 냉방 또는 난방 코일(coil)을 통과시켜 열교환기를 이용하여 냉풍 또는 온풍을 필요한 청정실(clean room)로 공급하는 장치이다. 공조기라고 하며 송풍기, 냉, 난방 코일(coil), 가습기, 공기 여과기(air filter) 등으로 구성된다.

(2) OA(Out Air)

외부에서 인입된 공기로 온도, 습도 상태에 따라 공조기의 냉방 또는 난방 코일(coil)의 크기가 결정되어 공조기에서 매우 중요한 요인이 된다.

(3) Return Register

실내 환기를 위하여 장착하는 통풍 망으로 임의로 개폐각도 조절이 가능하다.

(4) FD(Fire Damper)

덕트(Duct) 내에 설치하여 화재 시 확산을 방지하는 장치이며 화재가 감지되면 자동으로 퓨즈(Fuse)가 끊어지면서 방화 셔터(shutter)가 내려가 화재를 차단하는 장치이다.

(5) VD(Volune Damper)

풍량을 조절하는 장치로 덕트(duct) 내에 설치하여 공기의 흐름을 수동으로 조절하는 기능이 있다. 주로 분기 덕트(duct) 내에 설치한다.

(6) OAC(Out Air Handling Unit)

AHU의 역할을 하는데 반송(return) 되는 공기 없이 외부 공기만을 열교환기를 통해서 냉풍 또는 온풍을 필요한 청정실(clean room)에 공급하는 장치이다.

(7) 통로 마루(Access Floor)

청정실(clean room)에 설치되는 이중 바닥 시스템으로 천정에서 내려온 깨끗한 공기가 바닥을 통과하여 순환할 수 있도록 마루(floor)에 구멍을 뚫어 놓은 판을 말한다. 통로 마루 판(Access floor panel)은 개구율에 따라 아래 표 3-2와 같이 구분된다.

표 3-2 판넬(Panel) 개구율에 따른 통로 마루(Access Floor)

Panel 구분	개구율(%)
Perforated panel	18%~20%
Grating panel	50%
Blind panel	0%

그림 3-2 통로 마루(Access Floor)

(8) Dry Coil

통로 마루(Access Floor) 하부에 설치하여 통로 마루(Access Floor)를 통과한 공기의 현재 열처리를 위한 코일(coil)이다.

(9) FFU(Fan Filter Unit)

규격화된 유니트(unit)를 청정에 설치하여 공기를 여과기(filtering) 시키는 공조장비로서 고청정을 요구하는 청정실에 설치한다.

그림 3-3 FFU(Fan Filter Unit)

(10) BFU(Blower Filter Unit)

공조기를 통해 실내에 공급된 공기를 순환 및 여과(filtering)하여 실내에 재공급하는 헤파 여과기(hepa filter)가 내장된 장비이다.

그림 3-4 BFU(Blower Filter Unit)

(11) HFU(Hepa Filter Unit)

공조기에서 만들어진 냉풍 또는 온풍을 청정실 내에 공급하는 장치로 천정에 설치하여 사용한다.

그림 3-5 HFU(Hepa Filter Unit)

6) 청정실의 오염을 발생시키는 오염원의 요소

(1) 청정실 환경

반도체 생산 수율에 많은 영향을 미치는 먼지는 청정실 환경에 따라 공기의 질, 공기의 흐름, 청정실의 방식, 반도체 장비의 진동, 정전기, 시설재와 부품, 소모품 등에서 발생할 수 있다.

(2) 반도체 장비 및 시설

각종 반도체 장비와 시설들의 회전 모터(motor), 운송장치, 각 연결 부분 등에서 미세한 오염물질이 발생한다.

(3) 반도체 제조공정의 필요한 재료

금속성 오염원, 화학적 시약품, 일반 가스, 반응 가스, 금속성 타겟, 비금속성 물질, 각종 화학적 부산물, 기체의 반응 가스 부산물, 박막공정 부산물, 세정공정 부산물 등에서 발생한다.

(4) 사람이 사용한 소모품 재료

방진복, 방진화, 마스크(mask), 장갑, 필기류, 청소용품 등에서 발생한다.

(5) 인체에서 발생

침, 땀, 표피, 화장품, 콧물 머리카락 등에서 발생한다.

표 3-3 화장할 때 발생되는 0.5㎛ 이하 크기의 먼지 수

화장품의 종류	먼지 수
립스틱	1,100,000,000
볼연기	600,000,000
파우더	270,000,000
눈화장	87,000,000
마스카라	3,000,000,000

표 3-4 행동에 따른 의류에서 발생하는 먼지 수

동 작	Particle size(㎛)			
	0.3(no./min/人)		0.5(no./min/人)	
	일반 옷	방진복	일반 옷	방진복
서 있을 때	543,000	13,000	339,000	5,580
앉아 있을 때	448,000	14,800	302,000	7,420
상체를 흔들 때	2,240,000	31,400	850,000	14,900
상체를 굽힐 때	3,920,000	39,200	2,240,000	24,000
제자리 걸음	4,240,000	92,100	2,800,000	44,600
보행할 때	5,260,000	157,000	2,920,000	56,000

표에서 알 수 있듯이 일반 옷이 아니라 청정실에서 먼지 발생을 최소화하기 위하여 입는 방진복의 경우도 움직임에 따라 많은 먼지를 발생시키고 있음을 알 수 있다. 따라서 청정실에서 불필요한 동작을 하지 않고 움직임을 최소화하여 먼지 발생을 최소화하도록 노력해야한다. 우리가 말을 할 때 침이 튀는데 이때 침을 성분 조사하여 보면 K, Cl, S, P, Na, Mg 등의 다양한 성분이 검출되었다. 또한 우리 흘리는 땀에도 비슷한 성분을 보인다. 특히 머리카락의 크기는 60㎛~100㎛ 이다.

(6) 초순수(UPW ; Ultra Pure Water, DIW ; Deionized Water)

웨이퍼의 세정 작업등 생산 공정에서 반도체 소자 및 부품들로부터 불순물을 제거하기 우해 미립자(particle), 박테리아(bacteria), 중금속 이온(ion), 유기물, 무기물을 제거한 물로서 동일 온도 시 비저항이 높은 물이다. 이 물을 잘 관리하지 못하면 오염의 문제가 될 수 있다.

7) 청정실 오염을 제어 방법

오염을 제어하는 방법에는 크게 세 가지로 구분할 수 있다. 첫째는 오염원이 발생하기 않도록 오염원이 되는 물질을 사용하지 않는 방법이다. 둘째는 발생한 오염원과 접촉하지 않도록 격리시키도록 한다. 셋째는 발생한 오염원을 제거하는 방법이다. 가장 좋은 방법은 오염원을 원인을 제공하는 것을 차단하는 것이다. 그러나 이것은 거의 불가능한 것이며 국소청정화 기술을 하여 경제적으로 오염원을 격리시키는 것이 가장 중요한 방법이라 할 수 있다.

일단 오염이 발견되면 그 오염의 종류를 파악하고 그 오염의 원인이 되는 것을 찾아 문제를 해결한다. 청정실(Clean room)의 오염문제는 공정 소자(process device) 등에 의해 미립자(paticle), 금속 이온(ion), 가스(gas) 형태의 물질 등에 의한 단독 또는 화합물의 복합물질로 여러 가지 경우의 오염이 생각될 수 있다. 소자(Device)에 영향을 주는 오염물질에 대해서는 오염 원인의 규제치가 확립되어야 한다.

오염원을 감시할 수 있는 중앙 감시 시스템을 이용하여 정정실의 환경 및 유틸리티(utility)에 대한 품질 수준을 컴퓨터 시스템(computer system)을 이용하여 실시간으로 측정 및 감시한다.

2. 청정실 출입 절차

1) 청정실 라인(line)출입 절차

라인을 출입하는 모든 출입자는 청정도 교육 및 안전 교육을 받아야하며 라인 출입 시 정확한 절차를 인식하여야 한다. 청정실 출입절차는 아래와 같이 출입 차에 따른다.

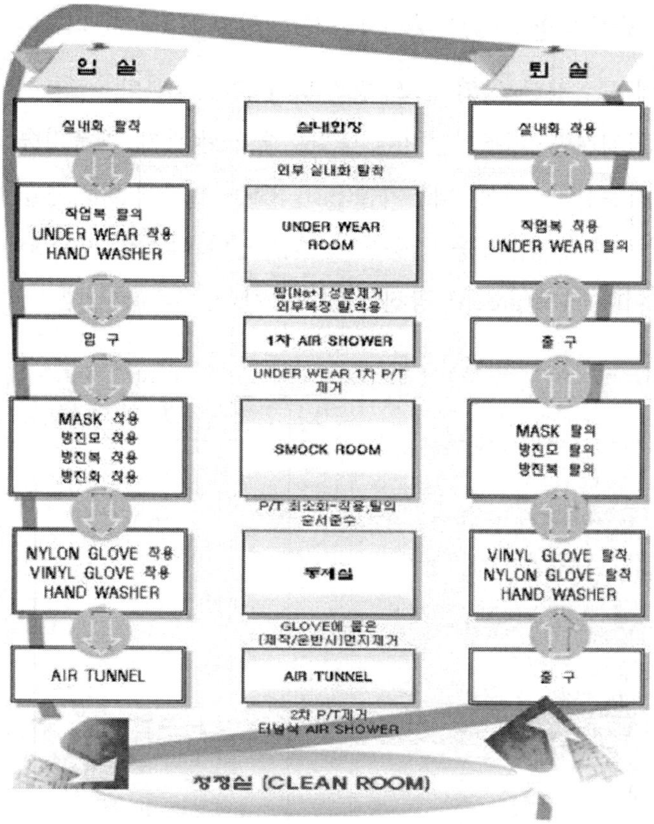

그림 3-6 청정실 입실 과정

실내화 실발장 → 탈의실 → 방진복 room (mask 착용 → Head cover → 방진복 착용 → 방진화 착용) → 통제실 (nylon glove 착용 → vinyl glove 착용) → 통제실에서 관련부서 확인 → Glove 세척 → Air dry → Air shower → Fab. or Line 입실

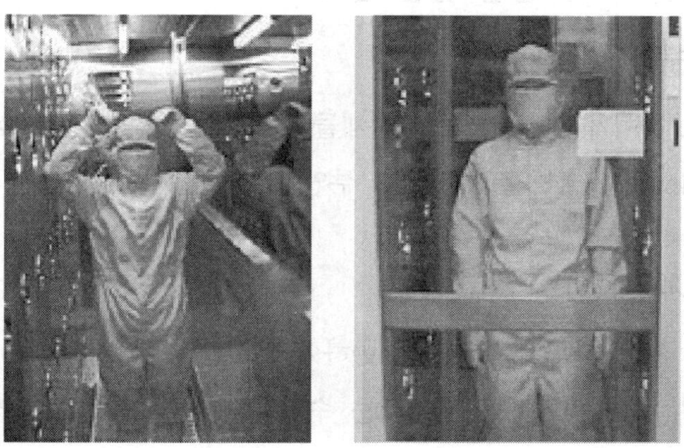

그림 3-7 공기 샤워(Air shower)

2) 방진복 구분착용

개인 근무자 별, 생산 작업자 별 방진복 구별 착용한다.

예를 들어 공정개발, 제조기술(PE), 품질보증, 공정관리, 제품기술, 제품개발은 청색 방진복을 착용한다. 시설, 제조기술(EE), ICS는 빨간색 방진복을 착용한다. 생산 관련 근무자는 흰색 방진복을 착용한다. 외부인(협력업체, Vendor)은 하늘색(sky blue) 방진복이나 녹색(green) 방진복을 착용한다.

▶▶ SMOCK ROOM 준수사항 (1) 년 월 일 Auditor :

NO	CHECK 항목	잘(A+) 지켜짐	대체로 (A)양호	부분적 (C)불량	(F) 불량	제도개선 필요(J)	Remark (위반자, 내용, 장소 등)
1	개인 사물 반입을 금지 (펀치, 스테플러, 자, 수정액외등...)						
2	LOCKER, 신발장을 열어두지 않는다.						
3	털옷, 오염유발 의류 착용금지.						
4	물품 반입시 반드시 CLEANING실시.						
5	Smock 착,탈 준수.(Headcover 착용/Nylon 장갑뒤집기 탈착)						
6	손을 씻고 완전히 말린후 출입준수(42초).						
7	CLEAN NOTE외 종이반입 절대금지.(토너 복사문 반입금지)						
8	입,퇴실시 옷/SMOCK을 털지 않음						
9	입,퇴실시 SMOCK을 지정한 곳에 보관.						
10	장갑,SLEEVE,서랍,신발장,LOCKER내부등의 정리정돈						
11	SMOCK 이외의 복장으로 CONTROL ROOM 출입금지						
12	SMOCK 착용시 머리카락 노출 금지.						
13	Head Cover 의 안면부위가 얼굴과 밀착.						
14	SMOCK의 지퍼를 끝까지 올린다.						
15	SMOCK의 허리끈을 꽉 조인다.						
16	SLEEVE 착용시 손목을 꽉 조인고 상단은 팔꿈치에 걸친다.						
17	마스크 착용시 코 노출 금지.						
18	반입공구류는 CLEANING을 철저한다.						
19	의약품 사용시 사전 승인 요함.						
20	색조화장 금지 (기초 화장만 가능)						
21	SMOCK, HEAD COVER, 무진화에 명찰 기재.						
22	허용된 필기구 및 NOTE만 가지고 출입.						
23	신발 바닥 CLEANING/ STICKY MAT이용철저.						
24	반드시 지정된 AIR-SHOWER를 하고 입실한다.						
25	AIR-SHOWER시 정원 초과 금지한다.						
26	사용불가 통로나 DOOR 출입 금지한다.						
27	기타 불결한자 출입금지 (음주,마약,신체적 불결한 자)						
28	통제자의 통제불응시 출입금지.						

그림 3-8 방진복 착용 room 준수 사항

3) 자재 라인(line) 반입 출입 절차

(1) 원자재와 부자재

팹(Fab.)으로 들어가는 원자재와 부자재들은 필요에 따라 초순수(DI water) 및 필요한 세정(cleaning)을 한 후 청정실로 투입한다.

(2) 화학물질(Chemical)

청정실 투입 전 용기를 세정(cleaning)하여 말린 후 공기 샤워(air shower)한 후 투입한다. 사용 후의 원자재와 부자재는 수거하고 폐기 절차에 따라서 실시한다.

4) 라인 세정(Line cleaning)

(1) 세정(Cleaning) 도구

세정 면포(clean wiper), clean용(PVA) pulp cleaner, 부직포(paper wiper)

(2) 세정(Cleaning) 방법

원칙적으로 위에서 아래로 세정(Cleaning) 한다. 장비를 한 후 작업대(work table)한다. 장비는 안에서 바깥쪽으로 세정(Cleaning)을 실시한다. 또 장비 및 작업대(work table)를 세정(Cleaning)할 때는 세직면포(clean wiper)를 사용한다. 작업을 수행 중 감광막(photo resist)를 떨어뜨렸을 경우 즉시 세정 면포(clean wiper)로 세정(cleaning) 한다.

5) 일간 세정(Daily cleaning)

① 장비 적하(unloading)와 적재(loading) 부위 및 조작(operation)이 진행되는 부위는 교대(shift) 별로 실시한다.

② 작업대(work table) 및 PC 책상(table)은 매일교대(daily shift change) 후 10분간 실시한다.

③ 웨이퍼 취급 공구에 대하여 청결을 유지한다.

④ 공정 룸(Process room)의 바닥 세정(cleaning)은 용역회사 직원이 매일 실시한다.

▶▶ LINE 준수사항 (2) 년 월 일 Auditor :

NO	CHECK 항목	잘(A+) 지켜짐	대체로 (A)양호	부분적 (C)불량	(F) 불량	제도개선 필요(J)	Remark (위반자,내용,장소등)
1	작업시간전 반드시 10분간 장비,작업대를 CLEANING 한다.						
2	현장에서 가능한 천천히 움직여 먼지발생을 억제한다.						
3	치공구 세정및 정리정돈을 항시 한다.						
4	BAY내에 인원정원을 준수한다.						
5	WAFER위로 사람의 손이 올라가지 않도록 한다.						
6	CARRIER내부를 손으로 만지지 않는다.						
7	VACUUM TWEEZER 사용을 억제한다.						
8	TWEEZER의 TIP부위를 절대 손으로 만지지 않는다.						
9	WORK TABLE에 MANUAL,SPEC등을 올려 놓지 않는다.						
10	RUN SHEET의 작성은 지정된 WORK TABLE에서 기록한다.						
11	치공구의 사용은 소리가나지 않도록 조심스럽게 취급하여야 한다.						
12	CARRIER및 치공구는 PARTICLE이 묻지 않도록 관리해야한다.						
13	WAFER취급시는 말을 해서는 안된다.						
14	WORK TABLE에서는 타작업을 실시하지 않는다.						
15	작업전,후의 WORK TABLE은 정리정돈및 청결해야 한다.						
16	Line에서는 Particle이 발생되는 불필요한 행동을 하지않는다.						
17	WAFER가 떨어졌을 경우 보고후 즉시 CLEANING 한다.						
18	모든 작업은 규정(SPEC)에의한 작업을 해야된다.						
19	P.P & TEFRON CARRIER의 내부에 손을 넣지 말아야 한다.						
20	WAFER를 다룰때는 소리가 나지 않도록 취급해야 한다.						
21	작업시의 이상발생이 되면 작업을 중단하고 직,조장에 보고한다.						
22	FAB LINE에서 필요이상의 운집(3인)및 잡담을 해서는 안된다.						
23	벽이나 NOTE및 방진복, GLOVE에 낙서하지 않는다.						
24	WAFER를 이동시는 SORTER/ DUMPING ZIG을 이용한다.						
25	WAFER를 담을때는 앞면을 TOP쪽,뒷면은H-BAR쪽을 향한다.						
26	CHEMICAL 취급시는 반드시 보호장구를 착용 해야 한다.						
27	LINE에 불필요한 공구,자재를 두지 않는다.(작업에 불필요한 모든것)						
28	내용이 불분명한 CHEMICAL은 사용해서는 안된다.						

그림 3-9 라인(Line) 준수 사항

구분	개선 사항	첨부 자료 사진	첨부 자료 사진
청정도 유지	작업시작전 10분 Cleaning		
	필요시 수시로 장비 Cleaning		
	치공구 세정 및 청정도 유지	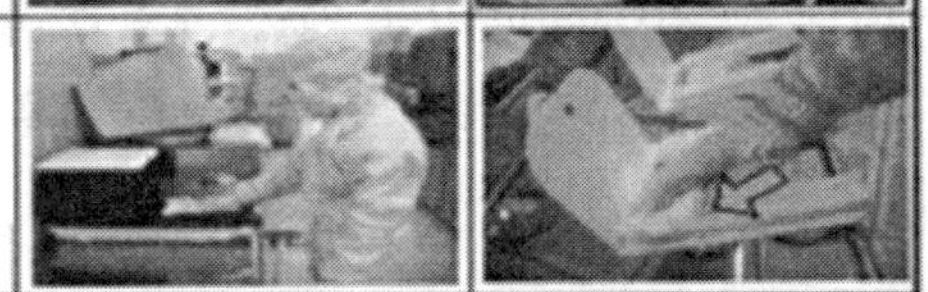	
	전체 Line Cleaning		

그림 3-10 청정도를 유지하기 위한 작업

Chapter 04

방진복/방진화 사용목적의 이해

1. 방진복의 사용 목적

청정실 라인(line) 내에서 입는 작업복을 말하며 먼지와 정전기를 일으키지 않으며 작업복 내의 오염물질이 밖으로 나오지 못하도록 입는 특수한 옷이다.

따라서 정확히 방진모자, 마스크, 방진장갑, 비닐장갑, 방진화를 착용한다.

우리의 손은 반도체의 오염물질로 가득하다. 이것을 없애는 손 씻는 작업은 반드시 필요하다. 오염을 최소화하기 위해서 제전장갑과 비닐장갑을 착용하여야 한다.

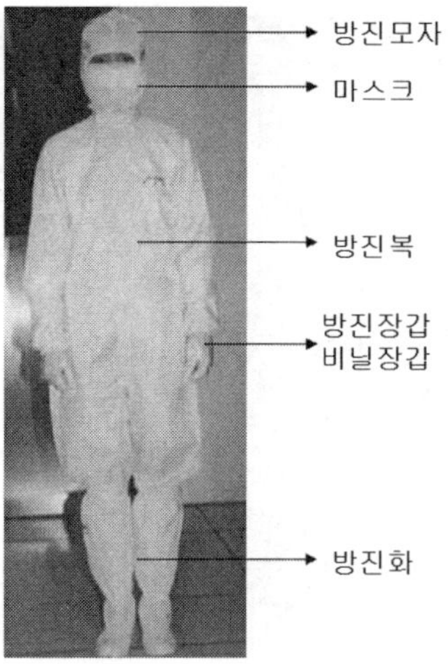

그림 4-1 방진복

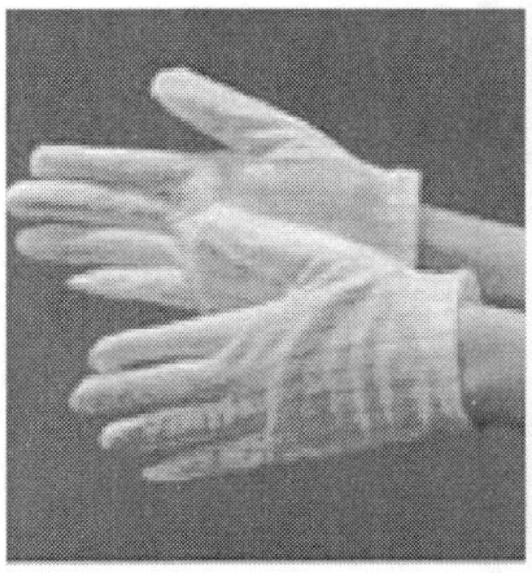

그림 4-2 제전장갑

그림 4-3 일회용마스크

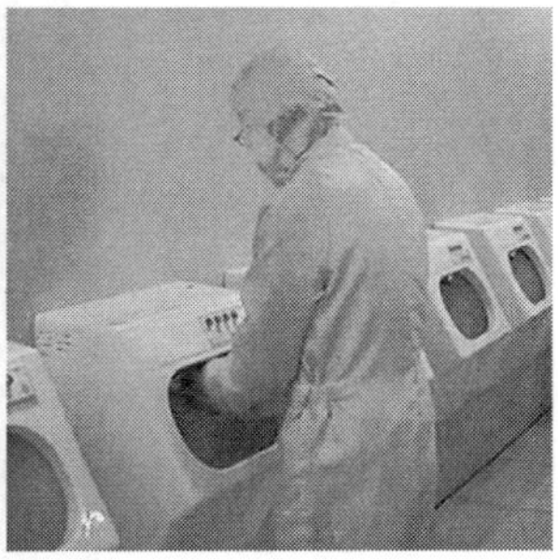

그림 4-4 손 씻기

2. 방진화의 사용 목적

방진화는 반도체 및 LCD 제조와 같은 엄격한 오염관리가 요구되는 청정실(clean room)에서 착용하는 신발로써 청정실(clean room) 신발에 방진 원단재질의 소매(sleeve)를 봉제한 부츠(boots) 형태의 신발이다. 또한 방진 부츠(boots)는 고청정의 PU 또는 PVC 소재를 이용한 주입기 틀(injection molding) 방식으로 내구성 및 내마모성이 뛰어나며 뒤 발꿈치 부위에 고밀도 PU foam을 부착하여 충격 흡수력이 뛰어나 장시간 착용에도 편안하다.

인체공학적으로 디자인 되어 오랜 시간 착용하여도 피로감이 적다 또한 땀, 습기로 인한 오염도에도 일정한 표면저항을 가지고 있다. 은도저사 중창채용으로 대전효과를 극대화하고 향균 방취기능을 부여하였다.

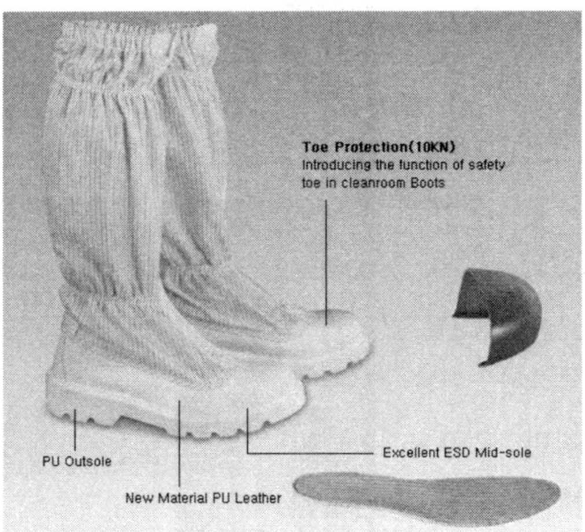

그림 4-5 방진화의 재질

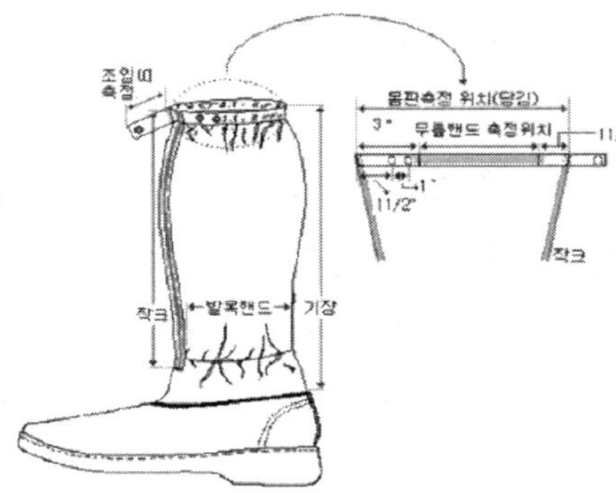

그림 4-6 방진화 규격

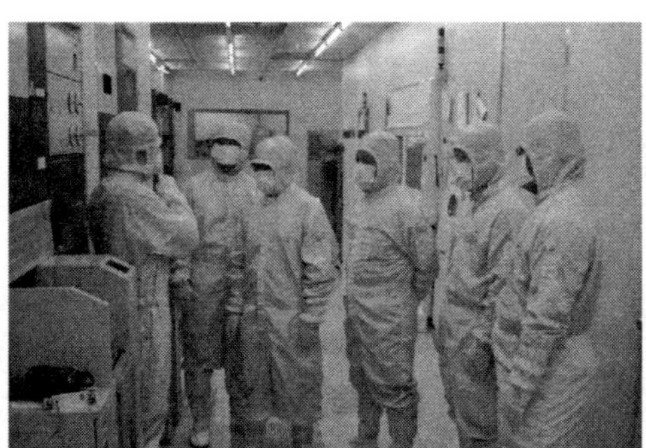

그림 4-7 방진복과 방진화를 착용한 후 청정실 내부

표 4-1 방진화 준수 사항

Item	Spec
원단 재질	Polyester Cabon Conductive fabric
Conductive fabric의 형태	체크 무늬
Conductive fabric의 간격	5mm×5mm(가로×세로)
표면저항	10^6~10^9 Ω/sq
마찰 대전압	50volt 이하
투습도	8000g/cm^2/24hr 이상
Particle 집진율	90% 이상(0.3μm)
반감기	1sec 이내
내약품성	이상 없음
방진화 바닥 재질	Poly urethan
Class Unit	Class 1~10

Chapter 05

장비가동율의 이해

1. Up rate (%) = Up time / Total Time

전체 시간(예를 들면 1day, 24hrs) 중에서 장비가 up 되어 있는 시간

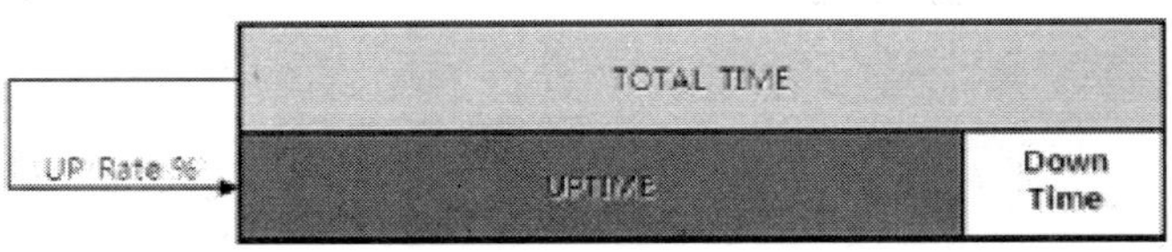

그림 5-1 Up rate

2. Operation Utilization(%) = Productive time / Total time

실제로 장비가 물건을 생산하고 있는 시간

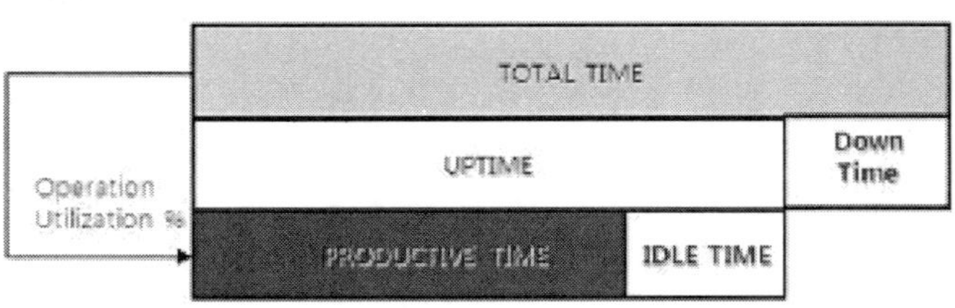

그림 5-2 Operation Utilization

3. Efficiency (%) = 유효 가동 시간 / Productive time

정상장비 경우의 시간당 생산량 대비 해당 장비 생산량

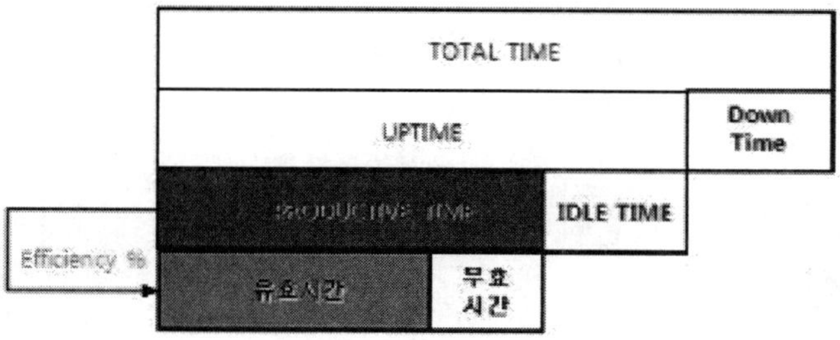

그림 5-3 Efficiency

Chapter 06

장비 PM(Preventive Maintenance)의 이해

1. 예방 보전

기업에서 생산설비의 고장, 사고가 발생하여 이를 조사하는 것을 BM(Breakdown Maintenance)라고 한다. 이와 같이 문제가 발생하는 것을 사전에 예방하는 것을 PM(Preventive Maintenance)라고 하며 예방보전은 설비의 성능을 유지하려면, 설비의 열화(劣化)를 방지하기 위한 예방조치가 필요하다. 이 때문에 윤활(潤滑), 조정, 점검, 교체 등의 일상적인 보전활동과 동시에 설비를 계획적으로 정기점검, 정기수리, 정기교체를 실시하는 활동이 필요하다. 이를 위해 3가지 활동이 있다.

① 열화를 방지하는 활동 → 일상보전

② 열화를 측정하는 활동 → 정기검사(진단)

③ 열화를 회복하는 활동 → 보수 및 정비

위의 이러한 돌발적인 사고, 고장이 발생하지 않도록 정기적으로 검사해서 가급적 빨리 불량한 부분을 발견해서 기계 장치 및 전기 장치를 정비하는 것을 말한다. 장비의 안전을 추진하기 위해 중요한 사항을 하나씩 검사해야 한다.

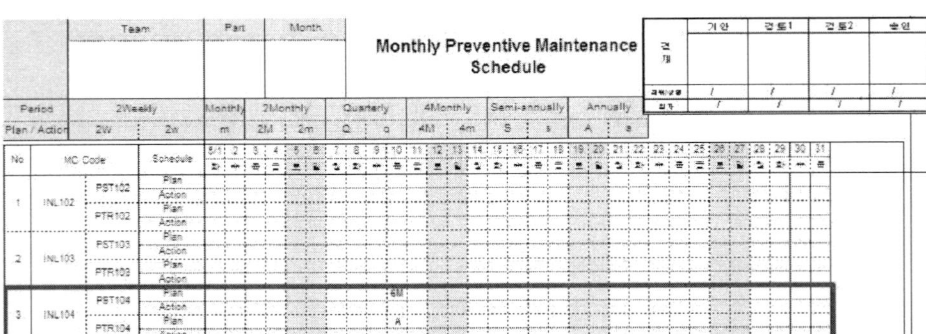

그림 6-1 월간 예방 정비 일정표(Monthly Preventive Maintenance Schedule)

2. 반도체 생산 관리 각종 표준서

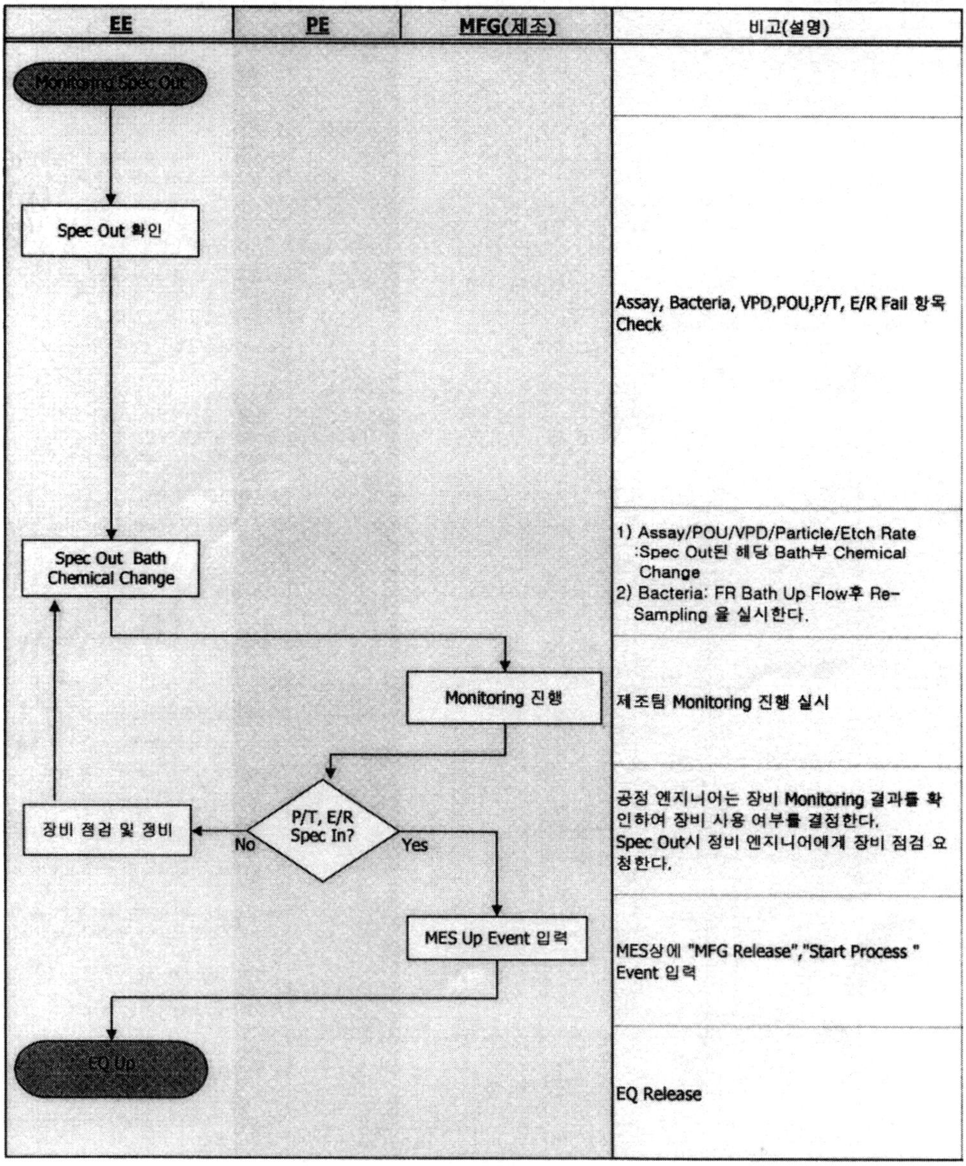

그림 6-2 모니터링 진행 절차 표준서

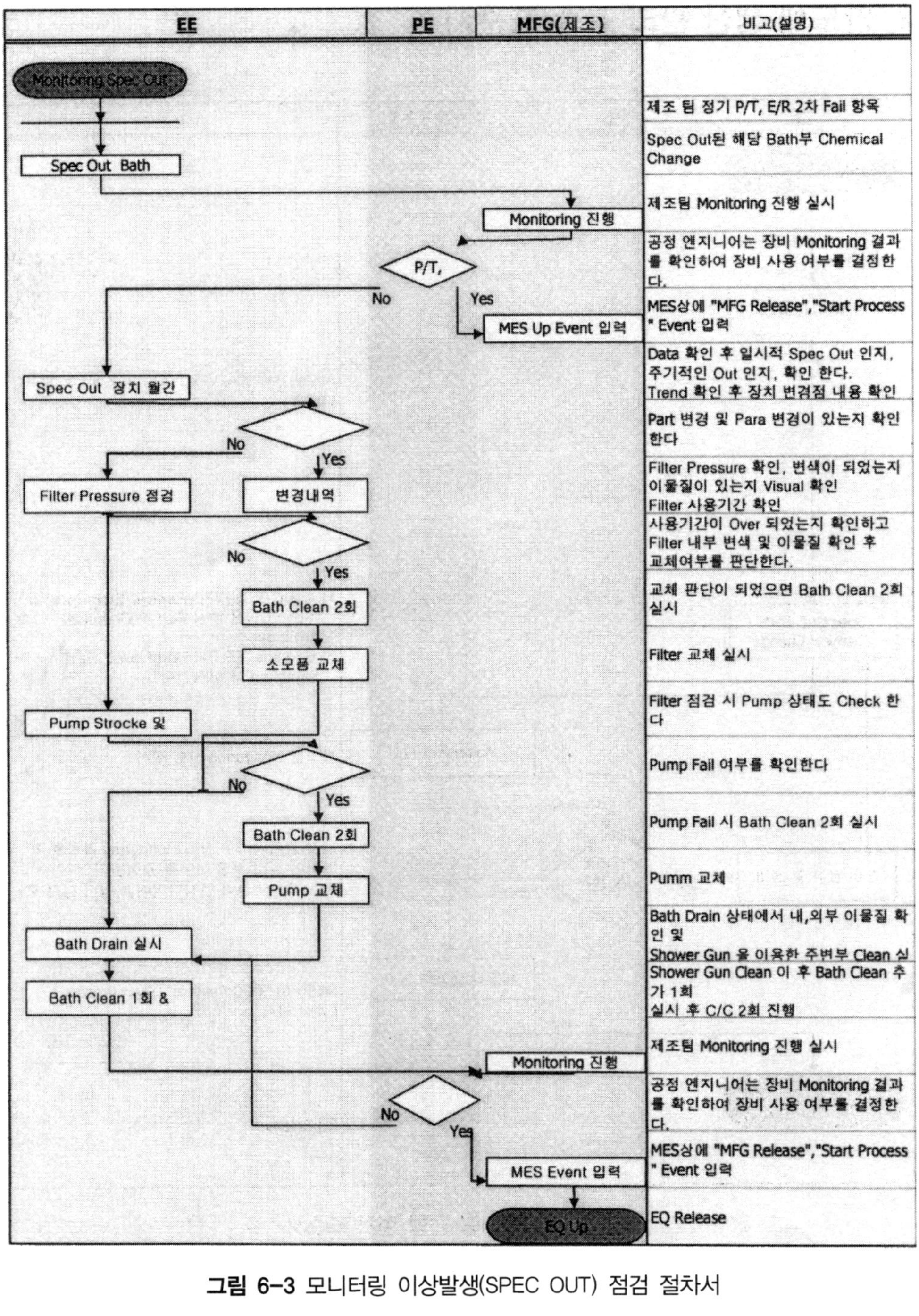

그림 6-3 모니터링 이상발생(SPEC OUT) 점검 절차서

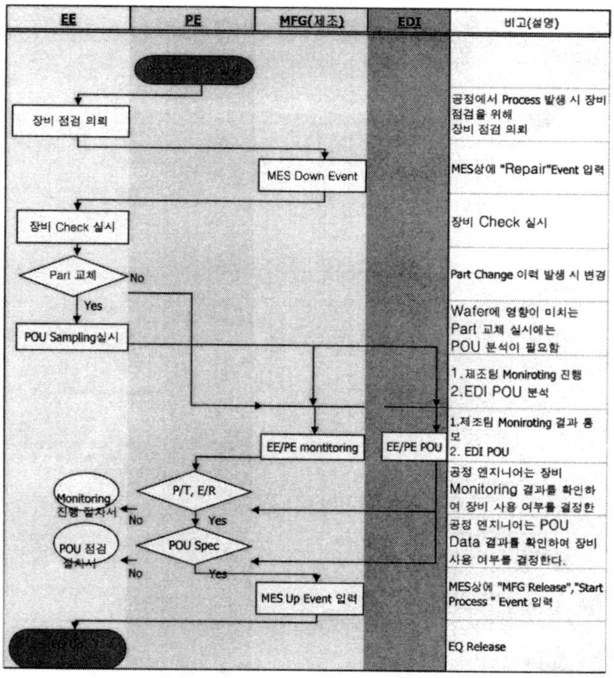

그림 6-4 공정 이상발생 점검 절차서

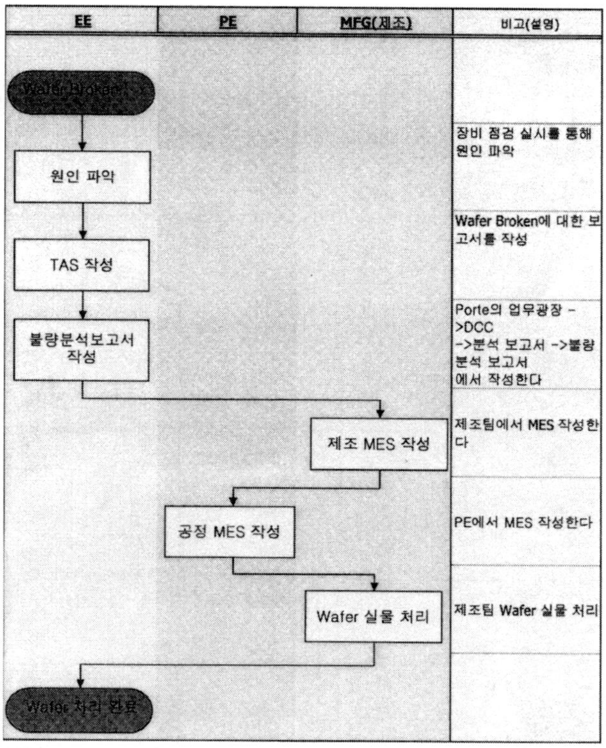

그림 6-5 장비 고장에 따른 웨이퍼 처리 기준(웨이퍼 깨짐)

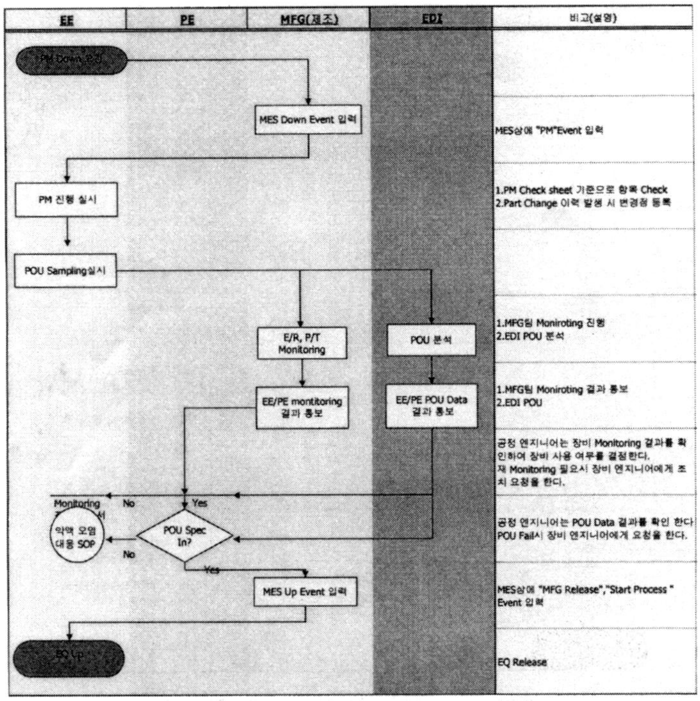

그림 6-6 PM 진행 절차서

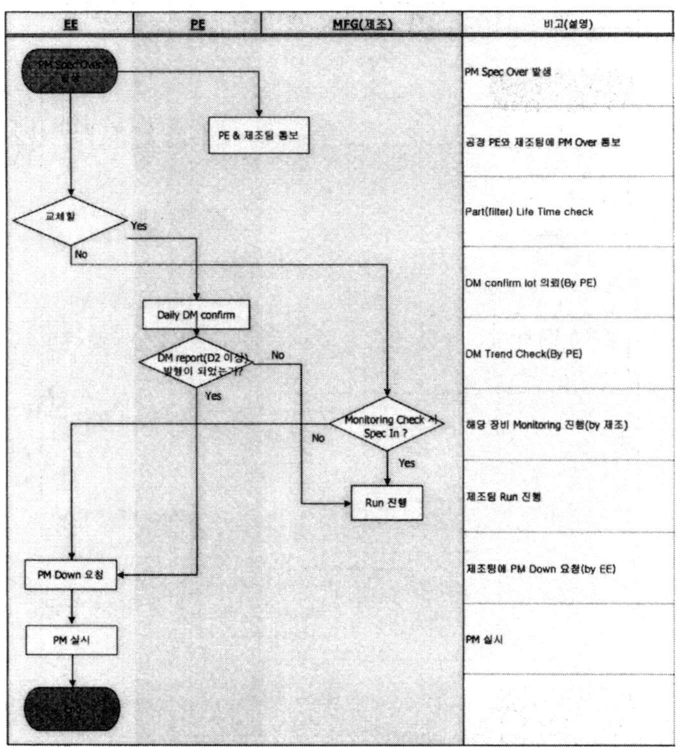

그림 6-7 PM 이상발생(Spec. out)발생시 처리 표준서

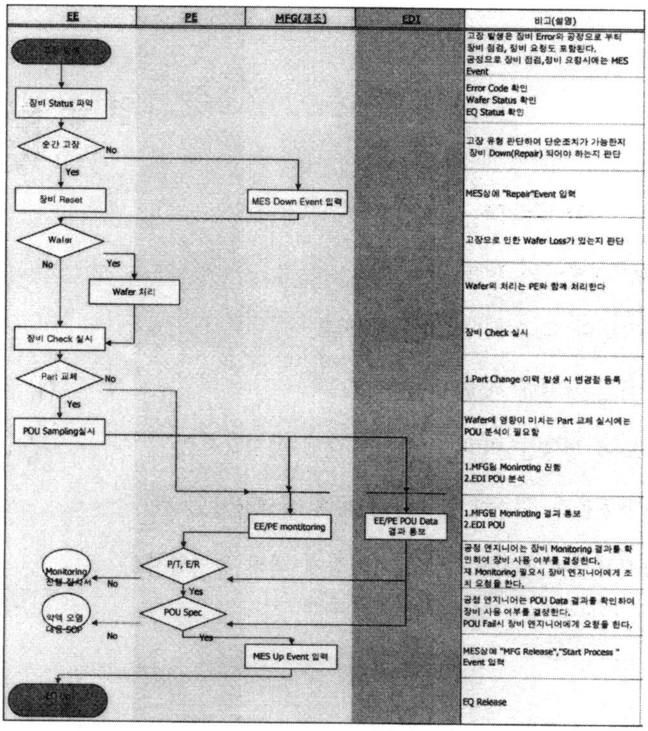

그림 6-8 장비 고장 발생 처리 절차 표준서

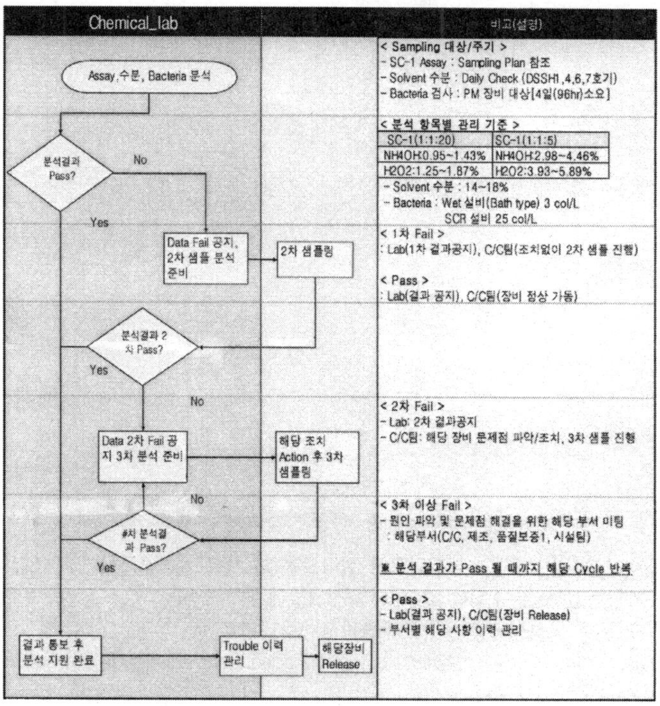

그림 6-9 chemical 이상발생시 절차 표준서

| 연 습 문 제 |

01 작업지시서(MOSFET 제조)에 대해 설명하시오.

02 웨이퍼의 종류에 대해 설명하시오.

03 모니터링의 목적에 대해 설명하시오.

04 방진복의 규격에 대해 설명하시오.

05 청정도에 영향을 미치는 요인에 대해 설명하시오.

06 장비가동율과 수율의 관계성에 대해 설명하시오.

07 작업지시서와 작업표준서의 차이점에 대해 설명하시오.

참고문헌

경북대학교 반도체융합기술연구원, "부천대학교 위탁교육과정 반도체공정교육", 2012년
서울대학교 반도체공동연구소, "1.5μm COMS 공정개발에 관한 연구 1차년도 연구보고서", 1998년
임준우 외 5명, "반도체 공정장비 개론", 복두출판사, 2012년
Richard C Jaeger, "Introduction to Microelectornic Fabrication(2/E) Vol V.", prentice hall, 2002년
http://hncblog.com/120162221877

Part 3

반도체 공정 및 장비

Chapter 01

포토 공정의 이해

1. 노광 공정

반도체 칩을 제조하기 위해 각각 다른 패턴을 가지는 여러 층의 막이 필요하고 한 번에 한층 씩 도핑 된다. 각각의 적층하는 스텝을 레이어(Layer)라 하며, 레이어별로 필요한 패턴을 형성시켜야 하는데 이때 필요한 패턴을 그려둔 원판을 마스크(Mask) 또는 레티클(Reticle)이라 한다. 이 원판에 그려진 패턴을 실제 웨이퍼(Wafer)상에서 도포(Coating), 노광(Exposure), 현상(Develop) 공정을 통하여 모양을 만드는 작업을 노광공정(Photo lithography)이라 한다. 그림 1-1은 노광공정의 과정을 보이고 있다.

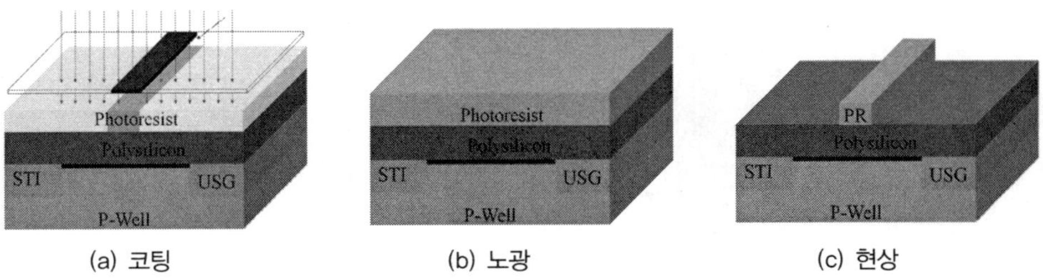

그림 1-1 노광 공정 과정

노광공정(Lithography)은 반도체를 생산할 때 가장 많은 비용이 드는 장비 중 하나로 메모리소자를 생산하는 비용 중 35%, 공정시간 중 60% 이상을 차지하는 핵심 공정이다.

표 1-1 노광 공정

공 정	설 명
DPT (Double Patterning Tech)	2개의 Photo 마스크를 사용하여 노광과 에치공정을 두 번 반복함으로써 설계상의 Design Rule을 1/2로 감소시키는 공정기술
SPT (Specer Patterning Tech)	에치공정 이후에 한 번 더 증착(Deposition)을 한 후 다시 두 번의 에치공정을 진행함으로써, 좀 더 미세한 패턴을 완성하는 방법으로 공정추가에 따라 생산성 저하가 발생하게 됨
Cell Shrink	현재 Tier-1 DRAM업체들이 도입하고 있는 6F2(캐패시터의 면적이 단위 셀 면적의 6배)를 4F2로 좀 더 축소키는 기술임
TSV(Through Si Via)	메모리를 수직으로 쌓아 올리는 것

2. 노광공정 장비

1) 노광장비 구성

그림 1-2는 노광공정과 장비의 전체 구성을 나타내고 있다.

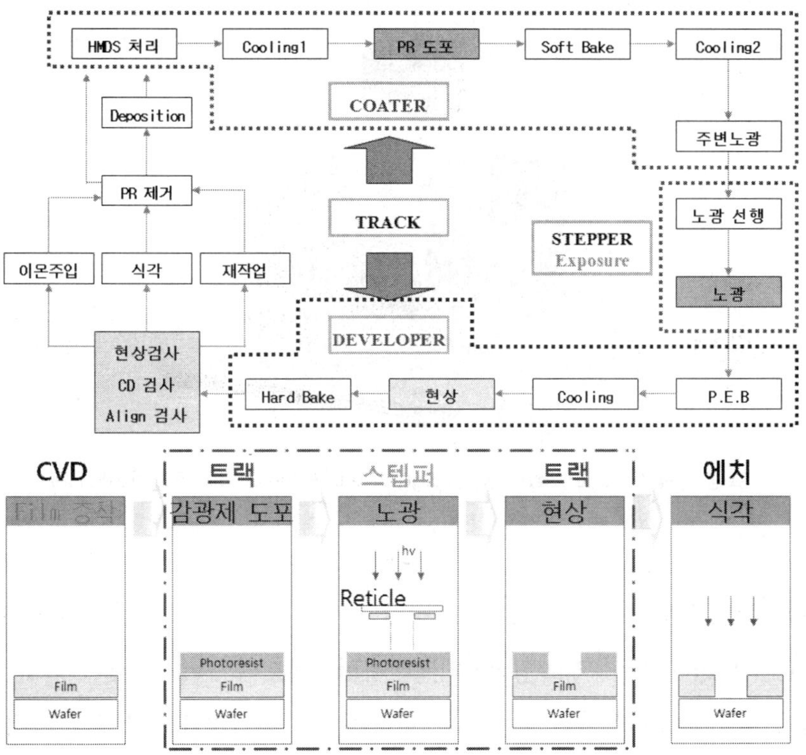

그림 1-2 노광 공정

노광은 광원 및 광학계를 이용하여 빛으로 패턴을 설계한 마스크(레티클)을 통과시켜 원하는 현상을 노광하는 장치이다. 노광방식은 패턴을 설계한 마스크에 빛을 통과시키는 방법에 따라 Aligner, Stepper, Scanner로 분류할 수 있다.

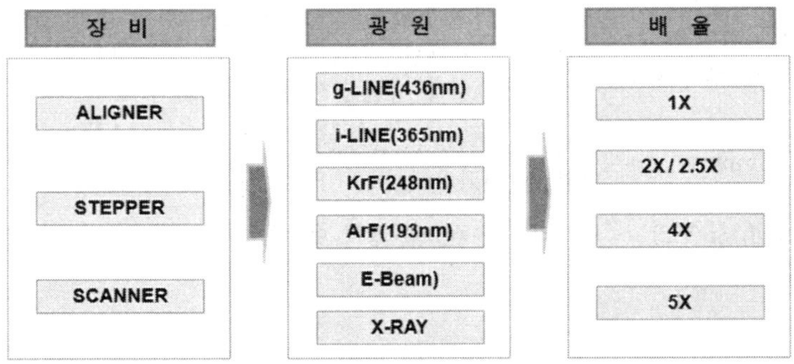

그림 1-3 노광 장비 종류

2) 얼라이너(Aligner)

얼라이너(Aligner)에는 Contact Aligner, Proximity Aligner, Projection Aligner가 있다.

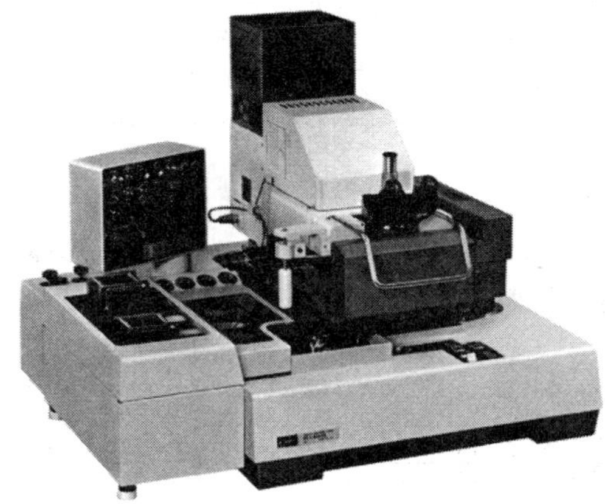

그림 1-4 Contact/Proximity Aligner 장비사진(Canon PLA 501F/FA)

(1) 접척형 Aligner

Contact Aligner에는 접촉형과 비접촉형이 있으며, Vacuum contact, Hard contact, Soft Contact 장비로 구분된다. 비접촉형은 웨이퍼와 마스크의 간격을 일정한 간격으로 유지한 상태에서 노광하는 마스크와 감광막을 접촉시킨 상태에서 자외선을 조사시켜 노광하는 장비이다. 즉 마스크의 상이 1 : 1 비율로 투영하는 장비이다. 장비구성이 간단하고 장비가격이 저렴하나, 웨이퍼와 마스크가 직접 붙은 상태에서 노광하기 때문에 파티클이 오염될 수 있다. 해상도는 2um~10um의 Design rule 공정에 사용된다.

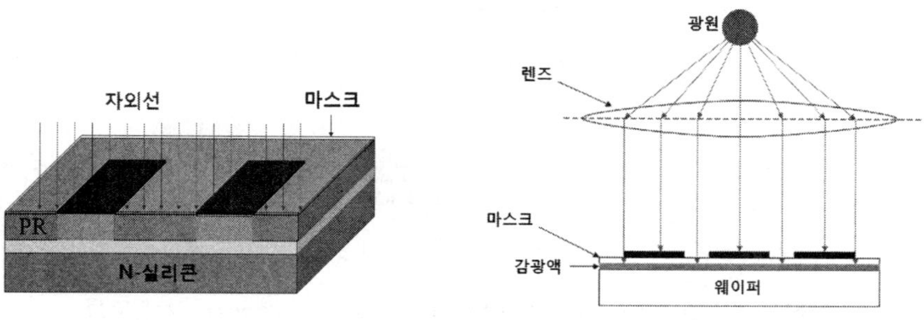

그림 1-5 접촉형 얼라이너

(2) 근접형 Aligner

Proximity Aligner은 노광하는 웨이퍼와 마스크를 약 10㎛ 띠운 상태에서 자외선을 쬐어 노광하는 장비이다. 즉 마스크의 상이 1 : 1 비율로 투영하는 장비이다. 해상도는 2um 정도의 Design rule 공정에 사용된다.

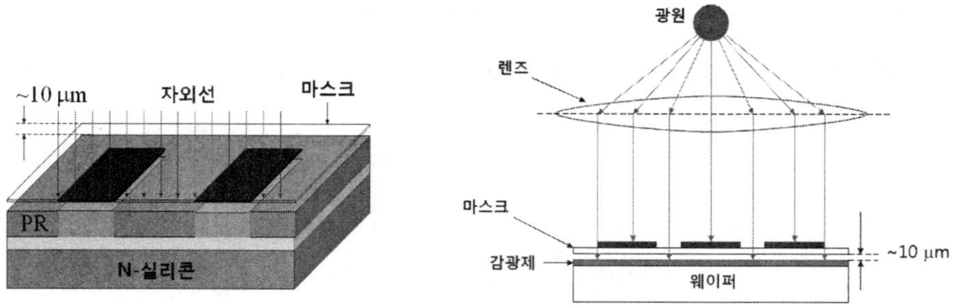

그림 1-6 근접형 얼라이너

(3) 반사형 Aligner

노광하는 마스크가 웨이퍼로부터 떨어져 있고 마스크와 웨이퍼 사이에 축소 렌즈 시스템이 설치되어 있다. 해상도는 1.5um 정도의 Design rule 공정에 사용된다.

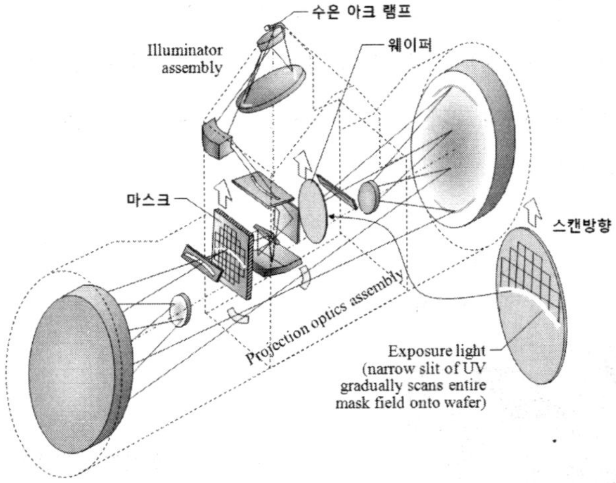

그림 1-7 캐논 MPA-600FA의 Mirror Projection Aligner 장치 구성

3) 스텝퍼(Stepper) 개요

스텝퍼는 초고압 수은램프에서 발생하는 248nm~436nm 파장의 빛을 레티클의 패턴에 쬐어 1 : 2.5, 1 : 5로 광학 렌즈를 이용하여 축소시켜 패턴을 웨이퍼 상에 노광하는 장비이다. 스테퍼는 제작회사(일본의 니콘, 캐논, 유럽의 ASML 등)에서 제작된 장치의 기본구조는 모두 유사하지만 여러 가지 장치 설계 및 하드웨어 기술과 소프트웨어 차이 때문에 각 장비마다 특성이 있다. 일반적으로, Stepper은 자외선 램프부, 레티클 스테이지부, 축소투영 렌즈부, 정렬부, 웨이퍼 스테이지부, 그리고 기타 부대 장치로 구성되어 있다.

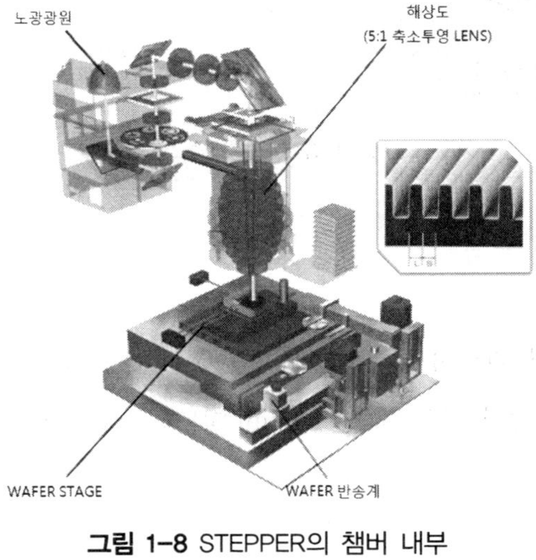

그림 1-8 STEPPER의 챔버 내부

(1) 스텝퍼 내부 구조

그림 1-9에서 보이는 것처럼, 수은램프에서 발광한 빛이 Shutter(투광과 차단)을 통하여 Fly eye 렌즈(여러 개의 렌즈로 조합됨)를 거쳐 Masking blade(빛의 조리개)를 통하여 Condensor 렌즈(집광 렌즈)에 결상하게 된다. Condensor 렌즈를 통과한 빛은 패턴이 형성된 레티클에 조사되고 레티클에서 투과된 빛은 1:5 축소 투영 렌즈를 통하여 XY 스테이지 위에 있는 웨이퍼에 조사되어 레티클의 패턴을 노광하게 된다. XY 스테이지는 Step by Step으로 레티클의 패턴을 노광하게 된다.

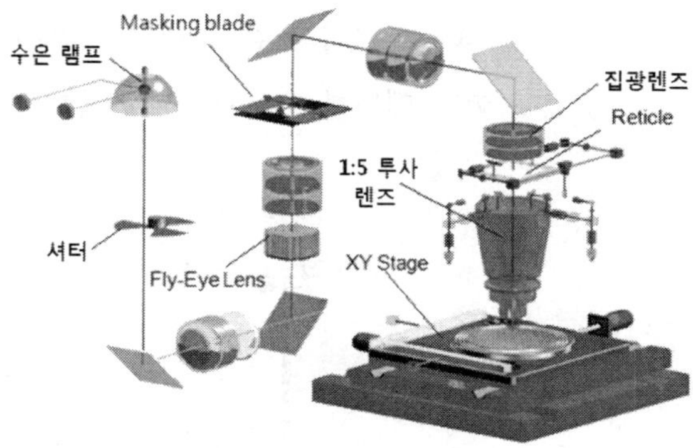

그림 1-9 스텝퍼 내부 구조

그림 1-10은 스텝퍼를 단면으로 보았을 때의 구성도를 나타내고 있다. 스텝퍼는 광학계, 레티클 스테이지, 축소 투영 렌즈, XY 스테이지, 웨이퍼 Loader, 레티클 Loader, 자동 초점 장치, 그리고 레티클과 웨이퍼의 정렬을 위한 LSA, FIA 정렬 장치로 구성되어 있다. 또한, 장비의 온도 및 습도를 조절하기 위한 Chamber가 있어서 XY 스테이지, 축소투영 렌즈 등 장비 전체 및 온습도에 민감한 부분을 Chamber에서 온습도 제어한다.

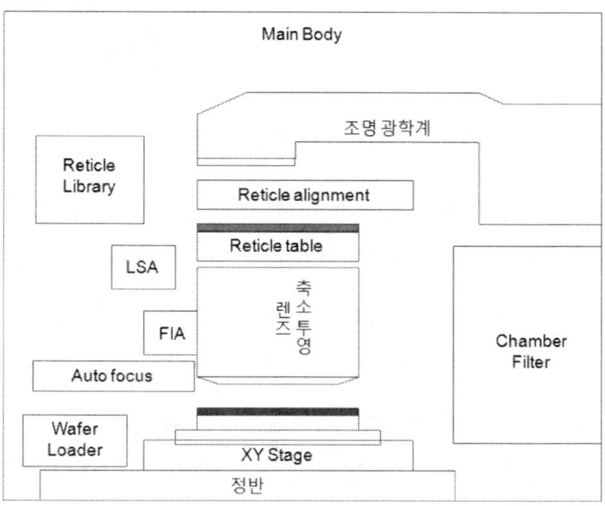

그림 1-10 스텝퍼 기본 구성

(2) 스텝퍼 노광 순서

다음 그림과 같이 레티클 라이브러리에 있는 레티클을 레티클 스테이지에 올려 놓고 레티클 스테이지에 있는 기준 마크와 레티클의 마크를 정렬한다.

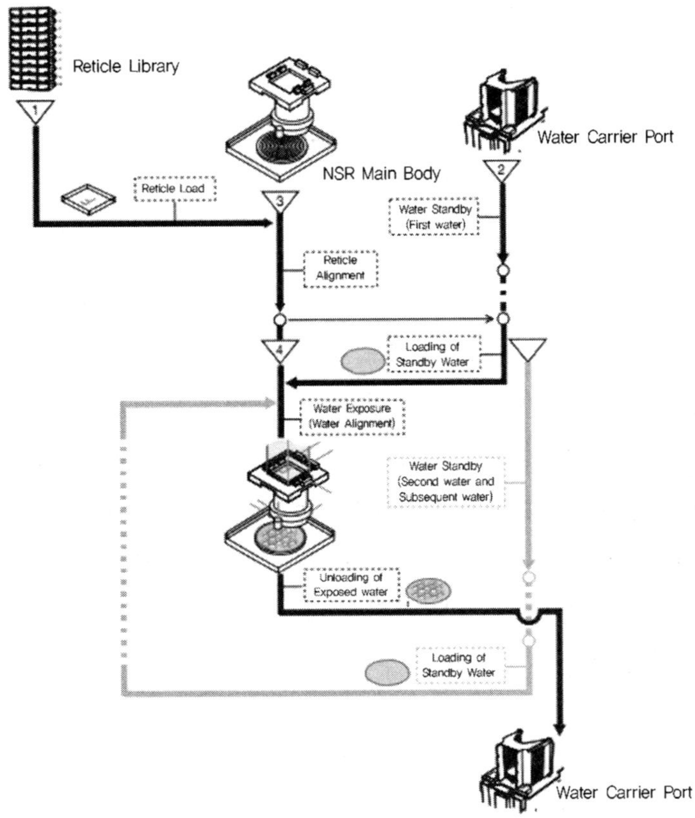

그림 1-11 노출 과정

노광할 웨이퍼는 웨이퍼 캐리어 포트에서 웨이퍼 로터에 의해 XY 스테이지에 놓이게 되고 레티클의 마크와 웨이퍼의 마크가 정렬이 완료되면 노광을 하게 된다. 노광이 완료된 웨이퍼는 웨이퍼 로더에 의해 이동하게 된다.

그림 1-12은 노광되는 형상과정을 나타낸 그림이다. 조명계에서 나온 빛이 레티클 스테이지에 있는 레티클에 쪼이면 레티클의 비크롬 면을 통과하고 축소 투영 렌즈를 통하여 웨이퍼에 노광된다. 조명계의 빛은 셔터에 의하여 차단과 투광을 반복하며, XY 스테이지에 있는 웨이퍼에 노광할 때 투광된 빛이 레티클의 패턴을 노광하게 된다. 또한, XY 스테이지는 단계별로(Step by Step) 노광할 영역으로 이동하게 된다.

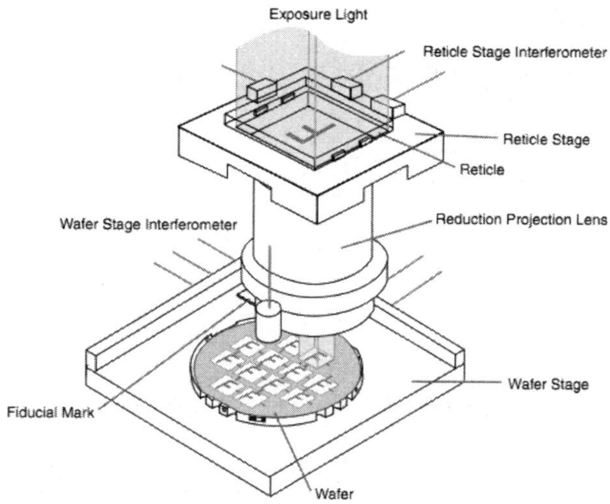

그림 1-12 stepper의 Pattering 형성 과정도

NSR-2205i14E (스텝퍼) NSR-S203B (스캐너) NSR-S204B (스캐너)

그림 1-13 니콘 스텝퍼와 스캐너

다음 표는 수은 램프와 엑시머레이저의 파장별 해상도를 나타내고 있다.

표 1-2 수은 램프와 엑시머레이저의 파장별 해상도

UV Light 파장	Descriptor	CD 해상도
436nm	g-Line	0,5um
405nm	h-Line	0.4um
365nm	I-Line	0.35um
248nm	Deep UV(DUV)	0.25um

Excimer Laser	Descriptor	CD 해상도
248nm	KrF	0,25um
193nm	ArF	0.18um
Fluorine Laser 157nm	F2	0.13um

(3) 조명(Illumination)

아래 그림은 조명계의 광학적 구성도를 보이고 있다.

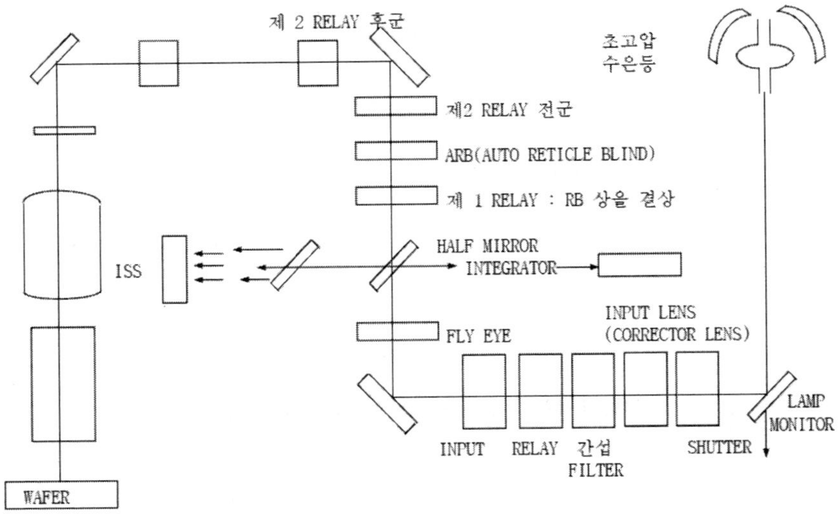

그림 1-14 조명계 구성도

각 구성품에 대한 설명은 다음과 같다.

① 수은 램프 : 노광 파장이 강한 스펙트럼를 가진 램프이다.

② 타원경 : 램프에서 나온 광을 효율 좋게 집광하여 광선을 만든다.(유전체 투과막)

③ Dichronic Mirror : 타원경으로 부터 집광된 광을 90° 반사시킴(반사율 95% 상)

④ 미러 셔터 : 광로를 반사시켜 레티클계에 광을 반사시킨다.

⑤ 집광 렌즈 : 평행광을 집광시킨다.

⑥ 간섭필터 : SUB과 MAIN으로 구성되어 I-Line 파장만 투과시킨다.(광을 필터링 할 때 열의 부담을 감소시키기 위해 2매로 구성)

⑦ 입력 렌즈 : 집광된 광을 평행 광속으로 만든다.(조명 Telecen Adj에 사용)

⑧ 갈릴레오 렌즈 : 평행 광이 된 광속의 Field를 확대시킨다.

⑨ Fly Eye 렌즈 : 타원경에 기인하는 조명 Uniformity 불량을 해소한다.(각각의 렌즈수가 많아짐. 램프 균일성 조정에 사용)

⑩ 제1R디묘 렌즈 : Flyeye 렌즈로부터의 광을 Blind에 결상시킨다.(상의 Pint를 맞춤. 램프 균일성 조정에 사용)

⑪ 레티클 BLIND : 레티클상에 조사되는 광의 영역을 제어한다.(최소 개구는 2.5mm×2.5mm－레티클 위)

⑫ 제2RELAY 렌즈 : 레티클 BLIND로부터의 광을 평행 광속으로 만든다.(Blind에 대해 Projection 렌즈의 역할/전군은 Blind Pint Adj에 사용)

⑬ Condensor 렌즈 : 각각의 Flyeye 렌즈의 상을 레티클 상에 결상시킨다.(레티클에 대해 집광 렌즈의 역할)

3. 노광장비 유지 관리

매일 또는 매월 정기적인 유지관리를 하여 장비의 상태를 점검하고 성능을 향상시키기 위해 행한다. 아래에 기술된 내용은 니콘 스텝퍼 2205 i11, i12 장비를 대상으로 기술한다. 유지 관리를 위해 준비해야할 사항은 다음과 같다.

① 니콘 테스트 레티클(R2005HA, R2005MF, R2005HB, R2005DIS)

② 코팅된 시험 웨이퍼

③ IPA

④ 오일(AERO-SHEEL FLUID 12) 및 GREASE(PL-035)

⑤ 일반 정비용 도구

⑥ 세척용 CLEAN PAPER

유지 관리할 때 주의 사항은 장비가 동작하거나 예방 정비할 경우 모듈 내에 웨이퍼가 없는 것을 확인한 후 진행 시킨다. 노광용으로 사용하는 수은 램프는 파손될 경우 인체에 해를 주는 유독한 물질을 발생시키므로 취급에 주의를 요한다. 스테이지부를 OILING 및 세정을 할 때에는 스테이지 유니트의 전원을 끈 후 손으로 천천히 돌려서 작업을 행한다. 사용한 장비 또는 공구류는 깨끗하게 세척해서 지정된 장소에 보관 한다.

1) 기간별 점검 항목

아래 표에 일일/2주간/월간 점검 항목을 나타내었다.

표 1-3 일일 점검(1회/2일) 항목

항 목	주 기	SPEC
BEST FOCUS CHECK (SMP)	2D	±0.10μm 이내
INTENSITY(ID 1, 5)	2D	440mW/cm^2 이상
UNIFORMITY(ID 1, 5)	2D	1.8% 이하
DEFOCUS 확인	2D	실시 여부

표 1-4 2주간 점검 항목

항 목	주 기	SPEC
스테이지 CLEANING 및 주유	2W	실시 여부
STEPPING BACK ACCURACY	2W	Yx, Xy : 45nm 이내

표 1-5 월간 점검 항목

항 목	주 기	SPEC
ORTHOGONALITY	M	0.4urad 이하
ALIGN ACCURACY	M	AVG ; 50nm 이내
CHIP MAGNIFICATION	M	±1.5ppm 이내
CHIP ROTATION	M	±1.5ppm 이내
LEVELING CHECK	M	±4.8urad 이내
적산광량 CHECK	M	400±1% 이내
LAMP 교환	1,500hr~1,900hr 교환 실시	

2) 일일 점검 방법

(1) BEST FOCUS(SMP) 감사 방법

① 초기화면에서 'EXEC PROCESS'를 선택한 후 'LIST'를 클릭한다.

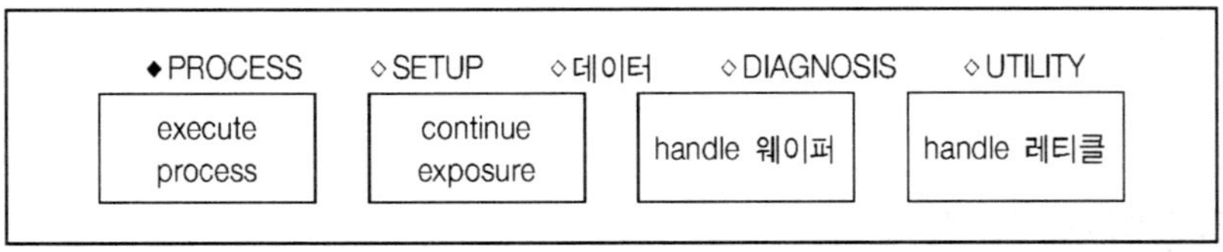

② "DAILY" Job File에서 FOCUS SMP5를 선택 후 OK를 누르면 아래와 같이 표시된다.

EXEXUTE EXPOSURE

Reticle Operation :	Change & Align.				
Slot	Reticle Name				
1	2205HMF				
Wafer Operation :	Normal	Exposure Method :		Test 2	
Number of Wafers :	1	Exposure Time :	center	280	[msec]
Carrier Mode :	New		step	0	[msec]
Wafer Stream :	*	Focus Offset :	center	0	[㎛]
Carrier Select :	Right		step	0.3	[㎛]
				F13 Quit	Do Start

③ 레티클은 2205HMF를 사용하여 코팅된 웨이퍼를 캐리어대에 놓고 “Do start”를 클릭하면 노광이 완료되어 자동적으로 웨이퍼는 unload된다.

④ 노광된 웨이퍼를 현상한 후 자동계측 프로그램을 이용하여 계측한다.

⑤ 계측방법은 초기화면에서 ‘DIAGNOSIS’ 선택 후 MEASURE 웨이퍼를 클릭한다.

⑥ COND.FILE에서 “FOCUSSMCP.SMCP”를 선택 후 OK를 클릭한다.

⑦ 웨이퍼 1매 설정 후 “Do start”를 선택하면 자동 계측되어 데이터가 표시되면 종이에 기록한다.

⑧ SPEC ±0.10㎛ OVER 시에는 시스템의 ADJUST MACHINE에서 FOCUS OFFSET 값에 벗어난 만큼 더하여 보정한다.

(2) LAMP INTENSITY & UNIFORMITY CHECK

① 레티클이 없는 상태에서 실시한다. 만약 레티클이 있으면 “SETUP” → “Ready Exposure”를 클릭하여 “레티클 UNLOAD”를 선택한 후 “DO START”를 클릭하여 레티클을 제거한다.

◇PROCESS	◇SETUP	◇DATA	◆DIAGNOSIS	◇UTILITY	◇SYSTEM
CALIBRATE MACHINE	MANUAL OPERA-TION	MEASURE WAFERS	MEASURE LAMP ILLUMINATION	EVALUATE MACHINE	

② “DIAGNOSIS”에서 “MEASURE LAMP ILLUMINATION”을 클릭한다.

Measure LAMP Illumination

Result File	:	Lamp .Lamp
Comment	:	Lamp Uniformity Condition File
Illumination ID	:	1
Sensor Position X	:	128000
Sensor Position Y	:	66350
Average Number	:	1
Repeat Count	:	1
	F13	Do Start

③ 위와 같이 표시되면 "Do Start"를 클릭하여 실행한다.

④ 램프 데이터가 표시되면 Illumination 전원 & UNIFORMITY를 확인 후 기록한다.

⑤ 데이터를 기록한 후 "F14 Exit"를 클릭하여 빠져 나온다.

⑥ 최초 화면에서 "utility"를 클릭한 후 "Option Utility"를 클릭하면 아래와 같이 기능이 나타난다.

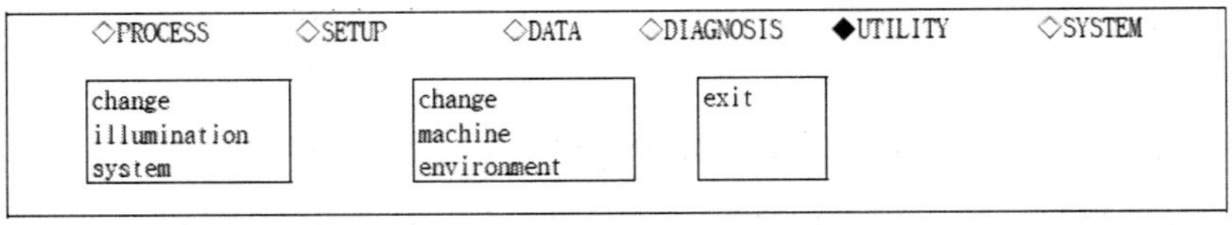

⑦ Change illumination system을 선택하여 조명 ID를 "5"로 설정 후 "Do Start"를 클릭하고 "Exit"로 빠져 나온다.

⑧ 2~4항까지 동일한 방법으로 검사하고 기록한다.

⑨ SPEC OUT일 경우는 전문가의 조치를 받는다.

⑩ 램프 조정축 KNOB를 돌려서 램프 위치를 조정한다.

(3) DEFOCUS 확인

① 코팅한 웨이퍼를 준비한다.

② "◇PROCESS"에서 "EXECUTE EXPOSURE"를 클릭한 후 "F6 LIST"를 클릭하여 "DEFOCUS"라는 JOB FILE을 두 번 클릭하면 아래 그림과 같이 표시된다.

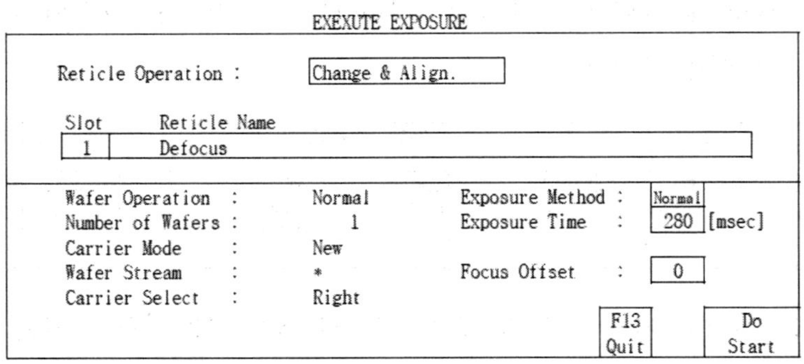

③ 상기 표와 같이 조건을 설정한 후 우측하단에 있는 "Do Start"를 클릭한다.

④ Exposure가 완료되었다는 알람이 울리면 웨이퍼를 Track Developer의 작업 순서에 따라 현상 후 DEFOCUS 유무를 확인한다.

4. 트랙 공정

웨이퍼 표면위에 감광액 한 방울 떨어트려서 전면을 코팅한다. 스핀 모터의 회전수에 따라서 코팅 두께가 결정된다.

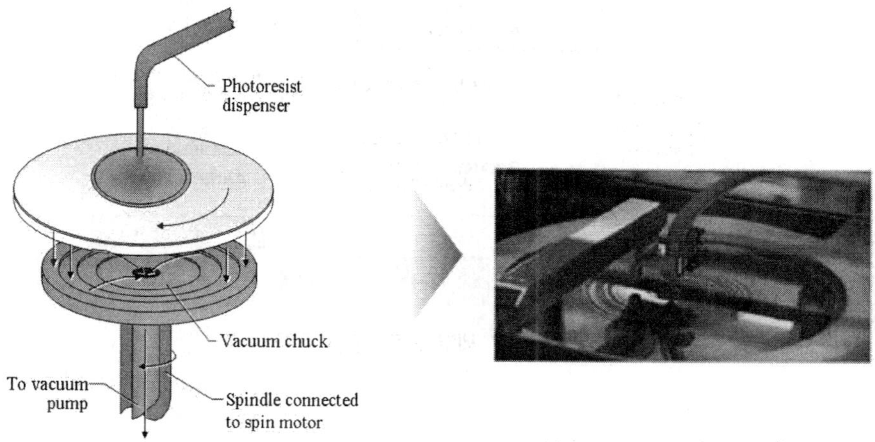

그림 1-15 도포 장치

도포장치는 수평인 웨이퍼 위에 감광제(Photo Resist Solvent)를 떨어트리고 웨이퍼를 회전시키고 웨이퍼 위에 균일한 감광액 필름을 형성시키기 위한 장치이다. Spin식 도포장치(Spin Coater)라고 부른다. Spin Chuck 위에 진공 흡착 고정시킨 웨이퍼 필터로 이물질을 제거한다. 감광제를 떨어트리고 웨이퍼를 고속으로 회전시켜서 감광제를 코팅한다. 코팅중 배기류 제어와 액체 혼합시에 감광제가 웨이퍼 처리를 위해서, 이면 세정 및 EBR(Edge Bead Rinse) 기능을 표준 기능으로 갖추고 있다. 도포장치부의 웨이퍼 이송은 주 암의 핀셋으로 처리한다.

포토 공정 목적은 선택적인 식각 패턴 형성이나 불순물 이온 주입 패턴 형성에 있다. 포토 공정 순서는 다음과 같다.

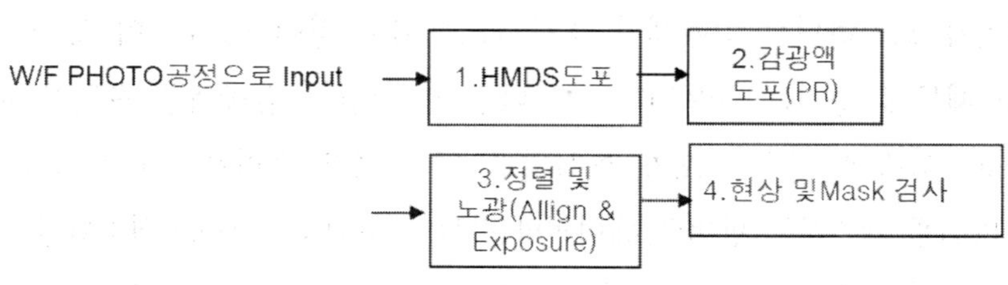

그림 1-16 포토 공정

포토 공정의 세부 고정 흐름은 다음과 같다.

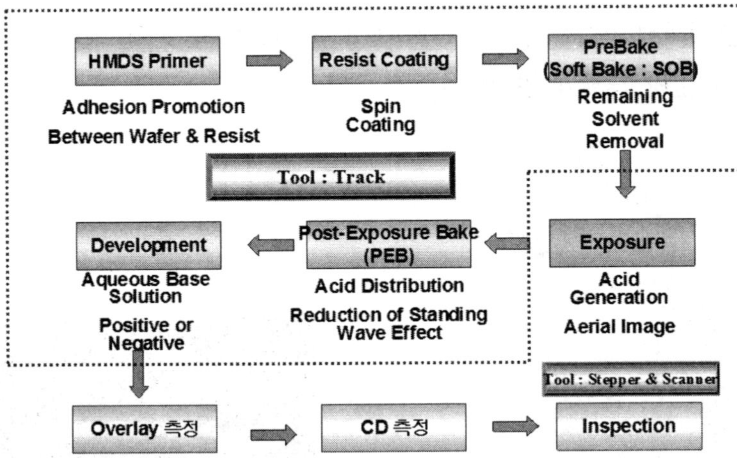

그림 1-17 세부 포토 공정 흐름

1) 사진 공정 중 불량 사항

(1) P/R Lifting

웨이퍼와 감광액 계면의 접착력이 약해 패턴 후 떨어져 나가는 현상이다. HMDS의 도포량이 부족하거나 Prebake 온도가 낮거나 Soft Bake 온도가 적절치 못할 때, 또는 웨이퍼의 청결 상태 불량일 때 발생한다.

(2) Particle

감광액에서 상당수 발생한다. 감광액을 제조할 때 유입되며 감광액을 교체할 때도 유입될 수 있다.

(3) Speed Boat

웨이퍼가 회전하면서 감광액이 흐를 때 웨이퍼 상에 Particle이 있을 경우 이 Particle 때문에 생기는 줄무늬가 나타나는 현상이다. 감광액을 유입할 때(Resist Dispense) 감광액 내에 기포가 형성되면 이 기포가 흘러가면서 무늬가 생긴다. Speed Boat를 제거하는 방법은 웨이퍼와 감광액 내에 Particle을 최소화하고 감광액을 유입할 때시 기포가 생기지 않도록 Suck Back 및 Pump Leak 등을 확인하며 Dispense Nozzle을 기울게 한다.

(4) 웨이퍼 가장자리 도포 불량

공정이 많이 진행된 Layer에서 Scribe Line을 식각하면서 단차를 감광액이 넘지 못해 도포가 안되는 영역이 생기게 된다.

(5) Thinner Attack

웨이퍼 가장자리의 감광액을 제거하기 위해 감광액 Thinner를 뿌려줄 때, 바늘 끝에서 Thinner가 튀어 웨이퍼 내에 Thinner 궤적을 남긴다. 이것은 심각한 불량으로 간주(수㎛~수천㎛)되며 Thinner 바늘 위치조정, 압력, Suck Back을 조정해 최소화 한다.

(6) CD 이상

노광 조건을 잘못 설정했을 때나 정재파(Standing Wave)/덩어리 효과(Bulk Effect)에 의해서 발생한다. CD를 맞추기 어려운 경우 Mask/Reticle CD와 ADICD의 차를 확인한다.

(7) 정렬 불량

① **웨이퍼 회전** : 웨이퍼가 X-Y 스테이지에 올라갈 때 회전이 생긴 상태로 올라가면 전체 정렬(Global Alignment)로 교정한다.

② **Reticle Rotation** : Reticle Loading 시 웨이퍼 정렬 실패 상태로 웨이퍼 정렬을 실시했을 때 매 칩 마다 회전이 존재하는 양상으로 나타난다.

③ **Translation/shift** : 정렬 보정치를 잘못 입력 했을 때 발생한다. 정렬 마크의 상태불량, 신호 검출불량에 의해 발생한다. X-Y 방향으로 shift 양상으로 나타난다.

④ **직교도(Orthogonality)** : Stepping시 한쪽 방향으로 점차 틀어져 일정 각도를 이루는 것이다. 레이저 간섭계의 이동경이 똑바로 설치되어 있지 않을 때 발생한다.

⑤ **Scaling** : Stepping시 정밀도가 떨어져 매 Stepping 마다 칩이 밀려서 찍히는 현상이다.

(8) Optical Notching

입사광과 반사광의 간섭에 의해 정재파/Bulk Effect 외에 패턴이 일그러지는 현상이다. 가령 Al 단차에서 입사광의 산란에 의해 감광액 Line에 원하지 않는 빛이 조사되면서 현상 후 글긴 자국으로 나타난다. Optical Notching은 감광액의 투명성을 저하시킨 감광액을 사용해 최소화 시킨다. 막질표면에 ARC(Anti-Reflection-Coating)물질을 도포하여 반사광을 최소화 시킨다.

(9) Bridging/Scumming

패턴과 패턴 사이에 감광액이 얇게 남거나(Scumming) 패턴이 연결되는(Bridging) 일을 초래한다. 이 Bridging/Scumming은 평탄한 곳에서 설비의 Resolution 한계에 도달 했을 때 혹은 노광/현상 조건이 적절치 않을 때 초점 상태 불량한 곳에서 발생된다.

5. 트랙 장비 구성 및 역할

1) 주 장비 모듈

① TEL Track Mark-7(W/F 200 mm)

② TEL Track Mark-8(W/F 200mm)

③ TEL Track Lithius(W/F Size : 300mm)

그림 1-18 트랙 장비 사진

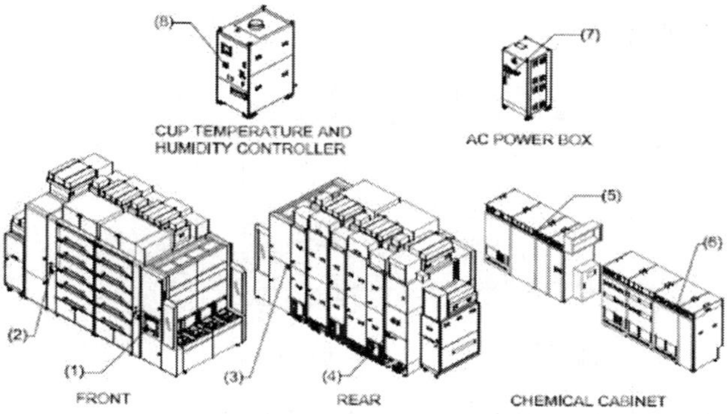

(1) CSB 전면 패널
(2) IFB Side Tower 전면 패널
(3) CSB 후면 패널
(4) IFBM 후면 패널
(5) COT Chemical Cabinet
(6) DETChemical Cabinet
(7) AC 전원 박스
(8) 컵 온도 습도 제어기

그림 1-19 트랙 장비의 구성

(4) TEL Track Mark-8 장치 전면

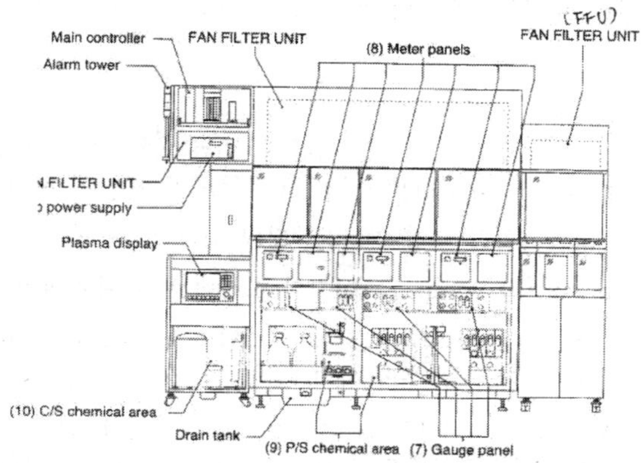

그림 1-20 TEL Track Mark-8 장치 전면

(5) TEL Track Mark-8 장치 후면

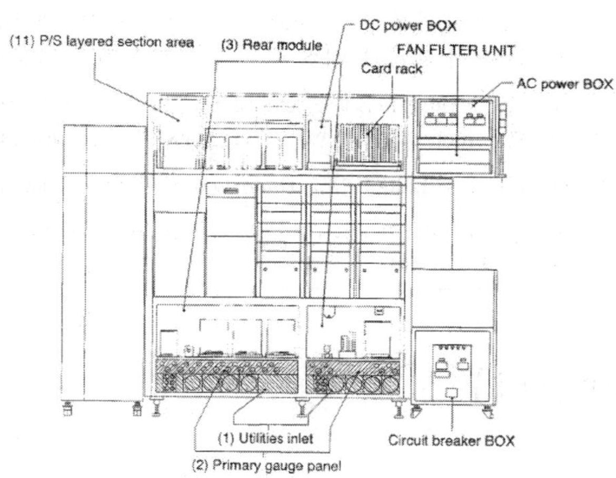

그림 1-21 TEL Track Mark-8 장치 후면

(6) TEL Track Mark-7 Configuration

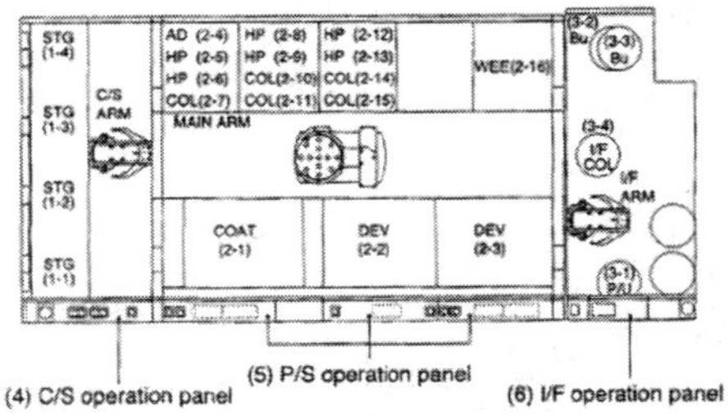

그림 1-22 TEL Track Mark-7 Configuration

2) 시스템 구성 모듈 설명

시스템을 구성하는 각 모듈에 대한 설명은 다음 표와 같다.

표 1-6 모듈 설명

모 듈	설 명
Utility 접속부	공기, N_2, 진공, DI(순수), PCW(시수), 현상액, 배기, 폐액 등의 접속부
1차 게이지 패널	Utility 1차압 조정 레귤레이터의 배치
배면 모듈	Circulator Pump, 각종 모터 드라이브, 기체용 메인 필터 등의 설치
C/S 동작 패널 (Carrier Station)	C/S ARM 일시정지 스위치, 시스템 On/Off 스위치, 비상정지 스위치, WEE On/Off 스위치 등의 설치
P/S 동작 패널 (Process Station)	M/A ARM 일시정지 스위치, Spinner 회전정지 스위치, WEE(Edge Exposure) 조도 측정 스위치, Dummy Dispense Panel, 스텝 제어기 박스 등의 설치
I/F 동작 패널 (Interface 유닛)	I/F ARM 일시정지 스위치, 카세트 스위치, 비상정지스위치, 앰프 등의 설치
게이지 동작 패널	Flowmeter, 가압용 2차 Regulator, Drain Tank 센서 앰프 등의 설치
Meter 동작 패널	Spinner용 진공센서, Spinner용 배기 게이지, 사용자 보드, CUP T&H 제어기 풍속표시 패널, HMDS 자동 공급 조작 패널 등의 설치
P/S 동작 패널	Bottle Cart(Resist, Bottle, Bubbler Tank), 펌프 필터 패널(Resist), DEV 패널 (Flowmeter, 필터) W/J 패널(열교환기, Air Operation) 등의 설치
C/S Chemical 영역	Resist Gallon Bottle, 필터, Drain Bottle, 45 ml L/E(Liquid Empty) 등의 설치
P/S 적층부 영역	모터 드라이브, Multi Thermo Controller, Cooling Plate, WEE Lamp House 등의 설치

3) Track 장비(TEL)

(1) 안전 대책

Mark 7(8)을 조작하거나 수리하기 전에 안전대책을 이해하여 안전한 작업을 진행한다. 엔지니어가 보수 및 점검 등 필요한 수리를 행한 후, 운영자에게 인도될 때까지는 운전을 중지해야 한다. Clean Track Mark 7(8) 시스템 조작 및 수리 중에 적용되는 일반적인 경고 사항과 주의사항은 다음과 같다.

표 1-7 경고 수준

경고수준	설 명
위 험	인체의 상해나 사망을 불러일으킬 절박한 위험성이 있는 경우
경 고	인체의 상해나 사망을 불러일으킬 가능성이 있는 경우
주 의	인체의 경미한 상해나 장치, 기계, 설비 등에 손상이나 고장을 일으킬 가능성이 있는 경우

그림 1-23 경고 라벨

장비의 유지보수 작업을 시작하기 전에 각 동작 및 각 유지보수 방법을 잘 인지하고, 올바른 방법으로 진행한다. 다음은 안전한 작업을 위해 준수해야 할 내용이다

① 주위 사람들에게 유지보수 작업 중인 것을 알기 쉽게 표시하고 주의를 촉구한다.
② 장비를 조작할 때는 주변의 작업자에게 큰소리로 주의를 촉구한다.
③ 가동부에 손이나 손가락을 끼지 않도록 하고 가열부에 손을 대지 않도록 한다.
④ 용도에 맞는 공구를 사용한다.
⑤ 혼자서는 결코 전원이 켜진 전기 회의 작업을 행해서는 안된다.
⑥ Mark 7(8)의 긴급 정지 방법을 알아 둔다.
⑦ 인공호흡법을 수강해 둔다.
⑧ 긴급조치 순서 및 구급상자의 위치, 소화기 장소와 사용법을 알아 둔다.
⑨ 전원이 켜진 전기회로의 작업 시에는 반지나 시계 등의 금속류를 끼지 않는다.
⑩ 약액이 튈 가능성이 있는 작업 시에는 보호 안경을 착용한다.
⑪ 무거운 물건을 들 때는 두 사람 이사이 협력해서, 신중하게 들어 올린다.

⑫ 유지보수 작업을 완료하면, 모든 Interlock과 안전 덮개를 원위치 한다.

⑬ 위험한 상황에 처하면 바로 상사에게 보고 한다.

(2) 안전 경고/수준 부착 위치

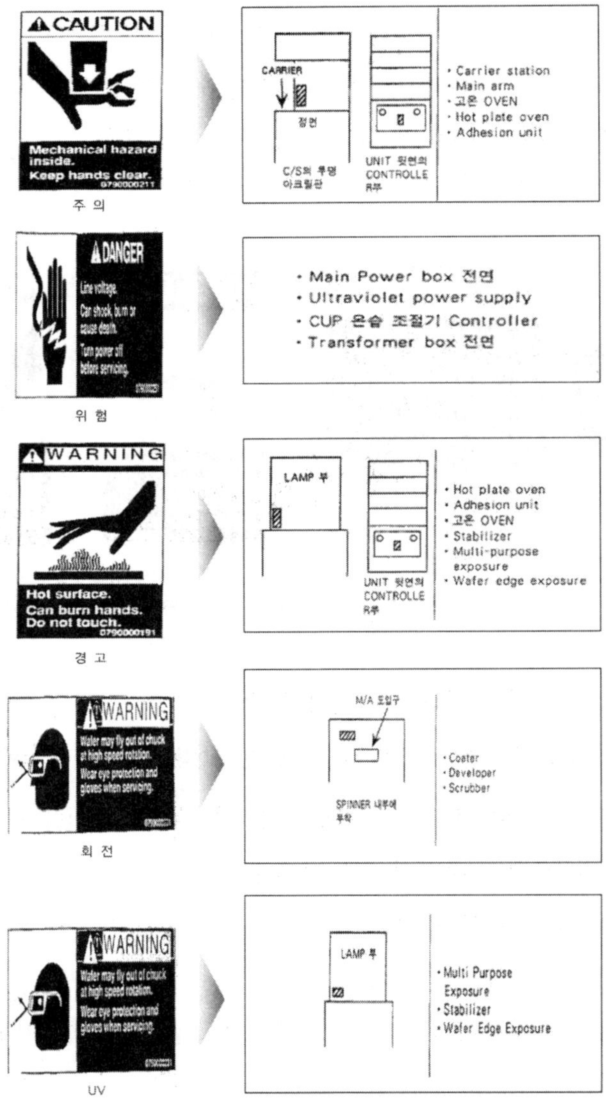

그림 1-24 안전 경고 내용 및 부착

4) 처리부(P/S : Process Station)

Carrier Station에 나온 웨이퍼는 Process Station 내의 각 장치에서 처리된다.

(1) 기본 장치

① Coater(COAT) → Spinner

② Develop(DEV) → Spinner

③ Scrubber(SCR) → Spinner

④ Hot Plate Oven(HPO) → 열처리 SUB 유닛

⑤ Dehydration Hot Plate Oven(DPO) → 열처리 SUB 유닛

⑥ Adhesion 유닛(AD) → 열처리 SUB 유닛

⑦ Cooling 유닛(COL) → 열처리 SUB 유닛

⑧ Interface 유닛(COL) → Inline SUB 유닛

(2) P/S 모듈 유형

모듈 유형은 P/S의 크기에 따라 분류한다.

표 1-8 모듈 유형

모 듈	SPINNER 유닛	열처리계 유닛(SUB 유닛)
M4	1	2 (8)
M6	2	3 (12)
M8	2	4 (16)
M10(both L & R hands)	3	5 (20)
M12	4	6 (24)

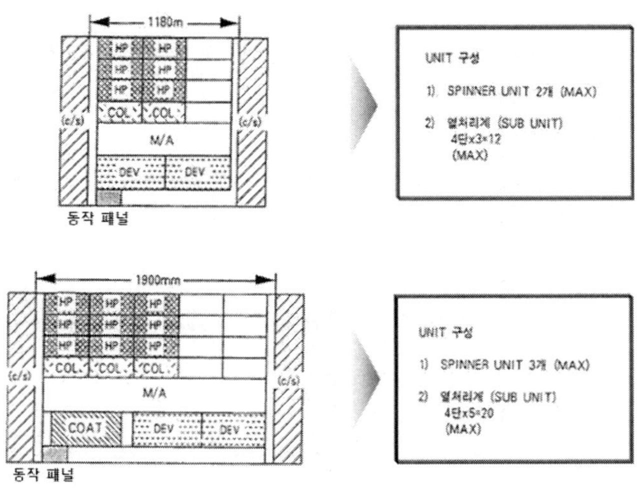

그림 1-25 장치 구성 예

장비 유틸리티 구조에서 주요 인수는 다음 표와 같다.

표 1-9 장비 유틸리티 주요 인수

유틸리티	주요 인수
설비 전원	1¢ 100±10% 50/60Hz, 1¢ 200±10% 50/60Hz
Dry Air	5Kg/cm^2
N_2	4.5Kg/cm^2
진 공	550mmHg
DIW	1.5~3Kg/cm^2
배 기	45mmH_2O

사용되는 화학 용액 및 설치 환경은 다음 표와 같다.

표 1-10 화학용액 및 환경

화학용액 및 환경		내 용
감광액		Bottle은 Gallon 병 또는 1 Quarter 병을 설정한다.
현상액		공장 자동 공급 또는 Canister(용기)를 설정한다.
Thinner		공장 자동 공급, Canister 또는 Gallon(병)을 설정한다.
설치 환경	온 도	20~27℃ 변동폭 ± 0.5℃ 이내
	습 도	28~55% 변동폭 ±3.0℃
	Clean Room	Yellow Room(노랑)

5) 장비 전원 인가 순서

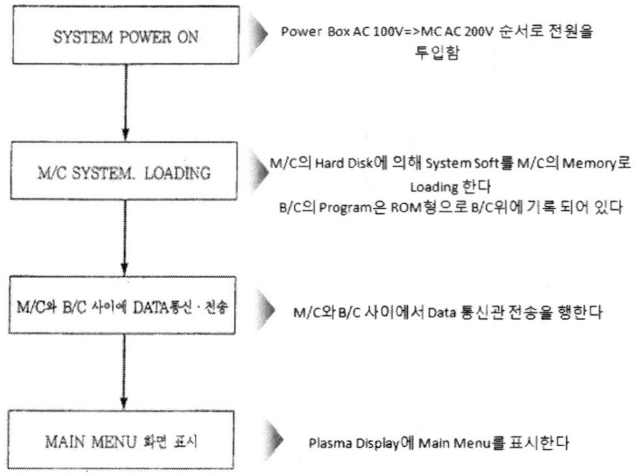

그림 1-26 장비 전원 투입

6) 기본 사양

웨이퍼는 5~8인치 실리콘 웨이퍼를 선택해 장비 사용한다. 2~4인치로 변환해서 사용이 가능하다. 적용 캐리어(Carrier Stage)은 5, 6인치 웨이퍼 사양 3/6″ Pich(25 단), 8인치 웨이퍼 사양 3/6″ Pich(25 단) SEMI 규격에 준한다(26 Slot). 웨이퍼 반송 방식은 다음과 같다.

표 1-11 반송 방식

항 목	반송방식
Carrier Station	1 Pincette 반송 방식(X, Y, Z)
Interface Station	1 Pincette 반송 방식(X, Y, Z, 세타)
Process Station	3 Pincette 반송 방식(X1, X2, X3, Y, Z, 세타)
Spin Chuck의 높이	1,170mm
Cassette 탑재면 높이	1,050mm
Main ARM 부	Centering Guide에 의한 자동 Centering 방식 정도 0.3mm 웨이퍼의 흐트러짐 방지
Main ARM 부	Centering Guide에 의한 Mechanical Centering 방식(Carrier Station)

7) 스핀도포장치

표 1-12 스핀도포장치 사양

항 목	사 양
Spin Motor	0,10~6,000 Rpm 최소 설정 단위는 1Rpm 입력 가능함
회전수 정도	±1rpm
가속도	0~50,000 rpm/Sec, 100 rpm/Sec 단위 설정
회전수 허용폭	10~1,000 rpm/Sec, 10 rpm 단위 설정
Program Sequence	80 Sequence
처리 시간 설정	0~999.9(Sec/Seq)×80 0.1 Sec 단위 설정
Dispenser 수	최대 16 단 펌프 최대 4
Dual Band Alarm 기구	이중의 회전수 감시 기구(Recipe로 설정) • 경고 회전수 폭이 초과되면 경보 발생 • 정지 회전수 폭이 초과되면 유닛 정지

스핀도포장치는 웨이퍼에 감광제를 도포하는 장치이다. 웨이퍼를 Spin Chuck 위에 놓으면 진공에 의해 흡착 고정되어 CUP 내의 위까지 하강한다. Recipe(처리 Sequence)에 따라서 웨이퍼의 회전, 감광액의 도포를 실행한다. 처리 종료 후 Chuck을 상승시켜 웨이퍼를 반출한다. 웨이퍼 반입/반출 및 웨이퍼를 Chuck 위에 넣기 위해 정렬, Main ARM의 Spinner 전용 Pincette를 이행한다. 스핀도포장치의 사양은 표 1-12와 같다.

아래 그림은 스핀도포장치를 설명하는 그림이다.

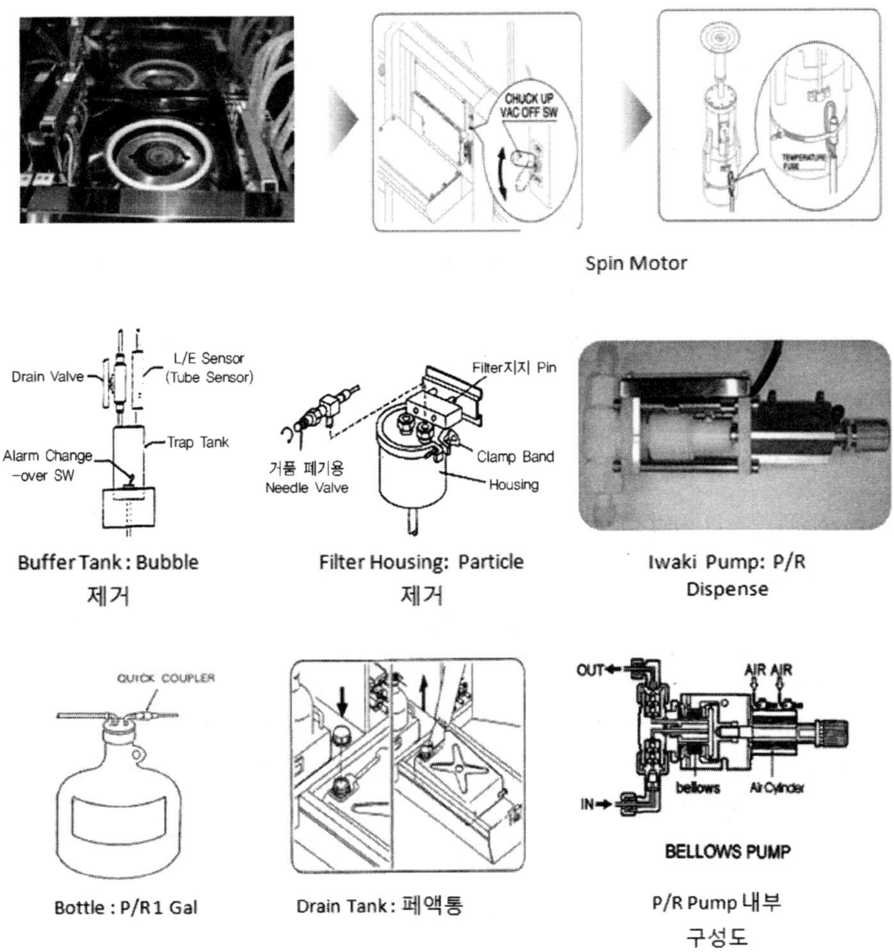

그림 1-27 스핀도포장치

스핀도포장치의 각 모듈에 대한 설명은 다음 표 1-13과 같다.

표 1-13 스핀도포장치 모듈

모 듈	내 용
Buffer 탱크	P/R 라인에 미세한 기포를 제거하는 용기
Filter Housing	P/R 라인에 이물질 있는데, Filter를 장착하여 여과하여 걸러냄
Iwaki 펌프	P/R을 웨이퍼에 뿌리기 위해서, Pump 상하 이동하여 용액을 뿌려준다.
Bottle	용기 내에 P/R이 들어 있음
Drain Tank	감광액 용매 이물질을 받아서 수거하는 통

8) Develop Dispense 장치

(1) Develop Spin Unit

Develop Spin 장치는 용액을 뿌리는 부위가 여러 가지 있다. E2 노즐은 기구물을 통해서 작은 구멍으로 현상 용액을 웨이퍼에 표면에 뿌려준다. Steam 노즐은 두 개의 1/4″ Bar 튜브 내부로 현상 용액을 웨이퍼에 뿌려준다.

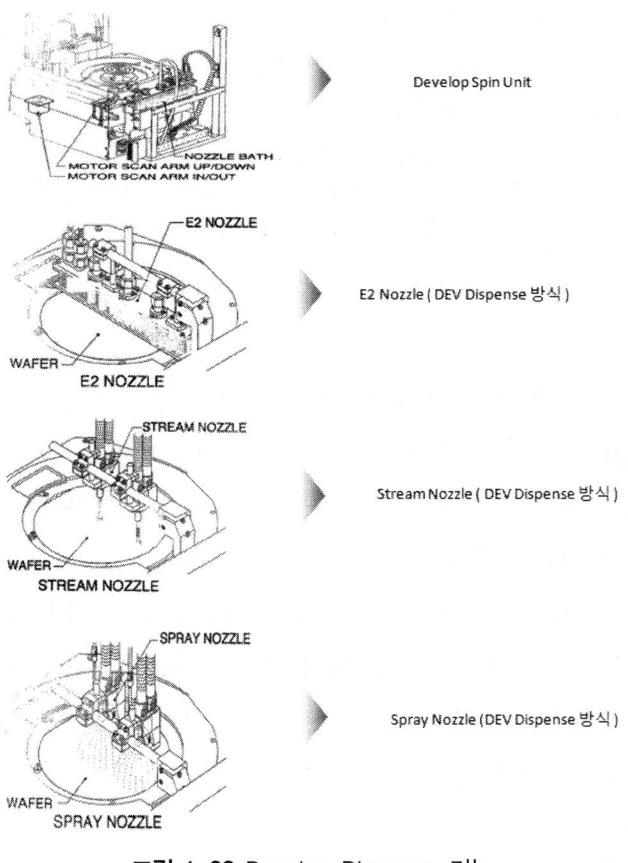

그림 1-28 Develop Dispense 기능

Develop Spin 장치는 노광 후 웨이퍼에 현상액, 순수 DIW를 도포해 Resist 현상을 행하는 장치이다. 웨이퍼를 Spinner Chuck에 받으면 진공에 의해 흡착 고정되어 CUP 내의 소정의 위까지 하강시킴과 동시에 바깥 CUP을 상승시킨다. 레시피에 따라서 웨이퍼의 회전, 현상액 스핀, 정지했을 때 뿌리고 순수의 Rinse를 향한다. 종료 후 Chuck을 상승 Out Cup을 하강시키고 웨이퍼를 반출한다. 웨이퍼 반입 반출 및 웨이퍼를 정도 좋게 Chuck 위에 싣는 조정은 Main ARM의 Spinner 전용 핀셋으로 이행한다. Spin Develop 장치의 사양은 다음 표 1-14와 같다.

표 1-14 Develop Spin Unit 사양

항 목	사 양
Spin Motor	0.10~6,000rpm 최소 설정 단위는 1rpm 입력 가능
회전수 정도	±1rpm(0~5,000rpm)
가속도	0~20,000rpm Sec, 100rpm/Sec 단위 설정
회전수 허용폭	10~1,000rpm Sec, 10rpm 단위 설정
Program Sequence	80 Sequenc
처리 시간 설정	0~999.9(Sec/Seq)×80 0.1 Sec 단위 설정
Dispenser 수	최대 16
Dual Band Alarm 기구	이중의 회전수 감시 기구(Recipe로 설정) • 경고 회전수 폭이 초과되면 ALARM 발생 • 정지 회전수 폭이 초과되면 유닛 정지

(2) Adhesion Unit

Adhesion 장치는 웨이퍼 친수화 처리를 하는 장치이다. 웨이퍼 지지 Pin Up 상태에서 Main ARM으로 부터 웨이퍼를 받으면 지지 Pin이 하강하고 열판 위에 웨이퍼가 놓여짐과 동시에 열판 상부 덮개와의 사이에 밀폐 공간을 형성한다(챔버 구성되어 있음). 이 상태에서 챔버 내를 진공 상태로 하고, 레시피에 따른 HMDS를 도입해 설정된 온도, 시간에서 처리를 수행한다. 처리 종료 후 챔버 내의 잔류 가스를 배출한다. 이때 챔버 내 진공 압력은 대기 압력 상태로 돌린다. 잔류 가스 배출 후, 지지 Pin이 상승하여 웨이퍼 반출 가능한 상태가 된다. 지지 Pin 위에 싣기 위한 조정은 Process Station(P/S)의 Main ARM이 행한다. Adhesion 장치의 사양은 다음 표 1-15와 같다.

표 1-15 Adhesion Unit 사양

항 목	사 양
온도 설정	30~180℃ 0.1 단위 설정
온도 범위	30~120℃ 0.1 단위 설정 R≤1.0
	120.1~150℃ 0.1 단위 설정 R≤1.5
	150.1~180℃ 0.1 단위 설정 R≤2.0
온도 허용폭	0.1~25℃ 0.1 단위 설정
Program Sequence	20 Sequence
처리 시간 설정	0~999.9(Sec/Step)×80 0.1 Sec 단위 설정
Dispenser 수	5

(3) HP Oven Unit

HP 오븐 장치는 웨이퍼를 가열하는 장치이다. 웨이퍼 지지 Pin Up 상태에서 Main ARM으로부터 웨이퍼를 받으면, 지지 Pin이 하강하고 열판위에 웨이퍼가 놓여 진다. 이 상태에서 레시피에 의해 설정된 온도 시간으로 웨이퍼를 가열한다. 처리 종료 후, 웨이퍼의 지지 Pin이 상승해 웨이퍼 반출 가능한 상태가 된다. 지지 Pin 위에 싣기 위한 조정은 Process Station (P/S)의 Main ARM이 행한다. Hot Plate는 가열 목적에 따라 다음과 같이 분류 된다.

- Pre Baking : 도포후 Baking 용제의 기화 Resist막 안정화
- Post Expousure Baking : 현상 전 Baking 현상 해상도 향상
- Post Baking : 현상후 Baking 수분의 기화 resist 막의 고정

HP 오븐 장치의 사양은 다음 표 1-16과 같다.

표 1-16 HP Oven Unit 사양

항 목	사 양
온도 설정	30~180℃ 0.1 단위 설정
온도 범위	30~120℃ 0.1 단위 설정 R≤0.6
	120.1~150℃ 0.1 단위 설정 R≤1.0
	150.1~180℃ 0.1 단위 설정 R≤2.0
온도 허용폭	0.1~25℃ 0.1 단위 설정
처리 시간 설정	0~999.9(Sec/Step)×80 0.1 Sec 단위 설정

DHP 오븐 장치의 사양은 다음 표 1－17과 같다.

표 1-17 DHP Oven Unit 사양

항 목	사 양
온도 설정	30~350℃ 0.1 단위 설정
온도 범위	50~120℃ 0.1 단위 설정 R≤1.0
	120.1~150℃ 0.1 단위 설정 R≤1.5
	150.1~200℃ 0.1 단위 설정 R≤2.0
	200.1~300℃ 0.1 단위 설정 R≤3.0
	300.1~350℃ 0.1 단위 설정 R≤5.0
온도 허용폭	3~25℃ 0.1 단위 설정
처리 시간 설정	0~999.9(Sec/Step)×80 0.1 Sec 단위 설정

(4) Cooling Unit

냉각(Cooling) 장치는 가열된 웨이퍼를 냉각하고 온도의 일정화를 행하는 장치이다. 웨이퍼 지지 Pin Up 상태에서 Main ARM으로부터 웨이퍼를 받으면, 지지 Pin이 하강하여 Cooling Plate에 의해 설정된 온도 시간으로 웨이퍼를 냉각한다. 처리 종료 후 웨이퍼의 지지 Pin이 상승하여 웨이퍼 반출 가능한 상태가 된다. 지지 Pin위에 싣기 위한 조정은 Process Station(P/S)의 Main ARM이 행한다. 냉각 장치의 사양은 다음 표 1－18과 같다.

표 1-18 Cooling Unit 사양

항 목	사 양
온도 설정	15~30℃ 0.1 단위 설정
온도 범위	15~30℃ 0.1 단위 설정 R≤0.4
온도 허용폭	3~25℃ 0.1 단위 설정
처리 시간 설정	0~999.9(Sec/Step)×80 0.1 Sec 단위 설정

(5) 약액용 Buffer Tank

약액용 Buffer Tank에 설치되어 있는 L/E(Liquid END) 센서가 감지되면 Gallon Bottle이나 Canister Tank(구조에 따라서는 공장에서 직접) 등에서 약액공급을 자동으로 수행한다(약액 자동 공급).

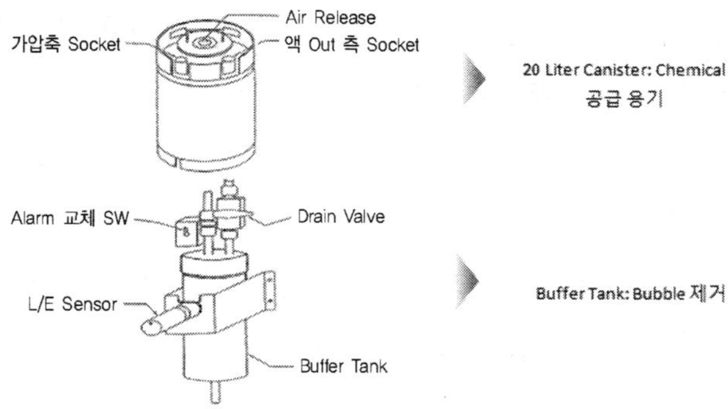

그림 1-29 약액용 Buffer Tank

(6) HMDS Tank

Buffer Tank에 설치되어 있는 L/E 센서가 감지되면, Quart병이나 Canister Tank 등에서 자동으로 HMDS의 공급을 수행한다(HMDS 자동 공급).

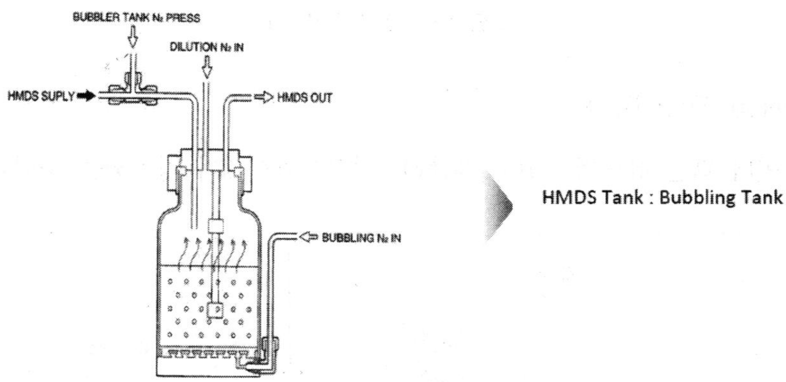

그림 1-30 HMDS 탱크

(7) 배수 탱크(Buffer Tank)

도포장치 바로 아래에 있는 배수탱크(Buffer Tank)에 설치되어 있는 정전 용량 센서가 상한치를 감지하면 별도의 Chemical Box 내에 설치되어 있는 배수탱크(Draining Tank) (1.8 리터)로 폐액을 자동으로 배출한다(배수 자동 배출 시스템).

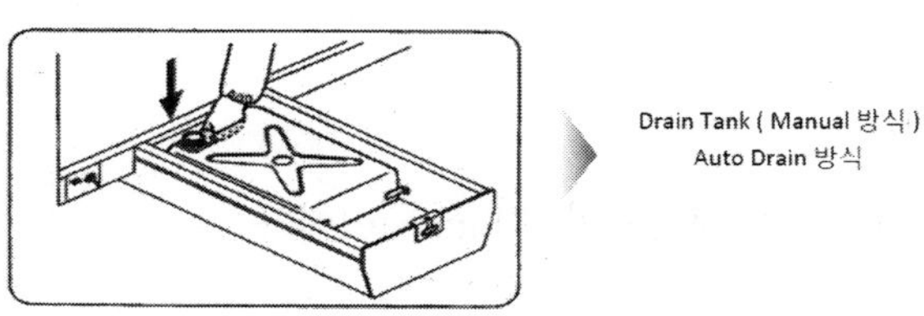

그림 1-31 배수 탱크

약액 자동 교체 시스템은 감광액 등, 2개의 갤런 병 등에서 공급되고 있는 약액을 L/E 센서의 신호에 따라 자동으로 교체, 쌍방 중에 어느 한쪽을 병을 사용 한다.

(8) P/R Bottle Rack

P/R Bottle Rack은 1 갤론 병을 놓는 곳이다. 누수 센서는 약액 누수가 발생한 경우 즉시 경보를 울려 시스템을 정지시킨다.

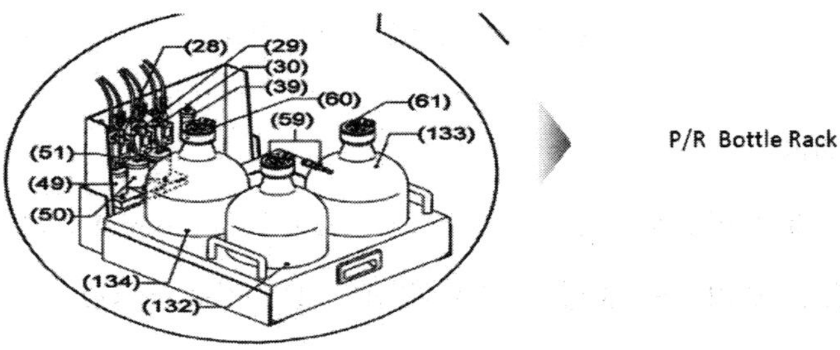

그림 1-32 감광제 병 랙

(9) Develop Filter Rack

현상 필터 랙은 유량계, 필터, 레귤레이터 및 게이지가 장착되는 곳이다.

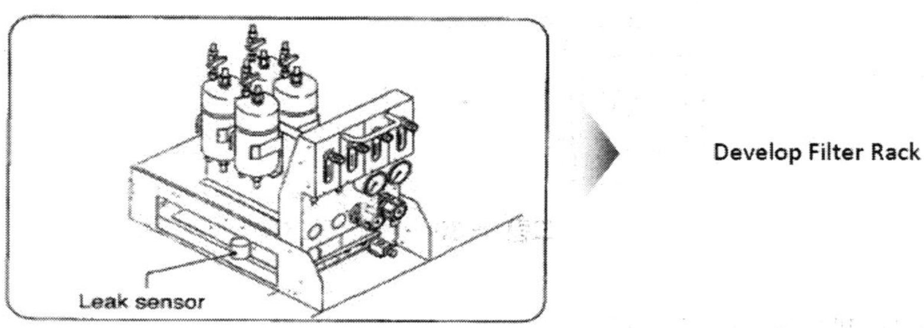

그림 1-33 현상 필터 랙

6. 트랙 장비의 모듈별 기능

1) Main Arm

메인 암은 웨이퍼를 운송하는 핀셋(Pincette)이다.

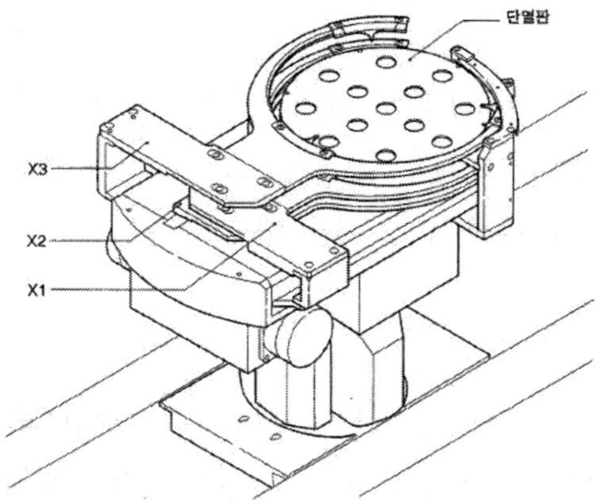

그림 1-34 Main Arm 구조

(1) Main ARM 구동부

메인 암 핀셋은 X1, X2, X3로 구성되어 있다. 메인 암 핀셋의 X1, X2 Loarding은 HMDS, HP, CP, DHP, WEE, Interface에서는 웨이퍼를 받을 수 있으며, 스핀 장치로 Loading 할 수 없다. Spin 장치는 온도 영향을 받아서 필요한 온도, 습도를 관리한다. 메인 암 핀셋을 잡는 부위를 쯔메(Pinger)라고 한다. 핀셋은 3개로 구성되어 있으며, 핑거 위에 웨이퍼가 올라간다. 암 정지 스위치는 핀셋 X1, X2, X3가 연속적으로 움직여서 순간적으로 멈추고자 할 때 한시적으로 눌러서 암의 동작을 정지시킨다다. 안에 램프가 있어서 육안으로 확인이 가능하다. 다시 사용하고 할 때는 한번 누르면 멈춰 있던 암이 움직인다.

(1) X축

각 장치에 대한 전후방향의 동작을 X축이라 하고, 3개의 암으로 구성되어 있다. 상단을 X3축(핀셋 3), 중단을 X1축(핀셋 1), 하단을 X2축(핀셋 2)이라고 부르고, 구동부에는 가각 스텝핑 모터와 타이밍 벨트를 사용하고 있다. 또 홈 센서라고 부르는 위치 센서에 의해 위치를 검출하고 있다.

(2) Y축

동작 패널 측에서 본 좌우 방향의 동작을 Y축이라고 하고 웨이퍼를 반송할 때 좌우방향의 장치 간 이동을 AC 서보 모터에 의해서 수행한다. 또한 구동부에는 타이밍 벨트를 사용해서 모터 내장 인코더로 위치를 검출한다.

(3) Z축

상하방향의 동작을 Z축이라고 하고, 웨이퍼를 반송할 때 상하방향의 장치간의 이동과 각 장치에 대한 웨이퍼 탑재를 AC 서보 모터로 한다. 또한 구동부에는 타이밍 벨트와 Ball Screw를 사용하여 모터 내장 인코더로 위치를 검출한다.

(4) θ축(세타)

메인 암의 회전동작을 θ축이라고 하고, 웨이퍼를 반송할 때 좌우의 블록 방향과 전후의 장치 방향에 대한 회전이동을 스텝핑 모터로 한다. 또한 Home 위치에서 시계방향(CW)으로 최대 271º 회전동작을 한다. 또한 구동부는 타이밍 벨트를 모터 외부에 있는 인코더에 의해서 위치를 검출한다.

웨이퍼를 반송할 때 핀셋 1과 핀셋 2가 교대로 각 장치에 대해 반입, 반출을 한다. 또한 핀셋 3은 낸각 장치에서 Spinner (COAT, DEV) 유닛에 대한 반송만을 하고, 처리 웨이퍼에 대한 열 영향을 최소한으로 억제하는 구조로 되어있다. 또 그 때문에 핀셋 3 사이에 단열판이 설치되어 있다.

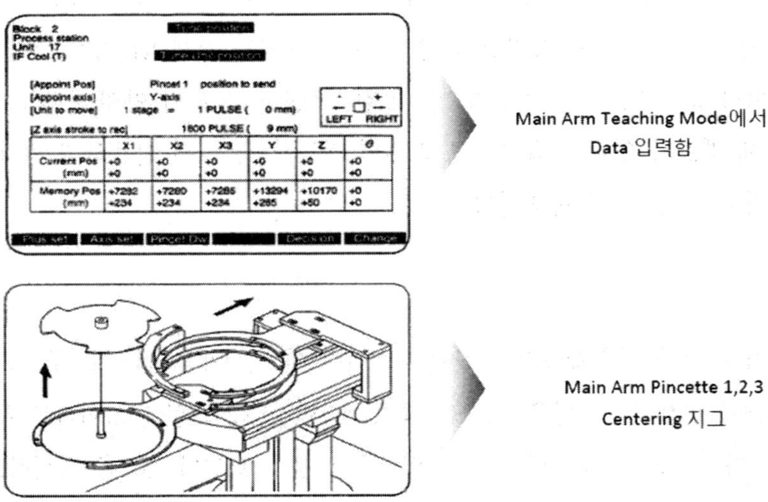

그림 1-35 Main ARM Teaching Data

2) Hot Plate 장치(HP, DHP)

Hot Plate 장치는 Resist 처리장치 중에서 웨이퍼 가열처리에 의해 웨이퍼 표면에 수분을 제거하기 위한 장치로, 도포 공정 후 또는 현상 공정 전후에 있어서 웨이퍼 표면에 도포된 포토 Resist의 열처리도 한다. 일반적으로는 Baking 장치라고도 한다.

Gap Space를 매개로 해서 열판 위에 웨이퍼를 설치하고 Recipe 설정기간 Proximity Bake를 한다. 또한 열판의 온도에는 다양한 온도 제어기(E5ZD-4H01P)를 사용하고 제어 방식으로는 2 자유도 PID 제어를 하고 있다. 본 제어기는 열판에 내장된 측온저항체(PT 100)에서 오는 온도정보에 의해 Heater Power Line(AC 200V)을 SSR에서 온/오프 시키는 것으로 열판 내장의 히터를 온/오프 시켜서 온도제어를 한다.

Hot Plate 장치에서 열처리를 분류하면 다음 표 1-19와 같다.

표 1-19 Hot Plate의 열처리 분류

열처리	설 명
탈수 Bake (Dehydration Bake)	포토 Resist 처리의 전처리로서 포토 Resist와 웨이퍼의 밀착성을 강화하기 위해서 수분을 제거하는 열처리를 한다.
Pre Bake (Pre-Bake)	웨이퍼 위에 포토 Resist를 도포한 다음 도포막 안에 있는 잔류용제를 증발시키기거나 도포막과 웨이퍼와의 밀착성을 높이기 위해 열처리를 한다.
Post Bake (Post-Bake)	현상에 의한 포토 Resist Pattern 형성 후, 포토 Resist막 안 또는 표면에 남아 있는 현상액, Rinse액을 증발시켜 제거하고 포토 Resist의 경화, 웨이퍼와의 밀착성 강화를 위해 열처리 한다.
노광 후 Bake (Post-Exposure Bake)	단일 파장광으로 노광한 경우의 정재파 효과(빛의 물결)에 의한 포토 Resist Pattern(포토 Resist 측벽형상)의 변형을 경감시키기 위해 노광한 (현상 전) 다음 열처리를 한다.

3) Adhesion 장치(AD)

Adhesion 장치는 포토 감광액 코팅 전의 처리로서 포토 감광액 막과 웨이퍼와의 밀착성 향상을 목적으로 한 웨이퍼 표면의 소수화처리를 하기 위한 장치이다. Gap Space를 매개로 해서 열판 위에 웨이퍼를 탑재하고, Chamber Plate에 의해서 밀폐(진공) 상태로 된 장치 안에 Bubbler Tank에 의해서 발생한 HMDS의 대기를 도입하고 열처리를 하는 것으로 친판 아래 OH 결합(Radical Connection)을 과학적으로 분리하고, 수분을 제거하는 것이다.

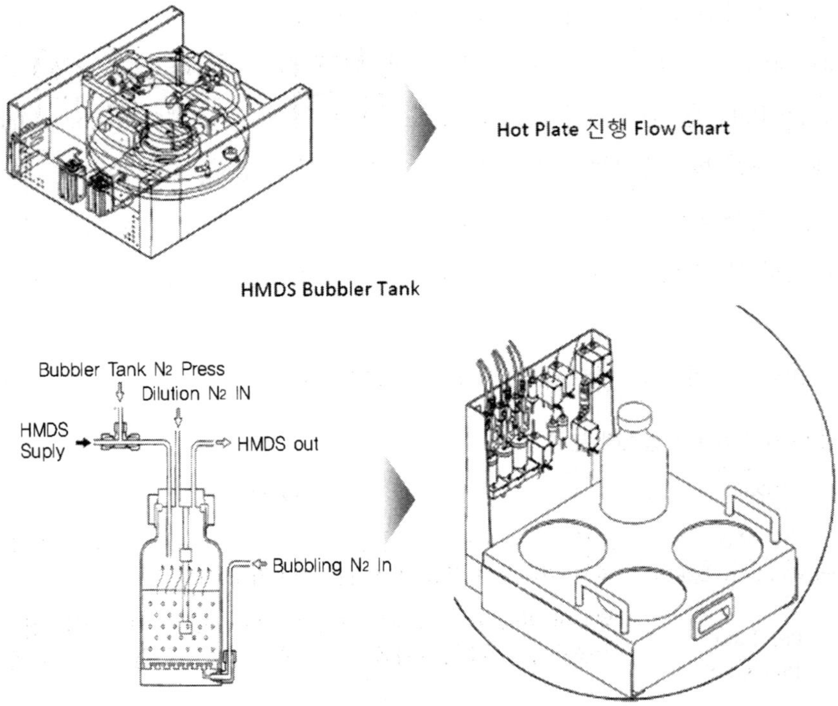

그림 1-36 Adhesion 장치

또한 Bubbler Tank란 N2 Bubbler 방식에 의해 HMDS 용제의 휘발성을 이용해서 그 용제의 대기를 만들기 위한 탱크이다. 일반적인 용제 휘발성 원리에서는 용제의 수납 용기 표면에 비례해서 발휘되고 대기가 만들어지고 있기 때문에, 동일 용기 내에서는 어느 정도 한계가 있다. 그래서 Bubbler Tank에서는 N2를 Tank 하부의 Teflon충부(최소공질)에 도입하면 N2 용제 안으로 나올 때 작은 Bubbler이 되어 방출된다. 그 Bubble이 용제 표면에서 터질 때의 구상 면적에 따라 액의 표면적이 넓어지고, 용제 휘발의 효과를 올리고 있다. 이 방식을 N2 Bubbling이라 한다.

Chapter 02

식각 공정의 이해

1. 식각 공정

1) 식각(Etching) 공정의 개요

식각(etching)의 방법은 크게 습식식각(Wet Etching)과 건식식각(Dry Etching), 두 가지로 나눌 수 있으며 습식식각은 소자의 최소선 폭이 수백~수십 μ대의 LSI 시대에 범용으로 적용되었으나, VLSI/ULSI 소자에는 등방성 식각이 보이는 집적도의 한계 때문에 거의 사용되지 않고 있다. 건식식각은 활성 미립자와 대상물질과의 화학반응에 의하여 대상물질을 제거하는 방법과 대상물질을 물리적 이온 충격으로 파괴하여 제거하는 방법 등 두 가지로 표현한다. 건식식각 기술은 플라즈마(Plasma), 가스(Gas), 진공(Vacuum) 등의 상태를 어떻게 만드느냐에 따라 식각 성능이 달라지며 위험요소(Damage), 오염(Contamination) 등을 고려해야 한다. 식각 종류와 메카니즘은 다음과 같다.

(1) 폴리실리콘(Poly Silicon) 식각

폴리실리콘은 여러 가지 가스를 이용하여 식각이 가능하다. 예를 들면, Cl_2, F 화합물, Br 화합물 등이다. 특히, 많이 쓰이는 염소(Chlorine)를 사용한 실리콘 식각을 알아보면 다음의 일련의 과정을 거쳐서 에칭이 되게 된다.

① 폴리 실리콘 측벽보호를 위해 Cl 이온들이 C와 결합하여 폴리머(Polymer)를 형성한다.

② Cl 이온이 폴리실리콘의 실리콘(Si)와 결합하여 SiCl 화합물을 형성하여 결국 휘발성 $SiCl_4$를 형성한다(그림 2-1).

③ 폴리실리콘이 식각되면 기판(substrate)에 SiO_2가 들어나게 되어, 감광액의 C와 SiO_2의 O가 결합하여 C−O 화합물을 형성하게 된다.

④ Cl 이온은 SiO_2에서 Si와 결합하여 SiCl을 형성한다(그림 2−2).

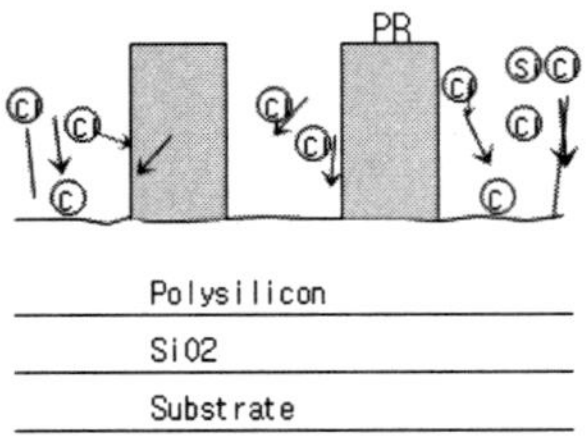

그림 2-1 SiCl4 형성

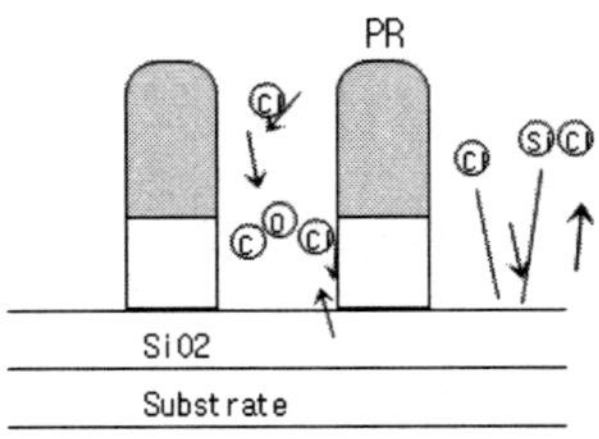

그림 2-2 SiCl 형성

(2) 실리콘 디옥사이드(Dioxide) 식각

이산화규소(SiO_2)는 화학적 반응 및 이온 충격(Ion Bombardment)의 도움으로 에칭이 된다. 여기에 Polymer를 형성하는 중합(Polymerization)은 식각을 느리게 하거나 방해하는 역할을 함으로서, 원하는 선택비를 얻는 중요한 요소로 작용한다. 전형적인 SiO_2 식각은 다음과 같다.

① 식각제(Etchant)인 Fluorocarbon이 SiO_2와 반응하여 불소(F)기나 CF3기를 형성한다.

$$CF_4 + e^- \rightarrow CF_3 + F + e^-$$

② F기나 CF_3기는 SiO_2와 화학적인 반응을 잘하고 쉽게 결합하는 성질을 갖고 있어서 SiF_4, CO, CO_2를 형성시킨다.

$$4CF_3 + 3SiO_2 \rightarrow 3SiF_4 + 2CO_2 + 2CO$$

③ Si-O 결합은 200Kcal/mole이어서 상대적으로 Si-Si 결합의 80Kcal/mole 보다 2배 이상의 결합력을 갖고 있어서, CF_3(혹은 F)기가 SiO_2 계면에 흡착되어 있어도 양으로 대전된 아르곤(Argon)이나 헬륨(Helium)의 충격 에너지를 받아야만 SiO_2 계면을 침투하여 SiO Chain을 끊을 수(식각이 되게 하는) 있게 된다.

(3) 금속(Metal) 식각

기본적으로 전도성이 높고, 안정하며, 가공이 용이한 알루미늄이 금속 식각의 대상이며, Cap Metal이나 Barrier Metal은 주석(TiN)(또는 티탄(Ti))나 TiW이 사용되고 있다. 알루미늄(Al) 식각의 주 에천트(Etchant)는 염소(Chlorine)로 Al과 Cl은 자발

반응에 의해 식각이 되며, 부산물인 염화알루미늄($AlCl_3$)은 휘발성이 강하여 가열을 해주면 쉽게 펌프를 통해 제거된다.

$$2Al + 3Cl_2 \rightarrow 2AlCl_3 - 38Kcal/mole$$

(4) ISO 에치과정

STI 형성 과정은 다음과 같다.

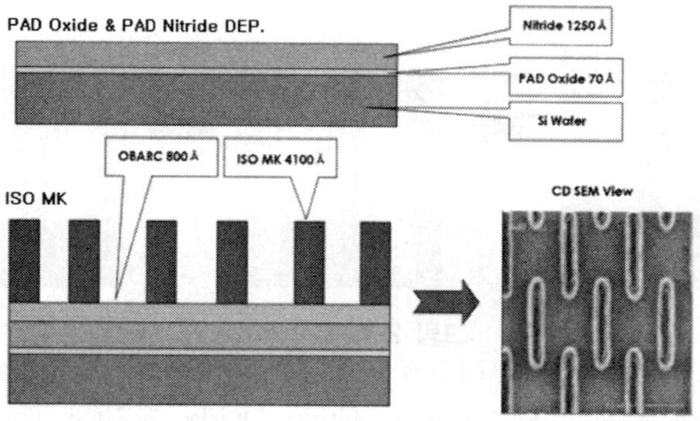

그림 2-3 STI 형성

ISO 에치는 Nitride Etch와 Si Trench로 구분한다. 다음 그림은 ISO Nitride Etch를 나타난다.

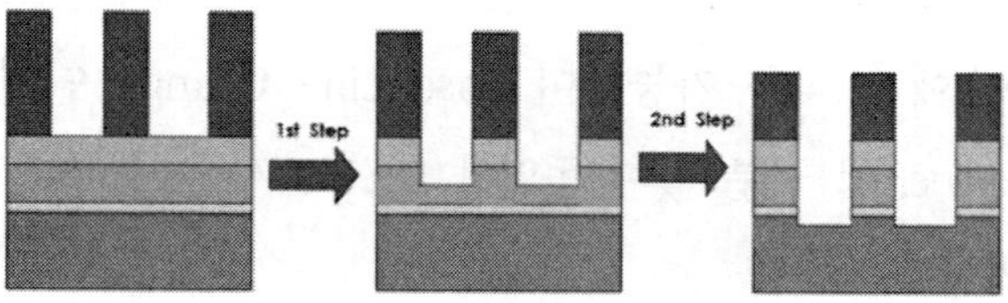

그림 2-4 ISO 질화물 식각(Nitride ETCH)

첫 번째 스텝의 특징은 OBARC Etch를 위하여 상대적으로 선택비가 낮은 CF_4/O_2를 사용하며 따라서 낮아진 PR 선택비를 보상하기 위하여 CHF_3를 첨가한 것이 특징이다(한때 CHF_3를 배제한 검사가 진행되었으나 Base Change가 안되었다.). CD BIAS를 조절하기 위한 주요 인자는 O_2의 양이다. 두 번째 스텝의 특징은 E/R향상을 위하여 Gauss을 인가하며 PR 선택비 및 Si Loss 최소화를 위하여 O_2 사용을 배제한다. 그림 2-5는 Nitride Etch를 할 때 발생한 Particle을 보이고 있다. Nitride Etch 후 후처리 공정 없이 Si Etch 공정이 진행되므로 Nitride Etch 중(후) 발생한 Particle은 곧바로 ISO Bridge로 보내진다.

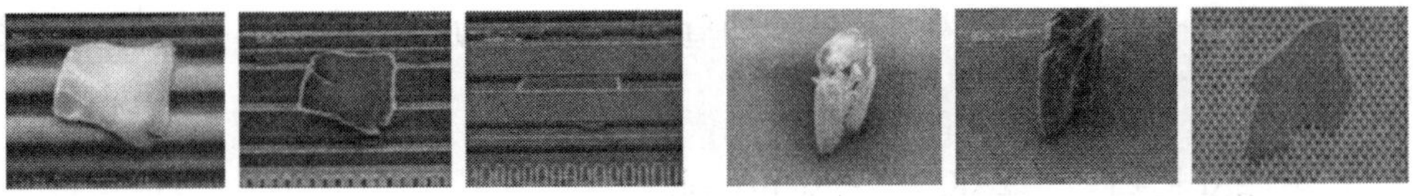

그림 2-5 질화물 식각 때 발생한 Particle

그림 2-6은 Si Trench를 나타낸다.

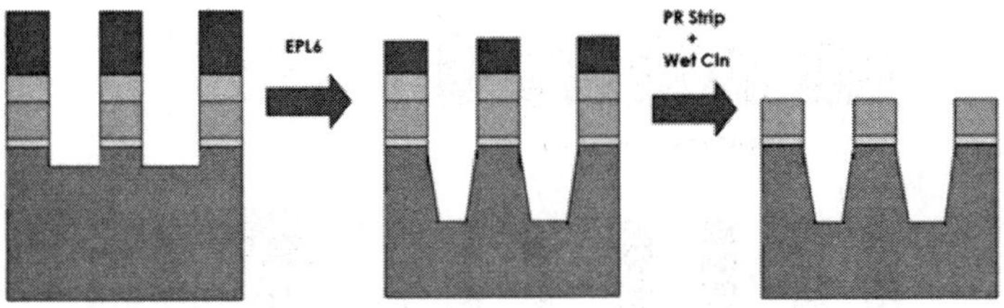

그림 2-6 Si Trench

첫 번째 단계의 특징은 Si Surface Native Oxide 제거(Si Trench 식각때 초기 Blocking Layer 제거)한다. 두 번째 단계의 특징은 Si Trench Profile을 위하여 HBr Rich Recipe로 구성되어 있다. 초기 Set-Up 시 Cl_2 Rich Recipe로 사용하였으나 0.10 Tech ISO 공정을 위하여 HBr Rich 조건으로 변경된다. 낮은압력/높은 전원 조건에서 Space 확보 가능한 조건이 구현 가능하다. 단지 Cl_2 조건의 시험이 진행되었으나 0.16Tech에만 적용 가능하여 Base Line Change 안된다. 현재 R_2의 Si Trench Recipe는 Tech에 구분 없이 동일한 Recipe 사용 중이다. 그림 2-7은 ISO 식각 후 검사방법이다.

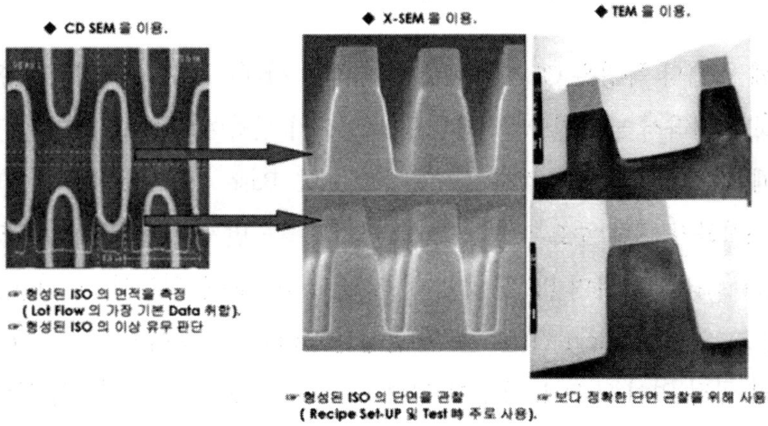

그림 2-7 ISO ETCH 후 검사방법

(5) 식각 장비의 주요 구성품

플라즈마를 발생시키는 RF 발생기(Generator)의 주파수는 보통 13.56MHz를 많이 사용하고, 이외에 400KHz, 800KHz, 2MHz, 27.12MHz를 사용한다. 그 이유는 FCC (Federal Communication Commission)에서 ISM(Industrial Scientific Medical)용으로 특정 주파수만을 배정하여 RF 발생기에서 발생한 고조파들이 다른 통신장비에 방해를 줄 수 있으므로 이것을 방지하기 위해서다.

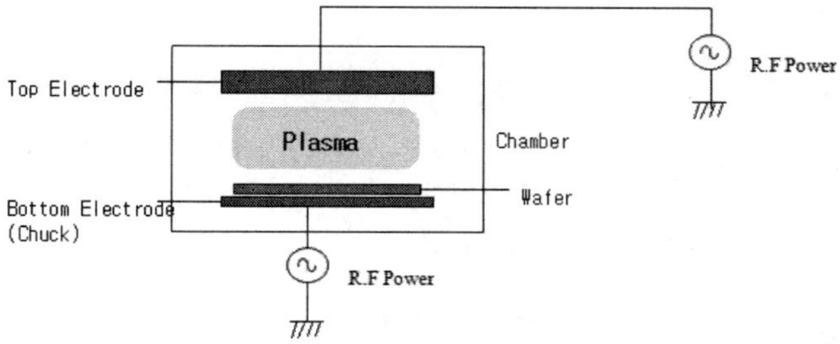

그림 2-8 Dry Etcher 기본개념도

Dry 식각 장비를 구성하는 주요 구성품은 다음과 같다.

① 일정한 압력을 유지하면서 공정을 진행하기 위한 챔버와 진공시스템

② 웨이퍼가 Load되어 공정 진행 시 웨이퍼의 온도를 일정하게 유지시킬 수 있는 척(Chuck) : 기구방식 척(Mechanical Chuck, M-Chuck))과 정전방식 척(Electrostatic Chuck, E-Chuck)이 있다.

③ 공정을 위한 가스를 공급하는 가스 공급 시스템

④ 공정을 위해 플라즈마를 발생시키기 위한 플라즈마 소스

⑤ 플라즈마 소스 및 척에 에너지를 공급하기 위한 RF System

⑥ 공정의 끝을 검출하기 위한 EPD(End Point Detector)

2. 식각 장비의 기본 구조

1) 식각 장비의 기본 구성

플라즈마를 이용한 건식 식각 장비는 반응성 가스를 진공 챔버 내에 주입한 후 에너지원에 의해 가스를 해리함으로써 플라즈마를 발생시켜 플라즈마 내의 라디칼

(Radical)과 이온을 활용하여 반응에 의한 화학적 식각이나 이온 충격(Bombardment)에 의한 물리적 식각에 의해 대상체를 식각하고 이 부산물을 배기라인을 통해 배기하게 된다. 식각 장비의 구성은 크게 웨이퍼를 카세트(Cassette)에서 반응 챔버로 이송하는 반송부와 진공을 유지시키기 위한 진공부, 공정을 위한 플라즈마를 발생시키는 전극부 등이다. 일반적으로 전극 구조에 따라 식각 장비를 분류한다. 식각 장비의 구성 요소는 다음 표 2−1과 같다.

표 2-1 식각 장비의 구성 요소

구성요소	내 용	
전력(Electric Power)	• RF Power(27.12MHz, 13.56MHz, 800KHz, 400KHz) • Micro-wave Power(2.45GHz)	
온도제어유닛(Temp. Control Unit)	• 난방기 제어	• 냉동기 제어
진공펌프유닛	• Rotary oil 펌프 • Turbo molecular 펌프	• Dry 펌프
진공측정유닛	• Capacitance manometer • Pirani 게이지 • 이온 게이지	• Penning 게이지 • Convectron 게이지 • Auto Pressure Controller
공압 및 가스 제어유닛	• MFC(Mass Flow Controller) • 필터 • Air operated valve • Fitting 류(VCR, VCO, SWG 등)	• 솔레노이드 밸브 • 레귤레이터

2) 플라즈마 소스(Plaszma Source)

플라즈마 소스에는 바렐 타입, 플래너 타입, split RF power 인가 방식, RIE 타입, MERIE 타입, CDE 타입, ECR 타입, Helicon 타입, TCP 타입, ICP 타입 등이 있다.

(1) 바렐 타입(Barrel Type)

바렐타입에서는 중성 물질(Neutral species)들이 비교적 긴 라이프 타임을 가지고 있기 때문에 등방성(Isotropic) 식각이 된다.

① **적용공정** : PR Stripping

② **적용장비** : DES-212, 220 등, RAM-8500, 250 등

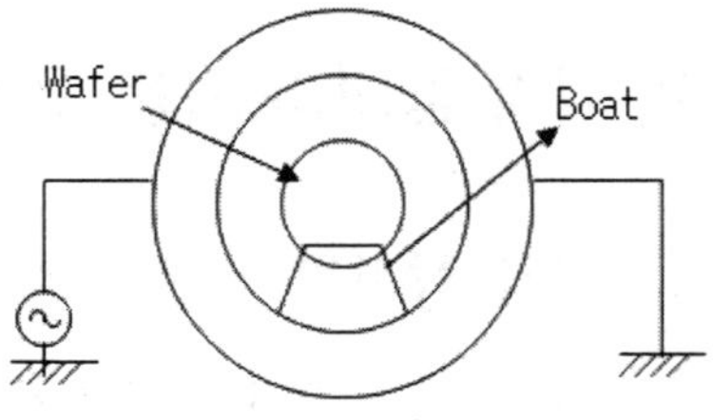

그림 2-9 바렐 타입

(2) 플래너 타입(Planar Type)

초기 개념의 플라즈마 생성방식으로 글로우(Glow) 방전에 의해 플라즈마를 형성시키며, R.F 주파수는 글로우 방전이 한 사이클 동안 유지될 수 있도록 충전시간(Charging Time) (10㎲)보다 작게 될 수 있는 최소의 주파수인 100K~13.56MHz의 범위에서 사용하나 일반적으로 400KHz, 2MHz, 13.56MHz, 27.12MHz의 주파수를 사용한다. 구조적 특징으로는 애노드(+)와 캐소드(−)의 크기가 동일하며, 애노드와 캐소드의 간격을 가능한 좁게 구성한다.

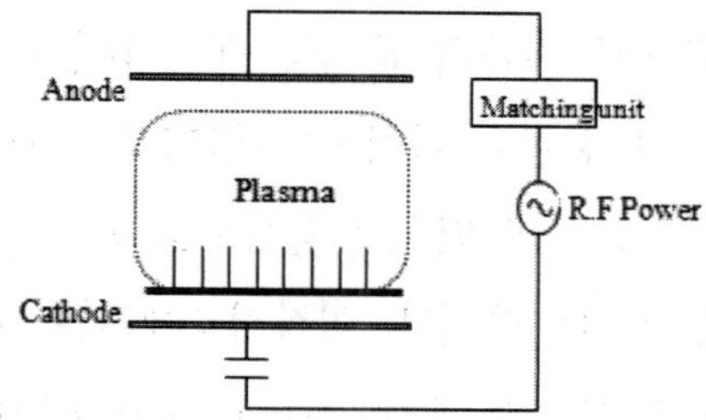

그림 2-10 플래너 타입

① 문제점

- 직류 바이어스가 적으므로 이온의 에너지가 적어 식각 Rate가 낮다.
- 애노드와 캐소드의 전압차가 커서 아크현상이 자주 발생하여 균일한 플라즈마가 형성되지 못한다.
- 가공 정밀도가 낮다.
- 등방성 식각 특성이 있다.

② 장비

- LAM : Rain Bow 4400, LAM 490/590
- TEL : TEL 580
- TOK : TCA-2500

(3) Split RF Power 인가 방식

기존의 R.F 플라즈마 방식을 개선한 것으로 기존방식의 경우 높은 전압인가에 따라 전극과 그라운드 사이에서 아크(Arcing)와 Stray 방전 현상이 발생되는 문제점을 개선하기 위하여 개발된 장치이다. LAM 사(50 : 50 Split)와 TEL 사(50 : 50을 제외한 비율의 Split)의 특허이다.

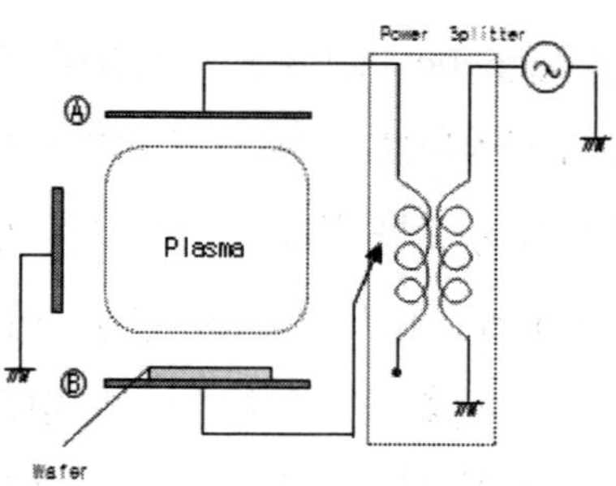

그림 2-11 Split RF Power 방식

식각률 향상을 위해서는 높은 전압을 인가하는 것이 필요하다. R.F 플라즈마 방식에서는 필요한 전압을 상, 하부 전극에 직접 공급하며, 이에 따라 상, 하부 전극 간 높은 전압차가 발생하게 되어 이로 인해 문제이 나타난다. Split 방식에서는 위상이 180° 차이가 나는 전압을 상하부에 나누어 공급함으로써, 목표 된 전압차를 최소화 함으로 기존의 문제를 해결하였다.

이 방식의 특징은 안정되게 비교적 높은 전압 인가에 따른 식각률을 개선하고, 플라즈마의 연속성 향상으로 균일성을 개선했으며, 아크 문제 해결에 의한 장비 손상을 개선하였다. 현장적용에 있어 안정도가 뛰어나 현재 가장 널리 활용되고 있다. TEL 사-TE 5000, TE 8500과 LAM 사-Rain Bow 4500이 여기에 속한다.

(4) RIE(Reactive 이온 에칭) 타입

웨이퍼가 놓이는 전극에 R.F 전압을 인가하고, 공정압력을 낮게 유지(100mTorr)하여 플라즈마 중의 양이온이 플라즈마 Sheath를 통해 가속되게 함으로서 Planar 방식에 비해 이방성 식각 특성을 향상시킨 구조이다.

단점으로는 방사선손상(Radiation Damage)이 크고, 선택비가 빈약하다.

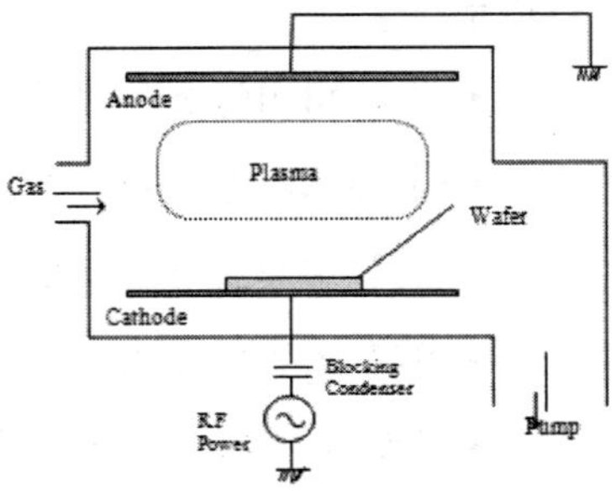

그림 2-12 RIE 타입

적용공정은 Poly, Nitride, Al Etch, Asher 장비에 사용되며, AME 사-AME 8300, 8200, 8115(Hexagonal Type)과 TOK 사-OAPM(Diode Type) 장비에서 적용 중이다.

(5) MERIE(Magnetically Enhanced RIE) 타입

캐소드 측면에 자성을 띤 물질을 설치하여 자장(Magnetic Field)을 형성하여 전자를 목표된 영역(공정하고자 하는 웨이퍼 주변)에 가둬 둠으로서 필요한 부분의 플라즈마 밀도가 높아지고(Ionization Efficiency 향상) 이에 따라 사용 압력을 낮출 수 있어 중성 원자(Neutral Atom)의 산란이 적어져 불필요한 발열현상을 줄일 수 있고 이온이 충분한 에너지를 얻어 표면확산

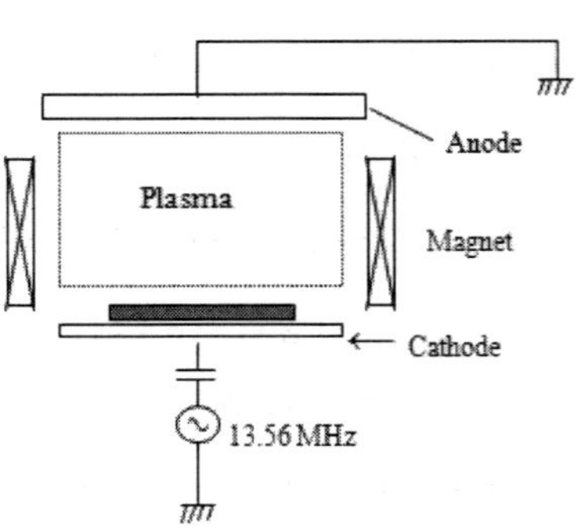

그림 2-13 MERIE 타입

(Surface Diffusion)이 잘되어 공정성능(식각률) 효율이 높아진다.

전자가 자장에 따라 원운동을 함으로서, 분자나 원자와의 충돌 횟수가 증가되어 이온화 효율을 증가시키면서도, 에칭에 관여하는 이온은 거의 영향을 받지 않아 직선운동을 한다. 이 방식의 문제점은 자석 설치 등에 따라 장비가 대형화 되고, 장비의 구조가 비교적 복잡하다.

적용 장비로는 AME 사－P-5000 (Etcher, CVD)과 히다찌사－DMX 이다.

(6) CDE(Chemical Downstream 에칭) 타입

공정 중 웨이퍼 내의 손상을 최소화하기 위해 개발된 방식으로 플라즈마 발생부와 공정부를 분리시켰다.

마이크로파에 의해 공급된 가스를 여기시킴으로서 플라즈마 상태로 만들고, 이때 생성된 이온과 Radical을 가능한 손실 없이 공정 챔버 부로 이송시켜 에칭 공정이 이루어지도록 한다. 문제점으로는 플라즈마 소스부(마이크로 Generator)에서 전자의 강한 에너지에 의한 여기 작용의 영향으로 내부 석영이 급속히 식각된다. 공정부에서의 에칭 효과가 낮아 식각 보다는 PR-Strip 등 Soft 한 공정에의 적용만이 가능하다. 화학반응에 의한 에칭으로 등방성 에칭 특성을 나타낸다. 적용장비로는 Tokuda 사－CDE-7-3(PR-Strip, Light 식각)이 있다.

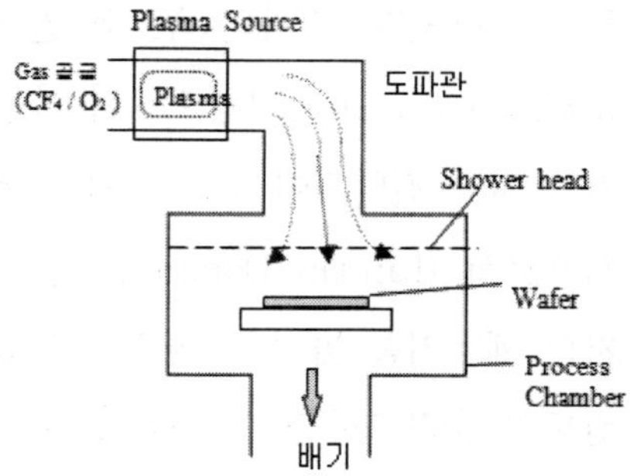

그림 2-14 CDE 타입

(7) ECR(Electron Cyclotron Resonance) 타입

플라즈마에 자장을 걸어주면 B Field와 E Field가 생성되며 E field를 따라 전자는 회전운동을 하게 된다. 여기에 마이크로파를 인가해주어 공진을 시켜서(이를 싸이클로트론(Cyclotron) 공진이라고 함) 전자의 운동에너지를 증가시킴으로서 많은 충돌을 발생시켜 고밀도 플라즈마를 얻는다. 따라서 ECR에서는 875 Gauss의 자장과 2.45GHz의 μ-wave를 사용한다.

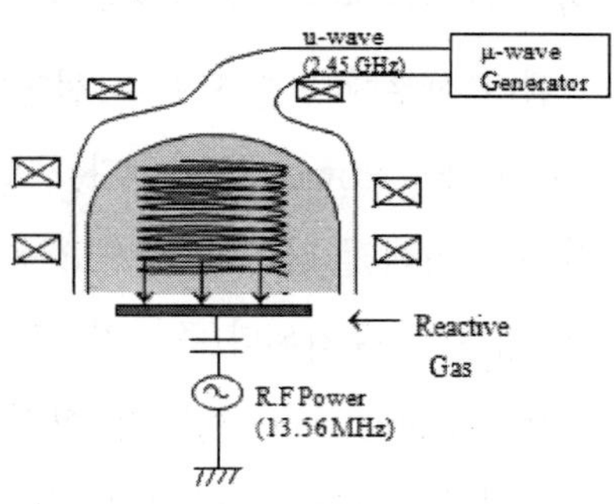

그림 2-15 ECR 타입

문제점으로는 자장의 형성을 위한 장치가 복잡하고, 큰 면적을 요하므로 장치 크기가 커진다. 전자가 E-Field에 따라 운동함으로서 제한된 확산 운동을 한다. 대구경 웨이퍼에서 균일성이 저하. 적용 장비로는 히다찌사－M 206, M216, M 308, M 318, DM-501이 있다.

(8) Helicon 타입

안테나와 코일을 챔버 외부에 구성하여 이온화 확률이 최대가 되는 전자 에너지를 생성하도록 하였다. 전자의 속도와 일치되는 파동(Helicon wave)을 가함으로서 파동의 에너지가 전자에 전달되어 특정 전자의 에너지를 높임으로서 (Landau Damping) 전체적으로 전자의 에너지를 높여, 충돌횟수를 증가시켜 고밀도의 플라즈마를 형성할 수 있게 된다.

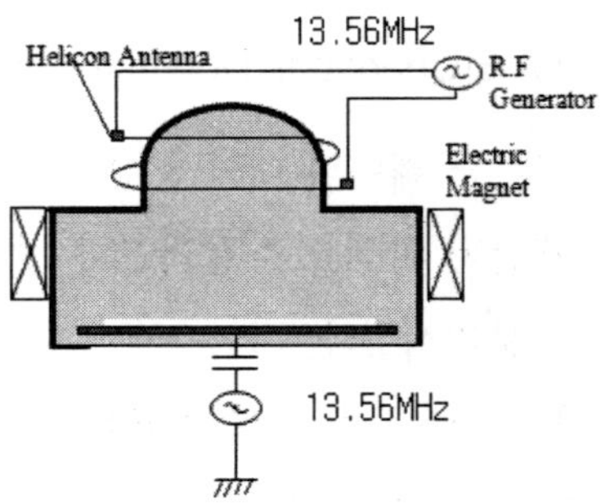

그림 2-16 Helicon 타입

안테나의 코일 방향에 따라 Helicon 파의 교란상수(m)가 결정되며 일반적으로 교란이 없는 m=0(정지교란)인 경우 MORI라 부른다. m〉0(시계방향) 또는 m〈 0(반시계 방향)인 경우 일반적으로 Helicon이라 부른다. 외부에 전자장을 인가하여 형성된 전계 내에 전자를 구속함으로서 고밀도의 플라즈마를 형성한다.

문제점으로는 플라즈마가 불균일하게 형성될 수 있어 균일성이 저하된다. 아직 반도체 제조용으로 상용화 되어 있지 않으며 PMT사 제품만 일부 장비(MORI)에서만 사용 중이다.

(9) TCP(Transformer Coupled 플라즈마) Type

챔버 상부에 원형 또는 나선형의 코일을 설치하고 RF Power를 가한다. 코일에 흐르는 전류에 의해 플라즈마 내에도 유도성 인덕턴스 성분이 유기된다(즉, 전기적으로 결합된 변압기-Transformer-형태가 형성됨).

플레밍의 왼손법칙에 따라 수직방향의 자계(B-Field)나 수평방향의 전계(E-Field)가 형성

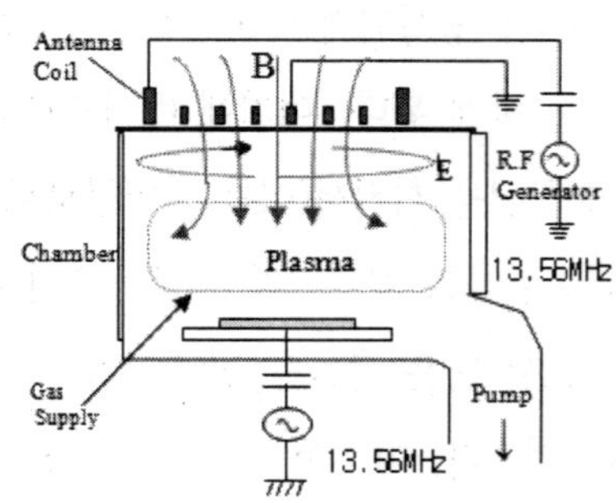

그림 2-17 TCP 타입

되고, Skin Depth 내에 형성된 전계를 전자가 회전운동을 함으로서 가속되어 에너지를 얻는다. 가속된 전자가 가스 입자와 충돌하여 플라즈마를 형성한다. 이 방식의 특징은 1012 EA/cm^2 이상의 고밀도 플라즈마를 얻을 수 있다. 낮은 압력에서도 안정된 플라즈마가 형성(10mTorr 이하)되며, 구조가 간단하다. 대구경에서도 균일한 플라즈마가 형성된다. 플라즈마 밀도와 이온 Energy를 개별적으로 조절할 수 있다.

문제점으로는 반응 가스가 고속으로 해리되어 Radical 조성이 기존 방식들과 다르며, Selectivity 저하, 반응 부산물(Polymer)이 재 분해, 재 축적됨에 의한 이물이 발생되며, 높은 전자온도로 자외선이 발생되고, 이것은 필름에 손상을 줄 수 있다. 적용 장비로는 LAM 사-TCP 9400, TCP 9600, TCP 9100 등이 있다.

(10) ICP(Inductively Coupled 플라즈마) Type

챔버의 측면에 코일을 감고 2MHz의 RF Power를 인가한다. 척 하부에서 Reactive 가스를 공급하고 공정압력은 10mTorr 이하로 유지한다. E-척을 사용하여 챔버 내부구조를 단순히하고 웨이퍼 표면의 온도 장치를 개선하였다. 상부에 Si Plate를 두고, 가열하여 Si를 발생시켜 공정 중 과다하게 발생하는 F^+를 SiF_4 형태로 처리한다.

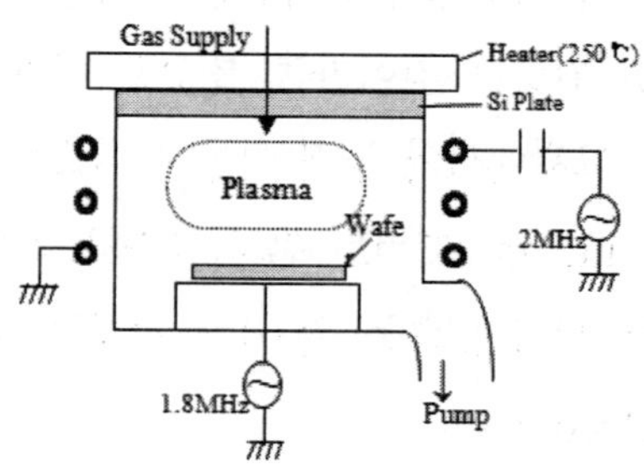

그림 2-18 ICP 타입

이 방식의 특징은 1012EA/cm^3 이상의 고밀도 플라즈마가 형성됨으로써 식각율이 9,000Å/min 이상으로 탁월하며, 챔버의 구조가 간단하고, Compact해서 Cluster 화에 적합하다. 플라즈마가 넓고, 균일하게 형성되어 대구경화에 적절하고, 이온을 가속시키지 않음으로서 이온 충격에 의한 손상이 없다.

문제점으로는 반응 가스가 고속으로 분해되어 Radical 조성이 기존 플라즈마방식과 다르게 나타날 수 있다. 반응 부산물(Polymer)이 재분해, 재 축적되는 현상이 나타날 수 있으며, 코일에 의해 벽 쪽으로 끌리는 이온과 전자의 영향에 의해 챔버 벽에 생성물이 퇴적되고, 이에 의해 플라즈마 Source의 성능을 변화시킬 수 있다(공정 재현성 저하). 활용장비로는 AMT-Centura 5300(Oxide 식각), W/J-W/J-2000(HDP CVD), LAM-Rain Bow 4470(Oxide 식각), Matson-PR-Stripper 등이 있다.

Chapter 03

확산 공정의 이해

확산은 매질을 통해 고농도에서 저농도로 물질이 이동하는 물리적인 현상으로 반도체 제조에서의 확산은 고체인 실리콘 웨이퍼에 불순물 원자(도펀트)를 도핑하고, 또 원하는 깊이만큼 불순물 원자(도펀트)를 이동시키는 것을 말한다.

고체에서의 물질 이동 방식으로는, 실리콘 결정격자가 비어 있는 공격자(Vacancy Lattice)로 도펀트 원자(불순물 원자)가 이동하거나(Vacancy Mechanism) 또는 도펀트 원자(불순물 원자)가 격자들 사이를 이동하는 것으로 이해되고 있다(Interstitial Mechanism).

물컵 속에 잉크 방울을 떨어뜨리면, 잉크가 점점 물 속으로 퍼져나가서 시간이 흐르면 잉크가 컵의 전체적으로 섞이게 된다. 이처럼 서로 다른 원소가 섞이는 현상을 확산이라고 하는데, 표면에만 다른 물질로 적은 양을 섞어주기에 아주 적당하다. 반도체 제조공정에서는 섞고 싶은 원소를 실리콘 표면에 발라주고 오랫동안 높은 온도로 유지시킨다.

반도체 웨이퍼에 소자를 형성하기 위해서는 웨이퍼에 특정한 불순물을 주입함으로써 특정한 영역을 형성하여야 한다. 영역은 통상 주입되는 불순물의 종류에 따라 n-type(5가 P, As, Sb) 또는 p-type(3가 B)으로 구분이 된다. 이러한 불순물을 주입하는 방법에는 "확산공정"을 사용하거나 또는 "이온주입공정"을 사용하게 된다. 확산공정의 경우 반도체 웨이퍼의 표면에 마스크로 사용할 막을 형성한 후(보통 oxide를 사용), 주입될 불순물을 기체상태로 Furnance 넣어주거나 또는 불순물을 가진 source 물질을 웨이퍼와 함께 노에 집어넣어서 고온으로 가열함으로써 이루어진다.

확산공정을 하는 동안에는 목적에 따라 질소 가스만을 사용해 노의 분위기를 만들어 주거나 또는 산소가스를 질소가스와 함께 노에 넣어주게 되는데 산소가스를 함께 넣어주는 경우에는 산화공정에서와 마찬가지로 웨이퍼의 표면에 oxide막이 형성되게 된다.

확산(Diffusion) 공정은 크게 산화(Oxidation)공정, 확산(Diffusion) 공정 및 LP-CVD 공정으로 나누어지는데, 반도체 제조 공정에서 금속 공정이전의 산화 공정, 열처리 공정 및 필름 증착 공정을 주로 담당하고 있다.

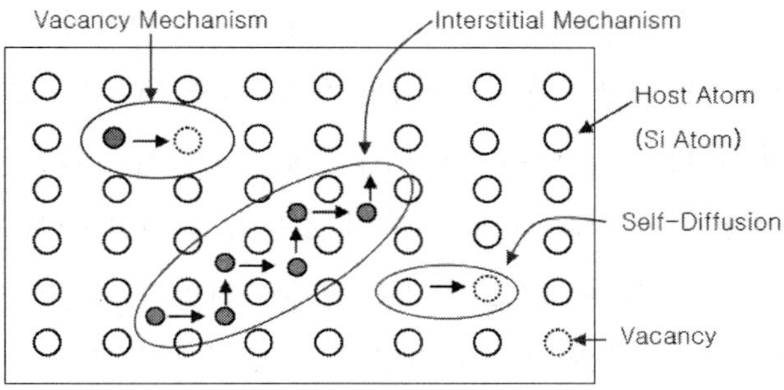

그림 3-1 확산의 원리의 메카니즘

1) 확산의 방법

(1) 열처리에 의한 방법

웨이퍼가 적재되어 있는 반응로에 불순물 원자(도펀트)를 포함하는 가스를 주입하여 실리콘 표면에 불순물 원자(도펀트)를 얇게 증착 한 다음, 반응로에서 1100℃ 이상의 고온 열처리를 하여 불순물 원자(도펀트)를 실리콘 웨이퍼 내부로 원하는 깊이만큼 확산시키는 방법이다.

(2) 이온 주입+열처리

이온주입기를 이용하여 또는 원하는 불순물 원자(Dopant)를 실리콘 웨이퍼에 주입한 다음, 반응로에서 1100℃ 이상의 고온 열처리를 하여 불순물 원자(도펀트)를 실리콘 웨이퍼 내부로 원하는 깊이만큼 확산시키는 방법이다.

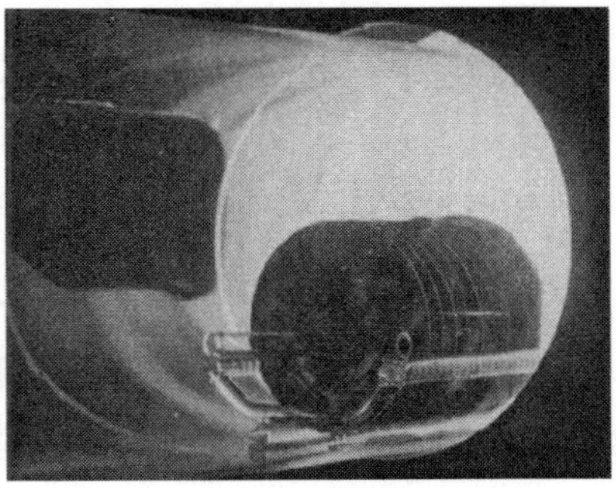

그림 3-2 반응로의 열처리

2) 반응로(Furnace)의 구조

반응로인 석영관은 분리된 세개의 저항코일(resistance coil) 내부에 있으며, 코일에 전류를 흘리면 석영관의 온도는 상승한다. 따라서 석영관 내부의 웨이퍼는 고온으로 가열된다. 개별의 저항코일은 석영관 내에 일정한 열적 평형영역(thermal flat zone)을 유지하는데 필요하다. 각각의 저항코일은 개별적인 온도조절기(temperature controller)가 부착되어 있으며 서로 보완관계를 가지도록 접속되어 있다. 중앙에 위치되어 있는 코일에 대하여 양쪽의 두 코일은 온도변화범위가 낮으며 열적 평형 영역을 확장시키는 역할을 한다. 산화막 성장온도는 900℃~1200℃ 범위에서 ±1℃를 유지하여야 한다. 그 밖에 석영부품으로는 가스를 확산시키는 가스확산기(gas diffuser), 보트(boat), 패들(paddle) 및 호울더(holder) 등이 있다.

반응 가스는 가스 유량조절기(MFC)를 통과하면서 지정된 양만큼 공급되게 되며, 이들 반응 가스는 반응로의 상부로부터 주입되어 실리콘 웨이퍼가 탑재되어 있는 영역을 거쳐서 반응로의 하부로 배기된다.

건식 산화일 경우에는 산소(O_2)만 공급되며, 습식 산화일 때에는 산소(O_2)가 같이 공와 수소(H_2) 되는데, Torch에서 산소(O_2)가 반응하여 수증기 상태가 되어서 반응로 내부로와 수소(H_2) 공급된다.

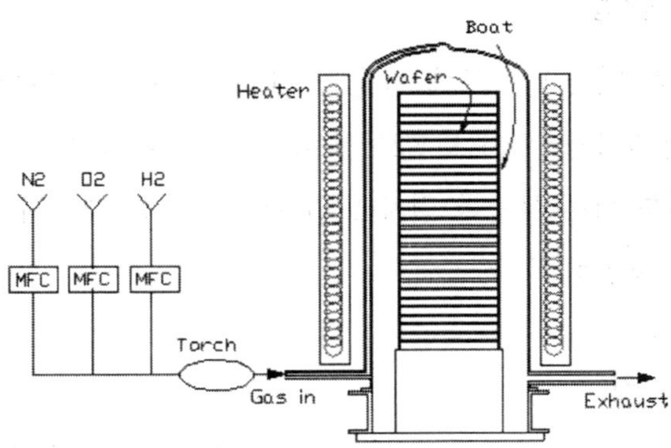

- Boat : 실리콘 웨이퍼를 탑재하는 장치
- Torch : H_2와 O_2를 반응시켜 수증기를 발생시키는 장치
- MFC(Mass Flow Controller) : Gas의 유량을 조절하는 장치

그림 3-3 Furnace 장비의 구조

일반적으로 이러한 산화 공정은 열에 의해 공정이 진행 되는데 웨이퍼에 점진적으로 열을 가하여 생성된다. 그러므로 산화공정에는 점진적으로 열을 조절할 수 있는 heat source와 웨이퍼에 산화 반응 가스를 주입시킬 수 있는 시스템이 필요하다.

그림 3-4 FURNACE 시스템의 사진

기본적인 산화공정 시스템은 다음과 같이 구성된다.

① Furnace의 여러 부품들이 배치되는 캐비넷
② Heating 장치
③ 열 측정 및 제어 장치
④ 웨이퍼가 산화반응이 일어나는 프로세스 tube
⑤ 프로세스 tube 내, 외에 산화 가스를 전달하는 장치
⑥ 프로세스 tube에서 웨이퍼를 로딩, 언로딩하는 장치

3) 반응로의 종류

확산을 시켜주기 위해서 고온의 환경을 만들어주는 장비가 Furnace이다. Wafer를 넣는 방식에 따라 수평식과 수직식으로 유지 관리, 점유면적 면에서 유리한 수직식을 하지만 이 두 가지의 생산성은 동일하다.

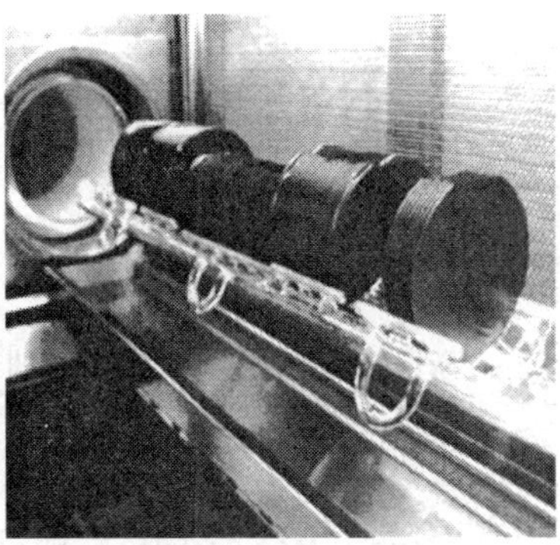

(a) 수평구조(horizontal)형 FURNACE 시스템

(b) 수직구조(vertical)형 FURNACE 시스템

그림 3-5 Furnace 시스템

4) LP-CVD 공정

반응 Gas를 반응로 내로 주입하여 650℃~800C℃ 온도의 저압(수백 mtorr) 상태에서 여러 가지 종류의 막질을 실리콘 웨이퍼 표면에 증착하는 공정이다.

(1) LP-CVD 반응로의 구조

Furnace 반응로와는 달리 LP-CVD 반응로의 배기구는 반응로 내부를 저압 상태로 유지하기 위한 진공펌프가 설치되어 있으며, 또한 펌프와 반응로 사이에는 압력을

조절하기 위한 압력조절장치(APC)가 설치되어 있다. 그리고 Tube는 진공을 유지하기 위한 Outer Tube, 그리고 반응 Gas의 흐름을 구분하기 위한 Inner Tube로 구성되어 있다. 반응 Gas는 MFC를 거쳐서 반응로의 하부로 주입되어 실리콘 웨이퍼가 탑재되어 있는 영역을 거쳐서 반응로의 상부로 이동한 다음 내부 튜브(inner tube)와 외부 튜브(outer tube) 사이를 거쳐 다시 하부로 이동한 다음 펌프 쪽으로 배기된다.

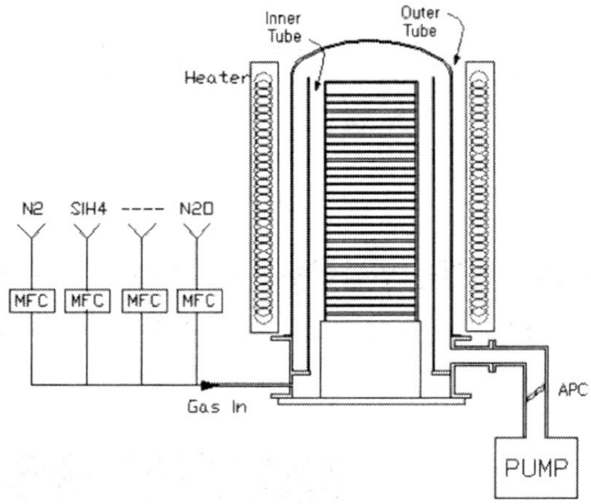

- APC(Auto Pressure Controller) : Tube 내의 압력을 조절하는 장치로, 공정에 따라 Butterfly 방식과 N_2 Ballast 방식, Piston(내부 Bellows) 방식이 있다.
- Inner Tube : 반응 Gas의 흐름을 구분하기 위한 석영관으로 위가 개방(open)되어 있다.
- Outer tube : 반응로 내부의 진공을 유지하고, 또 반응로 내부를 외부 환경과 격리시키기 위한 석영관

그림 3-6 LP-CVD 반응로의 구조

(2) LP-CVD 막의 종류 및 특성

LP-CVD 공정은 반응에 사용되는 가스원(Gas Source) 및 증착 조건에 따라 Poly-Si, Amorphous-Si, Nitride, Oxide 등을 증착시킬 수가 있다.

① Poly Si : 게이트(Gate)나 캐패시터(Capacitor)전극, 저항, 그리고 배선(Inter connection) 물질로 사용한다. 특히 다결정 실리콘(Poly Si)은 금속에 비해 저항은 높지만 고온 공정에 적합하고 불순물 원자(도펀트)의 도핑에 의해 저항 조절이 용이하며, 열 산화막과의 계면 특성이 우수하며, 고른 덮힘층(Step Coverage)이 매우 양호하다.

② 질화막(Nitride, Si_3N_4) : Nitride 막은 전기적 절연성 및 Passivation 기능이 우수하고 유전율이 높아서 다음의 용도로 많이 사용된다.

③ HTO/MTO(High/Middle Temperature Oxide) : 증착 온도 및 반응 가스의 종류에 따라 HTO 및 MTO로 분류되며, 캐패시터(Capacitor) 구조에서의 유전 물질, 그리고 고압(High Voltage)에서 동작하는 MOS 구조에서의 게이트 산화막(Gate Oxide) 물질로 사용된다(Gate Oxide 두께 : 수백~천Å 대역).

④ LP-TEOS Oxide : 액화원(Liquid Source)인 TEOS [$Si(OC_2H_5)_4$]의 열분해에 의해 산화막이 증착된다. 막질이 HTO나 MTO보다 나쁘기 때문에 게이트(Gate) 산화막나 캐패시터(Capacitor)의 유전물질로 사용하기에는 부적합하다.

- 공정온도 : 640~680C℃ ℃

5) 에피 공정 기술(Epitaxial Process Technology)

에피택시(Epitaxy)란 그리스어로 위를 의미하는 에피(Epi)와 정렬하다를 의미하는 택시(Taxy)의 합성어로 일반적으로 기판(substrate)이라고 부르는 단결정(single crystal) 실리콘 웨이퍼 위에 동일한 단결정 층을 형성시키는 것을 말한다. 에피막은 증착 또는 스퍼터링(sputtering)을 통해서 만들어질 수도 있지만 주로 증착 공정을 사용한다.

에피막은 전형적으로 0.5~25um의 두께로 만들며 도핑정도는 0.005~20.cm 정도이다. 전력 소자나 소신호 소자를 포함한 소자에의 응용분야는 트랜지스터, 바이폴라 기억소자, 선형집적회로, 마이크로파와 영상소자, 그리고 CMOS소자등 다양한 분야에서 사용되어지고 있다. 에피막의 성질을 좌우하는 주요 변수로는 두께와 저항, 자동 도핑과 외확산, 결정 구조의 결함, 매몰층 패턴의 이동 또는 패턴 소멸, 형태적인 결함 등을 들 수 있으며 이들 변수는 반응로 구조, 매몰층 준비 기술, 압력, 성장율, 가열방법, 온도, 기판의 결정 방향성, 가스등으로 제어된다.

(1) Epitaxial System의 종류

에피막(Epitaxial layer)을 얻는 방법에는 그 성장 방식에 따라 대표적으로 세 가지로 나눌 수 있다. 기상증착법이라고 하는 기상 에피(Vapor Phase Epitaxy)와 액상을 이용한 액상 에피(Liquid Phase Epitaxy) 그리고 고체 상태를 이용하는 고체상 에피(Solid Phase Epitaxy)로 나눌 수 있다. 여기서는 가장 널리 사용되고 있는 기상 증착법, 그중에서도 화학적 기상 증착법(CVD : Chemical Vapor Deposition)을 이용하는 장비에 대해서 알아보고자 한다. 크게 매립식 웨이퍼(Single Wafer Type)와 배치 반응형(Batch Reactor Type) 이 두 가지로 나눌 수 가 있는데 조금 더 구체적으로 세 가지 방식의 반응기(Reactor)로 구분하면 다음과 같다.

① 팬케이크 또는 수직 반응기(Pancake or Vertical Reactor)

유도 가열되는 수직 팬케이크 반응기(Vertical Pancake Reactor)는 주로 두꺼운 에피막(Epitaxial layer : 1um~100um)을 성장시키는데 가장 적당한 반응기(reactor)이며 서셉터(susceptor)가 회전하기 때문에 저항에 있어서 좋은 균일성을 보여준다. 그림 3-7에서 보듯이 웨이퍼가 수평 디스크 서셉터(Disk susce- ptor)에 있는 포켓(pocket)에 놓여지고 RF(Radio-frequency) 유도코일(induction coil)에 의해 가열(heating)이 되며 가스가 서셉터(susceptor)의 중앙을 통하여 공급되고 순환하여 다시 아래쪽의 배기관(Exhaust)로 빠져 나가게 된다.

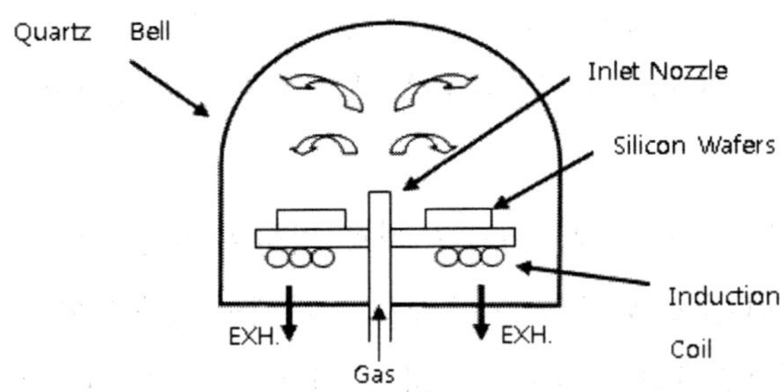

그림 3-7 수직 팬케이크 반응기 구조

이러한 형태의 반응기(reactor)에서 문제가 되는 것은 온도차에 의해 발생하는 슬립(slip)인데 이것을 최소화하기 위해서는 가열코일(Heating coil)을 적당하게 조정하여 증착하는 동안 웨이퍼 내의 온도를 균일하게 유지시켜 주어야 한다. 또한 다른 웨이퍼 크기(wafer size)를 진행하기 위해서는 서셉터(susceptor)를 교환해 주고 그 때마다 코일(coil)을 조정해 주어야 하기 때문에 기계적인 고장이나 코일(coil)의 수명 그리도 내부에 코팅(coating)된 막의 깨짐(crack) 등으로 인해 오염이 될 수 있는 소오스(source)들이 많은 것이 단점이다.

② 배럴 또는 실린더 반응기(Barrel or Cylindrical Reactor)

위의 판케이크 시스템(Pancake system)과 배럴 시스템(Barrel system)의 가장 큰 차이점은 에피막 증착(Epi deposition)할 때 웨이퍼의 방향과 가열(heating) 시키는 에너지원(energy source)이 다르다는 것이다.

그림 3-8에서 보듯 웨이퍼가 수직방향에서 조금 경사되게 놓여지도록 6각형의 원통형 서셉터(susceptor)를 사용하고 있고 적외선 램프(lamp)에 의해 복사 에너지(energy)가 바로 웨이퍼에 흡수되도록 되어있다. 이러한 구조 때문에 좋은 표면 상

태를 얻을 수 있고 웨이퍼와 서셉터(susceptor)간 온도차가 판케이크(Pancake)에 배해 작기 때문에 슬립(Slip) 문제도 많이 개선된다.

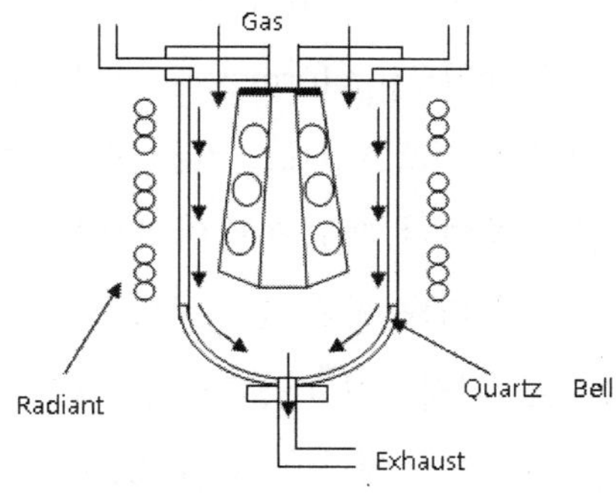

그림 3-8 배럴 시스템(Barrel system) 반응기 구조

③ 매엽식 에피 웨이퍼 반응기(Single Wafer Epi Reactor)

웨이퍼 크기가 대구경화 되어가고 두께와 저항의 균일도(uniformity)등 요구되는 조건들이 까다로워지면서 판케이크(Pancake)이나 배럴형태(Barrel Type)와 같은 배치 반응기(Batch Reactor)에서 공정을 제어하기가 점점 더 어려워졌다. 이 때문에 1990년대 초부터는 매엽식 웨이퍼 시스템(Single Wafer System)의 수요가 계속적으로 증가하고 있고 최근 들어서는 거의 대부분의 에피 반응기(Epi Reactor) 수요가 매엽식 웨이퍼 시스템(Single Wafer System)이 되고 있다.

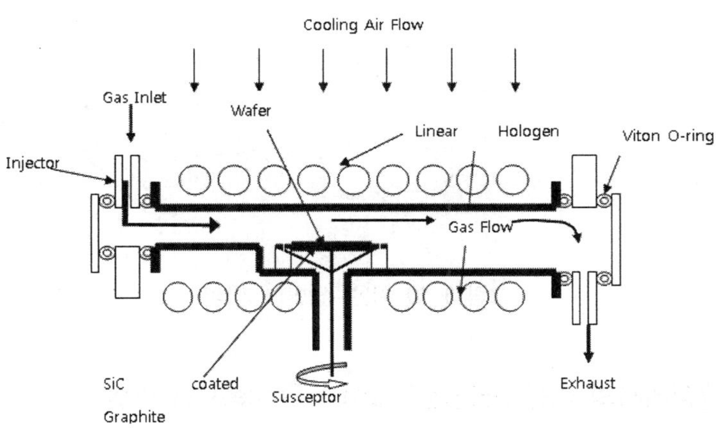

그림 3-9 매엽식 웨이퍼 반응기 구조

그림 3-9와 같이 매엽식 웨이퍼 시스템(Single Wafer System)은 할로겐 램프(Hologen Lamps)를 가열 원(Heating Source)으로 사용하고 냉각벽 형태(Cold Wall

Type)이기 때문에 급속열처리공정(RTP : Rapid Thermal Processing)을 통하여 공정 시간을 짧게 하여 생산성(Throughput)을 증가 시키는 방식을 채택하고 있다. 매엽식 웨이퍼 시스템(Single Wafer System)의 장점은 각 구역(zone)별로 램프(Lamps)의 전원을 조절하여 온도 균일도(uniformity)를 쉽게 조절할 수 있다.

또한 주입기(Injector)에서 가스흐름(gas flow)을 조절할 수 있고 수평형 챔버(Horizontal chamber)를 사용하기 때문에 라미너가스 흐름(Laminar gas flow)을 만들어 다른 반응기(reactor)에 비해 훨씬 좋은 균일성을 가진 에피박막(Epi Layer)를 성장시킬 수 있다. 앞으로 여러가지 다양한 기술들이 개발되어지고 웨이퍼 크기(Wafer size)의 대구경화 그리고 에피박막(Epi Layer)에 대한 품질 요구들이 더욱 어려워지게 된다고 볼 때 매엽식 웨이퍼 시스템(Single Wafer System)의 비중이 더욱 높아질 것은 분명하다.

6) 이온주입장비(Ion Implant Equipment)

Ion(불순물 Dopant)을 생성시킨 후 일정한 에너지로 가속시켜 웨이퍼에 균일하게 주입하는 공정을 말한다. 나무판에 공기총을 쏘면, 탄알이 나무판에 박히는데, 탄알이 빠르게 나갈수록 더욱 깊이 뚫고 들어간다. 이처럼 필요한 원소를 실리콘의 표면에 심어주는 기술을 '이온 주입법'이라 한다.

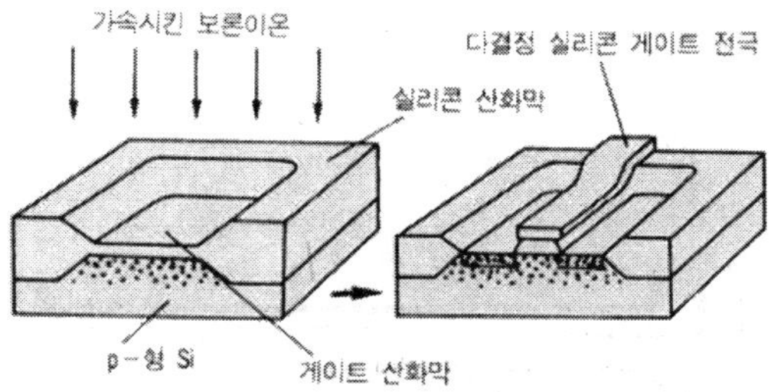

그림 3–10 이온주입법의 개념도

(1) FAB 공정에서의 이온주입공정(Implant Process)의 역할

① 반도체 소자인 트랜지스터의 전기적 특성을 조절하는 공정

② 열확산 기술과 더불어 실리콘 기판내로 불순물을 주입하는 공정

③ LSI의 고직접화, 고밀도화에 대응하여 점점 더 정밀한 불순물 제어가 요구 된다.

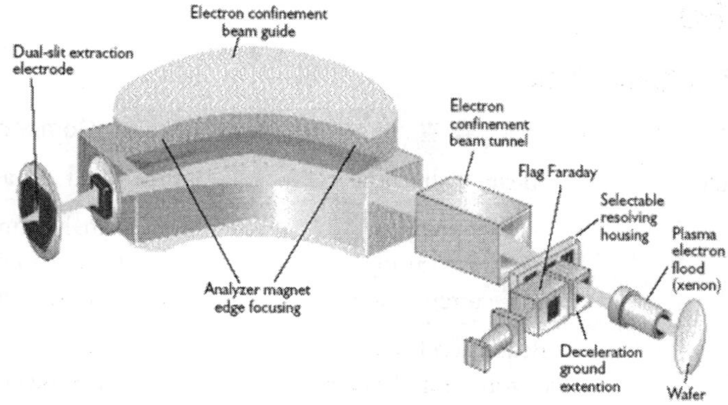

그림 3-11 이온주입 장치 개략도

(2) 이온주입(Ion Implant) 장비의 분류

이온주입(Ion Implant) 장비는 이온주입공정의 주요 변수(Parameter)인 Dose와 Beam current에 따라 두 종류(High Current Implant와 Medium Current Implant)로 분류되며 사용하는 에너지(Energy)에 따라 고에너지(High Energy) (500kev~1.5Mev)까지 3가지로 분류된다.

① 중간전류 이온주입(Medium current Implant) 시스템

빔 전류(Beam current)가 1mA 이내 수십~수백 ㎂로 사용하고 면적당 주입되는 이온의 갯수(Dose) 량이 보통~1014ion/cm^2 이하에서 사용하게 된다.

(ex) NV-8200P(Axcelis사) EHP500(Varian사)

② 고전류 이온주입(High Current Implant) 시스템

빔 전류(Beam Current)가 1mA~수mA 정도에서 사용하고 면적당 주입되는 이온의 갯수(Dose)량이~1015ion/cm^2 이상에서 사용하게 된다.

(ex) NV-GSD200(Axcelis사) VIIStan 80(Varian사)

③ 고 에너지 이온주입(High Energy Implant) 시스템

빔 전류(Beam Current)가 1mA 이내 수십~수백 ㎂로 사용하고 면적당 주입되는 이온의 갯수(Dose)량이 보통~1014ion/cm^2 이하에서 사용하지만 에너지 대역이 500kev~1.5Mev 정도를 사용하게 된다.

(ex) NV-GSD HE(Axcelis사) Genus-1510.1520(Varian사)

(3) 시스템 구성

표 3-1 이온 주입 장치의 구성도

구 분	역 할	Component
Source Module	Beam Extraction	Source head extraction electron
Beam Line Module	Mass analyzer Beam focusiog Beam current leading	Analyer magnet Quardrupole lens Flag faraday
Beam Line Module	Beam acceleration Electron neutralization Beam blow up & down stream 방지	Accel column E-Shower/PFG Bias aperture
Endstation Module	Dose & uniformity control Wafer handling	Target cup Wafer transfer robot

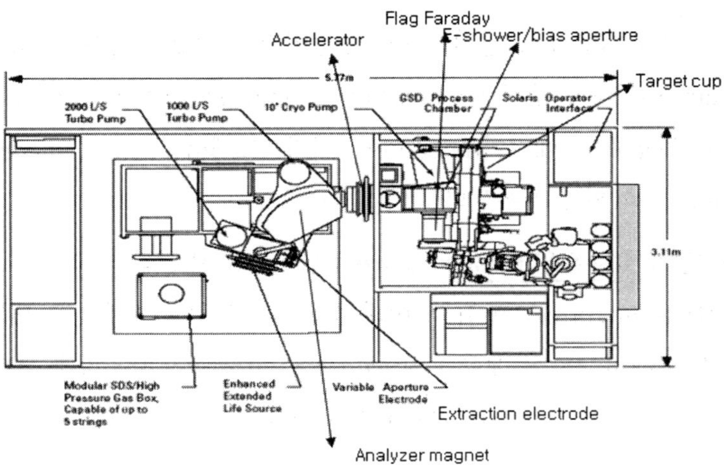

Axcelis社 GSD-200

그림 3-12 Axcellis 사 GSD-200 시스템

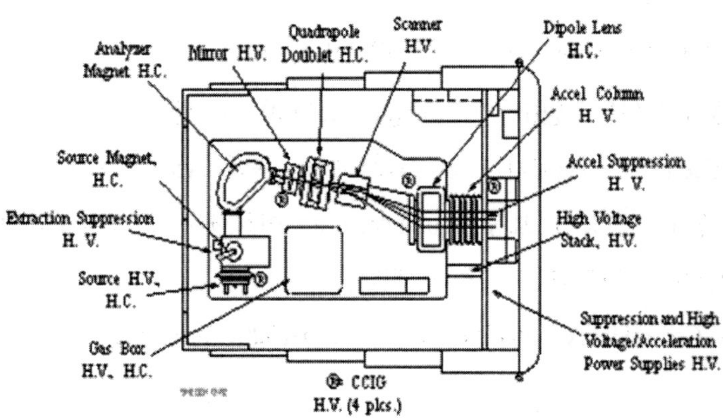

그림 3-13 Varian 사의 EHP500 시스템

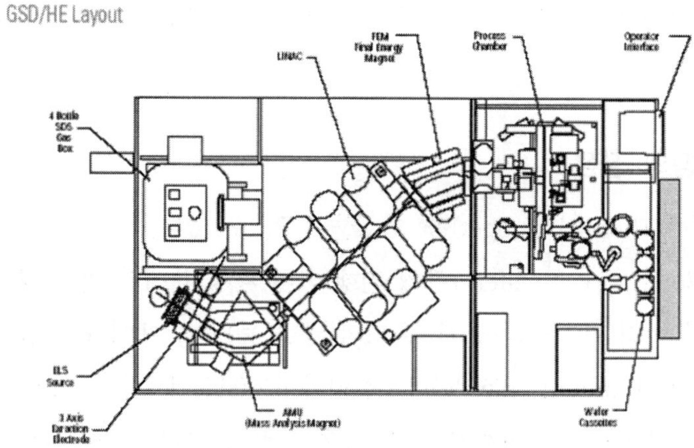

그림 3-14 Axcelis 사의 GSD HE 시스템

7) RTA(Rapid Thermal Annealing) 공정의 정의 및 역할

RTA란 Rapid Thermal Annealing의 줄임 말이다. 그 역할은 그림 3-15에서와 같이 실리콘 웨이퍼(Silicon wafer)에 이온 주입을 실시하게 되면 이온 주입된 Si 결정에 손상(damage)이 발생하고, 이로 인하여 전기적으로 불활성이 되는데 이를 전기적으로 활성화시키기 위해 800~1100℃에서 행해지는 열처리를 RTA 공정이라 한다.

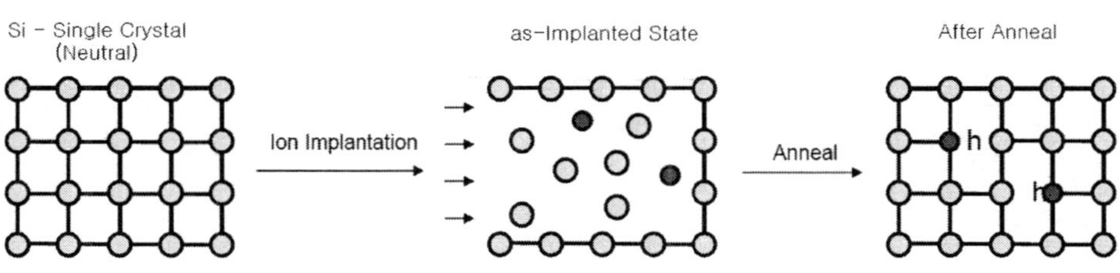

그림 3-15 RTP 열처리 공정의 격자 구조

(1) Annealing의 종류

① 석영로 어닐(Furnace Anneal) : 가장 표준 방법이며 수직형 석영로(vertical furnace)의 튜브(tube)를 사용한다. 일정하게 골고루 열처리가 우수하며 어닐(anneal) 시간이 보통 4~5 시간 소요된다.

② RTA : 최근에 개발된 기술이며 급속 열처리라 한다. 할로겐 램프(Halogen lamp)를 사용하고 고른 열처리율(uniformity)이 석영로(furnace)와 거의 유사

하며 공정시간은 수십 초 이내이다. 이온주입 후 어닐(anneal)은 RTA를 대부분 사용하고 있다.

(2) RTA 공정의 장점

① 열적 침투(Thermal budget)을 최소한 줄일 수 있다.

② 일련형(Serial type : wafer 1장씩 진행)이며 환경의 여러 변수(예를 들면 가공 챔버속의 여러 가스들의 압력, 온도의 급변 등)들을 제어하기 쉽기 때문에 티타늄 질화(Titanium nitride)나 실리사이드(silicide)형성, BPSG 리플루워(reflow), CMOS 전극 게이트 형성 등을 위한 열처리 효과가 석영로(Furnace)에 비해서 우수하다.

③ 다중 챔버(Multi-chamber)를 사용함으로써 한 시스템 내에서 여러 단위 공정을 수행할 수 있다.

(3) RTA 공정의 단점

급속 열처리로서 온도가 상승될 때 온도 불균형이 발생하면 웨이퍼에 전달되는 스트레스가 강하여 웨이퍼 깨짐(wafer broken) 현상 등이 일어날 수 있다.

Chapter 04

박막증착 공정의 이해

박막은 Thin Film 이라고 하며 반도체 소자의 제작에는 많은 종류의 박막이 증착된다. '증착'이란 진공 중에서 코팅시키고자 하는 물질을 기화 또는 승화시켜서 원자 또는 분자 단위로 기판 표면에 응고되도록 함으로써 피막을 형성시키는 방법으로 성장효율과 피막의 순도를 향상시키기 위해서 대개 진공 중에서 이루어진다.

박막 증착은 도금 물질계 및 응고 방법에 따라 화학증착(chemical vapor deposition : CVD)과 물리증착(physical vapor deposititon : PVD)으로 나뉜다. 화학 증착은 APCVD(Atmospheric Pressure : CVD), LPCVD(Low Pressure : CVD), PECVD(Plasma Enhanced : CVD) 등으로 세분하여 방법상으로 분류되어지며, 물리 증착은 증발(evaporation), 스퍼터링(sputtering), 이온 플레이팅(ion plating), 아크 증착(arc deposition), 이온 빔 보조증착 (ion beamassisted deposition) 등으로 나눌 수 있다.

또한 증착할 때 플라즈마를 사용하는가에 따라 분류해보면 앞에서 얘기한 CVD 중 PECVD와 Sputtering, ion plating 의 경우에 플라즈마를 이용한 박막 증착방법이다. 제4의 물질이라고도 하는 플라즈마는 기본적으로 기체보다 더 큰 에너지를 가진 물질로서 기체에 많은 에너지를 가하면 기체 속 원자들이 이온화가 된다.

1) CVD 공정 및 장비 종류

CVD 장비 유형은 크게 AP(Atmosphere Pressure : 대기압) CVD, LP(Low pressure : 저압) CVD, PE(Plasma Enhanced : 플라즈마) CVD로 나눌 수 있다. 현재 AP CVD의 단점을 보완한 SA(Sub Atmosphere : 200Torr~600Torr) CVD, PE CVD와 Sputter

Etch를 일체화 시킨 HDP CVD가 주력 장비로 많은 반도체 제조 공정에 보급되어 많이 사용되어지고 있으며 Cu 다마신(damascene) 과 관련 저유전율(Low K material) 증착용 장비로 각광을 받을 장비 역시 현재 사용 중인 PE CVD 방식과는 차이가 없다.

표 4-1 CVD 공정 및 장비의 종류

공 정	압 력	Dep 온도	에너지	유 형	필 름	주요장비업체
AP CVD	760T	500~550℃	Thermal	Belt	SiO_2/BPSG	ASML, 캐논
LP CVD	10T~100T	400~900℃	Thermal	Single Furnace	W SiO_2/SiN/Poly-Si	AMAT TEL, KE, SVG
PE CVD	3T~15T	350~400℃	Plasma	Single Batch	SiO_2/SiON/SiN SiO_2/SiOC/SiC	AMAT Novellus
HDP CVD	5.5mT	350~600℃	Plasma	Single	SiO_2/SiOF /SiN/BPSG	AMAT, Novellus
SA CVD	200~600T	500~550℃	Thermal	Single	SiO_2/BPSG	AMAT

※ Type : Single : Single chamber, Batch : Batch chamber

(1) AP(Atmosphere pressure) CVD : 대기압 화학 기상 증착

AP CVD는 상압(대기압) 하에서 TEOS(Tetra Ethyl Ortho Silicate : $(C_2H_5O)_4Si$)와 오존(O_3)을 반응 물질로 산화막(SiO_2)를 형성시키는 공정으로, 오존(O_3)을 사용함으로써 저온에서도 박막 증착이 가능하다. AP CVD의 가장 큰 장점은 대기압에서 반응이 일어나도록 설계되었기 때문에 반응이 단순하며, 또한 압력이 높은 상태에서 가스의 평균자유이동 경로 (mean free path)가 짧기 때문에 공극 채움(Gap fill) 능력이 우수하다.

AP CVD 장비의 대표적인 제조업체는 ASML社의 WJ 999/1000/1500 series 이며, 경쟁 업체로는 Cannon社의 APT 6000 series가 있다. WJ1000 sires가 국내는 물론 세계적로 많이 보급 되었으며 아래 Fig.4-1은 WJ 1000 sires의 configuration을 나타냈다. 본 공정의 원리는 상압인(760 Torr) 챔버를 일정 압력으로 분사되는 N_2 막에 의해 외부와 차단된 상태에서 그 밑을 켄버이어 벨트(Conveyor belt)를 따라 웨이퍼가 지나가면서 주입구(Injector)로 주입되는 가스가 열에(500~550℃) 의한 반응으로 증착되는 방식이다.

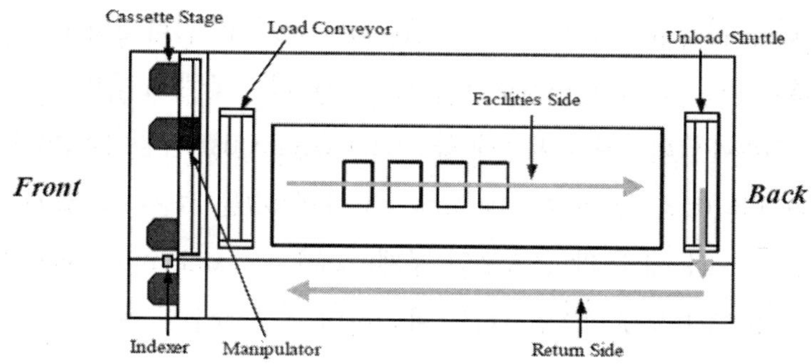

그림 4-1 ASML사의 WJ 1000/1500 AP CVD 장비 구조

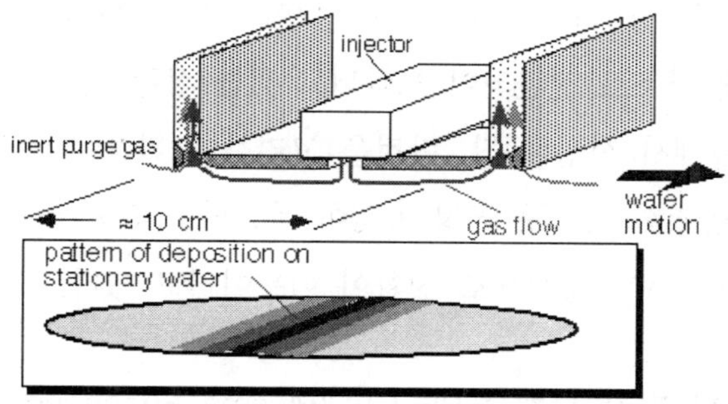

그림 4-2 WJ 1000/1500 AP CVD 장비 INJECTOR 형태 증착 방법

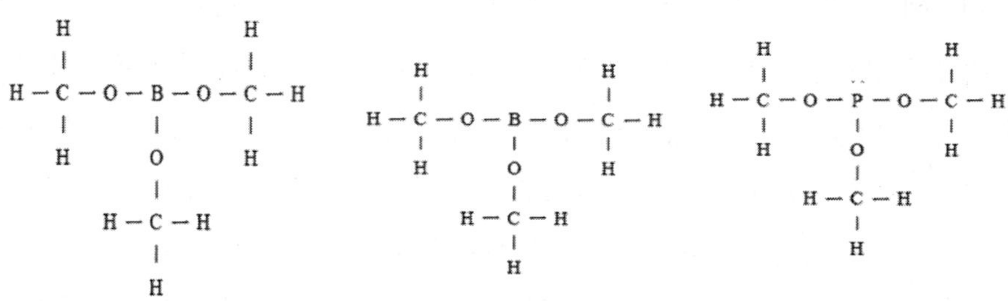

TEOS ($Si(C_2H_5O)_4$ TMB ($B(CH_3O)_3$ TMP ($P(CH_3O)_3$

그림 4-3 화학 구조(Liquid source)

(2) 준 대기압 화학기상증착 : SA(Sub Atmosphere pressure) CVD

벨트구동 방식인 AP CVD WJ 999/1000/1500 시리즈는 금속 오염의 문제 (Metal contamination issue)로 인해 등장된 공정이 AMAT社의 SA CVD 공정이며 단독 챔버(single chamber)를 적용하기 때문에 반응 챔버와 대기를 격리시키기 위해 대기압 보다 낮은(200Torr~650Torr) 준 대기압(Sub Atmosphere)를 유지 하며, WJ 1000/1500

에서는 각각 반응 가스의 인입구가 다른 주입기를 사용하여 미리 혼합된 가스가 챔버로 유입되지 않으나, SA CVD는 shower head를 사용하는 관계로 챔버 내부로 가스가 인입되기 전 부터 혼합되어지기 때문에 동종(Homogeneous) 반응이 일어나기 쉽다는 단점이 있으나 히터(heater) 방식의 ceramic chuck(CxZ)을 적용하고 있기 때문에 웨이퍼 후면(wafer back side)의 금속오염 문제(metal contamination issue)에 관한한 AP 방식인 WJ 1000/15000 시스템보다는 유리하며 두께 균일도 측면 에서도 shower head type인 SA CVD가 우수하다.

SA CVD의 응용은 AP CVD 적용분야와 동일하며 단독 챔버 형식으로 이루어 져 있으나 시간당 생산량 (Through-put)이 낮아 이중 챔버(Twin chamber)구조인 PRODUCER 본체 구조로 전환되어 보급되고 있는 상황이며 AP CVD 시장을 많이 잠식 하였으나 앞에서 설명한 장, 단점을 고려하여 현장에서 선택되어 지고 있기 때문에 0.18um 공정까지는 두 공정 방식이 적용되고, 0.13um 이하 공정부터는 뒤에서 언급할 HDP CVD 방식으로 전환이 이루어지고 있다.

(3) 플라즈마 화학 기상 증착 : PE CVD(Plasma Enhanced CVD)

금속 박막층(Al)이 형성된 이후 공정에서는 알루미늄의 녹는점(melting point)이 낮기 때문에 온도에 의한 금속 박막층 변화에 세심한 주의가 요구되어진다. 과거 단층 금속층 구조였던 4M DRAM 제작 당시에는 금속 보호막만이 낮은 온도에서의 증착막이 요구 되었으나, 금속층 구조가 2층, 3층, 4층, 5층 그 이상으로 높게 쌓여 지면서 금속막과 금속막 사이의 절연막으로 낮은 온도에서도 양질의 박막을 얻기 위한 노력의 결과 프라즈마(Plasma) 에너지를 이용, 낮은 온도에서도 반응 가스를 분해하여 증착 할 수 있는 기술이 응용되고 있다. 이를 PE CVD라 하며 프라즈마(Plasma)를 발생시키기 위한 전원으로는 주로 13.56Mhz(1초에 +와 −극을 135,600,000회 진동)의 주파수를 갖는 RF(Radio Frequency) 전원을 사용 하며, 300~400℃에서 SiO_2, SiN, SiON Low K(SiC, SiOC, SiOF)막을 형성하는데 사용되며 금속막과 금속막 사이의 절연막 또는 Metal 상부층의 보호막으로 주로 사용된다.

표 4−2는 프라즈마 에너지(Plasma energy)를 사용함으로써 열에너지만을 사용할 때 보다 낮은 온도에서 박막을 증착 할 수 있다는 것을 보여 주고 있다.

표 4-2 공정에 따른 박막 형성 조건

필 름	precursors	thermal deposition	plasma-enhanced
silicon nitride	SiH_4 or SiH_2Cl_2 and NH_3	750C	200~500C
silicon dioxide	SiH_4 O_2[or often N_3O]	350~550C	200~400C
	TEOS and O_2	700~900C	300~500C
amorphous silicon	SiH_4	550~600C	300~400C

최근에는 프라즈마 공정 기술을 응용 발전 시켜 ICP(Inductively Coupled Plasma : 유도쌍 플라즈마)를 이용하여 HDP(High Density Plasma : 고밀도 플라즈마, 일반 PE CVD 공정에 비해 이온의 개수가 E1 order 가량 많으며, 약 1.0E12ea/cm^3) 공정이 CVD 전 공정을 응용할 수 있는 수준 까지 이르고 있는데 이에 대해서는 다음 절에서 좀더 자세히 다루도록 하겠다. 또한 비메모리 소자의 게이트 산화막 (gate oxide) 두께가 계속 얇아지는 추세로 PE CVD공정 시 금속 패턴의 안테나(Antenna) 효과에 의한 프라즈마 악 영향으로(plasma damage) 게이트 산화막(gate oxide)가 파괴되는 불량률이 발생되는 문제가 있는데 이에 대한 설명도 뒷절에서 언급 하도록 하겠다.

PE CVD 장비 업체로는 Applied Material(AMAT)사와 Novellus사가 세계 시장 및 국내 시장을 양분하고 있으며 그 이외에 ASM, Mattson, 국산화 업체인 주성 등이 있다.

그림 4-4와 그림 4-5는 각각 AMAT와 Novellus사의 대표적인 PE CVD 주요 장비 구조 시스템을 나타내었다.

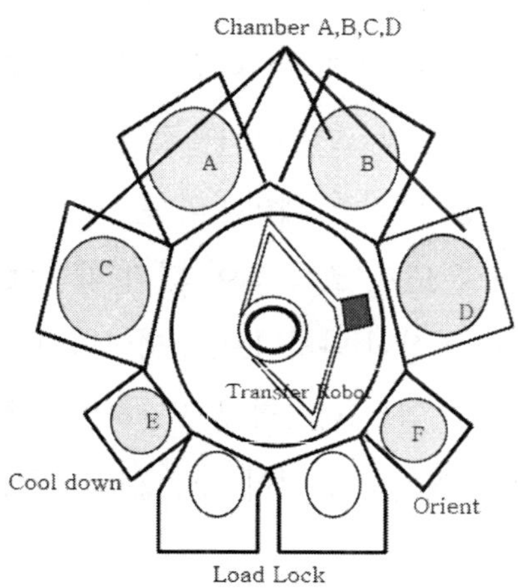

그림 4-4 AMAT Centura 5200시스템

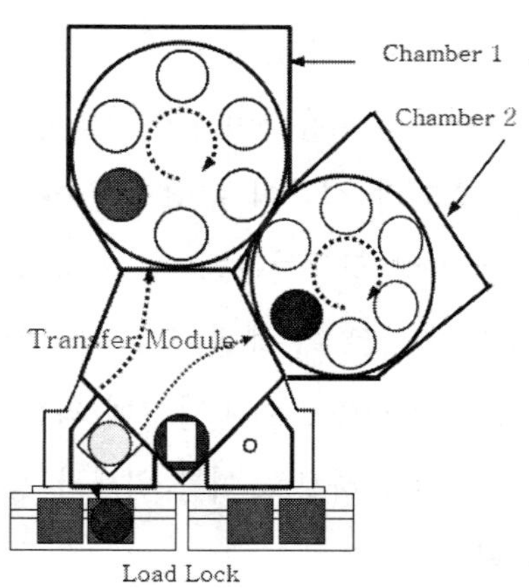

그림 4-5 Novellus Concept 2 Sequal 시스템

(4) 고밀도 플라즈마 화학기상 증착 : HDP(High Density Plsama) CVD

HDP CVD의 등장은 기존 증착(deposition)과 스퍼터 전면 식각(sputter etch back)을 각각 다른 챔버에서 분리해서 진행 하던 방식을 동일 챔버에서 증착과 식각을 동시에 수행 하게끔 설계된 방식이다.

증착과 스퍼터 식각(sputter etch)이 반복 되므로, 좁은 금속막과 금속막 사이 공극를 메울 수(gap fill) 있어 기존 SOG를 이용한 평탄화 공정을 대신 할 수 있게 되었으며 STI 트랜치(trench)을 채우는 공정은 물론, 거의 모든 절연막 CVD 공정을 수행할 수 있는 기능을 구비 하고 있어 제조 공정에서 적용이 늘고 있는 추세다.

증착과 스퍼터 식각을 동시에 수행 할 수 있다는 것이 HDP 공정의 가장 큰 장점인데 이는 아르론 스퍼터(Ar sputter)가 아르곤 이온(Ar ion)의 직진성을 이용하여 박막 표면과 충돌에 의해 식각을 하는 물리적 반응으로 이때 수반되어야 할 가장 중요한 조건으로는 낮은 압력인데(수 m Torr) 낮은 압력이 필요한 이유는 알르곤 이온(Ar ion)이 다른 회학물질이나 이온들과 충돌할 확률을 줄여 직진성을 확보하기 위함이다.

즉, 아르곤 스퍼터 식각(Ar sputter etch)를 수행하기 위해 낮은 압력이 필요하기 때문에 Turbo Pump를 사용해야 하며, 낮은 압력 하에서 증착 막을 형성시키기 위해서는 기존의 PE CVD shower head 방식으로는 불가능 하여 ICP(Inductively Coupled Plasma : 유도쌍 플라즈마)를 이용하여 H에(High Density Plasma)를 생성하여 증착과 식각을 가동 시에 수행이 가능한 HDP 공정이 등장 하게 되었다.

또한 아르곤 스파터 식각(Ar sputter etch)와 연관되어 아르곤 이온들의 직진성을 배가시키기 위해 DC 바이어스를 발생시키기 위해 HF RF를 인가해 주는 ESC (electro static chuck)가 매우 중요하다. ESC가 필요한 가장 큰 이유는 ESC의 역할이 정전기를 이용하여 웨이퍼를 움직이지 않게 chuck에 고정시키는 것인데 이는 아르곤 스퍼터 식각이 수행되면 아르곤 이온의 충돌에 의해 웨이퍼의 온도가 100~150℃ 가량 상승하는데, 원래 증착시 400℃가량 온도가 조성 되어 있기 때문에 이 온도가 추가로 더 해질 경우 금속박막(Al)이 녹는 현상이 나타나므로 웨이퍼 뒷면으로 헬륨 가스(He gas) 압력에 의한 chuck에 차가운 열을 웨이퍼에 전달하여 식히는 절차가 필요 하므로 이를 위해서 정전기를 이용한 웨이퍼 고정이 (clamping) 필요하게 된다.

웨이퍼 냉각(Wafer cooling)을 하기 위해 적용되는 웨이퍼 뒷면 가스(Back side gas)로 고가 임에도 불구하고 He을 사용하는 이유는 열전도율이 가장 좋기 때문에 냉각효율을 극대화시키기 위해서 이며 그림 4-6 그래프는 불활성 기체인 He, Ar, Ne의 웨이퍼 냉각 효과를 비교한 데이터 이다. ESC 종류는 크게 단일 극성(mono polar)을 가짐과 양 극성(bi polar)이 있는데 이에 대한 설명은 HDP 장비 업체인 AMAT社와 Novellus社가 각기 달리 사용하기 때문에 장비 특성 소개 시 간단하게 언급하기로 하겠다.

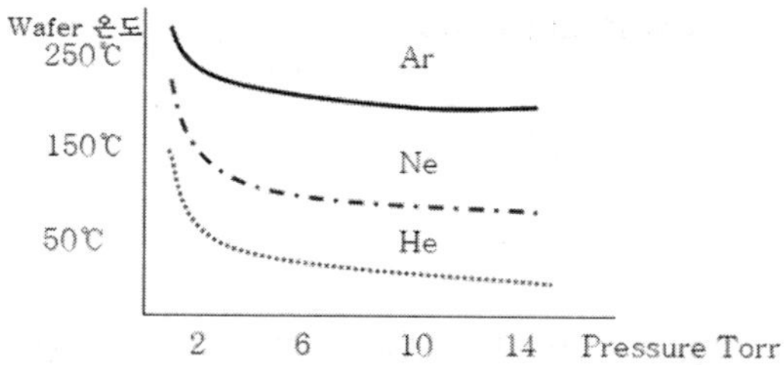

그림 4-6 불활성 기체별 압력에 따른 웨이퍼 냉각 효과

① Novellus HDP CVD Concept 2 SPEED

Novellus HDP CVD의 가장 큰 특징은 공정 진행을 하지 않을 때도 항상 이상적인 프라즈마(idle plasma)를 인가 시켜 놓는 것이다. 이는 항상 이상적인 프러즈마을 인가하는 분위기를 유지함으로써 챔버 내부의 보온을 유지 할 수 있으며 프라즈마를 인가와 단락 할 때 발생될 수 있는 오염원 생성을 줄 일 수 있다는 논리이다. 이는 AMAT社의 HDP 시스템과는 차별 되는 요소로 이로 인해 Novellus에서는 양극성 ESC를 사용하고 있다. 양극성 ESC는 어원 그대로 양극을 가지고 즉 ESC 1/2에 해당되는 부위는 음전하(minus charge)로 대전 시키고 나머지 부위는 양전하(plus charge)로 대전 시켜 웨이퍼를 고정(clamping) 했다, 비고정(unclamping)하는 방식으로 ESC 자체적으로 방전과 정전기 발생을 수행 할 수 있는 반면 단점으로 ESC 표면 재료 사용에 제약이 따르므로 아직 까지는 단일극성(mono polar) ESC에 비해 수명이 짧다는 단점이 있다. 8개의 주입구(injector)를 사용하여 반응 가스를 주입하기 때문에 두께 변동 폭이 다소 큰 것이 단점이다.

Novellus HDP process의 응용은 IMD gap fill, passivation, STI Fill, IMD FSG Gap fill, BPSG, Cu Damascene FSG Low K에 적용 되고 있다. 특이할 점은 STI Fill시 스퍼터 식각 가스로 아르곤(Ar) 대신 헬륨(He)을 대신 적용하고 있다.

HDP 장비 구조는 PE CVD와 동일 하며 SPEED 챔버는 고밀도 프라즈마를 생성시키는 ceramic dome, 가스를 주입하는 8개의 주입구(injector), 아르곤 스퍼터 식각(Ar sputter etch)를 수행하기 위한 ESC, Turbo pump, HF RF, LF RF가 주요 구성품이다.

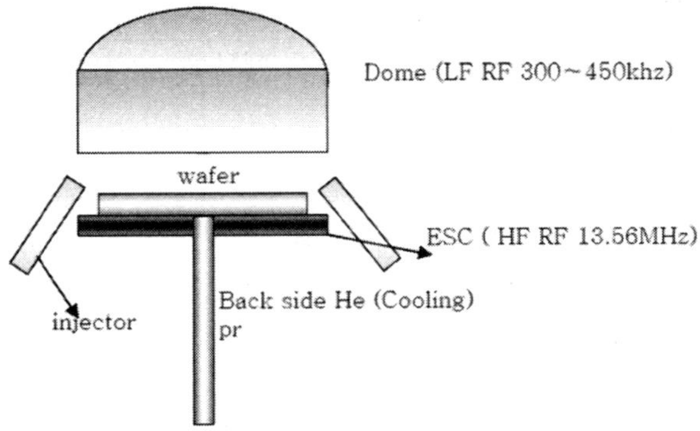

그림 4-7 Novellus HDP SPEED Chamber 구성도

② AMAT HDP CVD Ultima

기본적인 원리는 Novellus HDP CVD와 동일하다. 가장 큰 차이는 단일극성(mono polar) ESC를 사용하는 것인데 단일극성(mono polar)은 수명이 긴 반면 웨이퍼를 고정(clamping)하거나 비고정(unclamping) 할 때 챔버 내의 프라즈마를 이용해야하므로 Novellus와는 달리 매 웨이퍼 마다 프라즈마를 개폐시켜야 하는 방식을 취하고 있으며 웨이퍼 두께 균일도를 좋게 하기 위해서 Dome의 천장 부위에 주입구(injector)가 추가로 달려 있으며 측면에도 18개의 주입구가 설치되어 있다. 또한 고밀도 프라즈마를 형성시키는 ICP도 다소 높은 2Mhz로 dome의 천정(Top)과 측면(side)에 설치되어 두께 균일도 측면에서 유리한 방식을 취하고 있다.

(5) SOG(Spin On Glass)

Device의 고집적화가 계속 이루어지면서 다층 금속 배선이 요구되어 금속간 절연막 을 겸하면서 후속 패턴 공정도 원활하게 수행시키기 위해 평탄화 기능도 가진 Liquid source coating 형태의 SOG(Spin On Glass) 공정이 각광을 받아 왔다. SOG 기본 특성은 열처리(curing)에 따른 수축율(shrinkage)이 수반되는데 Siloxane계가 박막 내에 카본(carbon)이 있기 때문에 산소(O_2)와 반응 하므로 Silicate계에 비해 수축(shrink)이 크다.

표 4-3 N_2, O_2 분위기에서 열처리에 따른 수축율

Cure 조건	Siloxane계	Silicate계
N_2 분위기	10.70%	20.50%
O_2 분위기	14.40%	19.90%

Dow corning 社의 HSQ(Hydro SilsesQuioxane) 계열의 FOx(Flowable Oxide) 계는 유전률(dielectric constant)가 2.7~3.0으로 낮은 편에 속해 logic device의 빠른 Speed를(RC delay에서 C 값을 낮춤)요구하는 소자에 적용이 되어 왔다.

Spin On Glass공정의 단점은 liquid source의 코팅(coating) 형태이기 때문에 코팅 후 용매를 휘발 시키는 과정이 완벽치 않을 경우 후속 공정인 Via plug 공정에서 Via가 비어있는 상태 (poison Via)를 유발 하거나 패캐지(package) 이후 실장에 장착 된 후 재현성 문제(Reliability issue)가 끊이지 않고 제기 되는 등 불안정적인 요인 이 많은 공정이다. 최근에 HDP FSG(SIOF)로 많이 대체 되고 있긴 하나 Low K 물질(material)로 SOG(Spin On Glass) 계열의 제품 소개도 계속 되고 있는 실정이다.

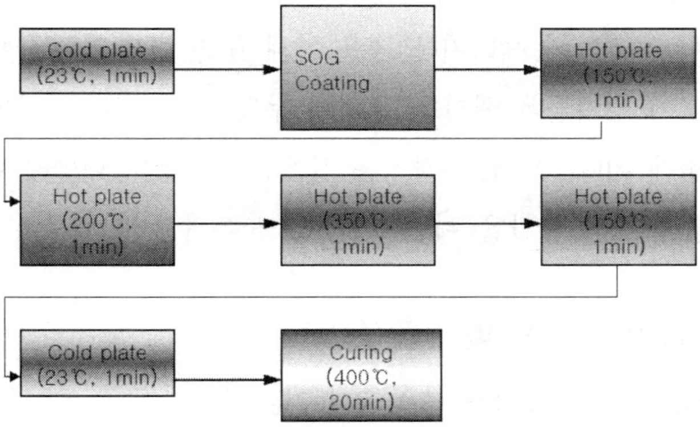

그림 4-8 SOG 공정의 순서도

표 4-4 CVD 공정과 SOG 공정의 장단점

PROCESS	장 점	단 점	응 용
AP CVD	• 단순 반응 • 빠른 증착 속도 • Gap fill 능력 우수	• Poor step coverage • Metal 오염 • Cleaning 주기 잦음	• STI Fill Layer (Transistor isolation) • BPSG/PSG Layer
LP CVD	• 불순물이 적음 • 두께 균일도가 뛰어남 • Conformal step coverage	• High Temp	• High Temp SiO_2 • SiN • W-silicide, W-plup dep

PROCESS	장 점	단 점	응 용
PE CVD	• Low Temp • 빠른 증착 속도	• Hydrogen content • Plasma damage	• 금속 층간 절연막(IMD) • 소자보호막(Passivstion) • 비반사막(DARC SiON)
SA CVD	• Metal 오염 free • Cleaning 주기 여유	• Crack 발생	• STI Fill Layer (Transistor isolation) • BPSG/PSG Layer
HDP	• Gap fill 능력 우수 • Dielectric all process	• Plasma damage	• STI Fill • BPSG/PSG • Stop etch Nitride • IMD(USG, FSG) • Passivation
SOG	• Gap fill 능력 우수 • Low K 구현가능	• Crack 발생 • Poisson Via 불량 • Reliability issue	• 금속 층간 절연막(IMD)

2) PVD 공정 및 장비 종류

PVD(Physical Vapor deposition)은 고체 물질로 부터 박막을 얻기 위해 기계적 혹은 열역학적 방법을 사용한다. 일상생활에서의 예로는 추운 날 생기는 서리를 들 수 있다. 도포할 물질들에 에너지나 열을 가해 주면 표면으로부터 작은 입자들이 떨어져 나간다. 이 입자들을 차가운 표면에 부딪치게 하면 입자는 에너지를 잃고 고체층을 형성하게 된다. 이 모든 과정은 진공상태의 챔버 내에서 이루어져 입자들이 자유롭게 챔버 내의 공간을 이동할 수 있게 된다.

(1) 증착(Deposition) 방법에 따른 구분

표 4-5 증착(Deposition) 방법에 따른 금속 공정 구분

PVD	증발(Evaporation)	
	스파터링(Sputtering) ※ 금속 공정에 널리 적용	DC Sputtering
		Bias Sputtering
		RF Sputtering
		Magnetron Sputtering
CVD : Plug W, Barrier Metal TiN 증착시 사용		

(2) 금속막(Metal Film)의 종류에 따른 구분

① 실리사이드 스퍼터(Silicide sputter) 금속 박막 : 실리콘과 금속의 접촉 저항을 감소시키기 위한 금속으로 Ti(티타늄)나 Co(코발트)를 스퍼터링(Sputtering) 방식으로 증착시킨다.

② 베리어 금속(Barrier Metal) 박막 : CVD W을 deposition시 하부 막과의 반응을 방지하기 위해, Contact이나 VIA 형성후 증착한다.

③ 플러그 텅스텐(Plug W) 박막 : 콘텍(Contact)이나 비아(VIA) 형성 후 공극을 채우는 금속으로 CVD 방식으로 증착을 한다.

④ 금속(Metal : AL) 박막 : 배선을 형성하는 금속으로, Ti/TiN/AL/TiN(상부 Cap), Ti/AL/Ti/TiN, Ti/AL/TiN 등의 구조가 주로 적용된다.

(3) 스터링(Sputtering)의 원리 및 이해

① 진공이란 : 일정한 공간 특히, 장비의 챔버에 존재하는 공기를 제거한 상태이다.

② 목적 : 챔버내의 불순물을 제거하여 고순도의 금속막을 얻기 위해 진공이 필요하다.

③ 스퍼터 챔버의 진공 : 5×10E8 Torr 이상의 고진공이다(대기 1기압=760 Torr).

④ 챔버의 진공을 만들기 위한 진공 펌프 : Cryo(크라이오), Tuerbomolecular(터보) 등의 고진공 펌프와 저진공 펌프로 건식(Dry) 펌프를 주로 사용한다.

(4) Plasma(플라즈마)

① 정의 : 집합적인 성격을 나타내는 대전된 중성 입자들의 준중성(quasineutral) 가스이다.

② 설명 : "가스"는 전기적으로 중성 상태의 원자들이 모인 상태를 말하며, 플라즈마는 중성 원자와 함께 동일한 수의 이온화된 원자와 전자가 함께 섞여있는 상태이다. 주로 보라색을 띤다. 플라즈마가 형성되어야 이온이 금속 타겟과 충돌하여 스파터링이 가능하게 된다.

③ 플라즈마의 특징 : 가스의 이온화 정도는 입자의 이온화 에너지가 낮을수록, 온도가 높을수록, 압력이 낮을수록(중성 입자가 적을수록) 높아진다. 평균 자유 행로(Mean Free Path)는 플라즈마 내의 입자들이 다른 입자, 전자, 이온과 충돌하지 않고 이동할 수 있는 평균 거리를 말하며, 플라즈마의 이온화 율에 영향을 준다.

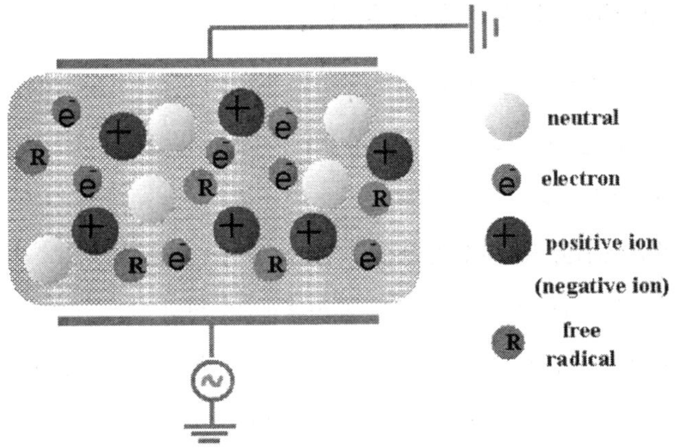

그림 4-9 프라즈마 이온화 과정

(5) 스터터링의 과정(Sputtering Sequence)

① 챔버를 진공 상태로 만든다.

② 웨이퍼를 챔버에 넣는다.

③ 챔버에 Ar 가스를 주입한다.

④ Cathode(타겟)에 전기(−DC power)를 공급한다.

⑤ Ar 가스가 이온화되어 플라즈마 상태가 된다.

⑥ Ar+이온이 음극인 타겟으로 날아간다.

⑦ Ar+이온이 타겟 표면에 충돌한다.

⑧ 타겟으로부터 금속 입자가 분리된다.

⑨ 타겟에서 이탈된 금속 입자가 웨이퍼로 날아와 웨이퍼 표면에 박힌다.

(6) 스퍼터링(Sputtering) 이란

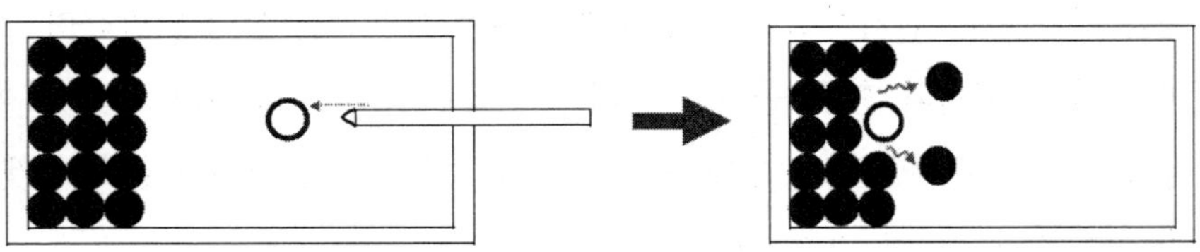

그림 4-10 스퍼터링의 원리

당구대에서 큐대로 흰공을 때려 한쪽 끝에 정렬된 검은 당구공들 에 충돌시키면 충격을 받은 검은 공들이 튀어나온다. 검은 공이 결합되어 뭉쳐진 상태가 target, 흰공이 Ar(아르곤) 이온, 큐대가 DC power라고 생각하자.

(7) Sputtering의 기본 원리 설명

진공 상태의 챔버에 아르곤(Ar) 가스를 주입하고 타겟에 "−" DC power를 공급한다. 그러면, 타겟으로 부터 방출된 전자가 중성의 Ar 원자와 충돌하여 Ar의 최외각 전자를 분리 시키고 Ar은 Ar+의 양이온이 된다. Ar+는 당연히 "−" 인 타겟쪽으로 끌려가게 된다. Ar+가 고속으로 날아가 타겟 표면에 충돌한다. Ar+이 충돌한 타겟 표면에서 충돌 에너지에 의해 떨어져 나온 금속 입자가 웨이퍼 위에 날아와 쌓이게 된다. Ar+이 타겟에 충돌할 때 충돌 부위의 타겟에서 2차 전자가 방출되어 Ar의 이온화에 이용된다.

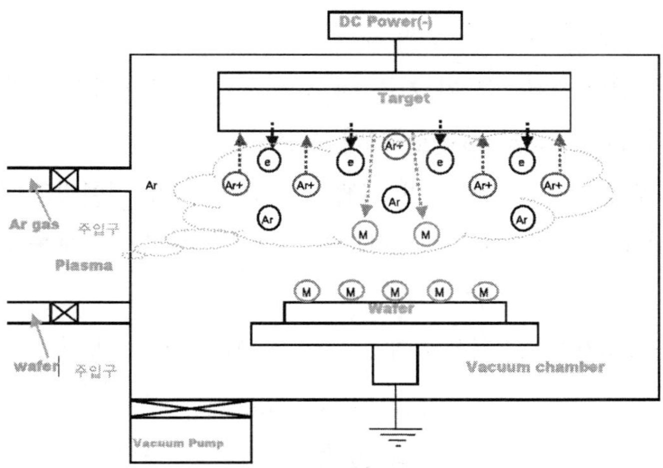

Ar : 아르곤 개스, Ar+ : 아르곤 이온(양이온), e : 전자, M : 금속 입자

그림 4-11 스퍼터 구조 및 기본원리

(8) 스퍼터링의 종류

① DC(Direct Current) 스퍼터링

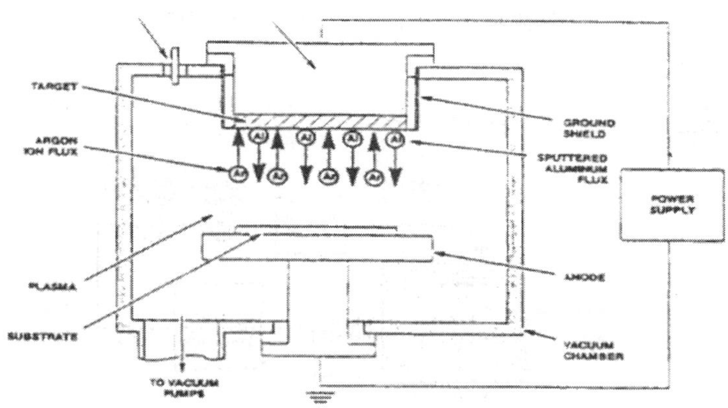

그림 4-12 DC 스퍼터 시스템 구조

② Magnetron Sputtering

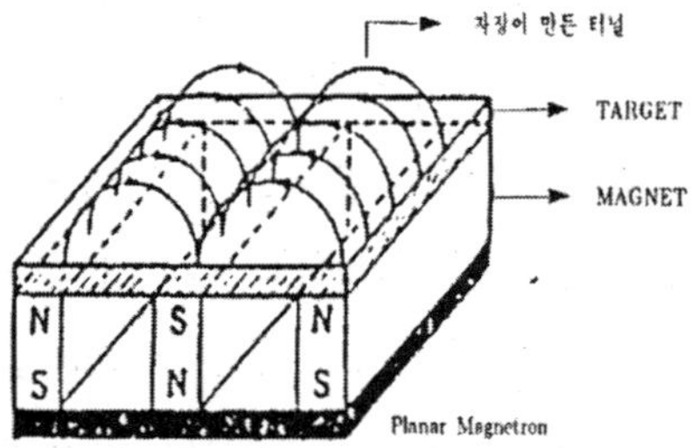

그림 4-13 Magnetron Sputtering의 기본 원리

그림 4-14 Sputtering용 타겟 모형

■ 특징 및 장점

- 타겟 표면의 전류 밀도가 기존 DC 다이오드(diode) 방식에 비해 10~100배 향상되므로, 스퍼터 효율도 크게 개선된다.
- 막 두께 균일도를 개선하기 위해, 타겟의 크기가 웨이퍼의 크기보다 크게 제작된다. 8인치(200mm) 웨이퍼의 경우, 타겟 크기는 보통 14인치를 사용한다.
- 현재의 스퍼터 시스템은 대부분 circular Magnetron 방식을 채택하고 있다.

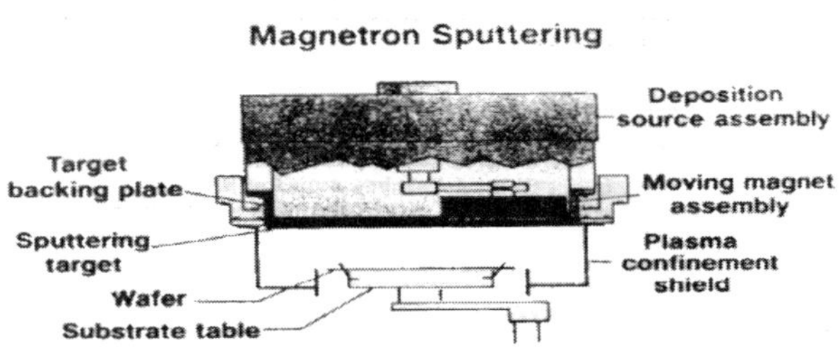

[Circular planar Magnetron Sputtering system source]

그림 4-15 Magnetron Sputtering 구조

③ RF(Radio Frequency) Sputtering

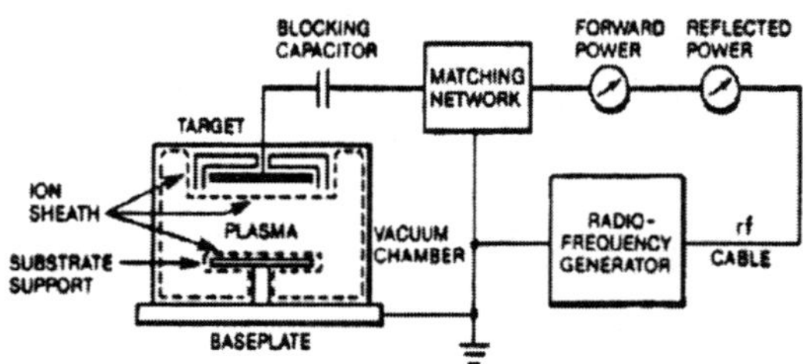

그림 4-16 RF 스퍼터링 구조

■특징 및 장점

- 비아(VIA) 형성후, 장벽 금속막(Barrier Metal) 증착시 실시간(In-situ)으로 절연막을 식각 하는데 이용한다.
- 웨이퍼에 전압을 인가하는 방식을 Bias 스퍼터링이라 하므로, 일반적으로 장벽 금속막(Barrier Metal) 증착시의 절연막 식각을 RF bias sputter라고 한다.

④ Reactive 스퍼터링

타겟과 동일한 단일 성분의 금속막 대신에 TiN등의 혼합물(compound) 금속막을 형성하기 위한 방식이다. Ti 타겟을 사용하여 DC sputtering을 진행하는 챔버에 N_2 가스를 주입한다. Ti 원자가 웨이퍼 표면에 도달한 후 질소(N) 가스 원자와 반응하여 TiN 막을 형성한다.

3) 급속 열처리 공정(RTP : Rapid Thermal process)

(1) 개요

RTP(Rapid Thermal Process) system은 웨이퍼를 1장씩 낱장 단위로 열처리하는데 사용되며, 1000℃ 정도까지의 고온의 공정을 30sec 이하의 짧은 시간에 처리할 수 있다는 장점을 가지고 있으며, 살리사이드(Salicid)나 이온주입(Implant)의 불순물 확산(dopant diffusion) 등에 사용된다.

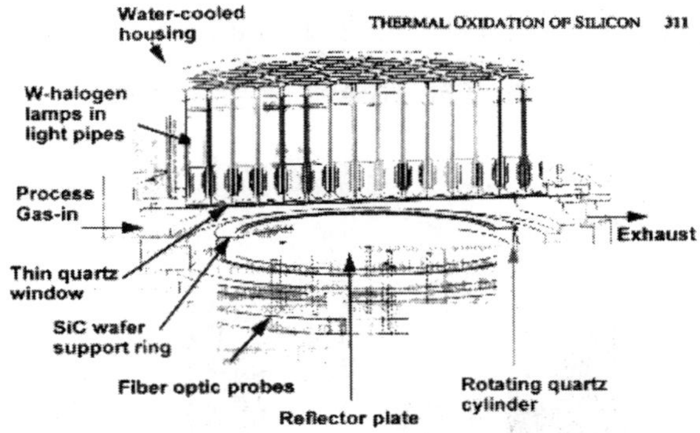

그림 4-17 RTP 장비의 구조도

(2) 적용 목적

살리사이드 공정에 확산로(Furnace) 사용시 불순 입자(particle) 유입, 웨이퍼 적재(loading)시 산소 유입 등 문제 발생한다. RTP 이용시 상기 문제를 해결할 수 있다. 또한, 짧은 시간에 고온 열처리가 가능하여 열 소모가 방지되고 공정 시간을 획기적으로 단축시키며 정확한 온도 조절이 가능하다.

(3) 장비의 구조 및 원리

① 장비 주요 구성품

챔버, 램프(lamp), 웨이퍼 지지부, 광학 섬유 온도 측정기(fiber optic temp probe)

② 장비 구조

챔버는 스텐인 레스 강철(stainless steel)로 제작되고, 급냉을 위한 냉각수 공급 장치가 필요하다. 다수의 텅스텐 할로겐(halogen) 램프가 챔버의 상부에 위치하며, 이 램프가 웨이퍼에 열을 가한다.

램프는 각기 독립적으로 전원(power)을 공급할수 있는 12개의 그룹으로 배치되며, 설정된 온도에 맞출수 있도록 전원이 독립적으로 조정된다. 챔버의 아랫쪽에 달려있는 6개의 고온도계(Pyrometer)로 온도를 측정 및 조정한다. 공정 진행동안 온도는 ±0.5℃ 이내로 관리된다. 진공 펌프를 설치하여 산소나 particle 유입을 방지한다.

③ 살리사이드(Salicide) 공정에서 RTP의 역할

RTP는 급속 고온 열처리와 정확한 온도 조절이 가능하다. 살리사이드(Salicide) 공정에서는 2회의 열처리를 실시해야 하기 때문에 짧은 공정 시간에 고온 열처리가 가능한 RTP 공정을 이용해야 한다. 실리사이드(Silicide)의 성장 속도는 열처리 온도가 증가할수록 빨라진다. 실리사이드 형성에 영향을 주는 요소로는 시리콘 표면의 자연 산화막, 불순물의 농도와 종류, 금속막 표면의 산화 등 이다.

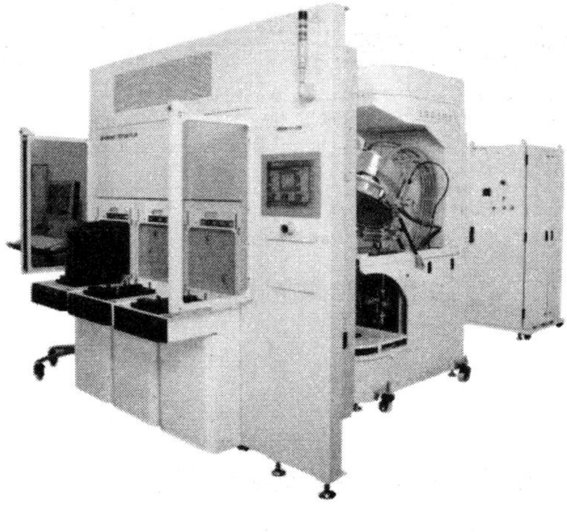

그림 4-18 코닉시스템(국내) RTP 장비 - 300mm급

Chapter 05

세정 및 CMP 공정의 이해

반도체 디바이스의 제조공정은 먼저 세정에서부터 시작된다. 세정공정은 반도체 프로세스에 있어서 각 공정 전 혹은 후 반드시 거쳐야 하는 과정이며 수십 회 반복되는 경우도 있다. 최근 새로운 재료나 프로세스가 많이 개발되고 있는데 새로운 재료, 새로운 프로세스가 등장하면 세정 기술도 함께 혁신되고 있다.

집적회로의 성능과 신뢰성 및 생산 수율은 제작 시 사용되는 웨이퍼나 제작 후 소자표면에 존재하는 물리적, 화학적 불필요한 불순물들에 의하여 많은 영향을 받는다. 소자의 최소 선 폭이 점점 작아져 서브마이크론 영역에 이르게 되면, 이들 중 산화(Oxidation)와 모형 형성(Patterning) 전에 웨이퍼 표면을 청결하게 세정하는 기술에 대한 중요성은 더욱 커진다. 반도체 웨이퍼 표면을 세정하는 기술은 크게 습식세정, 건식세정으로 나눌 수 있다.

1. 습식 세정 기술 : 세정액의 종류에 따른 분류

1) RCA 세정(Cleaning)

집적회로의 반도체 웨이퍼 표면을 세정하기 위한 화학적 습식 클리닝 방법의 대표적인 이름이 'RCA세정'이다. 현재 반도체 공정에서 사용되는 세정방법에 서는 크게 건식 세정과 습식 세정으로 나누어진다. 여기서 습식 세정 방법의 대명사인 RCA 세정 방법은 1970년대 미국 RCA사의 W. Kern 등에 의해 제안 되었으며, 현재까지 반도체 세정 공정으로 널리 사용되고 있다. RCA 세정은 공통적으로 과산화 수소(H_2O_2)를 근간으로 사용된다.

(1) SC-1(Standard Cleaning-1)

암모니아(NH_4OH), 과산화수소(H_2O_2) 그리고 물(H_2O)을 일정한 비율로 혼합하여 75~90℃ 정도의 온도에서 particle과 유기 오염물을 제거하기 위한 세 정 방법이다. SC1은 구성 화학 용액의 이름을 통칭해 APM(Ammonium Peroxide Mixture)이라고 부른다. SC1 세정용액은 과산화수소에 의한 산화 반응과 암모니아에 의한 에칭(etching) 반응이 동시에 일어나기 때문에 두 용액 의 농도비가 매우 중요하다. 암모니아는 Si 웨이퍼를 비등방성으로 에칭시키고 에칭 속도 또한 매우 빠르다 따라서 과산화수소에 의한 표면산화 가 실리콘 웨이퍼 표면의 거칠기(roughness)를 감소시키는 역할을 한다.

(2) SC-2(Standard Cleaning-2)

염산(HCl), 과산화수소(H_2O_2), 그리고 물을 일정한 비율로 혼합하여 75~90℃ 정도의 온도에서 천이성 금속 오염물을 제거하기 위해 사용된다. SC_2는 구성 화학 용액의 이름을 통칭해 HPM(Hydrochloric Peroxide Mixture)이라고도 부른다.

SC-1용액에서 금속 오염물은 Si보다 전기 음성도가 높아, 실리콘으로 전자를 빼앗아 전기화학적으로 반응하여 표면을 오염시킨다. 이런 금속 불순물을 제거하기 위해 금속보다 전기 음성도가 큰 SC_2 용액이 사용되어야 한다. 대부분 의 금속 오염물들은 희석시킨 염산만으로도 제거가 가능하다 하지만 전기음성도가 큰 귀금속(noble metal : Cu, Al)은 희석시킨 염산만으로 제거하기 어렵기 때문에 염산과 과산화수소가 혼합된 세정용액으로 제거가 가능하다.

2) 황산 세정(Piranha Cleaning)

Piranha 세정 용액은 황산(H_2SO_4)과 과산화수소(H_2O_2)를 일정한 비율로 섞고, 온도가 90~130℃ 정도에서, 웨이퍼 표면의 유기 오염물을 제거하기 위해 사용된다. Piranha 세정은 구성 화학 용액의 이름을 통칭해 SPM(Sulfuric Peroxide Mixture)이라고도 부른다.

반도체 공정에서 유기 오염물과 감광제 잔유물(PR Residue)을 제거하기 위해 사용되고 있는 piranha용액은 고온세정 과정 중 과산화수소가 분해되어 물 을 형성함으로써 세정액의 농도를 희석시킨다. 세정 효율을 유지하기 위해 과산화수소가 새로이 첨가되지만 첨가된 과산화수소에 의해 세정액의 농도는 더욱 희석되어, 사용 후 8~12시간 정도가 지나면 더 이상 사용할 수 없게 된다. 이러한 문제점을 해결하기 위해 희석 시킨 황산 내 오존을 주입하여 사용하거나, 아예 강산인 황산의 사용 없이 초순수에 오존을 주입하여 유기물과 PR제 거를 목적으로 초순수/오존 클리닝 기술에 대한 연구 개발이 활발히 진행 되고 있다.

3) 인산(H_3PO_4) 세정

인산은 질화막(Si_3N_4)을 식각하는데 사용하는 용액이며, 주로 80~85%의 용액이 사용된다. 150℃ 이상의 고온에서 공정이 진행된다. 인산 용액 내에 수분이 감소하면, 인산 용액의 농도가 올라가고, 그렇게 되면 질화막의 식각율이 점점 낮아진다. 하지만, 인산 용액의 농도가 올라가면, 이와 반대로 산화막의 식각율은 증가한다.

4) 불산(HF) 세정

불산은 산화막 식각에 사용되는 대표적인 세정액이다. 주로 물에 희석시켜서 사용되고 있으며, 공정 온도는 상온(25℃)에서 사용된다. 산화막에 대한 식각율이 온도에 민감하여, 온도가 상승함에 따라 비례하여 그 식각율도 상승한다. 불산은 수소(H)와 할로겐족 원소인 불소(F)가 결합하여 만들어진 할로겐산 중의 하나이다. 그런데 다른 할로겐산에 비해 잘 해리가 되지 않아, 분자상태 로 있을 때가 가장 안정적이다. 그래서 무수불산은 산화막을 식각시키지 못 한다.

5) 유기용제 세정

금속 식각(Metal Etch)나 비아 식각(Via Etch) 후에 사용되는 세정용액으로써, 유기용제에 특별한 기능을 가진 첨가물을 사용하여, 식각 후에 발생되는 폴리머(Polymer)를 제거하는데 사 용되는 용액이다. 기능성을 가진 첨가물은 제조사에 따라 그리고 용도에 따라, 그 종류와 조성이 다양하다. 주로 부식(Corrosion) 방지제, 폴리머(Polymer) 용해제 등이 첨가된다.

6) 초음파 세정

초음파(ultrasonic wave)란 주파수가 가청 주파수 이상, 즉 20kHz 이상의 귀 로 들리지 않는 음파를 말한다. 이런 고주파의 초음파를 이용하여 물이나 용제를 진동 시켜, 복잡한 형상물의 세정이나 깨지기 쉬운 물체에 손상 없이 세정 하는 방법을 초음파 세정이라 한다. 또한 주파수가 약 1,000kHz 대의 매우 높은 고주파를 사용하는 경우를 '메가소닉 세정(megasonic cleaning)'이라고도 불리운다. 일반적으로 초음파 에너지는 세정조(cleaning bath) 하단부에 장착되어 있는 압전 변환기(piezoelectric transducer)에서 공급된다.

반도체에서는 주로 이런 비접촉 음파 에너지를 SC1이나 순수에 사용하여 에칭공정 후에 발생하는 파티클을 제거하거나, CMP 공정 후 웨이퍼 표면에 잔류 하는 오염 물질을 제거하거나, 오염된 반도체 장비 부품을 세척하는데 널리 사 용된다

그림 5-1(a)은 세정조에 sonic을 가하는 일반적인 방법이고, 그림 5-1(b)는 음파(sonic)가 지나치게 가해져서 웨이퍼에 불량을 발생시킨 모습이다.

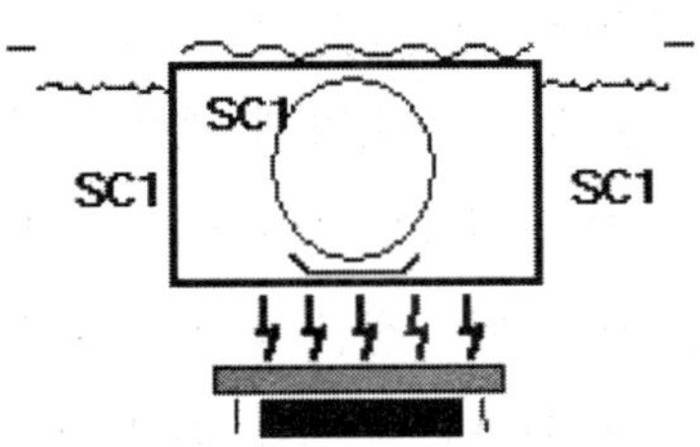

(a) Sonic 전달방법

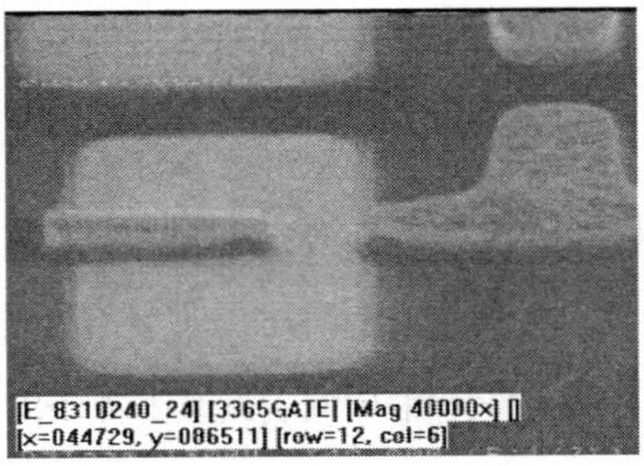

(b) Sonic에 의한 불량 발생

그림 5-1 세정조의 Sonic 전달 방법과 Sonic에 의한 불량 모양

2. 건식 세정 기술

1) 건조기(Dryer)의 종류와 건조 방법

(1) 스핀 건조기(Spin Dryer)

스핀 건조기(spin dryer)는 처리하는 웨이퍼의 매수에 따라, 욕조형(Batch Type)과 매엽식(Single Type : 낱장처리방식)으로 분류되어지고, 욕조형(Batch Type)은 회전축에 따라 다시 수평형 스핀 건조기(spin dryer)와 수직형 spin dryer로 크게 두 가지

로 나눌 수 있다. 수평형 스핀 건조기(spin dryer)는 아래 그림 5−2(a)와 같이 주로 cassette 방식의 dryer에서 사용되어져 왔으며, cassette 에 wafer가 담겨진 채로 회전하기 때문에 고속으로 회 전하지 못하며 약500RPM 이하에서 사용되며, 근래에는 잘 사용하지 않는 방식이다. 수직형 스핀 건조기(spin dryer)는 cassetteless 방식에서 주로 사용되어지고 있고, 장치에 따라서 최고 1500RPM 정도의 회전수를 가진다. 매엽식(Single Type)의 경우에는 아래 그림 5−2(b)와 같이 웨이퍼가 회전을 하면서 약액을 처리하는 세정공정을 진행하고 이후에 DIW(De-ionized wafer)를 이용하여 세정을 하고 건조를 하는 방식이므로 짧은 시간에 고속회전의 필요성이 있다. 최고 RPM은 3,000~4,000 정도의 회전수를 가진다.

스핀 건조기(spin dryer)는 가격이 저렴하고, 유지비가 적게 들고, 사용이 용이하고, 유지 관리가 쉬운 장점이 있는 반면에 회전 중에 웨이퍼가 깨질 수 있는 확률이 높고, 단차가 있는 곳의 건조가 불량하여 물반점(water mark)을 발생시킬 수도 있고, 회전 중에 파티클 발생의 가능성이 있다는 단점이 있다.

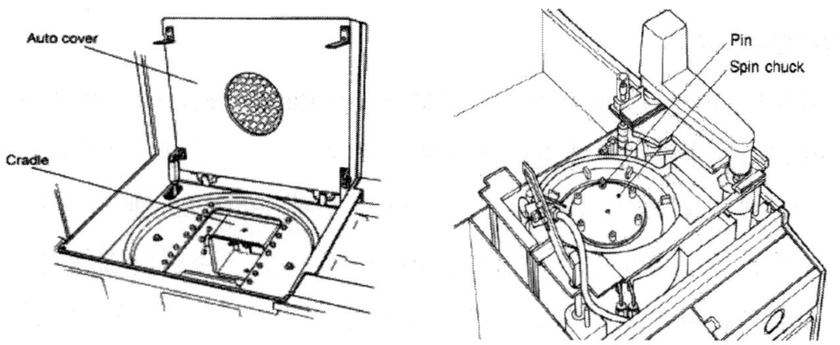

(a) Batch Type 수평형　　(b) Single Type

그림 5−2 Spin Dryer의 종류

(2) IPA Dryer

IPA Dryer는 IPA Vapor를 이용하여 웨이퍼를 건조하는 방식이다. DIW 세정을 마친 wafer가 제일 먼저 증기지대(Vapor Zone)로 들어간다. IPA Vapor는 Cooling Coil에 의하여 일정영역(Vapor Zone)에만 존재하게 되고 이 증기지대(Vapor Zone)에서 일정시간(5~6분) 웨이퍼가 머무는 동안 웨이퍼 표면에 있는 DIW와 IPA 증기(Vapor)가 서로 치환하게 되고, Cooling Zone 위로 웨이퍼가 올라오게 되면 웨이퍼 표면에 있는 IPA는 휘발하게 되어 건조하는 방식이다.

IPA 건조기는 스핀 건조기(Spin Dryer)에 비해 상대적으로 건조 중 파티클 발생이 적고, 단 차가 있는 곳의 건조도 용이한 장점이 있지만, IPA가 휘발성이 커서 화재 발생 위험성이 있고, IPA를 사용하기 때문에 IPA가 웨이퍼에 남을 수 있고, IPA 사용에 따른 유지비가 많이 드는 단점이 있다.

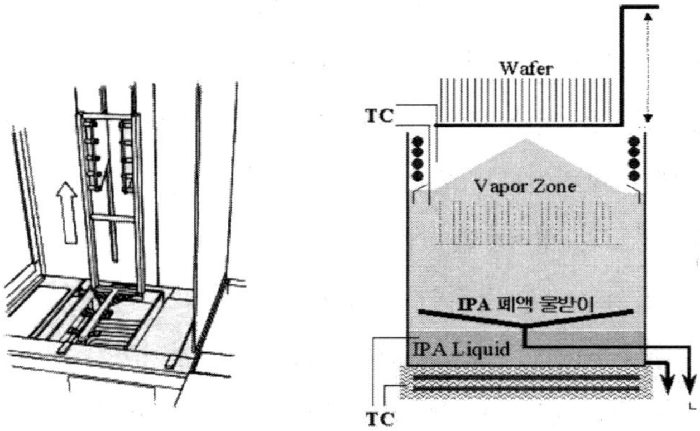

그림 5-3 IPA Dryer의 모양과 모식도

(3) Marangoni Dryer

물과 IPA(Iso-Propyl Alcohol)간의 표면장력(Surface Tension) 차이에 의해 발생하는 마랑고니현상을 이용해 웨이퍼 표면을 건조 시키는 방법을 말한다. IPA를 사용하기 때문에 크게 분류하면 IPA Dryer의 범주에 속한다고 할 수 있다.

마랑고니 건조는 '마랑고니 효과(Marangoni Effect)'를 이용한 건조 방법으로 물과 IPA가 가진 서로 다른 밀도와 표면 장력을 이용한 것이다. 건조 효과가 있는 IPA층을 물 상층부에 주입시키면 밀도 차이에 의해 IPA가 물 위에 뜨게 된다. 적당한 온도에서 웨이퍼를 서서히 용액 밖으로 끌어 올리면 모세관 현상에 의해 IPA와 물이 따라 올라온다. 이때 물의 표면장력이 IPA의 표면장력에 비해 크므로 IPA에서 물로 끌어당기는 힘이 발생한다. 이를 '마랑고니 힘(Marangoni Force)'이라고 한다. 이러한 마랑고니 힘에 의해 웨이퍼 표면에 부착되어 있는 파티클의 제거도 가능하며, 용액 최상층인 IPA에 의해 웨이퍼 표면은 물반점이 없는 깨끗한 건조를 수행할 수 있게 된다. 아래 그림은 마랑고니 건조 장치의 개략도와 표면장력 차이에 의해 발생되는 마랑고니 현상을 도식화한 그림이다.

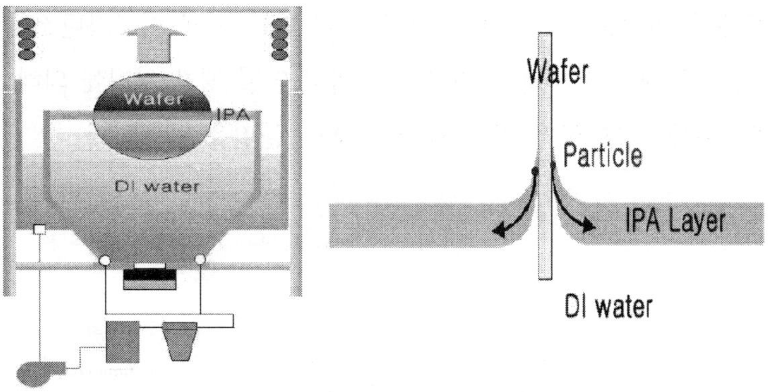

그림 5-4 Maraangoni Dryer의 원리 및 모식도

3. 차세대 세정 공정기술

1) 오존(O_3) 세정

기존 RCA 세정의 근간으로 사용되는 과산화수소(H_2O_2)의 사용을 대체하기 위해 산화력이 큰 오존(O_3)을 근간으로 사용하는 새로운 습식세정 기술을 말 한다. 세정액의 사용량이 증가함에 따라 화학 폐수량이 크게 증가하고, 폐수 처리 공정 중 탈 과산화수소 공정이 반드시 필요함으로 그 처리 비용이 크게 증가하는 등의 환경적, 비용적 문제를 야기 시킨다. 이러한 많은 문제점을 가지고 있는 과산화수소를 대체하기 위해, 최근 많은 연구 개발이 이루어지고 있는 세정 공정이 오존 세정 방법이다.

오존은 일반적으로 과산화수소 보다 더 강력한 산화제로 알려져 있고, 용액 내에서 분해되어 해로운 반응 생성물을 형성하지 않는다. 또한 희석시킨 화학 액을 사용하여 화학액의 사용량과 폐수의 양을 획기적으로 절감시킴으로써 환 경 친화적이고 경제적인 세정 공정이라는 장점을 가지고 있다.

2) 드라이아이스 세정

드라이아이스(Dry Ice) 미세 알갱이를 고압가스와 함께 분사 시켜 작업 물과 충돌시킴으로써 표면을 클리닝하는 방법을 말한다. 기존의 모래 혹은 세라믹 파우더를 고압 분사해 세정하는 블라스팅(Blasting)과 작동 모습이 유사하다.

반도체 웨이퍼 및 평판 디스플레이(FPD)기판 등의 세정을 위한 드라이아이스 세정방식은 순수한 이산화탄소를 저온 가압 시켜 만든 액체 이산화탄소를 특수 설계된 고압 노즐을 통해 방출시켜, 이때 노즐에서의 단열 팽창 원리에 의해 드라이아이스를 만들어 분사시킴으로써 기판 표면의 오염 물질을 제거한다.

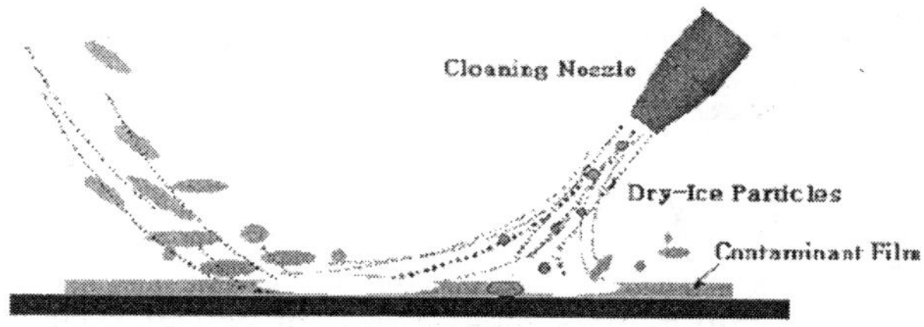

그림 5-5 드라이아이스 세정 모식도

3) 아르곤(Ar) 에어로졸 세정

초고순도 아르곤과 질소의 혼합물을 진공 상태로 기화 냉각시켜 에어로졸(Aerosol)을 형성시키고, 이를 작업 시편에 분사하여 표면을 클리닝하는 방법을 말한다.

최근 구리(Cu)배선 공정과 저유전체(Low k) 절연 박막을 채용함에 따라, 배 선 공정 시 웨이퍼 표면의 파티클과 관련된 문제점이 커지고 있다. 표준습식 화학 세정 방식은 저유전체 박막 특성에 손상을 가져오고, 구리의 높은 부식성으로 인해 클리닝 공정 중 많은 문제를 야기하고 있다.

이러한 문제를 해결하고자 극저온 에어로졸 클리닝 기술이 개발되고 있으며, 그 중 아르곤 에어로졸 방식은 세정 시 어떠한 화학적 변화도 야기시키지 않는 건식 세정방법이라는 장점을 가지고 있으며, 파티클 제거에 효과적인 방법으로 알려져 있다.

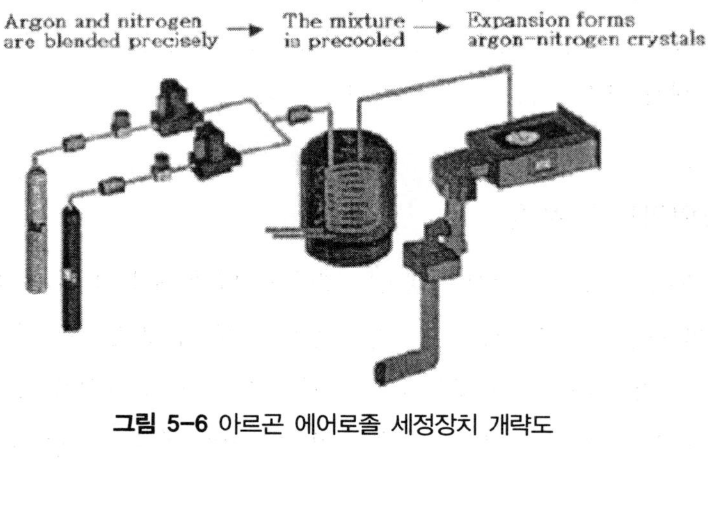

그림 5-6 아르곤 에어로졸 세정장치 개략도

4) 레이저(Laser) 세정

레이저 빔을 재료 표면에 조사하여 표면 위에 존재하는 오염 물질을 제거하는 공정 기술이다. 레이저 빔 조사 시, 표면에서는 급격한 온도 상승이 발생하며, 이때 오염 물질은 순간적으로 증발하여 제거 된다.

이제까지 기술된 세정 기술은 웨이퍼 전면을 일괄적으로 세정하는 방식이었지만 재오염으로 변하여 오염되는 것도 있고 오염을 완전하게 제거하는 것은 어렵다. 종래 요구되었던 세정도(洗淨度)가 더욱 더 높게 되면 파티클(Particle)을 한 개씩 겨냥하여 하는 국소 세정(Cleaning)이 필요하게 될 것이다. 극단 P 레이져(Laser)광을 파티클(Particle)에 조사하여 nm 수준의 미소한 침(Nano Probe)를 이용 파티클(Particle)을 이동하여 제거하는 나노 침 세정(Nano Probe Cleaning)의 탐사적 연구도 진행되고 있다. MEMS 기술이 더욱 더 발전하면 한 개의 나노 파티클(Nano Particle)을 집어 올려 제거 가능하게 할 것이다. 다음 그림은 이러한 레이저 세정 공정의 과정 및 원리를 보여주고 있다.

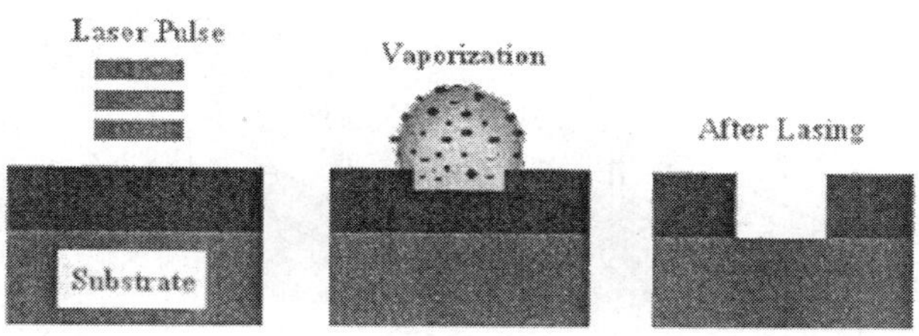

그림 5-7 레이저 세정 모식도

5) 자외선(UV) 세정

고출력 자외선 램프와 산소(O_2) 가스를 사용하여 활성 산소(O) 및 오존(O_3)을 만들어 표면의 유기오염 물질을 제거하는 방법을 말하며, 'UV/Ozone Cleaning'으로 불리기도 한다.

자외선(UV) 세정 기술은, 1972년 Bolon과 Kunz에 의해 기본 원리가 확인된 이후, 새로운 건식 세정 기술의 한 부문으로 발전해 왔다. 자외선 에너지와 그 것에 의하여 생성되는 오존(O_3)을 이용하여 유기 오염물을 분

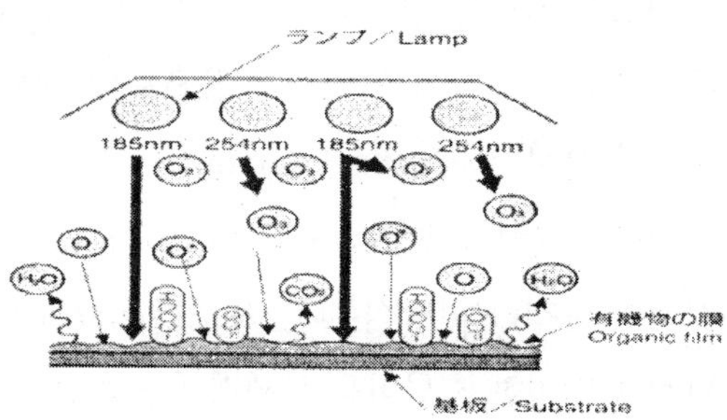

그림 5-8 자외선 세정 모식도

해, 산화 시켜 최종적으로는 CO, CO_2 및 H_2O의 형태로 오염물을 가스화 시켜 제거하는 방법으로, 이때 조사되는 자외선의 에너지가 매우 중요하다.

4. 세정 장비의 종류와 분류

1) 욕조형(Immersion Tank Type)

RCA세정과 함께 발달되어져 온 가장 기본적인 세정 장치 방식이다. 배치형(Batch Type)으로 공정이 진행된다. 그림 5-9는 배치형(Batch Type)으로 진행되는 전형적인 욕조형(Immersion tank type) 장비의 모식도이다. 최근에는 낱장 욕조형(Single Immersion Type)의 장비도 사용되고 있다.

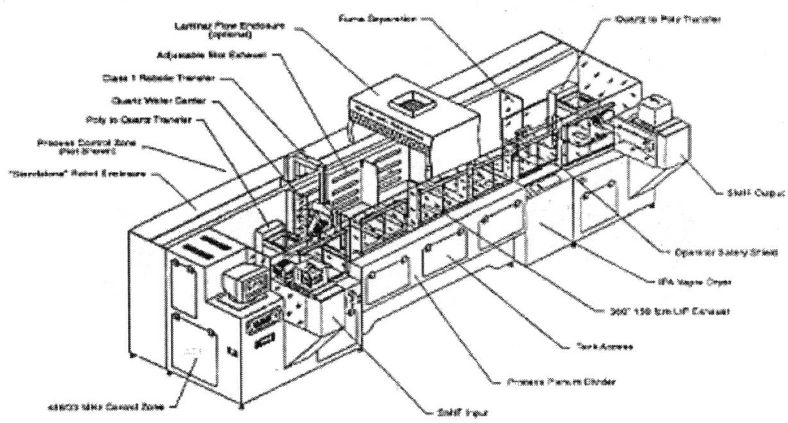

그림 5-9 Immersion Tank Type 세정장치

2) 원심분리형(Centrifugal Spray Type)

최초의 자동화 원심분리시스템(Centrifugal System)은 1975년 FSI사에 의해서 처음으로 소개되었다. 웨이퍼가 분사기둥(Spray Column) 주위를 빠른 속도로 회전하고, 분사기둥(Spray Column)에서 세정액을 분사시켜 세정하는 방식이다. 욕조형(Immersion Tank) 방식은 일정한 혼합비율로 세정액을 혼합하여 일정시간 사용하고 일정 시간이 지나면 배출시키는 반면에,

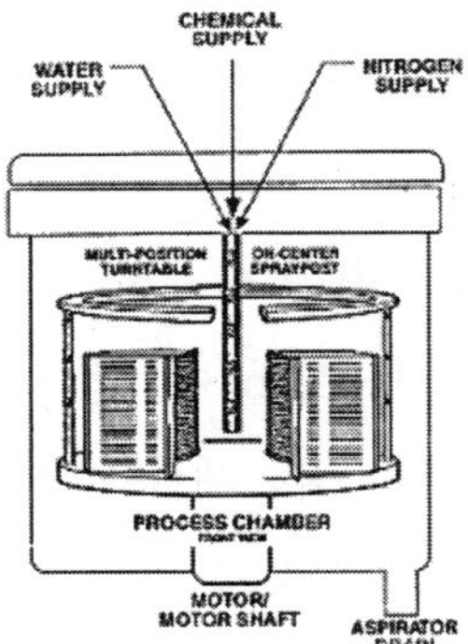

그림 5-10 Centrifugal Spray Type 장비 모식도

원심분리시스템(Centrifugal System)에서는 세정액은 분사되기 바로 직전에 혼합되어 wafer에서 분사되기 때문에 혼합비율이 일정하다는 장점이 있다. 욕조형(Immersion Tank)방식은 약액조와 세정조 그리고 건조장치(Dryer)로 이동하며, 세정을 하는 반면에, 원심분리시스템(Centrifugal System)에서는 약액 분사, 세정, 건조를 닫혀진 챔버 내부에서 처리하기 때문에 오염에 대한 우려가 적은 편이다.

3) 밀폐형(Closed System Type)

이 세정방식은 1986년 CFM Technology사에서 개발하였다. 이 세정방식은, 원심분리시스템(Centrifugal System)방식과 같이 웨이퍼를 닫혀 진 용기(Vessel) 내부에서 세정하는 것은 동일하지만, 웨이퍼는 움직이지 않고 고정시켜 놓고, 약액 세정, 세정, 건조를 하는 방식이다.

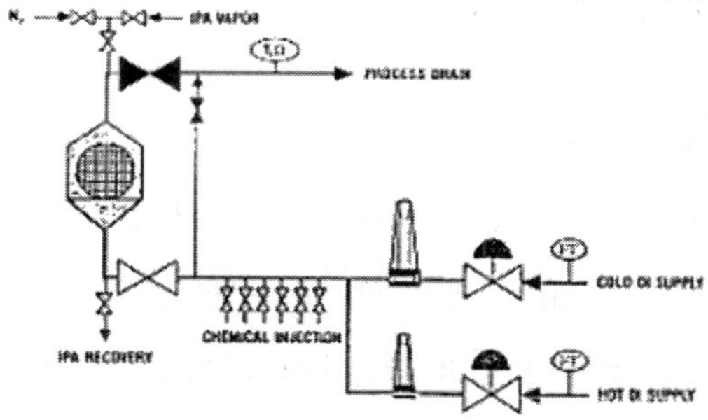

그림 5-11 Colsed System Type 세정 장치 모식도

4) 불산 증기(HF Vapor) 세정

미세 패턴을 파괴하지 않고 미세한 영역의 저부까지 세정(Etching)하는 방법으로써 약품의 증기(Vapor)를 이용한 증기(Vapor) 세정이 있다. 상온 상압에서의 불산 증기(Vapor) 세정은 종래에도 있었지만 증기(Vapor) 처리 후에 Etching 잔사(반응 부생성물)가 발생하기 때문에 처리 후에 수세(순수 Rinse)가 필요했다. 수세를 진행하면 표면장력이 발생하여 미세 Pattern이 파괴되어 버리는 것은 당연하지만 불산 증기 식각(Vapor Etching) 자체도 반응 부생성물로서 수분을 발생하여 패턴 유착이 생기게 한다. 진공 챔버 안에서 가열해 가며 불산 증기(Vapor) 처리를 진행하면 잔사 발생을 방지 가능하고, 반응 부생성물인 수분의 발생도 억제시킬 수 있기 때문에 유착이 일어나기 어렵다.

5) 국소 클리닝

지금까지 기술한 세정기술은 웨이퍼 전면을 일괄하여 세정 하는 방식이었지만 재오염으로 인해 오히려 오염되는 경우도 있어 오염을 완전히 제거하기는 어렵다. 예전부터 요구돼온 세정도가 더욱 높아지면 파티클을 하나 하나 잘 겨냥하는 국소 클리닝이 필요해질 것이다.

극단 펄스 레이저광을 피티클에 조사하거나 nm 레벨의 미소한 침(나노프로브)을 사용, 파티클을 움직여 제거하는 나노 프로브 클리닝의 탐색적 연구도 시행되고 있다. MEMS 기술이 더욱 발전하면 하나 하나의 나노파티클을 집어올려 제거할 수 있을 것이다.

5. CMP 장비 구성 및 역할

1) CMP 장비기술 개요

CMP system은 그림 5-12와 같이 Main Process가 진행되는 「연마 장치」와 더불어 「세정 장치」·「슬러리(Slurry) 공급 장치」·「폐액 처리 장치」·「공정 모니터 장치」로 구성한다. 물론, Slurry나 연마 패드(Polishing Pad) 등의 소모 재료도 광범위한 의미에서 CMP 장비의 일원이다.

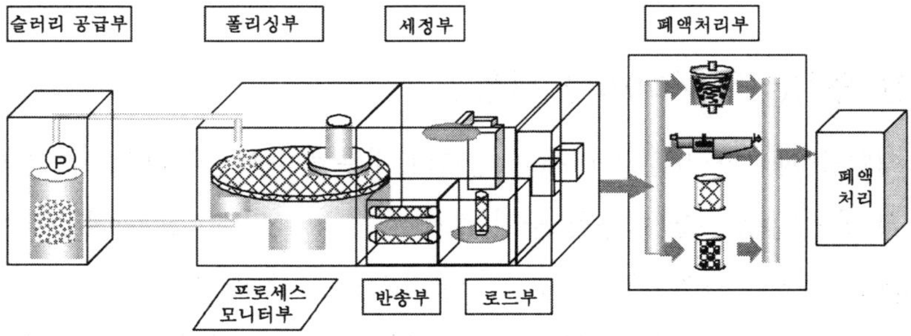

그림 5-12 CMP System 개략도

반도체용 CMP 장비에서 연마 대상 wafer flow를 설명하기 위한 것으로써 반도체 양산 라인의 시스템 자동화 또는 웨이퍼 크기에 따라 구분되어 사용되는 보통 25매의 웨이퍼가 담겨진 Open 또는 FOUP unit이 여러 개 존재하는 Load Port Module에서 Robot에 의해 보통 일반적인 Slurry를 이용하여 웨이퍼를 연마하는 Polish Unit

1로 wafer가 이동하고, 1차 연마 완료 후 Loader에 의해 Polish Unit 2로 이동하여 각각의 CMP layer에 적합한 Slurry를 이용하여 wafer 연마를 완료하며, wafer 표면의 오염물을 제거하기 위해 Dry/Wet 겸용 Robot에 의해 Post CMP Cleaning Module의 Pre Clean Station으로 이동하여 고압분사 방식 또는 희석된 암모니아수와 같은 알칼리 계열 chemical을 이용하여 오염물 입자를 1차 제거하고, PVA Brush를 이용한 물리화학적 세정과 희석 불산과 같은 산성 계열의 Chemical을 이용하여 wafer 표면의 금속 불순물을 제거한 다음, 희석된 알칼리 계열 Chemical을 이용하여 오염물 입자를 2차 제거하며, 마지막으로 고속회전 및 질소 가압 방식의 Spin Rinse Dry Station에서 웨이퍼 건조를 완료하고 Load Port Module로 wafer가 복귀하는 Dry-in/Dry-out 방식으로 구성되어 있다.

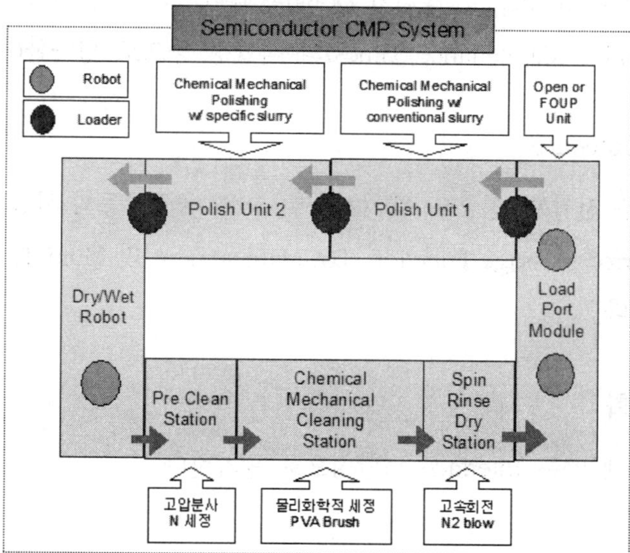

그림 5-13 CMP 장비 주요구성도

2) CMP 장비의 성능 평가기준

CMP 장치의 성능 평가는 프로세스 성능 평가 방법을 포함하며, 이와 더불어 장비 Configuration, 장비 Reliability, 연마 후 세정 장치, Utility & Software와 공장 자동화의 적합성 등에 대한 항목으로 평가한다.

(1) 장비구성

연마 Head와 연마 Platen 수량, Recipe 적용 시 압력과 속도의 정확한 구현성, Head/Platen의 연마량 차이, In-situ Thickness Monitoring 및 In-Line Metrology, Conditioning Method와 적합성, 장비유지 관리의 적합성 및 Footprint 등으로 평가한다.

(2) 장비 Reliability

단위 시간당 처리할 수 있는 웨이퍼 수(UPEH, Unit per Hour)와 Consumable 교체시의 Down Time 및 Operating Up-Time, 그리고 MTBF(Mean Time Between Fail, 평균 고장 간격), MTBI(Mean Time Between Interrupt, 평균 경고 간격), MTTR(Mean Time To Repair, 장비가 Down된 후 Up되기 전까지의 시간), 예방 보전 시간(Preventive Maintenance Times)의 적합성 등으로 평가한다.

(3) Utility & Software

Utility의 경우 전원부, 진공부, 배기가스부, DIW 공급부등의 사양 그리고 소프트웨어의 경우 Error Message Function, Lot Management 및 Multi Tasking의 적합성 등으로 평가한다.

(4) 공장 자동화

공장 자동화에 따른 Interface 적합성으로 평가한다.

3) 국내외 주요 CMP 장비들

(1) 국내 CMP 장비–GNP Technology사의 POLI 500

지난 2000년 CMP 장비 시장의 급격한 확대에 따라 주성엔지니어링, KDNS(현 세메스), 연우엔지니어링, 한텍사 등 유수의 국내 반도체 장비 업체들이 반도체용 CMP 장비 개발을 검토하였으나, Applied Materials사와 같은 세계적인 반도체 장비 회사와 기술 및 시장 경쟁력 확보가 어렵다고 판단하여 장비 개발을 포기하였으나, 반도체용 CMP 관련 소재의 경우, 국내 화학 관련 산업의 높은 경쟁력을 기반으로 많은 회사들이 진출해 있는데, 슬러리 관련 주요 업체로는 제일모직, 삼성코닝, 한화

종합화학, 동진세미켐, 동우화인켐, 테크노세미켐 등이 있으며, 연마 패드 관련 주요 업체는 SKC, 동성 A&T사 등이고, 패드 콘디셔너 업체는 새솔다이아몬드, 신한다이아몬드, 이화다이아몬드사 등이 국내외에서 활발한 기술 개발과 제품 판매를 진행하고 있고, 국내 CMP 관련 소재 국산화업체의 개발을 촉진시키고, 학연계의 연구력을 향상시키기 위하여 부산대/지앤피테크놀로지는 그림 5-20과 같이 R&D용 CMP 장비를 개발 및 보급하고 있으며, 양산장비 규모에는 미치지 못하지만 상당한 노하우를 가지고 4인치에서 8인치에 대응하는 CMP장비는 일본의 LapMaster SFT, MAT 그리고 미국의 CETR에 경쟁하는 수준에 도달해 있다.

그림 5-14 부산대/지앤피테크놀로지사의 R&D 장비(GNP POLI500)

(2) 국내 CMP 장비-케이씨텍(2009년 두산메카텍 사업부 인수)

반도체 소자생산용 CMP 장비 제조사는 케이씨텍사가 유일하며, 지난 2009년 두산메카텍으로부터 CMP 사업인수 후 삼성전자와 하이닉스반도체사와 협력을 통해 4 platen 및 6 platen 기준 300mm CMP 장비를 개발하여 판매하고 있으나, Applied Materials사의 Optic EPD 특허로 인해 시장 진입에 있어 어려움을 겪고 있다. 다만 30nm급 소자용 CMP 기술이 다양화됨에 따라 매출 확대를 할 수 있는 기반을 확보하고 있는 중이다.

그림 5-15 케이씨텍사 300mm CMP system(DOOPLATM341)

그림 5-16 미국 Strasbaugh사의 6DS-SP Polisher

해외 CMP 장비－1세대 반도체용 CMP 장비는 Westech Systems사의 372 Polisher, IPEC사의 472 Polisher, SpeedFam-IPEC 776/Momentum, Lam Research사의 TERES, 그림 5－16과 같은 Strasbaugh사의 1 platen/1head 기준 6DS-SP Polisher, 2 platen/2 head 6ED-SP Polisher를 개발하였으나, 공정 및 생산성 측면에서 경쟁력 약화로 인해 반도체 시장에서 물러난 상황이다. 기타 일본의 Nikon, Sony, TSK, Okamoto사 등이 진입하고자 하였으나 실패하였다. 초창기 CMP 장비제조사들은 독자적으로 Polisher를 개발하되 post CMP cleaner는 Ontrak사의 double sided brush 성능이 우수한 Synergy과 통합하여 사용하였다.

(3) 해외 CMP 장비－Applied Materials사 Mirra/Reflection/LK CMP

세계 최대 반도체 장비 회사라는 독점적 지위와 막대한 자본력을 바탕으로 신기술 업체 합병(2001년 Obsidian, 2004년 Peter Woolters사), 그리고 적극적인 연구개발을 통해 1997년 이후 지속적으로 시장 점유율을 확대하여 2001년부터 현재까지 약 80%의 CMP 장비시장 점유율을 유지하고 있다.

그림 5-17 Reflexion LK CMP 장비

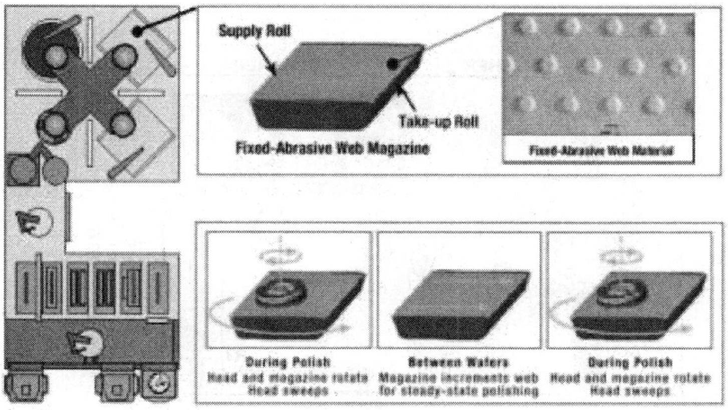

그림 5-18 Applied Materials사의 Fixed Abrasive CMP 장비

(4) 해외 CMP 장비－Ebara사 F-REX 200, F-REX 300/300S1-2

일본의 Ebara사는 일본 및 대만 반도체 제조사의 큰 지원에 힘입어 Oxide 및 Metal CMP 장비시장에서 2nd supplier 위치를 유지함으로써 차세대 CMP 장비기술 개발을 주력할 수 있는 배경을 확보하고 있다. 1 platen/1 head/1 Clenaer 기준 두 개 모듈을 통합하여 구성하는 EPO-222 및 F-REX 200 모델로 200mm CMP 시장을 유지하였고, 이후 300mm CMP 장비인 F-REX 300(2 platen), 300S(4 platen/4 head) 모델로 세계시장에 판매하고 있다.

그림 5-19 300mm CMP system(F-REX 300S)

(5) 해외 CMP 장비－SpeedFam-IPEC사 Momentum

SpeedFam-IPEC사는 차세대 CMP 장비로써 Orbital Type Polisher 구조를 채택하여 현존 장비중 가장 우수한 Footprint를 가지고 있으나, 낮은 상대속도로 인한 연마속도 한계로 인한 균일도 문제로 인해 W CMP 공정에만 일부 적용되었다.

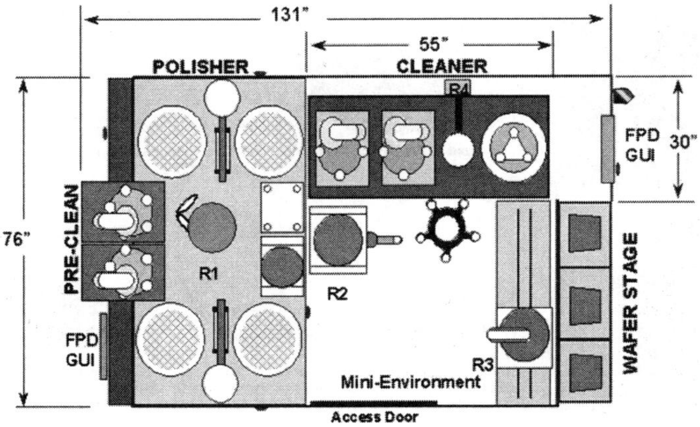

그림 5-20 SpeedFam-IPEC사의 Momentum CMP 장비

(6) 해외 CMP 장비-Lam Research사 TERES CMP

2000년대 초반 Ontrak사의 CMP 사업부를 인수하여 출시한 Belt Type Platen 구조로 특화된 TERES CMP 장비는 4 head로써 생산성 측면에서 우수하지만 Belt Tension 제어의 어려움으로 CMP 장비시장에서 경쟁력을 잃었다.

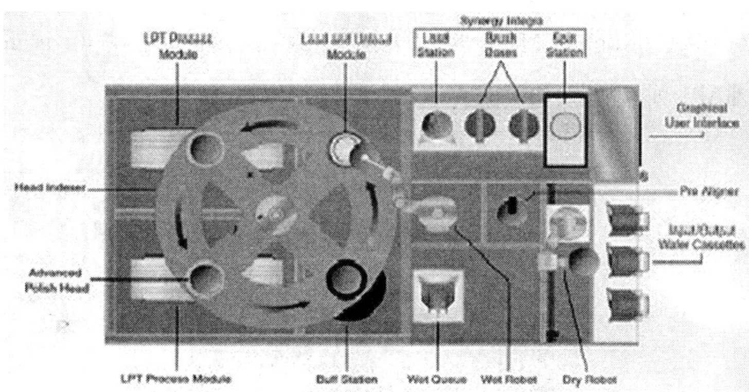

그림 5-21 Lam Research사의 TERES CMP 장비

(7) 해외 CMP 장비-TSK사의 AFP-210 CMP

반도체용 실리콘 웨이퍼 제조용 연마장비 기술을 기반으로 3 platen/3 head기준의 AFP-210 CMP 장비를 개발하였으나, Wafer Flow 및 Load/Unload 문제에서 취약한 구조로 인해 시장 진입에 실패하였다.

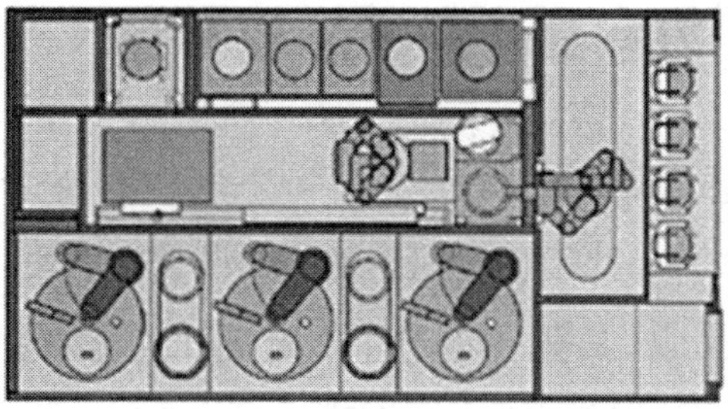

그림 5-22 TSK(Tokyo Semitsu)사의 AFP-210 CMP 장비

(8) 주요 CMP 장비회사 제품 비교

표 5-1은 세계 CMP 장비 시장을 주도하고 있는 AMAT사와 Ebara사의 대표적인 모델별 특성을 비교한 것으로써 생산성 향상을 위한 Head 및 Platen 수량과 균일도 개선을 위한 Zone Control 수량에서 200mm와 300mm용 CMP 장비간 차이가 존재함을 확인할 수 있으며, in-line metrology 모듈이 기본 옵션으로 채택되어 있다. Applied Material사 장비의 가장 큰 장점은 Optic EPD를 이용한 우수한 wafer to 웨이퍼 연마균일도 성능 및 생산성, 다양한 연마 Slurry를 이용한 Multi Step Polishing에 특화된 Carousel 구동 등이다.

표 5-1 주요 CMP 장비 회사의 모델별 특성

장비 회사	Applied Materials		EBARA		비 고
모 델	Mirra	Reflexion-LK	F-Rex200	F-Rex300S	
Wafer(mm)	200	300	200	300	
Head(ea)	4	4	2	4	
Platen(ea)	3	3	2	4	
In or Ex-situ conditioning	In- & Ex-situ	In- & Ex-situ	Ex-situ	Ex-situ	
zone control	1-zone	5-zone	1-zone	4-zone	
EPD	Optic	Optic	Motor Current	Motor Current	
Metrology	Option	Option	N/A	Option	
Cleaner	Mesa	N/A	DNS	N/A	
Clean station	3	3	2	3	
UPEH(ea)	55	55	40	60	

6. CMP 장비의 기능 모듈별 구성 및 역할

CMP 장비의 구성은 wafer내 연마균일도 특성을 결정하는 Polishing Carrier 모듈, 연마종결점 검출장치가 설치되는 Polishing Platen 모듈, 연마 후 wafer 오염특성을 결정하는 Cleaning station 모듈, 저유전율 박막 건조시 중요한 Dry station 모듈, 공정 정밀도 및 생산성 향상 측면에서 중요한 Advanced Equipment Control 모듈 등 총 5개로 분리할 수 있다.

1) Polishing Carrier 모듈 구성 및 특징

반도체용 CMP 장비의 공정 성능을 결정하는 가장 핵심적인 부품으로써 연마 균일도, 디싱(Dishing), Zone 분할 수량, 공압 누수량 등의 성능 지표를 통해 평가할 수 있으며, 그림 5-23과 같이 Multi-Port로 구성된 Rotary Union이 장착된 Spindle 구조물 전체가 하부의 Zone Control Carrier 구성을 지지하는 구조이다.

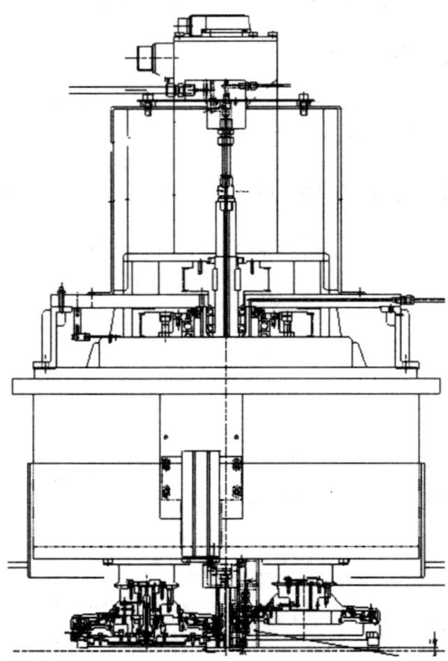

그림 5-23 Carrier가 설치된 Spindle

일반적인 Polishing Carrier(연마 캐리어)는 그림 5-24와 같이 캐리어필름이 웨이퍼 후면에 밀착되는 Rigid Type Carrier와 Membrane이 밀착되는 Membrane type Carrier로 구분하는데 Rigid Type Carrier의 경우 웨이퍼 후면의 거칠기가 전면에 전사되는 Backside Reference 특성을 나타내는데 반해 Membrane Type Carrier의 경우 웨이퍼 후면의 거칠기에 의해 관계없이 웨이퍼 전면을 평탄화할 수 있는 특징을 가지고 있고, 연마 캐리어 내 Retainer Ring은 연마 초기 웨이퍼가 연마 캐리어 내부에서 이탈되는 것을 방지하는 역할에서 연마 패드를 직접적으로 가압하여 웨이퍼 가장자리 지역의 연마 속도를 제어하는 역할까지 수행한다.

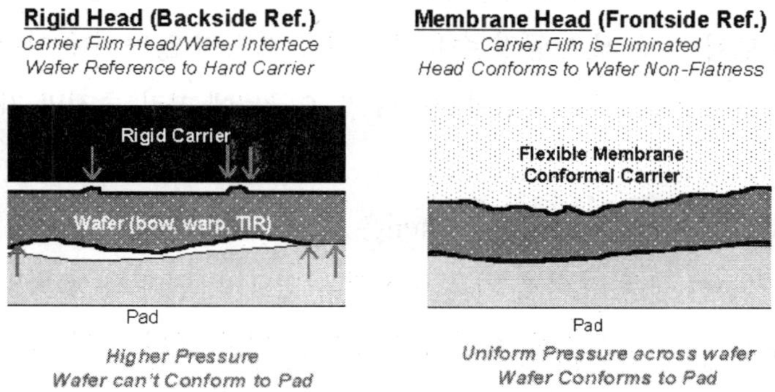

그림 5-24 Polishing Carrier에 의한 wafer 가압 구조

한국의 케이씨텍사의 전신인 두산메카텍사에서는 200mm CMP 장비에서는 그림 5-25와 같이 1 Zone Type Membrane Carrier를 개발하여 삼성전자 및 하이닉스반도체사에 판매하였다.

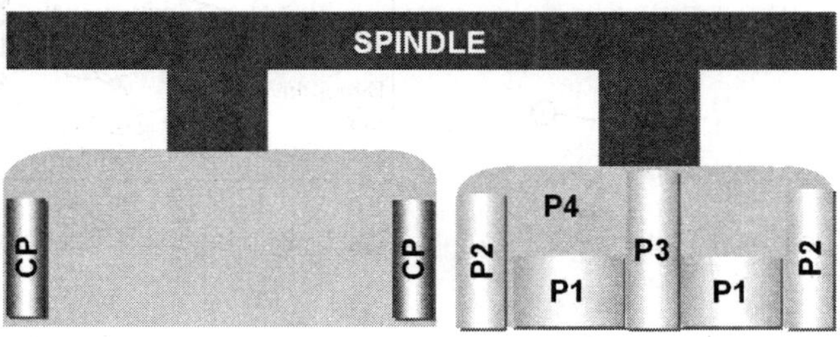

그림 5-25 두산메카텍사 1 Zone Type Membrane Carrier 구조

2) Polishing Platen 모듈 구성 및 특징

Polishing Platen은 연마 웨이퍼 지지 기구체로서 연마 균일도에 영향을 주는 핵심적인 부품으로써 Platen 평탄도, Defect 수량 및 Conditioner fail 시간 등의 성능 지표를 통해 평가할 수 있으며, 연마 패드가 부착되는 Platen을 하부 구조체가 지지하면서 Oscillation 또는 Rotation하는 구조로 이루어졌다.

현재 판매되는 300mm용 CMP 장비들은 모두 Rotary Type Motion을 하며, 주변 기구물로 연마패드의 거칠기 유지를 통해 Micro Scratch를 관리하는 Pad Conditioner가 존재하며, 주요 소모재인 연마 패드는 미국의 Dow사가 독점하고 있으며, 기타 Cabot Microelectronics, JSR, Inno Pad, Fujibo, Thomas West사 등이 제품 개발을 완료하여 점차 시장점유율을 확대하고 있는 실정이다.

현재 반도체 생산 라인에서 사용하는 Platen은 70~120um 정도의 평탄도를 가지고 있기에 반도체 소자 제조 공정 수율에 영향을 끼치지 않는 수준이지만 향후 소자 배선 선폭 감소에 따라 더욱 정밀한 평탄도가 요구됨에 따라 초정밀 가공 기술 개발이 중요하다.

Applied Materials사의 Polishing Platen은 그림 5−26과 같이 Platen부와 Platen의 고속회전이 가능한 구동 모터로 기본 구성되어 있으며, 연마 대상 박막에 따라 높은 산, 알칼리도를 가지는 특수한 슬러리 사용으로 인한 표면 코팅 재질의 내화학성, 경도 등이 주요 관리 항목이다.

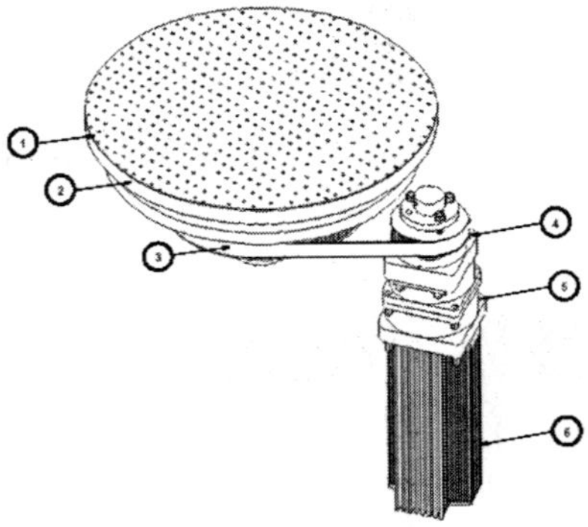

그림 5−26 Polishing Platen 구조

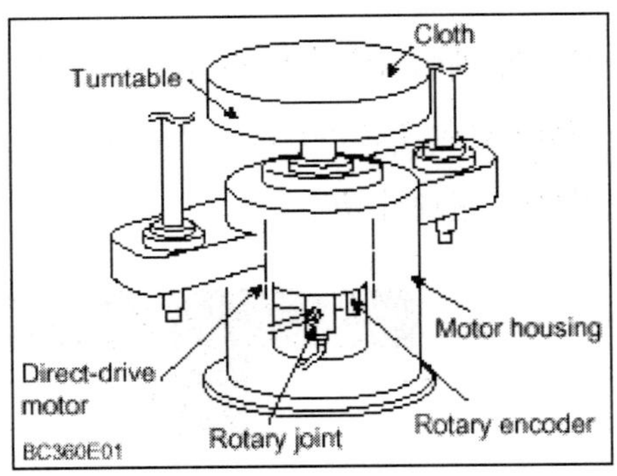

그림 5−27 Ebara사의 Polishing Platen 구조

Ebara사에서는 그림 5−27과 같이 Platen을 Turn Table이라 명명하고, Direct Drive Motor에 의해 Platen을 회전하고, Rotary Enconder에 의한 회전 속도 제어가 이루어지는 구조이며, 타사에 비해 Platen 크기가 커서 연마 패드 세정에 취약점을 가지고 있다.

케이씨텍(주)사의 Polishing Platen은 그림 5−28과 같이 Applied Material사와 유사한 Rotary Motion을 가지며, 주변부에 Slurry 공급 및 Pad 세정 Unit이 존재하며, 연마패드 거칠기 제어를 위한 Rotary & Sweep Motion을 하는 Pad Conditioner를 가지고 있다.

그림 5-28 케이씨텍사의 Polishing Platen 구조

일반적으로 Sweep Type Pad Conditioner는 Rotary Type Polisher에서 사용하고 있으며 Orbital Type Polisher는 모듈 구조상 사용 불가하며, 연마 패드의 균일한 마모를 제어하는 구동 기구이며, 연마 재현성과 웨이퍼 표면 오염도를 결정한다.

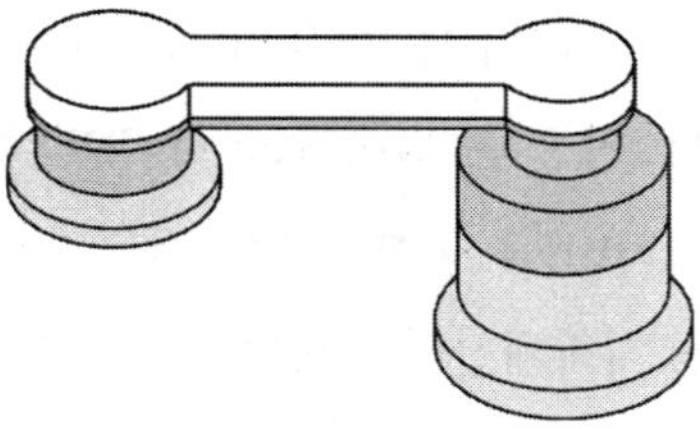

In Situ Pad Conditioner

그림 5-29 Rotary & Sweep Motion을 가지는 Pad Conditioner 구조

Applied Materials사와 케이씨텍사는 그림 5-29와 같이 Sweep Type Conditioner를 사용하고 있으며, Up/Down, Rotation 및 Sweep이 가능한 구조로 되어 있고, 4인치 Diamond Disk를 사용함으로써 소모재 비용 측면에서 매우 우수하다.

Ebara사 200mm CMP 장비에는 그림 5-30과 같이 Sweep Type Pad Conditioner 구조로서 연마 패드 내 Sector별 분할이 가능한 구조이지만 8인치 이상의 Ring Type Disk 또는 Coin Type Disk를 사용함으로 인해 높은 소모재 유지비용이 요구되는 문제점을 가지고 있다.

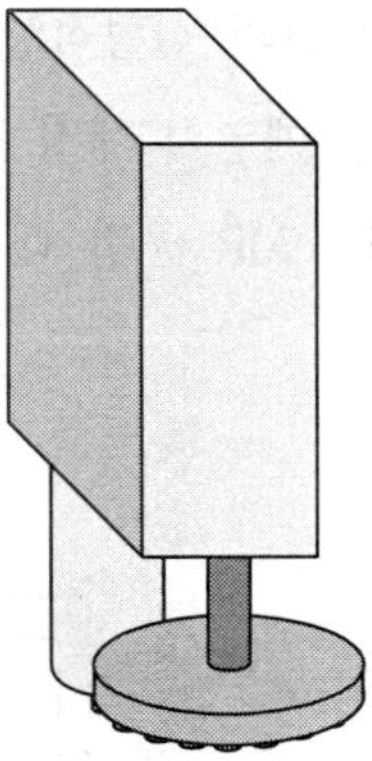

그림 5-30 200mm pad conditioner 구조

3) Cleaning Station 모듈 구성 및 특징

Cleaning Station은 연마된 웨이퍼 표면의 오염물 제어에 영향을 주는 핵심 부품으로써 Particle, 금속불순물 농도, Bath 온도편차, 웨이퍼 접촉 정밀도 및 유속 제어 정밀도 등이 매우 중요한데, 일반적으로 물리 화학적 웨이퍼 세정을 하기 위한 구조로 구성하며, Bath Clean Station은 차세대 저유전율 상수 값을 가지는 박막 표면의 소수성 특성으로 인한 오염물 제어하는 구조로써 Particle 증감 및 Bath 온도 편차 등이 중요하고, Scrubbing Station은 Roll Type Brush를 이용한 물리적 세정 기구로써 Particle 증감, 금속불순물 농도 및 웨이퍼 접촉 정밀도가 중요하며, Chemical Controller는 세정 Chemical로 인한 산화 및 금속 박막의 표면 특성 변화를 제어하는 기구로써 높은 유속 제어 정밀도가 요구된다.

Polished Wafer 표면에 잔류한 연마 잔류물을 물리화학적 방법으로 제거하고, wafer 박막 표면으로 확산된 슬러리 내 함유된 금속불순물을 희석된 불산을 이용하여 식각하여 제거하는 것으로써 기존 Wet Station 장비에서 기원된 기술이 대부분인 관계로 Lam Research사의 Brush를 통한 약액 공급, Applied Materials사의 Vertical Brush 기구 기술 이외에는 지적재산권 측면에서 문제점은 없는 것으로 추정된다.

Lam Research사는 지난 2000년 Ontrak사를 인수하여 Post Cleaner를 제작, 판매하고 있으나 자체 Teres CMP 장비의 사업 실패로 인해 Cleaner 관련 개발을 중단하고, 사업 인수자를 찾고 있다. 그림 5-31과 같은 방식의 Cleaner는 Post CMP Cleaner의 전형적인 모델로써 PVA Brush를 이용한 물리 화학적 세정 방식의 원조이며, 매엽식 세정 장치에 있어 획기적인 장비이지만 건조기술 측면에서 차세대 반도체 CMP 공정 대응에 있어 부적합하다.

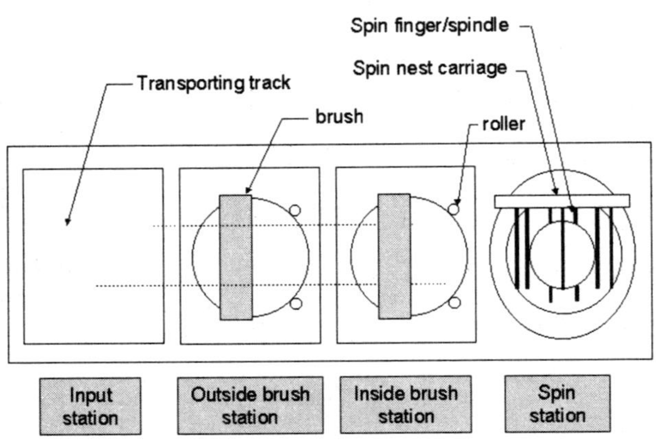

그림 5-31 Lam Research사의 Cleaning Station 구조

Applied Materials사는 그림 5-32와 같이 기존 장비 회사와는 다르게 Wafer Flow 구동방식을 Wet Station 장비와 유사하게 수직 방향으로 정렬함으로써 단위 시간당 세정능력을 향상시켰으나 신뢰성 측면에서 구동시간 여유가 필요함에 따라 단위 생산성이 낮은 편이지만 300mm 측면에서는 매우 바람직한 구조이며, Wet Bath 방식의 Non-Contact 방식의 화학적 세정이 가능한 구조를 최초로 도입하였고, Double Side PVA Brush에 의한 Contact 방식의 물리적 세정이 가능하다.

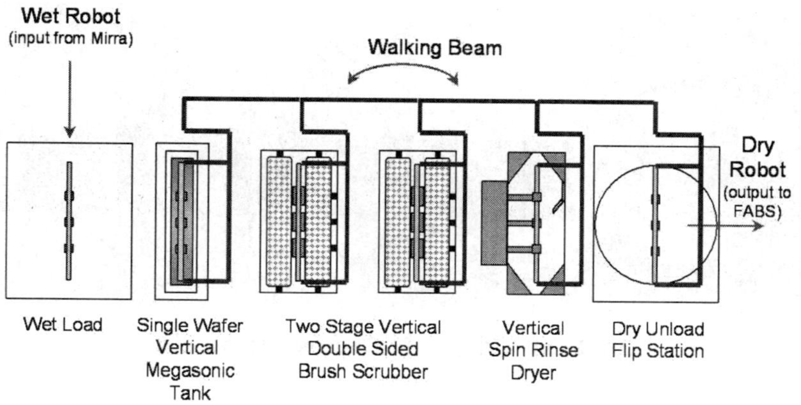

그림 5-32 Applied Materials사의 Cleaning Station 구조

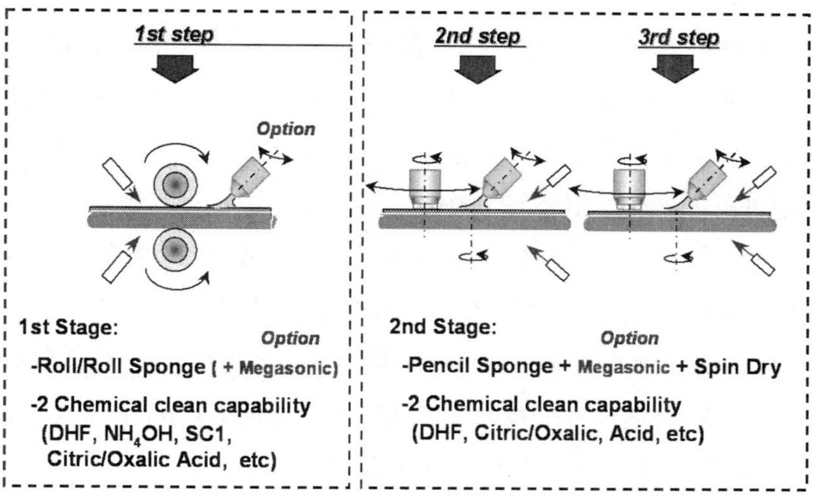

그림 5-33 Ebara사의 Cleaning Station 구조

Ebara사는 DNS등 일본의 전문 세정 장비 업체에 아웃소싱을 통해 Cleaner를 공급하고 있으며, 그림 5-33과 같이 현재 200mm 또는 300mm Cleaner 모두 Contact

방식의 Post Cleaning 기술에 머물러 있으나, DNS사의 기술력으로 볼 때, 차세대 Cleaning Xtation 개발에 대한 잠재력은 상당한 것으로 추정한다.

케이씨텍사(구 두산메카텍)는 그림 5-34와 같이 기존 Non Contact Type의 Pre Cleaning Station, Double Side Brush Scrubbing Station 그리고 Buffer Station에 의한 높은 생산성을 가지는 Cleaning Station 모듈을 개발하여 수십대를 판매하였고, 300mm CMP 장비에서도 유사한 구조를 채택하였다.

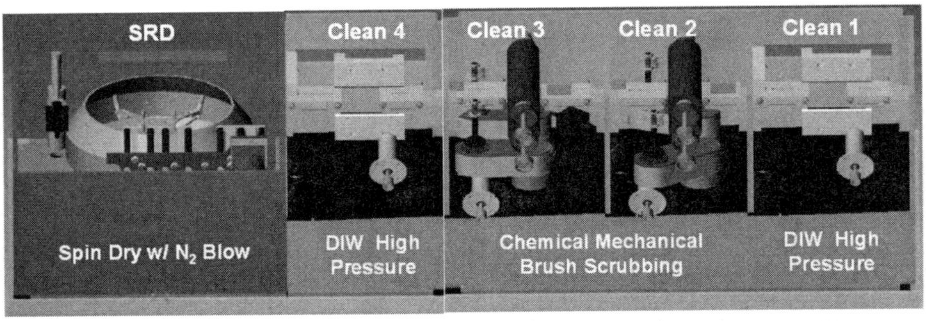

그림 5-34 케이씨텍사의 Cleaning Station 구조

4) Dry Station 모듈 구성 및 특징

Dry Station은 연마된 Wafer 표면 유체를 제거하기 위한 모듈로써 평균 Fail 시간, Wafer 처리 시간 및 이송 정밀도 등의 성능 지표를 통해 평가하며, 유체를 물리화학적으로 제거하기 위한 구조이며, 박막 표면 특성에 따라 기구 구성이 변화되어야 하는 건조 기구로써 기구 안정성이 중요하고, Transport 기구는 구동 정밀도에 따라 단위 생산성을 결정하는 만큼 중요하다.

Dry Station의 구성 방식은 연마 대상 박막의 유전율 상수 값에 크게 의존하며, 현재 3.0 정도의 유전상수 값을 가지는 박막의 표면 건조는 그림 5-31의 Lam Research사 Cleaner의 Spin Rinse Dryer와 같은 고속회전 방식이 적절하지만 약 2.5 이하의 유전상수 값을 가지는 박막 건조 방식은 Applied Materials사의 Marangoni IPA(이소프로필 알콜) 건조기술의 도입이 꼭 필요하다.

미국의 Applied Materials사는 Wafer를 수직으로 정렬한 상태에서 고속 회전하는 방식의 200mm Dry Station을 개발, 판매 중에 있으며, 대구경 웨이퍼 및 저유전율 상수를 가지는 박막 표면 건조에 대응하기 위해 Relfexion LK Version 장비에서는 기존 Wet Station에서 사용하는 수증기화된 IPA를 이용한 건조 기술을 적용하고 있다. Applied Materials사의 Maragoni IPA 건조기술은 일반적인 Wet Station 장비의 Vaporized IPA 기술(그림 5-35)에서 유래하였지만 빠른 건조시간으로써 Single Wafer 세정 장비에 매우 적합하다.

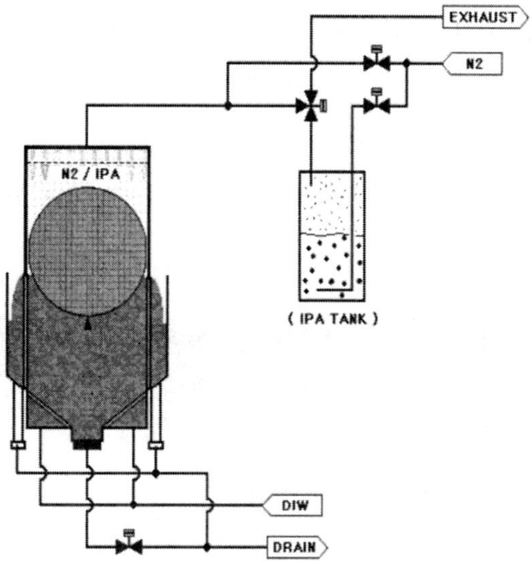

그림 5-35 Wet station 장비의 IPA dryer 구조

일본의 Ebara사는 그림 5-35와 같이 DNS사의 고속 회전에 의한 Dryer 기술을 적용함으로 인해 건조 성능에 한계가 존재하지만 CO2 Spray 기술을 접목시켜 한계를 극복하고 있다.

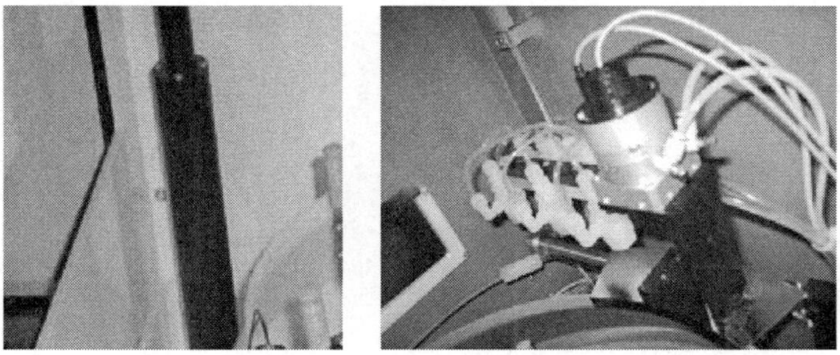

그림 5-36 케이씨텍사의 Dry Station 구조

케이씨텍사는 그림 5-36과 같이 Wafer 건조를 신속하면서도 물방울이 잔류되지 않도록 하기 위해 질소를 불어 넣어 주면서 고속 회전하는 방식의 Dry Station을 적용하였고, 저 유전율 상수에 의한 박막 표면 특성에 대응하기 위해 Mist Spray 방식의 IPA 건조기술을 개발, 적용하고 있다.

5) Advanced Equipment Control 모듈 구성 및 특징

연마대상막 연마종말점 검출을 위한 CMP 공정용 End Point Setecting System, 장비 내부 모든 구동 기구의 정상 구동 여부를 측정하기 위한 Motor Speed Feedback System, Slurr & Chemical Flow Rate Monitoring 및 Interlock System, 패턴웨이퍼 연마 전후 박막 두께 측정하여 연마 시간을 조절하는 프로그램 등을 통합하여 CMP 장비의 실시간 감시가 가능한 자동화 시스템을 의미하는 것으로써 일반적으로 Advanced Equipment Control 시스템이라 명명한다. 결정을 통해 웨이퍼 연마 특성을 제어하고자 한다.

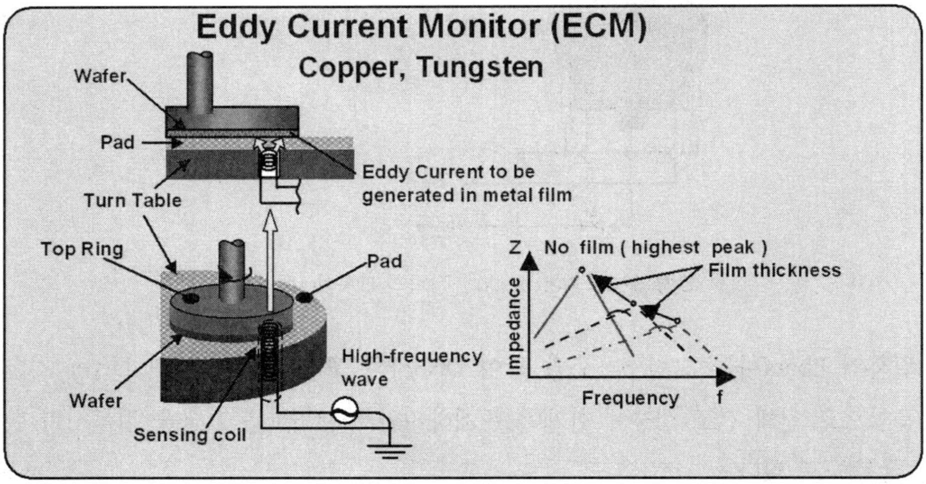

그림 5-37 Ebara사의 Eddy Current EPD 구조

Chapter 06

계측기의 원리 이해

1. 계측 개요

측정 도구를 이용하여 각 단위 공정의 결과를 확인하고 수, 양, 길이, 모양, 성분, 전기적 특성을 측정한다. 설정된 기준 값(SPEC) 대비 측정값 비교로 GOOD/NO GOOD 판정한다.

표 6-1 측정요소

공 정	요 소
Photo	CD, PR Thickness, Overlay, Macro Inspection
Etch	CD, Particle, Thickness, Step height
Diff	RS, Dose, Thickness, Lifetime, Particle
T/F	RS, 필름 stress, Dose, (Metal) Thickness, Particle
CMP	Thickness, RS, Profilier
DM	Defect Inspection, Defect review

측정 요소별 해당 장비를 다음 표 6-2에 정리하였다.

표 6-2 측정 요소별 장비

측정 요소	해당장비
Thickness 측정	• Ellipsometer : Rudolph S200 • Reflectometer : Nano9100, OP52XX, Atlas • Metal 필름 thickness : MP200, 300
CD 측정	• CD SEM : Hitachi 92xx, 93xx, Verity U733 • Optical CD : Accent CDS200
Particle 측정	• Surfscan : 6220, 6420, SP1
DOPANT 측정	• XRF : RIGAKU3640 • TRXRF : TECHNOS 620 • ThermaWave : TP500 • FTIR : BOI-RAD QS-2200
면 저항 측정	• KLA RS 75, 100
박막 단차	• AFM : VEECO 310 • Stylus Profiler : KLA P22
DEFECT 검사	• MICRO Inspection : Bright field-KLA 21XX, 23XX, Dark field-KLA AIT XX • MACRO Inspection : VIPER
Overly 측정	• KLA 5300 • NIKON NRM1000A • Nano/Accent Q240

2. Particle 측정

1) 측정원리

빛의 산란은 반사(Reflection), 굴절(Refraction), 흡수(Absorption), 회절(Diffraction)과 같은 방식으로 산란 단면적(Scattering Cross Section)이 일어난다.

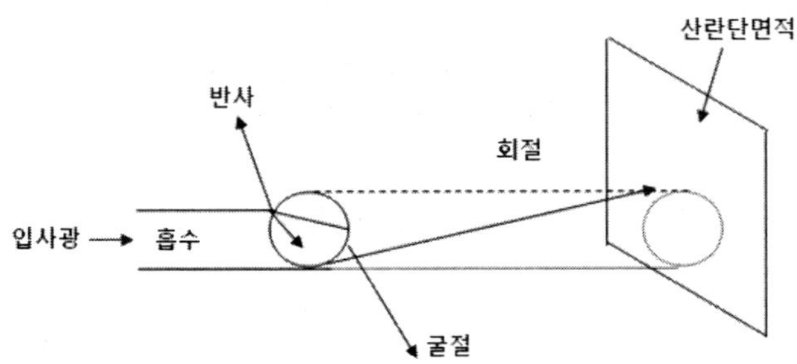

그림 6-1 빛의 산란

빛이 어떤 매질에 부딪치면 산란이 일어나고 이때 '산란되는 빛의 세기는 그 매질의 크기에 비례한다.'는 원리를 이용하여 공기, 가스, 액체, 화학물질 등에 부유하는 입자의 크기와 개수를 측정하여 보여주는 장치이다. 다른 측정 원리를 채용하는 파티클 카운터와 구별하기 위해 산란식 파티클 카운터라고도 하며, 광원으로 레이저가 주로 사용된다.

우선 광원인 레이저에서 레이저 빔이 조사되고 웨이퍼표면에서 산란 되는데 산란된 광은 빛 에너지를 전기적 신호로 변환하는 PMT로 보내어져 한 개의 Particle에 대해 하나의 전자 신호를 만들어내고, 이 신호의 개수를 계수기 회로가 계수하고, 산란 이론을 구현한 전자계에서 크기를 측정(sizing)한다. 이렇게 측정된 신호들은 디지털 신호처리 된 후 모니터에 보여 진다.

Incident mirror를 통하여 20도 각도로 투입된 입사광이 웨이퍼 표면에 맞을 때 53㎛의 직경으로 조절되어 있는 고속이며 동원체형인 488nm의 레이저 빔은 일정한 속도로 이동한다. 이 스킨 빔은 전체 표면을 표본화 되었다고 확보하는 웨이퍼 표면을 가로질러 선 경로를 앞뒤로 가로지르면서 빛은 모든 방향에서 투사점으로부터 장황하게 산란과 반사가 일어나게 된다. 이때 반사된 빛은 제1 반사경에서 모아 제2 반사경으로 보내어지고 이는 다시 반사율 감지기로 보내져 반사된 레이저 빛은 버려진다.

산란된 레이저 빔은 프레넬 렌즈(Fresnel lens)를 거쳐 S, P polarizer를 지나면서 필요한 〈S〉 polarizer 빛이나 〈P〉 polarizer만을 collection mirror로 보내진다. collection mirror에서 산란된 빛을 모아 PMT(Photo Multiplier Tube)로 보내서 연산을 시작하게 된다.

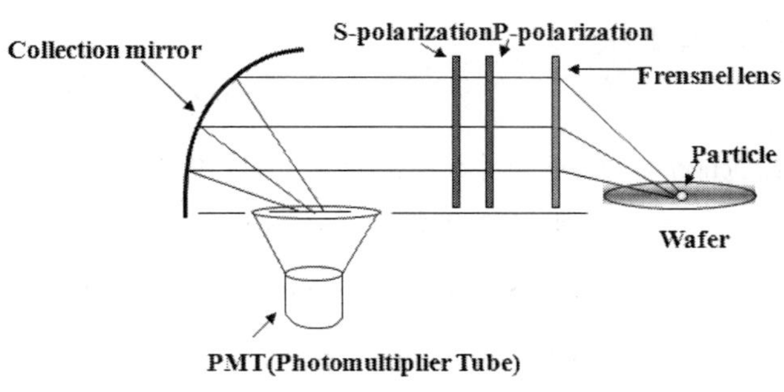

그림 6-2 렌즈 구조

3. 패턴 검사 측정

1) KLA2139 장비 구조

KLA2139 장비의 기본 구성은 다음 표 6-3과 같다.

표 6-3 KLA2139 기본 구성

구분	구성	구성
KLA2139 웨이퍼 조사 시스템	• optics and Auto Focus system • 2 웨이퍼 cassettes	• Stage/Auto load unload system • Electronics drawer
사용자 인터페이스	• Image computer • User interface display	• Image display

조사한 데이터의 저장 및 분석 시스템으로 현 QC부에서 KLA255x나 Quest보다 진보된 DMS가 검토 중이다.

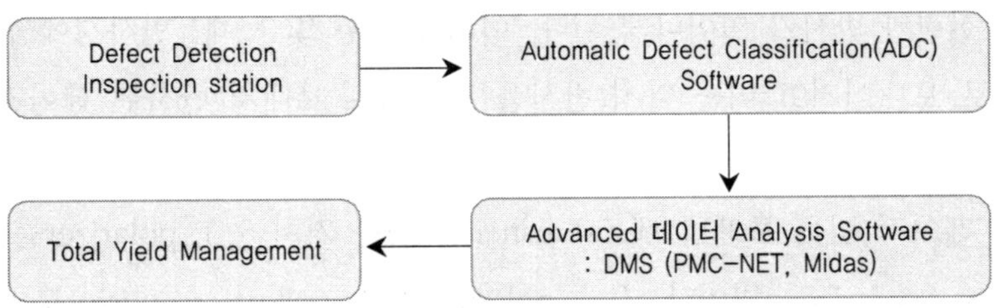

그림 6-3 검사 과정

KLA2139 시스템의 기능은 다음과 같다.

표 6-4 KLA2139 시스템의 기능

항 목	기 능
Full 웨이퍼 inspection	레시피 설정을 통한 검사 : 패턴 웨이퍼, Bare 웨이퍼
Defect의 Review	• 결함 자동 분류 • Clustering • Size sorting
결함 정보전송, 분석	Review Station으로 Station-Defect information 전달, 분석
SME 조사	review SEM

2) 기초 이론

광학 시스템의 기본 구조는 다음 그림 6-4와 같다.

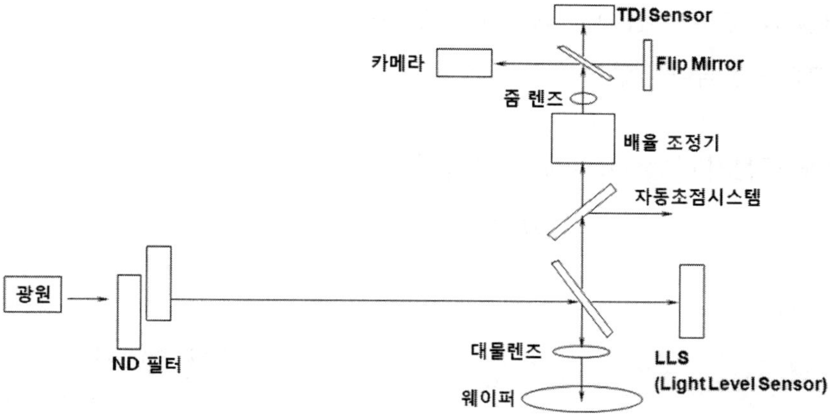

그림 6-4 광학 시스템

(1) 광원(Light Source)

① 2132, 2135 초기 모델 : 수은/제논(Hg-Xe) Arc 사용

② 2138, 2139 후기 모델 : 제논(Xe) Arc 램프 사용 → Winder 스펙트럼, 백색광을 다양한 색의 패턴을 갖는 현대 웨이퍼에 대해서는 보다 견고하다.

(2) ND 필터(NDF : Neutral Density Filter)

엷게 코팅된 부분과 짙게 코팅된 2개의 얇은 유리면으로 구성되어 있으며 유리면 양 끝에 작은 모터로서 구동된다. NDF의 열고 닫힘에 따라 빛의 양을 조절하는 기능을 수행하며 0~625의 수치로서 어둡고 밝음을 표시한다(0= 닫힘=어두움, 625=열림=밝음).

(3) LLS(Light Level Sensor)

Light level sensor를 통해서 NDF를 조정하는 기능이다. 즉 NDF를 통해 들어오는 빛의 양은 항상 같을 수는 없으며 시간이 지남에 따라 빛의 양은 줄어들게 되며 센서를 통해 자동으로 gain offset를 보정하여 NDF를 열고 닫음을 수행토록 하는 기능을 한다.

(4) 자동 초점 시스템(Auto Focus System)

① 흰 웨이퍼 상에서 조차 scanning과 review 동안 설정된 웨이퍼 초점을 연속적으로 유지한다.

② Focus offset : 2132는 웨이퍼를 움직여서 초점 옵셋을 맞추고 2135/2138은 TDI를 움직여 맞춘다.

(5) 배율 조정기(Magnification changer)

배율에 따라 픽셀 크기가 정해진다.

표 6-5 배율

Optic Mag.	픽셀 Size	Defect sensitivity	
		Array	Random
10×2	1.25um	0.5um	1.0um
20×2	0.62um	0.39um	0.60um
32×2	0.39um	0.2um	0.40um
50×2	0.25um	0.15um	0.25um
50×3	0.16um	0.13um	0.18um

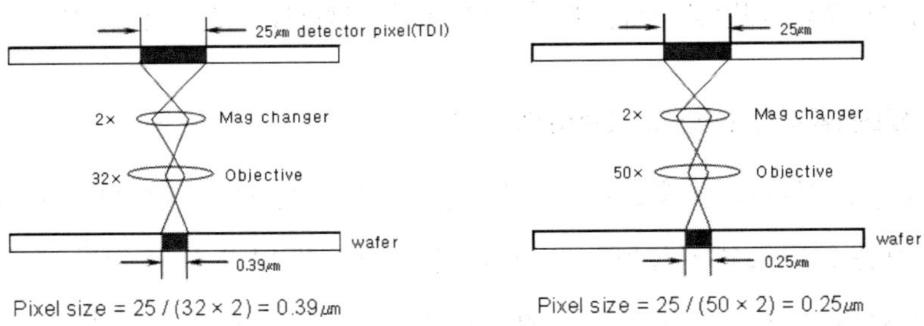

그림 6-5 픽셀

TDI 센서의 active 픽셀 크기는 25um 이다.

(6) Flip Mirror

소니 9000 카메라 밑에 위치하며 빛이 카메라 이미지로 나타낼 건지 TDI 이미지로 나타낼 건지를 결정해주는 장치이다.

(7) TDI(Time Delay Integration) 센서

TDI 센서는 256픽셀(폭)×2048픽셀(높이)로 구성된다. TDI scanning process는 1×2048 픽셀씩 x 축으로 scanning 하면서 축적한 후 이미지를 이미지 컴퓨터로 보낸다.

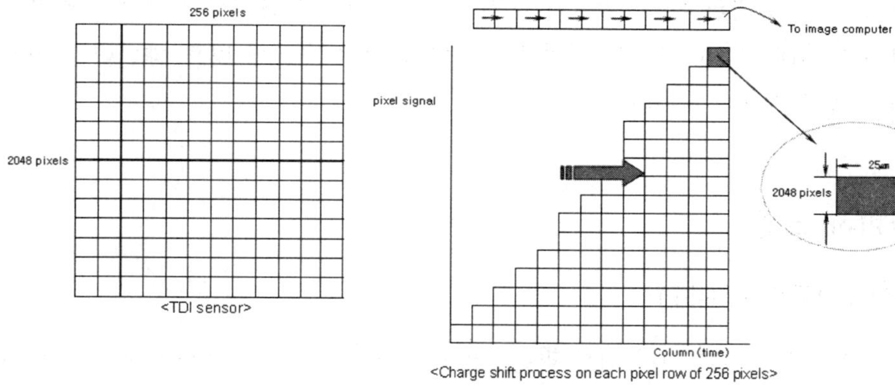

그림 6-6 TDI 센서에 따른 픽셀 변화

1×2048 픽셀에 해당되는 이미지는 256 픽셀의 integration이 끝나면 이미지 컴퓨터로 보내지고, 1×2048 픽셀은 swath의 높이가 된다.

※ Swath : X 축의 웨이퍼 scanning시 2048 픽셀의 높이를 가지고 scanning하며 이는 TDI Detector의 높이와 같다.

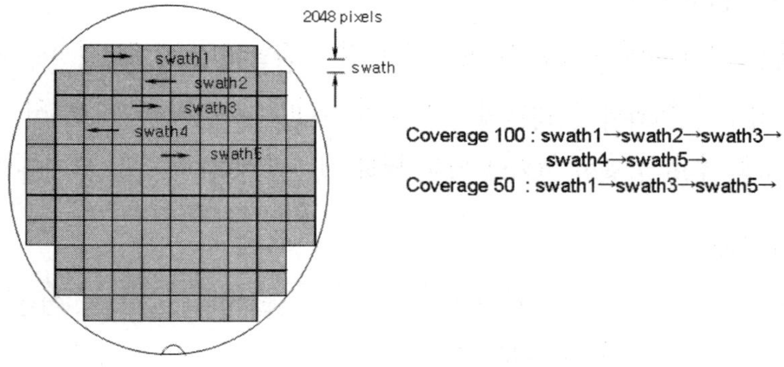

그림 6-7 웨이퍼 위의 픽셀

4. 두께(Thickness) 측정

박막 두께 측정의 원리는 박막과 인접 매체(공기, 기판, 등)간 일어나는 간섭에 기초를 한다. 간섭의 성격은 박막 표면에 흡수되는 광선과 박막 표면에 반사되는 광선의 위상 차이에 따라 다르게 나타난다. 기판으로부터 반사된 광선이 박막표면에서 반사된 광선과 동위상이면 보강간섭(Constructive interference) 기판으로부터 반사된 광선이 박막표면에서 반사된 광선과 위상을 달리 하면 감쇄간섭(Destructive interference)과 광원의 파장, 박막의 두께, 박막과 기판의 굴절률이 함께 작용하여 간섭의 건설성내지는 파괴성을 결정하고 반사의 높고 낮음에 따른 패턴이 주어진 박막에 대해 표현될 수 있다.

1) 장비의 구성

(1) 반사계(Reflectometer)

비누거품이나 수면에 퍼진 기름 막은, 빛을 받으면 예쁘게 착색되어 보이는데 이것은 박막의 상면 및 화면에서의 반사광(또는, 투과광)이 서로 간섭하기 때문에 생기는 현상으로 착색된 박막의 색은 간섭색이라고 한다. 이 간섭색은 두께가 빛의 파장정도의 얇은 투명 막에서 관측되는 것으로, 막의 굴절률이나 두께가 바뀌면 그 간섭색도 변한다. 따라서, 거꾸로 이 간섭색을 측광함으로써 박막의 두께를 측정할 수 있다. 나노스펙의 막 두께측정원리는 이 간섭색 측광법을 응용한 것이다.

(2) 타원계측법(Ellipsometer)

편광상태의 빛이 박막 표면에서 반사되는 경우 필름의 두께 및 성질에 따라 편광의 크기와 각도가 변화하게 되는데 엘립소미터(Ellipsometry)는 바로 이 샘플(박막 필름)에 반사된 후의 편광의 크기와 각도 변화 상태를 통해 박막의 두께를 측정한다.

표 6-6 두께 측정

측정법	광원(파장)	입사각	관련식
Spectrophotometer	Halogen lamp(400~800nm) Deuterium lamp(UV) Xe lamp(UV+VIS)	수직입사	파장별 수직입사 반사도 R
Ellipsometer	HeNe laser(632.8nm) 단파장	경사입사	편광진폭반사계수비 Rp/Rs=tan(Ψ)exp
Beam Profile Reflectometer	small spot laser 단파장	가변입사	입사각별 편광 반사도 Rs, Rp
Beam Profile Ellipsometer	small spot laser 단파장	경사입사	
Spectroscopic Ellipsometer	Xe lamp	경사입사	파장별 편광진폭 반사계수비

나노스펙은 웨이퍼를 스캔할 경우 감지기에 되돌아오는 빛의 강도는 많은 요소, 예를 들면 광원, 회절 그레이팅, 대물렌즈, 그리고 스캔하고 있는 웨이퍼 표면 상태들의 요소가 복합적으로 작용된 것이다. 일단 이 강도의 정보가 얻어지면 데이터들은 상대반사도 간섭도(Relative Reflectance Interferogram)를 만들어내기 위하여 저장되어 있던 자료에 의해 나누어진다.

반사 데이터로부터 박막두께를 측정해내는 원리는 박막과 인접매체(공기 다른박막, 기판 등)간에 일어나는 간섭현상에 기초하고 있다. 얇은 박막(가시광선이나 자외선에 부분적으로 투명)을 측정해 보면, 일부 광선이 박막을 뚫고나가 기판에 반사되는 반면 다른 일부는 박막 표면으로부터 반사되고 또 다른 일부 광선은 박막과 기판에 흡수된다.

간섭의 성격은 위에 설명한 두 반사광선의 위상차에 따라 다르게 나타난다. 기판으로부터 반사된 광선이 박막표면에서 반사된 광선과 위상이 일치하면 보상간섭(Constructive Interference)이 일어나며, 위상이 불일치하면 상쇄간섭(Destructive Interference)이 일어난다. 반사광의 강도가 높은 곳에서의 간섭은 보강간섭이며, 강도가 낮은 곳에서의 간섭은 상쇄간섭이다.

- 두께측정 범위 : 100~50,000A
- 측정 스팟 크기 : 50, 25, 5, MICRON SPOT SIZE를 선택적으로 사용가능(5X, 10X, 25X 대물렌즈 사용)
- 초점 : 자동 초점이 가능하며 초점 시간은 1~2초 사용됨
- STAGE
  - 해상도 : 0.08㎛
  - 위치 재현성 : ±5㎛
- 빛의 반사 및 회절원리를 이용한 박막두께 측정
- 박막의 기본특성(반사율, 흡수율 등)만 알고 있으면 박막의 두께 측정 가능

표 6-7 측정법의 장/단점 비교

측정법	장 점	단 점
Spetrophotometer	• 측정 모호성이 없음 • 넓은 측정 범위 • 신뢰성 높은 광학계	• 초박막 측정의 어려움 • Reference 필요 • 광학 상수 측정의 어려움
Ellipsometer	• 우수한 초박막 측정 • 광학 상수 측정 • Reference 불필요	• 측정 모호성 • 느린 측정 속도 • 좁은 측정 범위
BPR+BPE	• 박막+초박막 측정 • 작은 측정 spot • 광학 상수 측정	• 측정 모호성(BPE) • 불균질 샘플 측정의 어려움 • Reference 필요 • 좁은 측정 범위
Spectroscopic Ellipsometer	• 박막+초박막 측정 • 측정 모호성이 없음 • Reference 불필요 • 전파장의 광학 상수 측정	• 느린 측정속도 • 데이터 해석이 복잡 • 측정 spot이 큼

두께를 측정하는 공정은 다음 표와 같다.

표 6-8 적용 공정

항 목	설 명
단일 박막 측정	Poly/Amorphous Si, TiN, PECVD Nitride, Silicon Oxinitride 등
3층 이상의 다층막 동시 측정	Nitride/poly/Thin Oxide/Si, TiN/Oxide/Si, Thin ONO, ONPO, Thin oxide/Si Damaged layer/Si 등

5. 주사전자현미경

전자현미경(CD SEM : Critical Dimension Scanning Electron Microscopy)은 크게 투과전자현미경(Transmission Electron Microscope)과 주사전자현미경(Scanning Electron Microscope)으로 구분할 수 있다. 이들의 구조상 차이는 광학현미경의 투과형과 반사형의 차이와 같으며 시료를 준비하는 작업 역시 광학현미경의 그것으로 투과전자현미경과 주사전자현미경을 구분지를 수 있다. 투과전자현미경(TEM)에서는 고에너지를 갖는 전자선이 전자 렌즈계를 거쳐 시료를 통과하여 형광판에 상을 맺게 되므로 그 시료는 극히 얇아야 된다는 것을 전제 조건으로 하고 시료의 밀도,

두께 등의 차이에 따른 명암(contrast)상을 얻을 수 있다. 또한 시료에 도달하는 전자선을 회절시켜 회절상을 얻을 수 있으므로 원소내부의 정보도 얻을 수 있다.

그러나 주사 전자현미경(SEM)은 상을 얻는 방법이 아주 달라 전자선이 시료면 위를 면상으로 주사(Scanning) 할 때 시료에서 발생되는 여러가지 신호 중 그 발생확률이 가장 많은 이차전자(Secondary Electron) 또는 반사전자(Backscattered Electron)를 신호원으로 CRT(Chthode Ray Tube)상에 시료와 동시에 주사시켜 한 면(Frame)의 화면을 만든다. 따라서 주사전자현미경에서는 주로 시료표면의 정보를 얻을 수 있고 시료 크기 및 준비에 크게 제약을 받지 않는다.

현재 이 두 종류의 전자현미경은 각기 다른 목적으로 발전되고 사용되어져 왔으나 투과형 전자현미경이 주사형 전자현미경에 비해 그 구조상 복잡성과 운전이 쉽지 않은 점, 가격이 비싼점 등 때문에 주사전자현미경이 그 보급률에서는 앞서가고 있다. 응용에 있어서 투과 전자현미경은 금속, 세라믹, 반도체, 고분자합성체 등의 재료분야, 의학 등의 생체시료 조직 관찰에 주로 사용되고 주사전자 현미경은 거의 모든 분야에서 광학현미경의 영역을 커버하며 이에 분석장비를 추가하여 분석 장비로써의 영역도 확보해 나가고 있다.

① 반도체공정에서의 CD-SEM : Sub Micron

② 재료과학에서의 요구되는 분해능 : Typically 1nm-100nm

광학 현미경(Optical microscopy)은 분해능이 부적합하다.

전자현미경(Electron microscopy)

- SEM : 1~2nm 분해능
- EM : 원자수준의 분해능
- SPM : 원자수준의 분해능

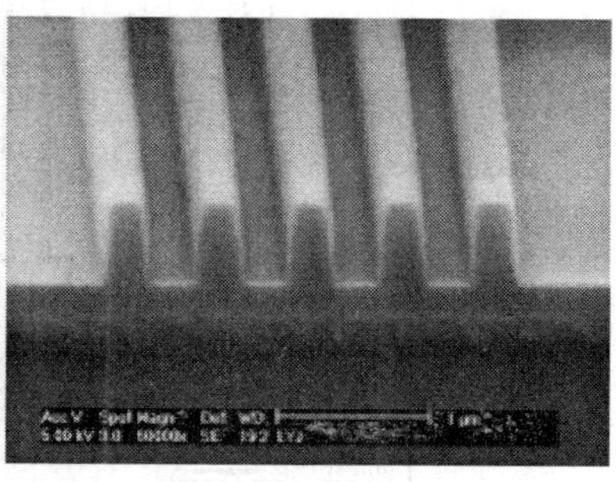

그림 6-8 SEM 화면 1

전자현미경은 다음과 같은 곳에서 사용된다.

표 6-9 전자현미경의 응용

항 목	응 용	
미소 형상의 관찰	• Grain Size • 필름 growth 양상 • Lithography	• 패턴 형상, CD 측정 • 제품 결함 모니터링
분석전자현미경	• 화학적 정량 분석	• 결함 물질의 화학적 원소 식별

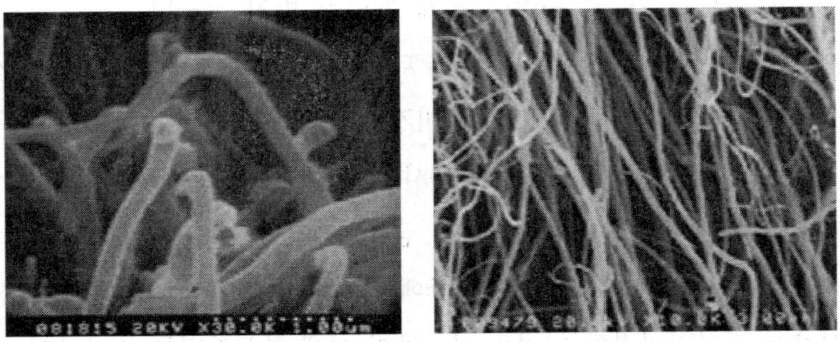

그림 6-9 SEM 화면 2

아래 그림은 CD-SEM 구성도를 나타내고 있다.

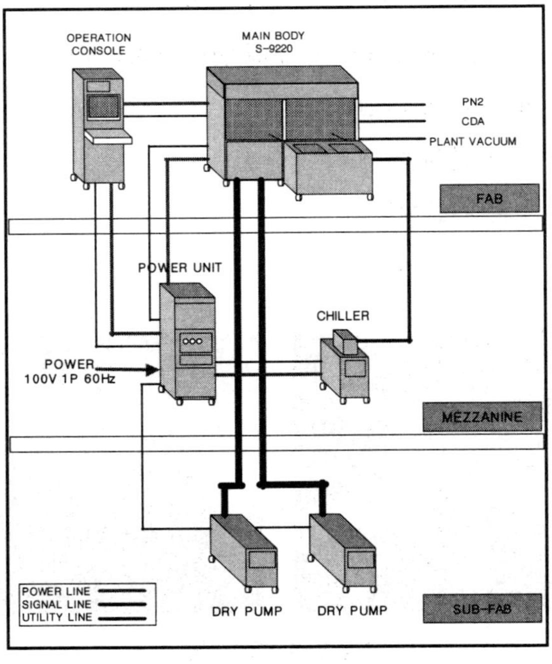

그림 6-10 CD-SEM

1) CD-SEM의 측정 원리

SEM(Scanning Electron Microscope)은 전자 빔이 샘플의 표면에 주사하면서 샘플과의 상호 작용에 의해 이차전자를 이용해서 샘플의 표면을 관찰하는 장비이다.

진공상태에서 입사전자가 시료표면에 닿으면 시료로부터 그림과 같이 2차 전자, 반사전자, X-선, 음극분광전자 등이 발생하고 흡수전자는 접지에 흡수되어 떨어지고 시료가 얇을 때는 입사전자가 시료를 통과하여 투과전자가 된다. 따라서 각각의 신호는 통과한 검출기에 의해 전기 신호를 변화시켜 제각기의 상으로 영상이 되고 원소를 분석하는 분석원이 되기도 한다. 신호 중에서 가장 분해능이 사용하는 것이 2차전자이다. 일반적으로 SEM이라 하면 특별한 이유가 없는 한 2차전자 관찰하는 장비라 할 수 있다.

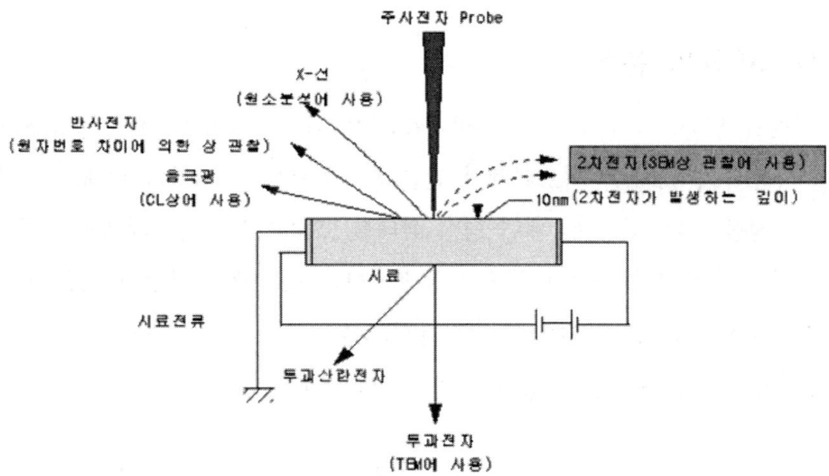

그림 6-11 2차 전자 발생

2) SEM 구조

아래 그림은 SEM의 구조를 나타내고 있으며 구성요소는 다음과 같다.

① 전자빔 ② 집속

③ 시편에 xy 스캐닝 ④ 신호발생

⑤ 이차전자(SE)/후방산란전자(BSE)

⑥ 오거전자(Auger electrons)/특성 X-Ray

⑦ SE 검출 및 증폭(CRT와 동기화)

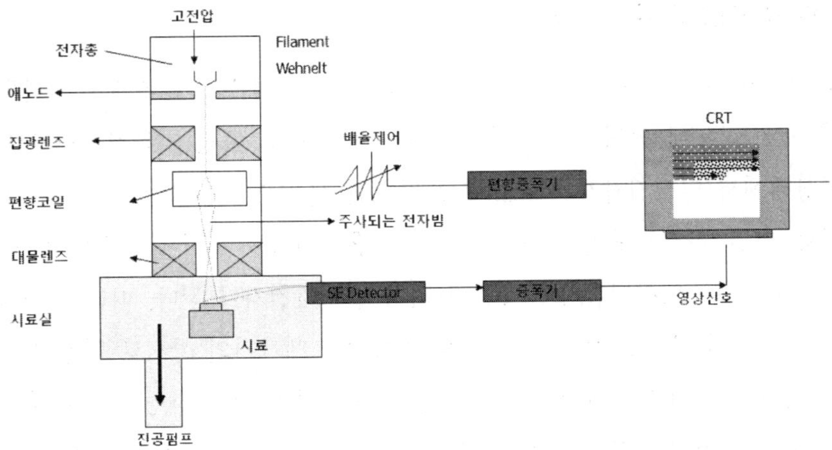

그림 6-12 주사전자현미경 구조

3) CD-SEM의 운용

포토공정은 Photo Resist, Track System, Exposure System 1(Stepper/Scanner), Mask를 사용하여 Mask와 회로설계가 같은 Resist 패턴을 웨이퍼 위에 형성하는 것으로 이 공정을 통해 생성 된 패턴 형성 상태를 SEM으로 측정하게 된다. 포토 공정 진행 후 에치 공정이 진행되는데 에치 공정에서는 포토에서 형성된 패턴 상으로 에칭 후의 웨이퍼 패턴을 SEM으로 측정하게 된다.

SEM를 이용하여 패턴을 측정하는 과정은 다음과 같다.

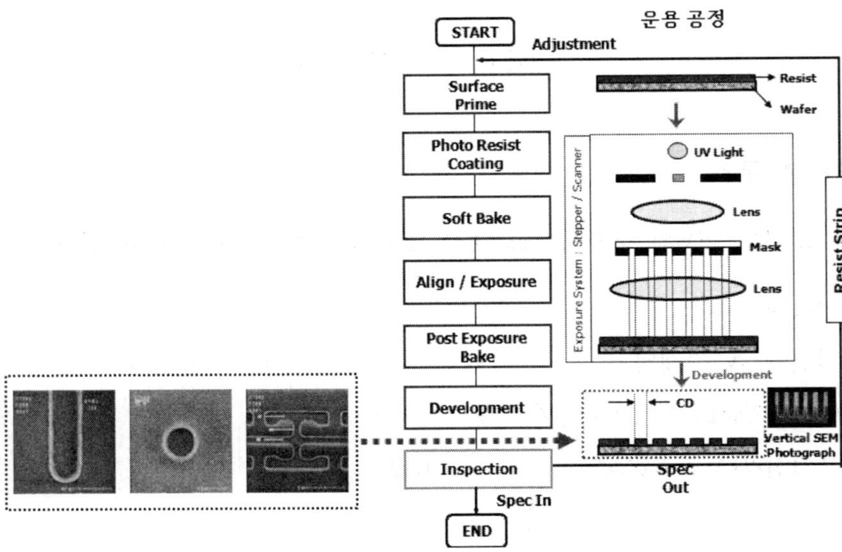

그림 6-13 SEM 측정 과정

전자 현미경 내부는 내부의 오염 방지, 필라멘트(Filament) 및 조리개(Aperture)의 산화방지, 발생된 빔의 자유 경로 증가 등의 이유 때문에 항상 진공을 유지해야 한다.

아래 그림은 CD-SEM을 이용한 각종 측정 방법을 보이고 있다.

(1) 폭 측정(Width Measurement)

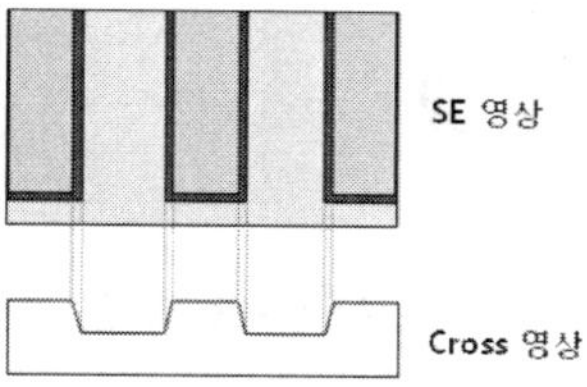

그림 6-14 폭 측정 1

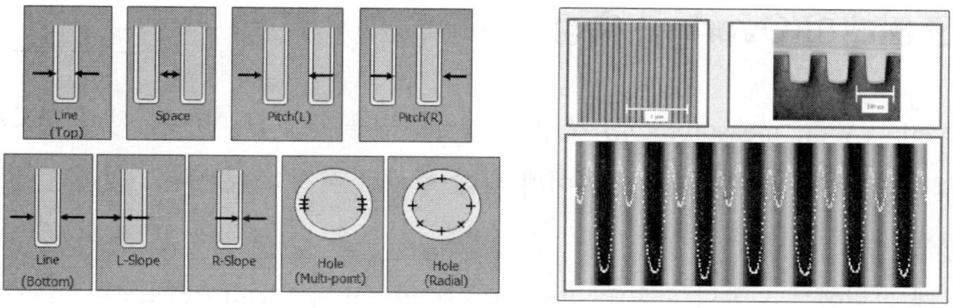

그림 6-15 폭 측정 2

(2) Contact Hole Measurement

그림 6-16 접촉점 측정

(3) CD Measurement Under Close Edge

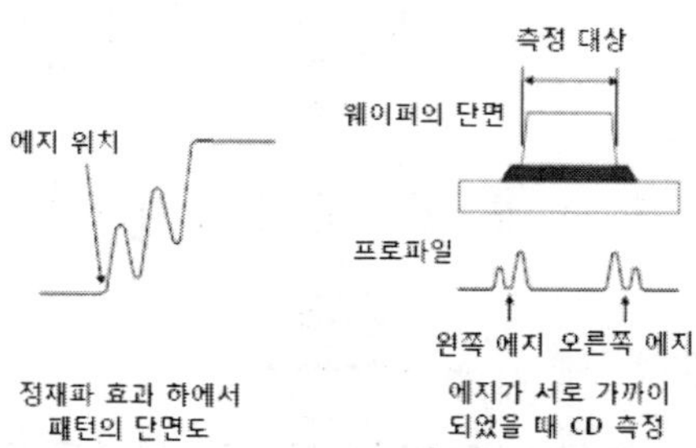

그림 6-17 CD Measurement Under Close Edge

(4) 다 점 측정(Multi Point Measurement)

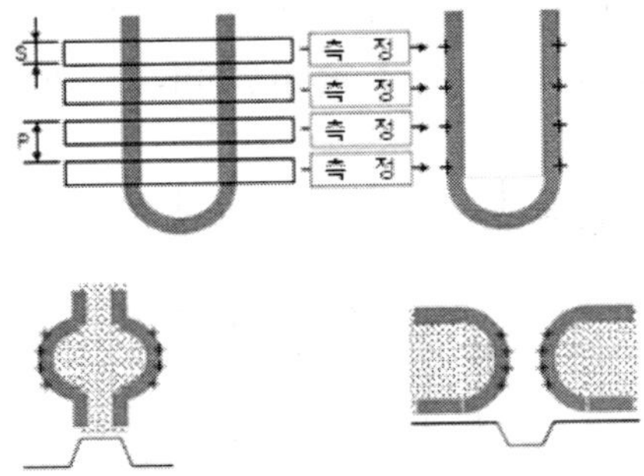

그림 6-18 다 점 측정

6. 오버레이(Overlay) 측정

Overlay(Align measurement) 측정은 Visual 빔을 정렬된 웨이퍼 상에 방사하고 그 웨이퍼로부터 감지함으로써 웨이퍼 상에 형성된 이전의 패턴과의 벗어난 정도를 측정한다.

아래 그림에서 왼쪽의 광원(Illumination source(White Light))으로부터 들어와 빔 스플리터(beam splitter)로 들어가는 파면(wave front)은 똑같은 두개의 광선으로 분할된다. 하나의 빔은 Reference Mirror로 향하고 나머지는 반사되어 웨이퍼로 향한다. 웨이퍼와 Reference mirror에서 반사된 광원(L1, L2)은 카메라의 Light Detector에서 결합되면 두개의 빔이 진행한 경로 길이가 실제로 똑같을 때만 두개의 빔이 간섭이 발생된다. 가간섭성 영역(Coherence Area) (Focus length)에 웨이퍼가 있을 경우에 빛을 감지하여 파형(신호)이 발생되고 간섭이 일어난다.

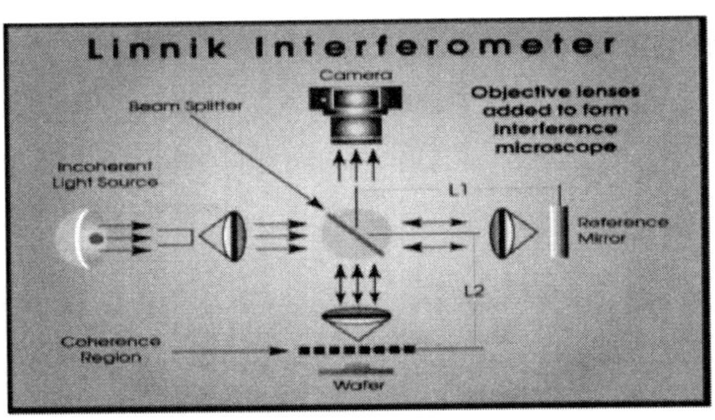

그림 6-19 오버레이 측정 원리

Overlay Mark의 에지 신호를 측정하는 간섭계를 이용하여 Outer Box와 Inner Box를 스캔하고 스캔한 영역 내 에지 신호 위치의 각 중심점을 확인하고 중심점 간격인 A, B를 이용하여 Overlay 측정값을 계산하게 된다.

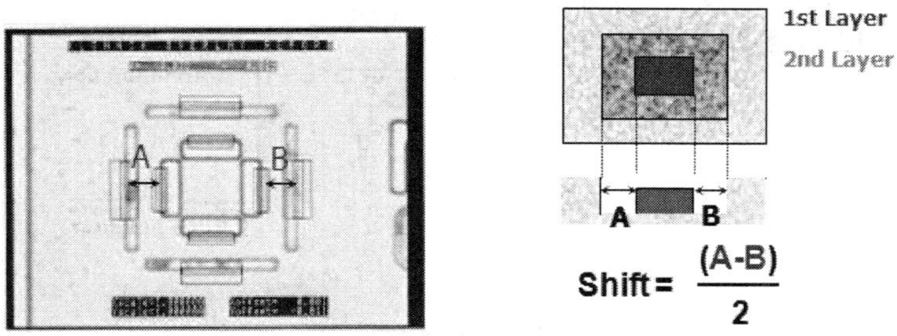

그림 6-20 Overlay 표시

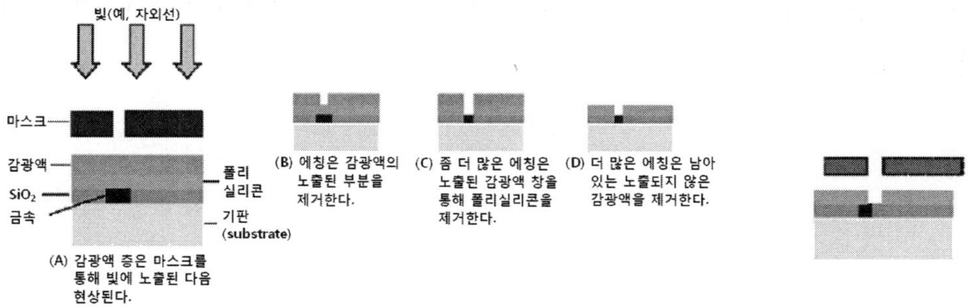

(a) 성공　　　(b) 실패

그림 6-21 Registration

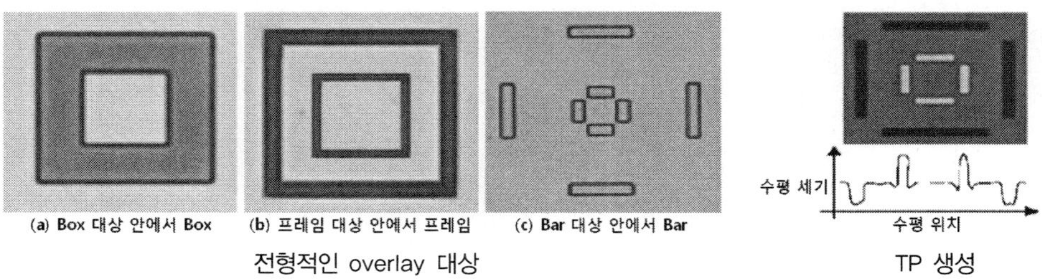

전형적인 overlay 대상　　　TP 생성

그림 6-22 Overlay 1

광을 이용하여 패턴의 좌, 우, 상, 하의 CD를 측정하여 정렬 정도를 평가하는 장비이다.

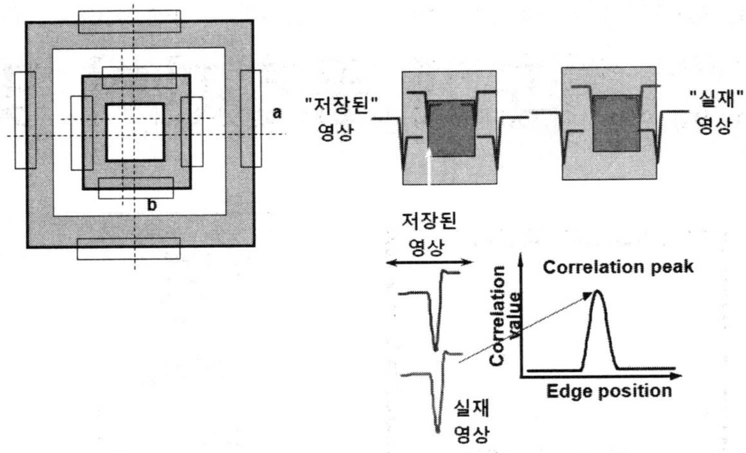

그림 6-23 Overlay 2

각각의 에지에서 signal folding 방법을 사용하여 안쪽/바깥쪽 box의 중앙선을 이용한 overlay offset값 산출하며, TIS calibration 값을 보상하여 최종 데이터 값을 산출한다.

Chapter 07

반도체 품질관리 및 수율

1. 품질 관리

1) 품질개념

(1) 품질의 정의

품질(quality)의 정의는 시대의 흐름과 더불어 그 의미가 조금씩 변화하여 가고 있으며, 오늘날에도 다양한 내용으로 정의되고 있다. 품질에 대한 정의를 다음과 같이 소개한다.

표 7-1 품질에 대한 여러 가지 정의

A. V. Feigenbaum(1983)	사용되는 제품이 고객의 기대를 어느 정도 충족시켜 주는가를 나타내는 생산된 제품의 복합적인 특성을 말한다.
J. M. Juran(1964)	사용상의 적합성이다.
P. Crosby(1979)	요구한 조건과의 일치성이다.
E. Deming(1986)	현재와 미래의 고객요구조건의 일치성이다.
ISO 8402(1986)	명시된 요구사항을 어느 정도 만족시켜 주는가를 나타내는 제품이나 서비스 성능의 총체적성능 ISO : 국제표준화기구(the International Organization for Standardization)
G. Taguchi(1986)	제품이 출하된 시점으로부터 성능 특성치의 변동과 부작용 등으로 인하여 사회에 끼친 손실을 말한다.
KS A 3001(1994)	제품 또는 서비스가 명시적 또는 묵시적 요구를 만족시키는 능력이 있다는 것이 특징이다. KS : 한국공업규격(Korean Industrial Standards)를 뜻하고, A3001은 품질관리용어에 관한 규격이다.

여기에서 여러 가지 품질의 정의를 살펴보았는데, 오늘날은 고객이 왕인 시대이므로 다음과 같이 품질을 정의하는 것도 좋을 것이다.

"품질은 고객만족(customer satisfaction)의 정도를 나타내는 제품이나 서비스의 총체적 특성이다."

또한 만들어지는 단계에 따라 품질을 구분하는데 설계품질(quality of design), 제조과정에서의 설계와의 적합품질(quality of conformance), 고객이 사용하는 과정에서의 서비스 품질(quality of service)로 나누어 생각할 수도 있다.

(2) 왜 품질인가?

오늘날 품질에 대한 필요성이 강조되는 이유는 품질의 정의에서 어느 정도 알 수 있다. 일반적으로 품질이라고 함은 소비자를 위주로 생각하기 쉬운데, 그보다 앞서 제품을 만드는 생산자의 입장에서부터 출발 하는게 이해하기 쉬울 것이다.

요즈음 광고에서 많이 접하게 되는 내용 중에서 L전자의 '고객감동' 이나 K자동차의 '고객속으로', 그리고 S텔레콤의 '고객이 OK할 때까지' 에 이르기까지 소비자들의 제품에 대한 욕구를 충족시켜 주기 위한 노력으로 품질을 표현하고 있다.

소비자들의 입장에서 볼 때, 분명 이러한 현상들은 환영할 만한 일들이다. 좋은 품질의 제품을 적은 비용으로 구입하여 자신들의 요구에 맞게 충분히 사용할 수 있게 된다는 것은 소비자로서의 권리를 찾는 길 일 뿐만 아니라, 경제적인 측면에서도 이익이 아닐 수 없다.

한편, 생산자의 입장에서도 이러한 현상은 결코 부정적인 일만은 아니다. 고객들을 만족 시 킬 수 있는 제품을 만들기 위해, 또는 제품 판매 후 불량으로 인한 서비스에 많은 비용과 인력을 사용함으로 인해 당장은 경제적인 손실이 따르게 될지 모르지만, 결국 이는 아무런 가치 없는 지출이 아니라 기업의 이미지를 살리고, 소비자들에게 신뢰를 줄 수 있는 투자적인 측면이 더 크다고 할 수 있다.

따라서, 품질을 용어 그대로 단지 제품의 질이라고만 이해하던 시대를 지나 제품을 만들기 전부터 판매한 이후 소비자들이 사용하는 전 과정에 걸쳐 고객들의 요구를 파악하여 제품의 목적에 부합하도록 하는 것으로, 이에 더 나아가 제품의 불량으로 인한 사회적, 경제적 손실을 최소화하는 것이 품질에 대한 올바른 이해일 것이다.

품질이 가지는 의미가 더욱 광범위해짐에 따라 품질을 관리하는 방법 또한 꾸준히 발전하고 있는데, 그 중에서도 통계적인 기법을 이용한 품질관리가 전 세계적으로 널리 사용되고 있고, 이는 품질인증시스템인 ISO 9000에도 명시되어 각 기업들의 품질관리체계의 향상을 요구하고 있다.

지금까지 설명한 품질에 대한 중요성을 다시금 인식하면서, 지속적인 품질개선에 반드시 요구되는 품질 관리 기법들을 제대로 이용하는데 바탕이 되는 기본적인 통계 개념들에 대하여 설명하기로 한다.

2. 통계기초

1) 평균 및 분산

그렇다면 과연 무엇을 이용하여 어떠한 방법으로 품질을 관리할 것인가? 먼저 다음과 같은 예제에서부터 출발하자. 대개 기업들이 제품의 가격을 올리는 방법 중의 하나로, 특히 과자류에 있어서 많이 이용되는 것으로써, 가격은 그대로 유지하면서 중량을 줄이는 것을 볼 수 있다. 또한 가격을 올리면서 중량 또한 늘리게 되는데, 소비자 입장에서는 가격이 오른 만큼 양 또한 늘어났는지 궁금할 때가 있다.

그래서 모 회사에서 만드는 과자 중에서 한 품목을 10개 구입하여 중량을 측정해 보기로 하였다. 회사의 광고에 따르면 기존에 50g 으로 500원이던 것을 70g 으로 양을 늘리면서 700원으로 가격을 올린다고 하였다. 과연 가격이 200원이 오른 만큼 20g이 늘어났음을 확인할 수 있는 방법은 무엇일까? 10개의 중량을 측정한 결과는 다음과 같다.

(72, 70, 65, 71, 70, 74, 63, 60, 62, 73)

가장 단순한 방법은 70g을 넘는 개수와 그렇지 않은 개수를 비교하는 것인데, 각각 6개와 4개이다. 이것만으로 판단하면 70g을 넘는 개수가 더 많기 때문에 그 회사의 광고를 어느 정도 신뢰할 수 있다고 생각할지도 모른다.

그러나 좀 더 수리적인 방법을 동원하여 이 문제를 생각하면 다음과 같은 전혀 다른 결론에 도달하게 된다. 자, 그러면 어떻게 해야 할까?

아마 초등교육을 충실히 받은 사람이라면, 즉 거창하게 통계적인 개념을 언급하지 않더라도 사칙연산을 할 수 있을 정도의 산수실력만 있으면 이 문제를 충분히 해결할 수 있을 것이다.

여기서 이용하게 되는 통계적인 용어가 바로 평균(mean, average)이다. 평균은 여러 개의 값들을 하나의 대표값으로 표현하는 것으로, 데이터의 중심을 나타내는 값이다.평균을 구하는 공식은 모든 데이터들의 합을 데이터개수로 나누는 것으로 위의 10개 과자의 평균중량은 68g이다.

({72+70+65+71+70+74+63+60+62+73}/10=680/10=68)

이 결과로부터 우리는 비록 70g을 넘는 과자의 개수가 반을 넘지만, 실제 그들의 평균이 68g이라는 것으로부터 그 회사의 광고에 의심을 가지게 될 수도 있다.

물론, 측정개수를 10개가 아니라 100개로 늘린다면 70g 또는 그 이상이 나올 수도 있다. 따라서 단정적으로 결론을 내리기는 어렵지만, 앞으로 보다 전문적인 통계기법을 배우게 되면 이에 대한 분석을 통한 결론을 내릴 수 있게 된다.

그러나 이런 데이터의 중심을 나타내는 평균만으로 데이터를 설명하기는 어렵다. 왜냐하면 제품을 만드는 조건들이 항상 일정하지 않기 때문이다. 즉 제품을 만드는데 필요한 것들로는 사람, 기계, 재료 등이 있는데, 신이 아닌 이상 사람이 하는 일에는 언제나 실수가 있게 마련이고, 설령 기계가 모든 일을 대신한다고 하더라도 마모가 되거나 고장 등의 이유로 정확한 작업을 연속적으로 하기는 사실상 불가능하다.

이러한 것들을 보다 세련된 용어로 표현하면 변동(variation) 또는 오차(error)라고 하는데, 결국 품질관리를 한다는 것은 이러한 변동으로 표현되는 실수를 줄이는 것을 말한다. 변동을 통계적으로 나타낸 것이 분산(variance)이다. 분산공식을 설명하는 것은 별로 의미가 없을 것 같아 그 의미만을 간단하게 살펴본다.

위의 예에서 과자의 평균중량은 68g이었는데, 극단적으로 10개의 과자 중량이 모두 68g이면 이것의 평균 역시 68g이다. 그렇다면 생산자나 소비자의 입장에서 보면 예에서의 결과보다는 일정하게 68g을 생산하고 또한 살 수 있을 때, 즉 생산자는 똑같은 중량의 과자를 생산할 수 있으며 쓸데없는 재료의 낭비를 줄이고 기계의 가동 등에 대한 계획을 수립할 수 있으며, 소비자는 이러한 생산자에 대한 신뢰를 높일 수 있으므로 서로에게 이익이 아닐 수 없다.

결론적으로, 똑같은 평균을 가진다고 하더라도 그들간의 변동으로 인한 손실은 항상 따르게 되므로 평균과 분산에 대한 의미를 충분히 이해하고, 평균만으로 데이터를 판단하는 오류를 범하지 않도록 하자.

2) 관리도 기본

관리도(control chart)는 품질관리기법 중의 하나인 통계적 공정관리(SPC)에서 매우 중요한 역할을 한다. 관리도는 1924년에 Bell 전화 연구소의 W. A. Shewhart에 의하여 처음으로 소개되었다. 우리나라에서 관리도 기법을 쓰기 시작한 것은 1963년에 한국공업규격으로 KS A3201(관리도법)이 제정되어 KS표시 허가공장을 중심으로 일반 생산 공장에 파급되면서 부터이다.

앞에서도 잠깐 언급했듯이 일반적으로 정상적인 조건하에서 작업을 하더라도 제품의 품질은 어떤 값을 중심으로 변동을 한다. 잘 설계되고 관리되는 생산 공정이라 할지라도 완전히 동일한 품질의 제품을 계속해서 생산한다는 것은 현실적으로 불가능하다.

품질변동의 원인은 다음과 같이 두 가지로 분류될 수 있다.

(1) 우연원인(chance cause)

생산조건이 일정하게 관리된 상태 하에서도 발생되는 어느 정도의 불가피한 품질 차이, 동일한 장비간의 차이 등을 말한다.

이 변동을 줄이기 위해서는 제품이나 공정에 대하여 근본적인 분석과 조사가 필요하며, 일반원인(common cause)이라고도 부른다.

(2) 이상원인(assignable cause)

작업자의 부주의, 불량자재의 사용, 생산설비상의 이상 등을 말하며, 이 원인들은 계속해서 존재하는 것은 아니고 가끔씩 발생하여 품질변동을 일으키는 원인들이다. 이상 원인을 까닭이 있는 원인, 또는 특수원인(special cause)이라고도 부른다.

관리도란 관리 상태에서의 품질특성치의 평균을 나타내는 중심선(center line : CL)과 중심선 상하에 한 쌍의 관리한계선(control limits : UCL, LCL), 그리고 관리도에 공정의 상태를 나타내는 품질 특성치로 구성된 그래프를 말한다. 그림 7-1에 공정 관리도를 나타낸다.

Chart Id	D8A-TH-GA01	From	19990613	To	19990619	Created Date	19990622
Log Point	GATE OX	Operation	THK-MEA	Parameter	THK	Chart Type	
S.I.-Mean	97.47	S.I.-Variation	98.73	USL	80	LSL	70	Cp	2.64	Cpk	2.62

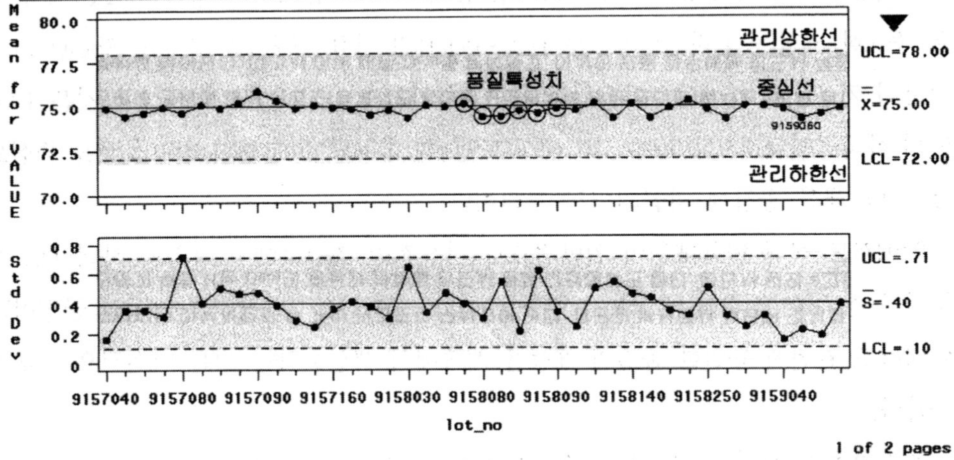

From Spec.: UCL=78.000 LCL=72.000
From Data : UCL=75.375 LCL=74.548 Mean=74.961 Subgroup Size=9

그림 7-1 공정 관리도

통계적 공정관리에서 관리도를 작성하는 중요한 목적은 공정에 관한 데이터를 가능한 빨리 수집하여 공정에 이상요인이 발생하는 경우 이를 탐지하여 수정조치를 취함으로써 불량제품의 발생을 사전에 억제하고, 이들 정보를 관리, 해석하여 공정의 산포를 효율적으로 관리해 나가는데 있다.

만일 품질특성을 나타내는 모든 점들이 관리한계선 내에 위치하고, 점의 움직임에 어떤 경향이 없으며 생산공정에 있어서 품질변동이 우연원인에 의해서만 발생하는 경우 그 공정은 관리 상태 하에 있다고 말한다. 반대로 한 점이라도 관리한계선을 벗어나거나 또는 경향이 발견되면 이상상태의 가능성이 있다고 본다.

그림 7-1의 관리도는 반도체 제조 현장에서 사용하고 있는 공정 관리도의 형태이다. 라인(Line)에서 각 공정마다 공정 특성치를 측정하는 즉시 데이터는 전산으로 입력되고, 그와 동시에 공유 시스템을 통해서나 또 다른 회사의 고유 프로그램으로 실시간으로 공정흐름을 파악할 수 있다.

관리도는 기본적으로 두 개의 관리도로 구성되어 있다. 평균과 분산에서 설명한 것처럼 품질을 관리하기 위해서는 Data의 중심과 변동을 반드시 함께 고려해야만 한다. 따라서 앞의 그림 7-1을 예로 들면 게이트 산화막(Gate Ox)라는 공정을 진행한 후 산화막(Oxide)의 두께를 측정한 값들을 관리도로 나타낸 것으로써 평균에 대한 관리도(위에 있는 관리도)는 모든 값들이 관리 한계선 내에 위치하기 때문에 공정이 관리 상태에 있다고 할 수 있다.

반면에 변동에 대한 관리도(통계적인 용어로 표준편차에 대한 관리도)에서는 5번째 점이 관리한계선을 벗어났다. 따라서 이에 대한 데이터를 분석하고, 이상이 있을 경우에는 반드시 적절한 조치를 취하여 다음 공정진행시에는 그러한 불량이 발생하지 않도록 한다.

관리도는 데이터의 종류에 따라, 측정되는 데이터의 개수에 따라서 여러 가지가 있다.

3) QC기법의 이해

주요한 공정관리 도구에서 가장 기본이 되는 것이 그래프를 이용한 다음에서 설명하는 7가지 기법들이다. 이는 'QC의 7가지 도구'라고 불리워지는 것으로, 현장에서 누구나 쉽게 작성하여 여러 가지 품질문제들을 해결할 수 있다. 여기서 간단히 개념만을 살펴보도록 하자.

(1) 체크시트(check sheet)

학교에서 반장이나 회장선거를 할 때, ////나 正 등의 기호를 사용하여 각 후보들의 지지표의 수를 나타내는 것과 비슷한 방법으로, 시간의 흐름에 따른 불량상황이나 불량유형에 따른 불량개수를 알 수 있도록 하는 기법이다.

(2) 산점도(scatter plot)

관계가 있는 두 가지의 특성치를 각각 그래프의 가로축과 세로축으로 하여 2차원 평면에 점을 찍은 것이다. 따라서 이를 통하여 두 특성치 사이에 관계가 있는지 없는지, 그리고 관계가 있다면 어떤 관계인지를 알 수 있다.

그림 7-2는 키에 따른 몸무게의 변화를 나타낸 것으로, 키와 몸무게의 관계는 서로 밀접한 관계가 있음을, 즉 키가 클수록 몸무게가 많이 나간다는 것을 나타내고 있다.

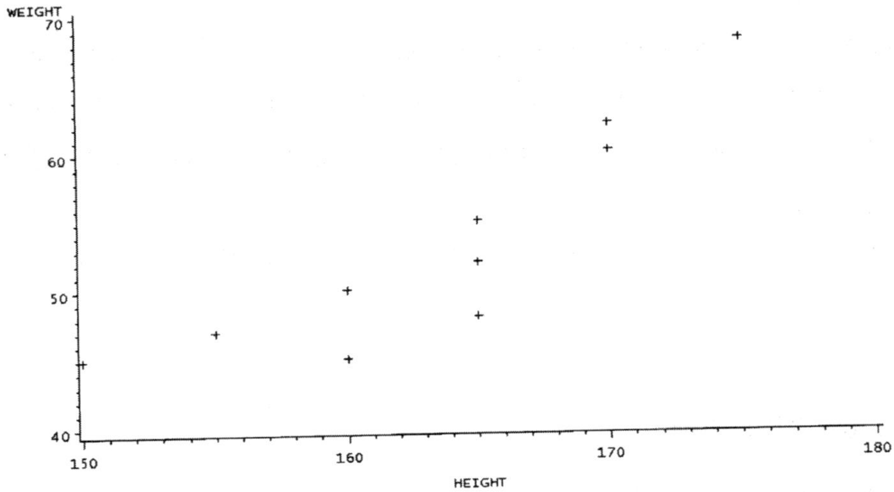

그림 7-2 산점도(scatter plot)

(3) 히스토그램(histogram)

데이터를 몇 개의 구간으로 나누어 각 구간에 해당되는 데이터 개수를 막대그래프로 표현한 것이다. 이는 데이터의 분포상태를 쉽게 파악할 수 있다는 장점이 있다. 그림 7-3에 나타냈다.

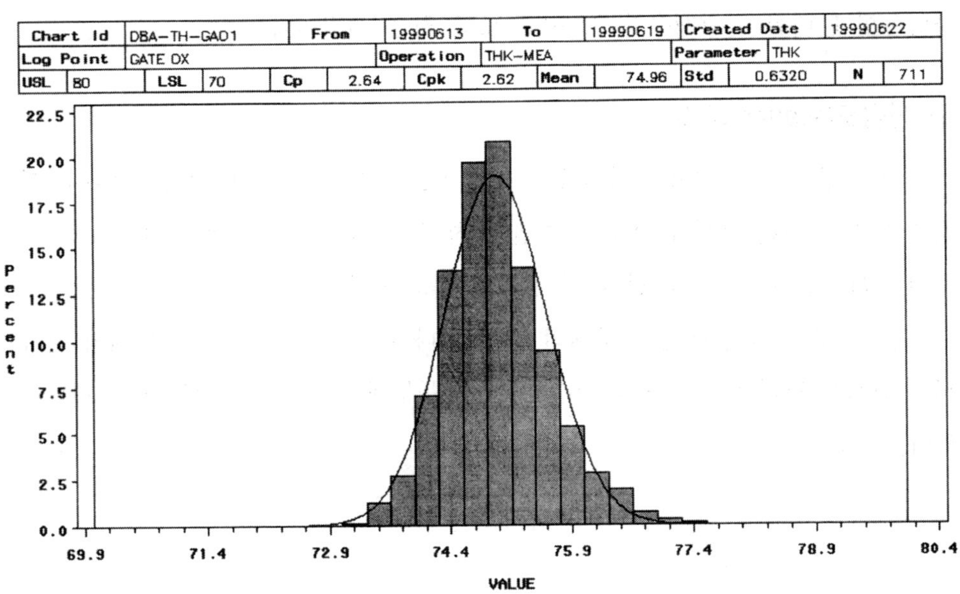

그림 7-3 히스토그램(histogram)

(4) 파레토 도(Parato Diagram)

불량이나 고장 등에 의한 손실금액 및 건수, 비율을 원인별 또는 상태별로 분류하여, 이를 크기 순서대로 늘어놓은 것이다. 각 항목은 막대로, 누적은 꺾은선 그래프로 표현한다. 이는 여러 가지 문제 중에서 가장 큰 영향을 미치는 요인을 찾아 문제를 해결하고, 그 다음으로 중요한 요인을 앞에서와 똑같은 과정을 통하여 원인을 제거하는 기법이다. 그림 7−4에 파레토도(Pareto Diagram)를 보여준다.

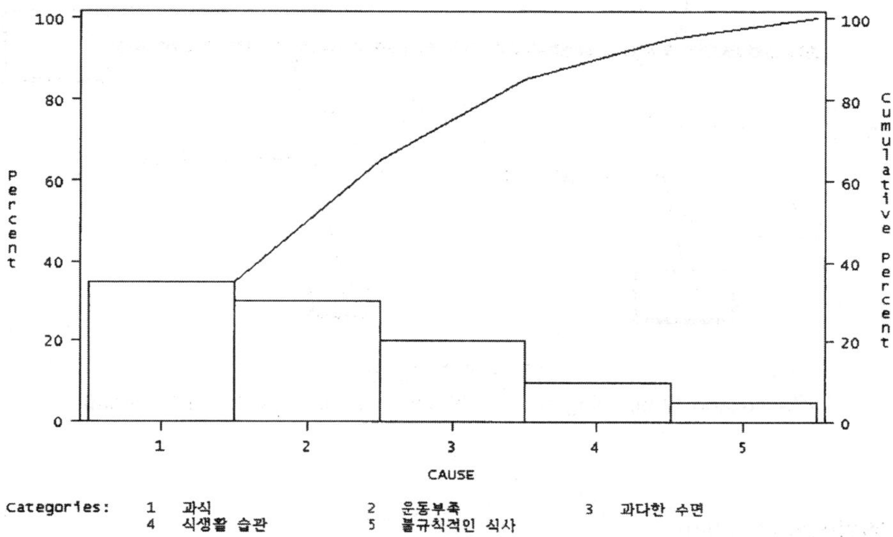

그림 7−4 파레토도(PARETO DIAGRAM)

(5) 관리도(Control Chart)

관리도 설명은 위에서 설명한 것처럼 그림 7−1에 나타내었다.

(6) 특성요인도(Cause and Effect Diagram; Fishbone Diagram; Ishikawa Diagram)

특성 요인도는 문제로 삼을 특성과 그것에 영향을 미치고 있다고 생각되는 요인을 정리해서 서로의 관계를 알 수 있도록 체계화한 그림으로서 무엇이 참된 원인인가를 밝혀준다.

① **특성** : 일에 대한 결과를 나타내는 것으로 개선해야 할 결과문제를 말한다.

② **원인** : 특성에 영향을 미칠 것으로 생각할 수 있는 원인요소를 말한다.

그림 7-5는 인기그룹 H.O.T의 인기를 크게 4가지 원인으로 구분하여 특성요인도로 표시한 것이다.

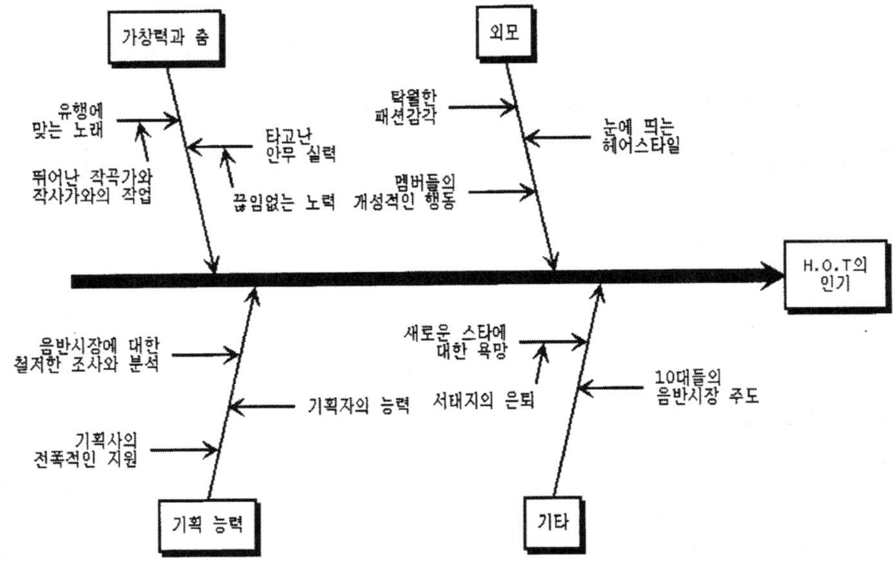

그림 7-5 특성요인도
(Cause and Effect Diagram ; Fishbone Diagram ; Ishikawa Diagram)

(7) 층별(Stratification)

집단을 구성하고 있는 많은 것을 어떤 특징에 따라 몇 개의 그룹(Group)으로 구분하는 것을 층별이라고 한다. 층별의 방법으로는 기계별, 방법별, 재료별, 또는 작업자별 등으로 데이터의 공통점이나 경향, 특징에 따라 몇 개의 그룹으로 Sub-Grouping하는 즉 원인에 의한 구분과 결과에 의한 구분으로 대별될 수 있겠다.

층별하는 목적은 층별하기 이전의 전체품질의 분포와 층별한 뒤의 작은 그룹의 품질의 분포를 비교하여 봄으로써 품질에 영향을 끼치는 원인을 찾아내거나 그 원인의 품질에 대한 영향의 정도를 살피는데 있다.

이상으로 품질에 대한 개념과 필요성을 살펴보았고, 품질을 관리하기 위한 방법으로 통계적인 개념과 그러한 기법을 이용한 관리도 및 QC기법 등을 소개하였다.

품질관리란 고객이 요구하는 품질을 확보하기 위한 합리적이고 경제적인 활동인만큼 보다 체계적인 접근으로 품질목표를 달성하기 위하여 노력해야 할 것이다.

3. 수율(Yield)

수율은 한마디로 "불량율의 반대"라고 말할 수 있다. 반도체 제조과정을 아래의 그림처럼 간단하게 나타냈을 때, 투입한 양(Input)대비 제조되어 나온 양(Output)의 비율을 바로 수율이라고 할 수 있는 것이다. 만일 Input이 100일 때 "처리"를 거쳐 나온 Output이 80이면, 수율이 80이 된다.

그림 7-6 수율 정의

반도체산업은 바로 이 수율을 높이기 위한 전쟁이라고 해도 과언이 아니다. 이처럼 수율을 강조하는 이유는 제조공정에서 부딪히는 실수나 문제점이 제품에 치명적인 영향을 미치기 때문이다.

반도체제조와 자동차제조를 비교해 보자. 자동차가 최종 검사 장소에 왔을 때 라디오에 결함이 있으면 라디오를 수리하거나 교체하면 된다. 자동차의 다른 부분도 마찬가지이다. 어떤 경우에도 자동차 자체를 버리는 일은 없다. 그러나 반도체는 그처럼 결함이 있는 부분을 수리하거나 교체할 수가 없다. 어느 한 부분이라도 결함이 있으면 반도체 전체를 버려야 하는 것이다.

반도체수율은 각 제조단계에 따라 FAB 수율, EDS(Electrical Die Sorting Wafer) 수율, ASS`Y 수율, Final Test 수율로 구분되며, 이 4가지 수율을 다 합치면 CUM 수율이 된다.

대부분의 반도체 제조기업에서는 수율 관리를 위해 먼지가 철저히 통제되는 클린룸(clean room)에서 공정을 진행하고 장비의 예방보전(preventive maintenance) 및 관리, 설비·공정·작업 표준 제정 및 준수, 작업자 교육, 통계적 공정관리(statistical process control) 및 6-시그마 기법 적용, 수율 분석용 시스템 운영 등을 수행하고 있다.

이러한 활동으로 일정 수준의 수율 확보가 가능하였으나, 더 높은 고수율 확보 및 저수율 발생 예방에는 어려움을 겪고 있다.

반도체 고수율 확보 및 저수율 예방의 어려움이 다음 두 가지 사항에 기인한다. 첫째, 반도체 제조공정에서 관리해야 할 공정변수의 수가 많아 수율 변동의 원인을 신속, 정확하게 파악하는 것이 어렵다[백동현과 남정곤, 2002]. 일례로, 64M Dram을 생산하는 전체 제조공정의 일부인 Fab 공정(wafer fabrication) 에서만 관리하는 공정변수가 500여 개 있고, 고집적 반도체일수록 관리해야 하는 공정변수의 수는 더 많아진다.

둘째, 수율 변동 특히 저수율 발생의 원인이 전체 300~400여 개 제조공정 중에서 특정 공정에서의 하나의 공정변수 문제로 인한 것보다는 다수의 공정에 걸쳐있는 서로 연관된 공정변수 간의 누적된 영향임을 간과하고 대부분의 반도체 제조기업에서는 공정별로 각각의 공정변수에 대한 개별 관리에 중점을 두고 있다. 즉, 반도체 제조공정에서는 대부분 단변량 관리도를 이용하여 개별 공정의 공정변수 산포를 관리하면서 간접적으로 수율 관리를 하는데, 개별공정에서 관리하는 공정변수의 산포가 문제가 없더라도 연속적인 300~400여 개의 이후 공정들을 거치면서 서로 관련 있는 공정변수의 산포들이 누적되어 결과적으로 수율 문제가 발생할 수 있다. 개별 공정에서 단변량 관리도 대신 다변량 관리도를 사용하여 관리하는 경우도 있지만, 공정구분 없이 전체 제조공정 관점에서 서로 관련이 있는 공정 변수들의 산포를 동시 관리하지 않는 한 전체공정상의 다수의 공정변수들과 선형 또는 비선형의 복잡한 관계를 가지는 수율을 효과적으로 관리할 수 없다(배도선, 1996).

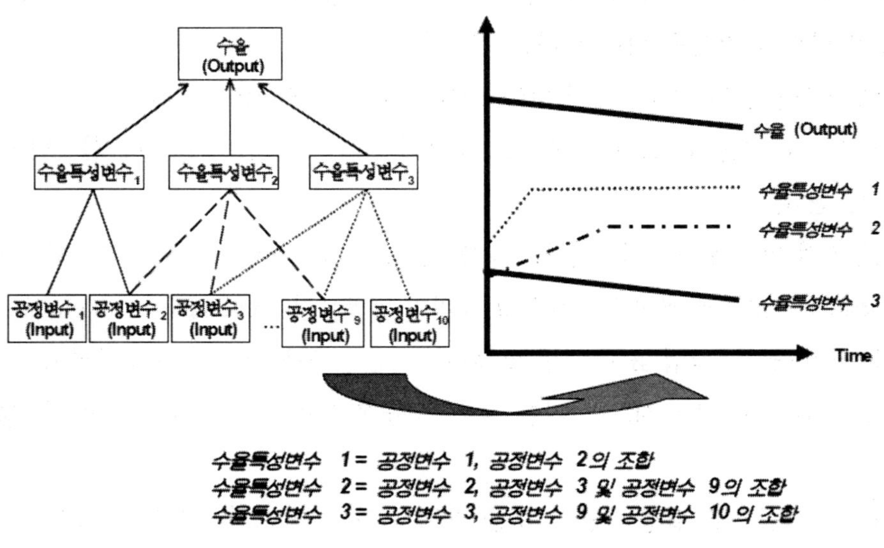

그림 7-7 수율

| 연 습 문 제 |

01 반도체 노광기를 3종류로 구분하시오.

02 웨이퍼 표면에 P/R을 뿌릴 때 한방울씩 떨어지면 어떤 문제가 발생 하는가?

03 웨이퍼 표면에 P/R 도포를 잘 하려면 어떤 용액을 증착 하는가?

04 Develop 용액의 주성분은 무엇인가?

05 산소 플라즈마를 이용하는 에싱공정에서 반응 메카니즘에 대해 설명하고 플라즈마 내에 존재하는 전자, 이온 및 래디컬의 역할에 대해 설명하시오.

06 CVD란 무엇인지 간략하게 설명하고 장단점을 논하시오.

07 CVD 막 용도 중 절연막의 역할을 간략하게 논하시오.

08 CVD 분류법 중 반응 방법에 따라 분류하고 장비 구성 각 요소를 설명하시오.

09 프라즈마 원리를 설명하시오.

10 SOG 공정과 원리를 설명하시오.

11 세정에서 SC1과 2에 대해 정리하여 설명하시오.

12 DRYER의 종류 및 방법에 대해 설명하시오.

13 CMP 공정에서 주요 연마 매커니즘을 구분하고, 설명하시오.

14 CMP 공정에서 제일 중요한 소모재는?

참고문헌

NIKON NSR-204B(KrF) SCANNER SYSTEM MANUAL

NIKON NSR-2205i11,NSR-2205i12 STEPPER SYSTEM MANUAL

NIKON STEPPER MAINTENANCE MANUAL(수리 및 예방정비 지침서)

SEMATECH(www.sematech.org) Metrology roadmap, A Supplement to the National Technology Roadmap for Semiconductors

박욱동 외 공역, 알기쉬운 반도체 공정, 대영사

전자정보센터(EIC), 반도체 노광기술(2010.12)

하이닉스반도체, 포토공정 및 장비교육자료

황호정, 반도체 공정기술, 생능출판사

Carrier Station Maintenance Manual, 동경 일렉트론 코리아(주), 1997.

Safety Manual, 동경 일렉트론 코리아(주), 1997.

MSX1000 Spinner, SVS(주)

Operation Manual Korea, 동경 일렉트론 코리아(주), 1997.

Operator's Manual, 동경 일렉트론 코리아(주), 1997.

System Overview Manual, 동경 일렉트론 코리아(주), 1997.

윤대호, 반도체 공정 입문, TEL-FE Training, FU0900100-110.

김용진 박사, 삼성반도체, 반도체와 플라즈마.pptx, p8~p15

김진호, PVA Tepla 300 장비사용법, www.isrc.snu.ac.kr/progress02(asher_tepla), p3~p8

http://www.axcelis.com/products/cleaning/standard_cleaning_strip/integra-rs

http://www.mksinst.com/docs/UR/microwT2.pdf

http://www.psk-inc.com, 제품정보, DAS2000, TERA21

http://www.rfdh.com/bas_rf/begin/isolator.php3

UK limited, 8-7, 8-12

APC_Interferometer Kueny082000.ppt, Verity instrument, p3, p5

ASTRON-BestPractices-AppNote.pdf, p2

ENG-Xstream-230-05.pdf, p1

PECVD service manual, SPP process technology systems UK limited, 1-17

PRODCAT.pdf, Verity instrument, p38

Trion Technology, GEMINI OPERATOR & MAINTENANCE MANUAL, p9~p48

한국 폴리텍 대학 "반도체 박막 제조공정기술" 2010

전자재료 2004년 8월호, 9월호

ElectronicJournal 2004년 8월호, 9월호

Aron장비 사용자 설명서, E220/E500Series, 2010

Mirra CMP System Manual, Applied Materials, (1996), 각 장 요약발췌

"반도체 평탄화 기술", 특허청, (2006), p.49~54

S. Pennington, S. Luce, VMIC Conference, (1992), p.177

H. Landis, P. Burke, W. Cote, W. Hill, C. Hoffman, C. Kaanta, C. Koburger, W. Lange, M. Leach, and S. Luce, Thin Solid Films, (1992), p.230

J. Warnock, J. Electrochem. Soc., Vol. 138, No. 8, August, (1991), p.2398

H. Takahashi, K. Tokugawa, T. kasuga, T. suzuki, Symposium on VLSI Technology Digest of Technical Papers, (1997) p.25

B. Stine, D. Ouma, R. Divecha, D. Boning, J. Chung, D. Hetherington, I. Ali, G. Shinn, J. Clark, O. Nakagawa, S-Y Oh, CMP-MIC Conference, (1997), p.266

이인호외 반도체전공정장비 1, 2012

김용태외 반도체전공정장비 2, 2012

집 필 진

김 덕 영 (부천대학교)
김 상 용 (한국폴리텍대학)
김 정 수 ((주)아론)
성 홍 석 (부천대학교)
이 종 근 (부천대학교)

감 수 진

김 진 환 (SK하이닉스)
정 우 양 (한국폴리텍대학)

Semiconductor Production Process Management

반도체생산공정관리

1판 7쇄 2022년 10월 5일

저 자 김덕영/김상용/김정수/성홍석/이종근
감 수 김진환/정우양
발행인 송광헌
발행처 복두출판사
주 소 서울특별시 영등포구 경인로82길 3-4
센터플러스 807호 (우) 07371
전 화 02-2164-2580
FAX 02-2164-2584
등 록 1993. 11. 22. 제 10-902 호

정가 : 24,000원
ISBN : 978-89-8000-799-8 93560

한국과학기술출판협회 회원사

* 본 도서의 자료 업데이트가 있을 경우 본사 홈페이지 자료실에 업로드 됩니다. 정기적으로 들러서 유익한 자료를 받아가시기 바랍니다.